中等职业教育系列教材
机械工程类专业教学用书

工 程 力 学

主　编　王亚双
副主编　夏策芳　路宗新
参　编　卢德香
主　审　施雅婷

机 械 工 业 出 版 社

本书是根据新形势下中等职业学校教学的实际情况，结合新时期中等专业学校“工程力学”课程教学大纲的基本要求编写的。本书内容包括静力学、运动力学和材料力学三篇，每章后面有小结和习题。本书通俗易懂，侧重基本概念和基本方法的阐述，增强了教学适用性。

本书适合中等职业学校机械类、近机械类专业学生使用，也可作为职业技术培训教材或供有关技术人员参考。

图书在版编目（CIP）数据

工程力学/王亚双主编．—北京：机械工业出版社，2005.8（2024.8 重印）
中等职业教育系列教材
机械工程类专业教学用书
ISBN 978-7-111-17295-6

Ⅰ.工...　Ⅱ.王...　Ⅲ.工程力学-专业学校-教材　Ⅳ.TB12

中国版本图书馆 CIP 数据核字（2005）第 098284 号

机械工业出版社（北京市百万庄大街 22 号　邮政编码 100037）
策划编辑：王海峰　责任编辑：王莉娜　崔占军　王海峰　版式设计：冉晓华
责任校对：李秋荣　责任印制：刘　媛
涿州市般润文化传播有限公司印刷
2024 年 8 月第 1 版第 19 次印刷
184mm×260mm · 15.25 印张 · 374 千字
标准书号：ISBN 978-7-111-17295-6
定价：39.80 元

电话服务	网络服务
客服电话：010-88361066	机　工　官　网：www.cmpbook.com
010-88379833	机　工　官　博：weibo.com/cmp1952
010-68326294	金　　书　　网：www.golden-book.com
封底无防伪标均为盗版	机工教育服务网：www.cmpedu.com

前　言

本书是根据新形势下中等职业学校教学的实际情况，结合新时期中等专业学校“工程力学”课程教学大纲的基本要求编写的，适合中等职业学校机械类、近机械类专业学生使用，也可作为职业技术培训教材或供有关技术人员参考。

为适应社会主义市场经济的发展和培养应用型人才的需要，我国的中等职业教育在不断地深化教学改革，原有的教材在内容和难度上都已不能适应现行中职教育的需要。本书在编写过程中，充分考虑到目前教学对象的要求，对教材内容和结构进行了相应的调整，做到精简内容，降低难度，减少理论，加强应用，侧重基本概念和基本方法的阐述。同时，为了培养学生分析问题和解决问题的能力，在每章例题、习题中增加了一些综合性题目。

本书由王亚双任主编，夏策芳、路宗新任副主编。其中绪论、第一、二、三、四、九、十、十一章由王亚双编写，第五、六、七、八章由路宗新编写，第十二章由卢德香编写，第十三、十四章由夏策芳编写。本书由施雅婷任主审。

本书在编写过程中得到北京汽车工业学校及廊坊市工业学校各级领导、教师的大力支持和帮助，在此一并表示感谢。

借本书出版之际，特别对天津大学机械工程学院王凤岐教授、廊坊市工业学校权月华副校长给予的指导和帮助表示感谢。

由于编者水平有限，书中难免出现缺点和错误，恳请读者批评指正。

编　者

目　　录

第二篇　运动力学

第三篇　材料力学

绪　论

一、工程力学的研究内容和任务

工程力学是研究物体机械运动的一般规律以及工程构件的受力、变形和破坏规律的科学。

机械运动是指物体在空间的位置随时间而变化的现象。它是人们日常生活和工程实际中存在的最普遍、最常见的一种运动形式，如：汽车在公路上行驶，卫星绕地球运转，车床上的刀具切削工件等。平衡是机械运动的特殊情况。掌握物体机械运动的普遍规律，可以分析和解释许多发生在我们周围的机械运动现象。

在工程实际中，常常会遇到分析构件的运动规律、受力情况、变形情况、确定构件的形状和尺寸等问题，工程力学将为解决这些问题提供必要的理论基础。

工程力学包括静力学、运动力学和材料力学三部分内容。

静力学主要研究受力物体平衡时，作用力应满足的条件及其在工程上的应用。

运动力学主要研究物体的基本运动，以及物体的运动与受力之间的关系。

材料力学主要研究构件在外力作用下的变形和破坏规律，为合理设计构件提供有关强度、刚度、稳定性的基本理论和方法。

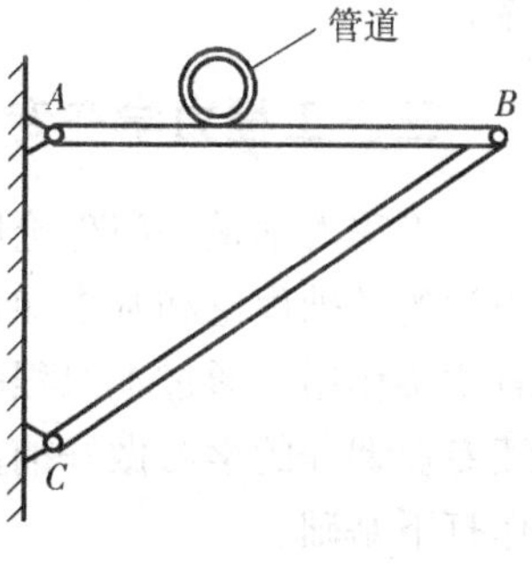

图　0-1

例 1　如图 0-1 所示，支承管道的三角托架由水平杆 AB 和斜杆 BC 两个构件组成。要设计这个结构，从力学角度来看，包括下述两方面的内容：

首先，必须确定作用在各个构件上的力，包括其大小和方向。概括来说就是对处于静止状态的物体进行受力分析，求解未知力。这是静力学所要研究的问题。

其次，在确定了作用在构件上的外力以后，还必须为构件选择合适的材料，确定合理的截面形状和尺寸，以保证构件既能安全可靠地工作又符合经济要求。所谓安全可靠地工作，是指在载荷的作用下，构件不会破坏，即有足够的强度；不会产生过度的变形，即有足够的刚度；对于细长的受压杆件，如图 1 中的斜杆 BC，不会产生纵向弯曲而丧失其原有的直线平衡状态，即有足够的稳定性。这是材料力学所要研究的问题。

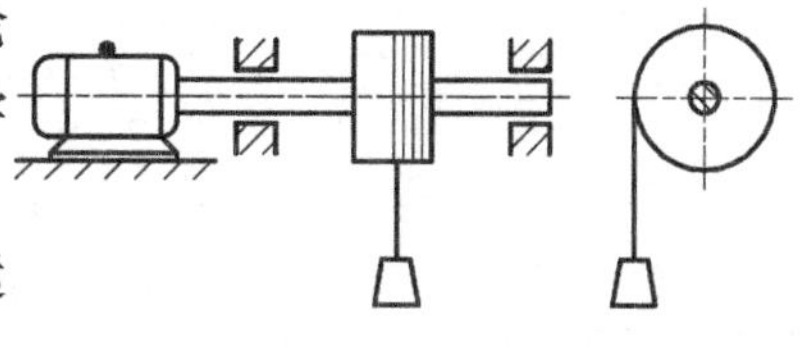

图　0-2

例 2　卷扬机结构如图 0-2 所示，当它启动时，鼓轮转动，重物以某一加速度上升。要设计该传动轴，从力学角度来看，包括下述三方面的内容：

首先，要确定鼓轮的运动及其受力情况，这要用到运动力学的知识。

其次，要确定卷扬机工作时，传动轴所受到的力。这要用到静力学的知识。

最后，还要为传动轴选择合适的材料及截面尺寸，以保证它具有足够的强度和刚度。这要用到材料力学的知识。

由上面两个例子可见，任何工程结构的设计计算都离不开力学知识。工程力学的任务就是为各类工程结构的设计计算提供基本的理论和方法。

显然，搞不清作用在构件上的力，就谈不上研究构件的强度、刚度和稳定性问题。所以，静力学和运动力学所提供的基本理论和方法是材料力学分析问题的基础，静力学、运动力学和材料力学是紧密联系的，是解决工程实际问题缺一不可的知识环节。

二、工程力学的研究对象

工程力学的研究对象往往相当复杂，因此在实际问题中，常常抓住一些带有本质性的主要因素，略去次要因素，将所研究的物体抽象成力学模型作为研究对象。例如，由观察和实验可知，在外力作用下，任何物体都会产生变形，为了保证构件的正常工作，在工程中通常把构件的变形限制在很小的范围内，它与构件的原始尺寸相比是微不足道的。当我们对物体进行受力分析，研究物体的平衡与运动时，为了简化问题，抓住重点，可以不计这些变形。因此在静力学和运动力学中，把物体看成是不变形的刚性物体，称为刚体。不仅如此，当物体的运动范围比它本身的尺寸大得多时，还可以忽略其形状和大小，将其抽象为一个具有质量的点，称为质点。刚体和质点是两种最基本的力学模型。但在材料力学中，研究构件的强度、刚度和稳定性问题时，变形则成为不可忽略的因素，这时，就不能把物体抽象为刚体和质点，而要把它作为变形体来研究。因此，工程力学的主要研究对象是刚体、质点、变形体。

三、工程力学在专业学习中的地位和作用

工程力学是一门理论性较强同时又与工程实际紧密结合的技术基础课程。这门课程讲述力学的基础理论和基本知识，以及处理工程力学问题的基本方法，在基础课和专业课之间起着桥梁作用。通过本课程的学习，可以培养学生分析和解决简单工程力学问题的能力，为后续专业课程的学习做好铺垫，为以后学习不断出现的新理论、新技术和将来从事科学研究工作打下基础。

第一篇　静　力　学

静力学主要研究物体在力系作用下的平衡规律。力系是指作用于同一物体上的若干个力。具体地说，静力学将研究两个问题，即物体的受力分析和物体在力系的作用下的平衡条件。

在工程实际中，平衡规律有着广泛的应用。各种机器或建筑物，在设计时往往首先要进行静力学分析，以确定其各构件或零件的受力情况，从而选择合理的材料、形状和尺寸。因此，静力学是工程力学的基础，学好这一部分是非常重要的。

第一章　静力学基础

第一节　静力学基本概念

一、力的概念

在物理学中已经学过力的概念，即力是物体间相互的机械作用。力作用在物体上有两种效应：一是使物体的运动状态发生变化，称为力的外效应；二是使物体产生变形，称为力的内效应。静力学和运动力学主要研究力的外效应，材料力学主要研究力的内效应。

因为力是物体间相互的机械作用，所以它不能脱离物体而存在。

力对物体的作用效应取决于力的三要素：力的大小、方向和作用点。力的三要素中的任何一个要素发生变化，力的作用效应将随着发生变化。

力的单位是牛［顿］（N）。力是矢量，可用有向线段表示，如图1-1所示。线段的起点（或终点）表示力的作用点，线段的箭头表示力的方向，线段的长度（按照一定的比例尺画出）表示力的大小。本书中，力的矢量用黑体字母表示，如力 $\boldsymbol{F}$，而用普通字母 F 表示力 $\boldsymbol{F}$ 的大小。

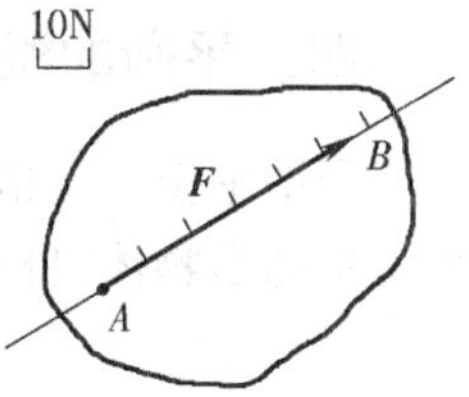

图　1-1

需要指出的是，力的作用点是力作用位置的抽象化。实际上，力的作用位置一般来说并不是一个点，而是分布作用于物体的一定面积上。当力的作用面积很小时，可将其抽象为一个点，称为力的作用点。力学中，将作用于物体某个点上的力称为集中力。通过力的作用点代表力的方向的直线称为力的作用线。如果力的作用面积较大，不能抽象为点时，则将作用于这个面上的力称为分布力。分布力可能作用在面上也可能作用在直线上，当分布力在面上或在直线上均匀分布时，称为均布力或均布载荷。均布载荷的作用强度用单位面积（或长度）上力的大小来度量，称为载荷集度，用符号 q 表示，单位为 N/m^2（或 N/m）。

二、力系的概念

同时作用在一个物体上的若干个力称为一个力系。如果一个力系作用在物体上，物体处于平衡状态，则称此力系为平衡力系。一个力系只有在满足一定条件时才能成为平衡力系，此条件称为力系的平衡条件。若两个力系分别作用于同一物体时，物体的运动状态完全相同，则此两力系互为等效力系。如果一个力和一个力系等效，则称这个力为力系的合力，而将力系中的各个力称为该合力的分力。

有时，作用于物体上的力系十分复杂，为便于分析讨论，需将复杂力系用一个等效的简单力系或一个等效的合力来代替。求与复杂力系等效的简单力系或合力的过程称为力系的简化。力系的简化是静力学中理论推导的主要方法。

按力系中各力作用线的分布情况，可将力系进行分类。各力作用线共面的力系称为平面力系，否则称为空间力系。本书中主要讨论平面力系。在平面力系中，各力作用线汇交于一点的称为平面汇交力系；各力作用线相互平行的称为平面平行力系；各力作用线任意分布的称为平面任意力系或平面一般力系。

三、刚体的概念

所谓刚体，是指在力的作用下不产生变形的物体，即在力的作用下物体内任意两点间的距离始终保持不变。刚体是静力学的主要研究对象。

事实上，任何物体在力的作用下总要产生一定程度的变形。但在一般情况下，工程中的构件和机械零件的变形都是很微小的，这种微小的变形对构件和机械零件的受力平衡没有实质性影响。这样，就可以忽略这种微小变形而将构件和机械零件抽象为刚体，这种抽象会使我们所研究的问题大大简化。所以，刚体是在静力学中对物体进行抽象简化后得到的一种理想化的力学模型。在不加说明时，静力学中所研究的物体均可视为刚体。

当变形这一因素在所研究的问题中不容忽略时（如研究材料力学问题时），便不能再把物体视为刚体。

与刚体相对应，受力以后非常容易变形的物体称为变形体或柔体，如绳索、传动带、链条等。

四、平衡的概念

所谓平衡，是指物体相对于地面保持静止或作匀速直线运动，即指物体相对于地面的平衡。平衡是物体机械运动的一种特殊情况。

第二节　静力学公理

公理是人们通过长期的观察和反复的实践得到的结论，已被实践所证实，并为大家所公认。静力学公理是对力的基本性质的概括和总结，是静力学理论的基础。

公理一　二力平衡公理

作用在同一刚体上的两个力，使刚体处于平衡状态的充分必要条件是此二力大小相等，方向相反，且作用在同一条直线上（简称等值、反向、共线），如图 1-2 所示。二力平衡公理总结了作用于刚体上的最简单力系平衡时必须满足的条件。

公理一只适用于刚体，不适用于变形体。对于刚体，等值、反向、共线作为二力平衡条件是必要的，同时也是充分的；但对于变形体，这个条件不是充分的。例如，绳索受到两个等值、反向的拉力作用时可以平衡，而受到两个等值、反向的压力作用时则不能平衡，如图 1-3 所示。

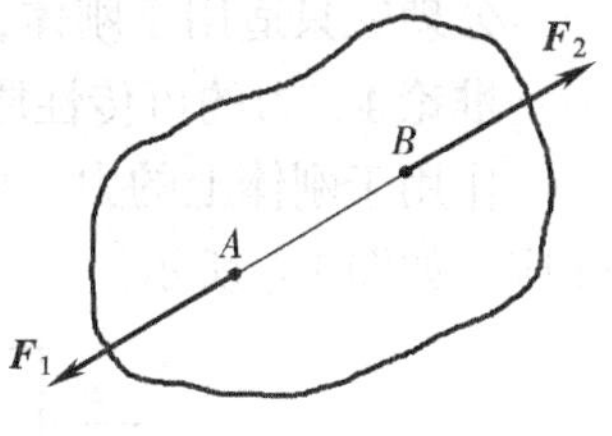

图 1-2

仅受两个力作用而处于平衡状态的构件称为二力构件。特殊

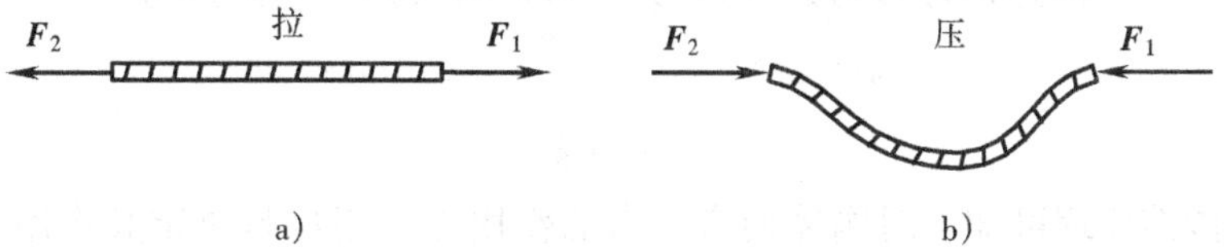

图 1-3

的，如果构件为杆件则称为二力杆。如图 1-4a 所示的支架，其中 *AB* 杆不计重力，则其仅在 *A*、*B* 两点受到力的作用，是一个二力杆。根据二力平衡公理可以确定，*AB* 杆所受的力必定沿着 *A*、*B* 两点的连线，如图 1-4b 所示。

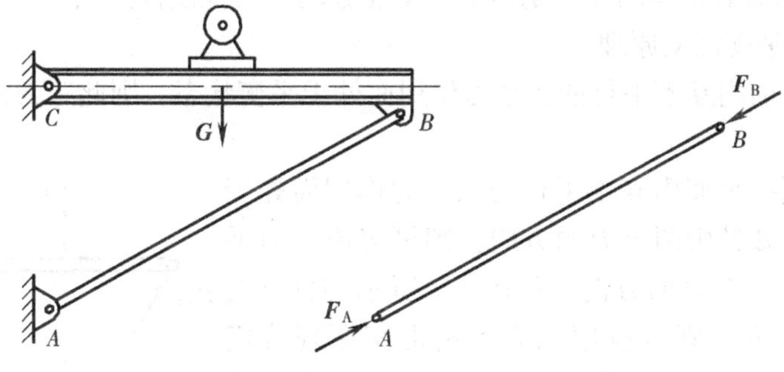

图 1-4

公理二　力的平行四边形法则

作用于物体上同一点的两个力，可以合成为一个合力，合力的作用点仍在该点，合力的大小和方向由这两个力所构成的平行四边形的对角线确定，如图 1-5 所示。

这种求合力的方法，称为矢量加法，合力矢量等于原来两力的矢量和。用公式表示为

$$\boldsymbol{F}_R = \boldsymbol{F}_1 + \boldsymbol{F}_2$$

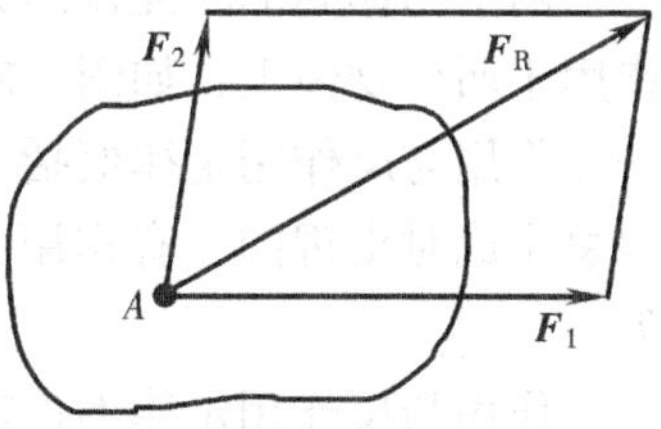

图 1-5

公理二不仅适用于刚体，也适用于变形体。

力的平行四边形法则总结了最简单力系的简化规律，它是复杂力系简化的基础。

公理三　加减平衡力系公理

在作用于刚体的已知力系中，加上或减去任意的平衡力系，不会改变原力系对刚体的作用效应。也就是说，加上或减去的平衡力系对刚体的平衡或运动状态毫无影响。

公理三只适用于刚体，不适用于变形体。

推论1 力的可传性原理

作用于刚体上的力，可沿其作用线移动至刚体上任意一点，而不改变原力对刚体的作用效应，如图1-6所示。

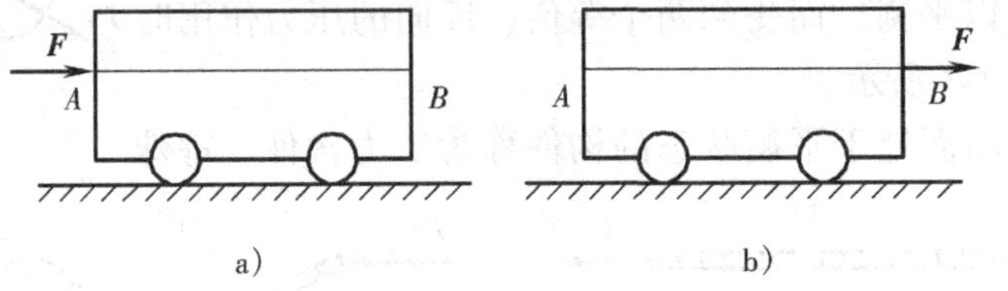

图 1-6

由力的可传性原理可知，对刚体而言，力的作用点已不再是决定其作用效应的要素之一，取而代之的是力的作用线。因此，作用于刚体上的力的三要素是：力的大小、方向和作用线。

在用力的可传性原理时，应注意下面两点：

(1) 力在移动过程中必须沿着作用线移动。

(2) 力在移动后必须作用在原刚体上，不能移动到其他刚体上去。

推论2 三力平衡汇交原理

刚体受到同平面内互不平行的三个力作用而处于平衡状态，则此三力的作用线必汇交于一点。

当刚体受到同一平面内互不平行的三个力作用而处于平衡状态时，若已知其中两个力的方向，则可应用三力平衡汇交原理确定第三个力的方向。如图1-7所示的杆*AB*，已知$\boldsymbol{F}$和$\boldsymbol{F}_{NA}$的方向，则可应用三力平衡汇交原理确定$\boldsymbol{F}_{NB}$的方向。

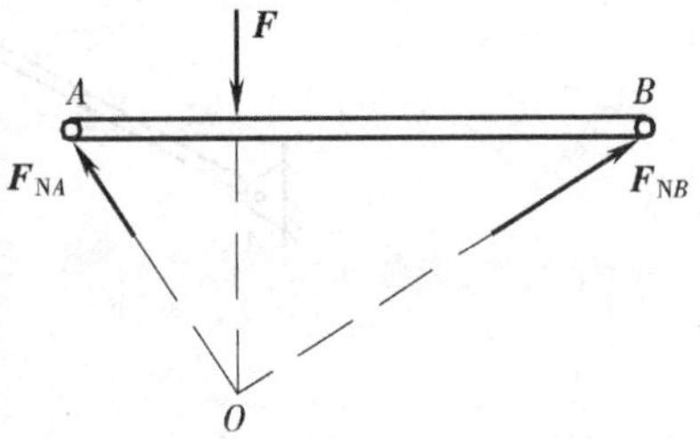

图 1-7

强调指出，三力平衡汇交原理是刚体在共面、互不平行的三个力作用下处于平衡状态的必要条件，但不是充分条件。这一点与二力平衡公理不同。

公理四 作用与反作用定律

两个物体间的相互作用力总是同时存在，并且大小相等、方向相反，沿同一条直线分别作用于两个物体上，如图1-8所示。

作用与反作用定律概括了自然界中物体间相互作用的关系。表明力总是成对出现的，有作用力就有反作用力，两者同时存在、同时消失。

作用与反作用定律不仅适用于刚体，也适用于变形体。

作用与反作用定律中讲的两个力，决不能与二力平衡公理中的两个力相混淆，作用力与反作用力分别作用于两个物体上，而一对平衡力则只作用于同一个物体上。这两个公理有本质的区别。

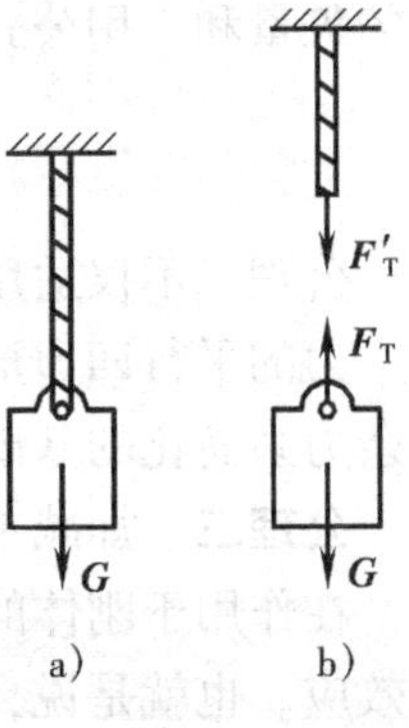

图 1-8

第三节 约束与约束反力

力学中常把物体分为两大类：自由体和非自由体。能在空中自由运动的物体称为自由体。例如，在空中飞行的飞机、炮弹和火箭等。受到其他物体的限制，不能自由运动的物体称为非自由体。例如沿钢轨运动的火车、夹持在机床刀架上的刀具等。

限制非自由体运动的物体称为该非自由体的约束。在上面的例子中，钢轨是火车的约束，刀架是刀具的约束。既然约束能阻碍物体的运动，亦即能改变物体的运动状态，因此约束对物体的作用，实际上是力的作用，约束施加给被约束物体的力称为约束反力，简称反力。

除了约束反力以外，物体上还常常作用着主动改变物体运动状态的力，如重力、推力等，这类力称为主动力。主动力的大小和方向一般是预先给定的，彼此是独立的。通常，主动力决定约束反力的大小。在静力学中，可以根据力系的平衡条件由主动力求得约束反力的大小。

本节中主要讨论约束反力的作用点和方向。因为约束反力是限制物体运动的力，所以它的作用点在约束与被约束物体相互连接或接触之处，反力方向与约束所限制的运动方向相反，这是判断约束反力方向和作用点位置的准则。

如图 1-9 所示，灯是非自由体，重力 $\boldsymbol{G}$ 是灯的主动力，绳索是灯的约束，$\boldsymbol{F}_T$ 是灯受到的约束反力，因为绳索限制灯竖直向下运动，所以约束反力 $\boldsymbol{F}_T$ 的方向为竖直向上。

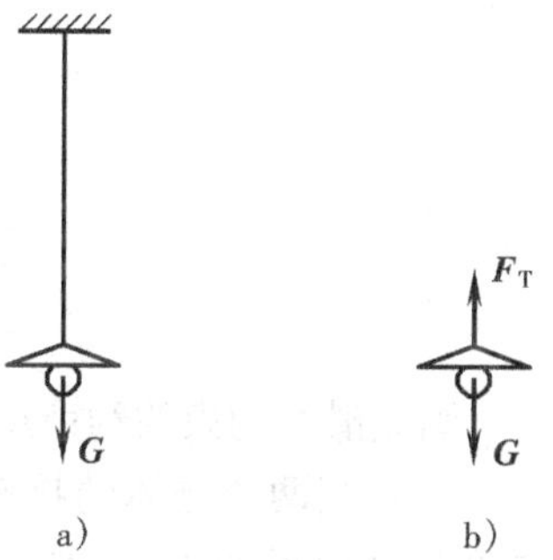

图 1-9

工程实际中，约束的种类很多，根据特性可将其分为几类。下面介绍几种常见的典型约束及其反力的确定方法。

一、柔体约束

由绳索、传动带、链条等柔体所形成的约束称为柔体约束。因为柔体只能受拉不能受压，不能抵抗弯曲变形，所以它只能限制被约束的物体沿柔体伸长方向的运动，而不能限制其他方向的运动。因此，柔体对物体的约束反力只能是沿着柔索背离物体的拉力。即柔体的约束反力作用在接触点，方向沿着柔索背离物体，恒为拉力，用符号 $\boldsymbol{F}_T$ 表示，如图 1-10 所示。

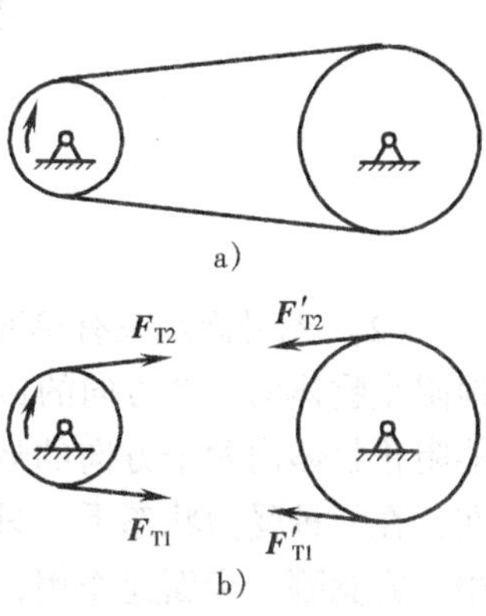

图 1-10

二、光滑接触面约束

如图 1-11 所示，两物体以点、线、面接触，略去接触处的摩擦所形成的约束称为光滑接触面约束，简称光滑面约束。

由图 1-11 可见，光滑面约束只能限制被约束的物体沿接触面公法线方向向约束体内的运动，而不能限制物体其他方向的运动。因此，光滑面约束的约束反力只能是沿着接触面的公法线指向被约束物体的压力。即光滑接触面约束的约束反力作用在接触点，方向沿着接触面的公法线方向，指向物体，恒为压力，一般用符号 $\boldsymbol{F}_N$ 表示。

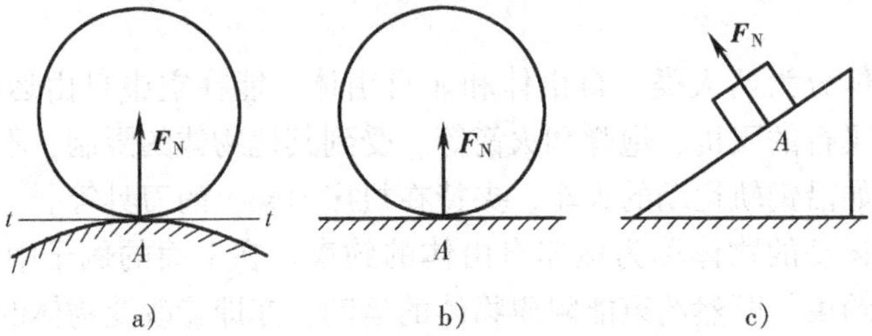

图 1-11

光滑面约束在工程中极为常见。例如，图 1-12a 所示凸轮曲面对从动件的约束，图 1-12b所示啮合齿轮的齿面约束等都是光滑面约束。

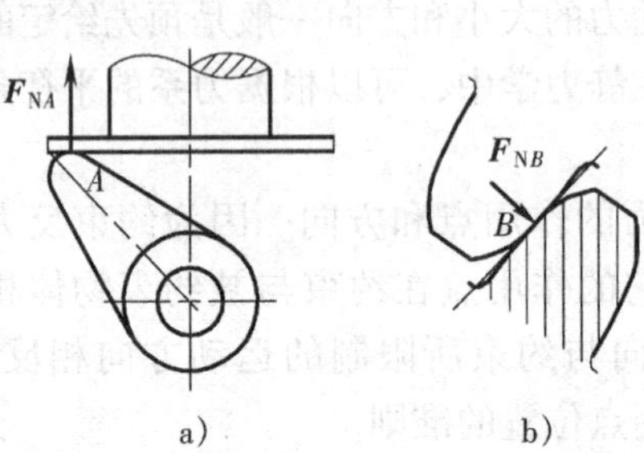

图 1-12

画光滑面约束的约束反力时，应注意下面两种情况：

(1) 当两个物体的接触点，有一物体无法线时，则约束反力沿另一物体的法线方向，如图 1-13 所示的 $\boldsymbol{F}_{NA}$、$\boldsymbol{F}_{NB}$。

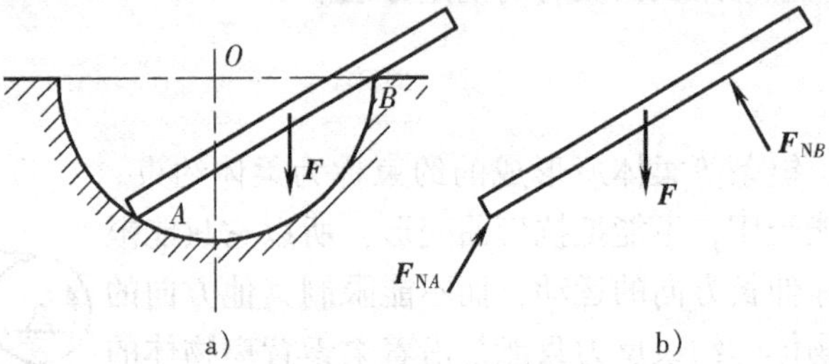

图 1-13

(2) 光滑面约束有单面约束和双面约束之分。如图 1-11a、b、c 所示，支承面只能单一地阻止物体向一个方向的运动，称为单面约束。如图 1-14 所示，物块放在水平槽中，槽面能阻止物体向两个方向的运动，称为双面约束。由于间隙的存在，在一种受力状态下，只有一面存在约束反力。在具体问题中，究竟哪一个面起作用，应根据受力分析及物体的平衡条件来确定。

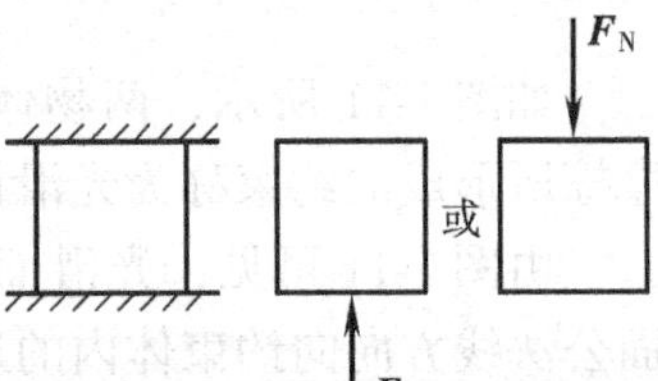

图 1-14

例 1-1 如图 1-15a 所示，直杆的棱角与方槽在 A、B、C 三点接触。画出直杆在 A、B、C 三点的约束反力。

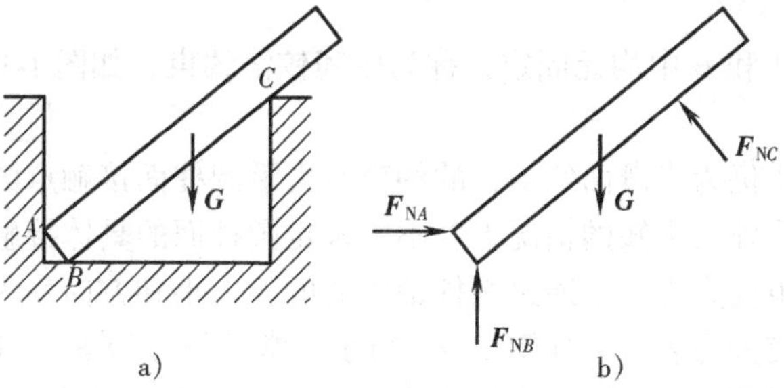

图　1-15

解　A、B 两点处直杆无法线，约束反力 $\boldsymbol{F}_{NA}$、$\boldsymbol{F}_{NB}$沿方槽的法线方向，指向直杆。C 点处方槽无法线，约束反力 $\boldsymbol{F}_{NC}$沿直杆的法线方向，指向直杆，如图 1-15b 所示。

三、光滑圆柱铰链约束

两构件通过圆柱销连接，略去接触处的摩擦所形成的约束称为光滑圆柱铰链约束，简称铰链约束。铰链约束在结构上的共同特点是采用圆柱形销钉 C 将两个构件 A 和 B 连接在一起，如图 1-16a、c 所示。

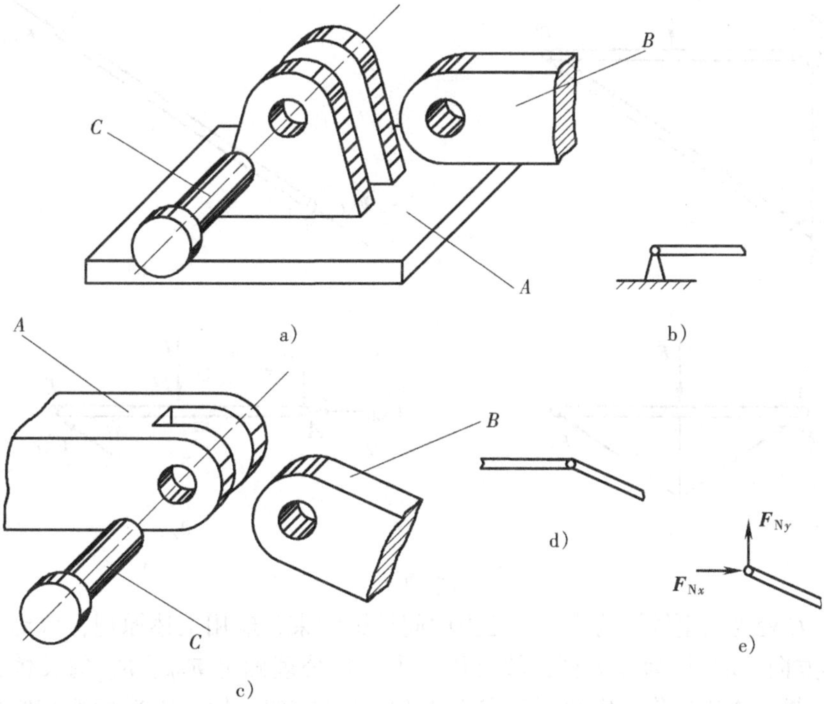

图　1-16

铰链约束通常分为以下三种形式：

1. 固定铰链约束

相连的两个构件 A 和 B 中有一个固定作为机架或支承面，称为固定铰链约束，又称为固定铰链支座，如图 1-16a 所示。其结构示意图如图 1-16b 所示。

2. 中间铰链约束

相连的两个构件 A 和 B 中均无固定，称为中间铰链约束，如图 1-16c 所示。其结构示意图如图 1-16d 所示。

此两类约束的本质仍为光滑面约束，故约束反力沿圆柱面接触点的公法线方向，通过圆柱销中心。在构件所受外力未知的情况下，不能确定圆柱面的具体接触位置。因此，一般情况下这两类约束的约束反力为一个通过圆柱销中心的、大小和方向均为未知的力。通常此力用一对大小未知的正交分力表示，如图 1-16e 所示，常用符号为 $\boldsymbol{F}_{Nx}$、$\boldsymbol{F}_{Ny}$。

但在某些特殊情况下，这两类约束也能确定出约束反力的具体方向，此时应用原理有：二力平衡公理、作用反作用定律、三力平衡汇交原理。

在用上述原理确定铰链约束的约束反力时，应注意以下两点：

(1) 能用二力平衡公理或作用与反作用定律确定约束反力的具体方向时，必须画出具体方向，不允许画成一对正交分力。

(2) 能用三力平衡汇交原理确定约束反力的具体方向时，可以画出具体方向，也可以画成一对正交分力。

例 1-2　如图 1-17a 所示，支架 ABC 受到主动力 $\boldsymbol{F}$ 作用，画出 AB 杆和 BC 杆的受力图。

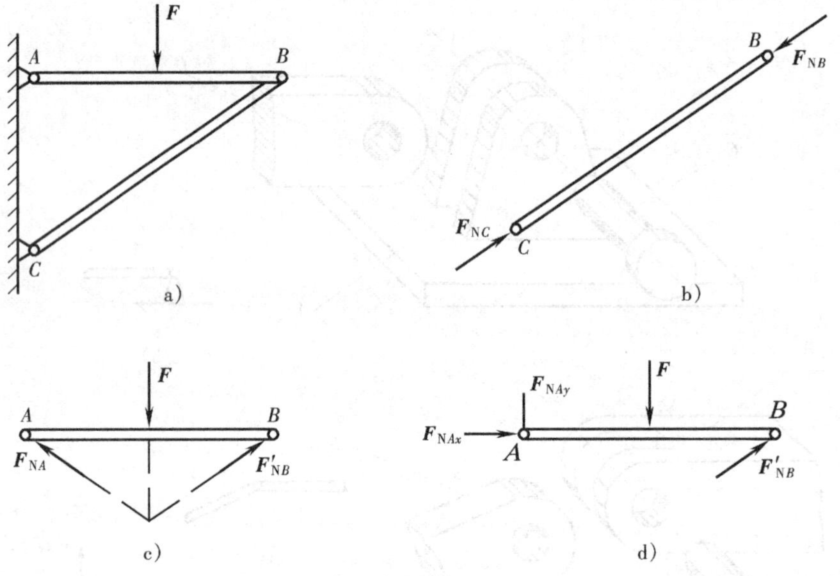

图　1-17

解　A、C 处为固定铰链约束，B 处为中间铰链约束，应用上述原理，可确定三处约束反力的具体方向。BC 杆为二力杆，故可用二力平衡公理确定 $\boldsymbol{F}_{NB}$、$\boldsymbol{F}_{NC}$ 的具体方向，如图 1-17b 所示。根据作用反作用定律可确定出 $\boldsymbol{F}'_{NB}$ 的具体方向，用三力平衡汇交原理可确定出 $\boldsymbol{F}_{NA}$ 的具体方向，如图 1-17c 所示。还可以将约束反力 $\boldsymbol{F}_{NA}$ 画成一对正交分力，如图 1-17d 所示。

3. 活动铰链约束

在铰链约束下面装几个滚轮，使它能在支承面上任意移动，这种约束称为活动铰链约束，又称为活动铰链支座，如图 1-18a 所示。其结构示意图如图 1-18b 所示。此类约束常见

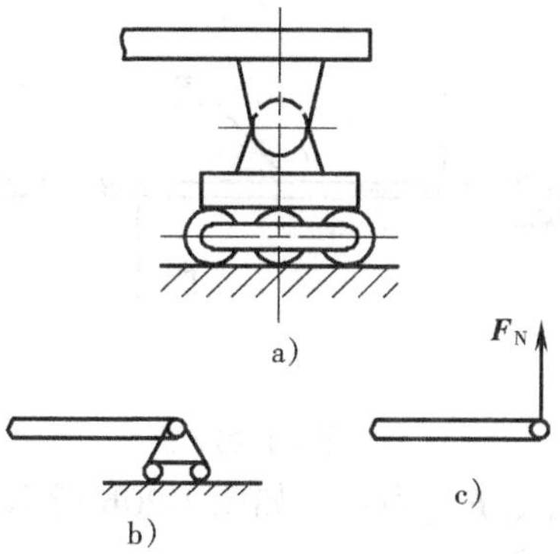

图　1-18

于屋架、桥梁等结构中。它只能限制构件沿支承面法线方向的运动，故其约束反力通过铰链中心并与支承面相垂直，如图 1-18c 所示，用符号 $\boldsymbol{F}_{\mathrm{N}}$ 表示。

第四节　受力分析与受力图

工程中所遇到的物体几乎都是受到一定约束的非自由体，它们与周围的物体相互连接着，在主动力和约束反力的作用下保持平衡。为了分析某一物体的受力情况，需要把该物体从与它相联系的周围物体中分离出来，使研究对象成为自由体，单独画出它的简图，这个步骤叫做选研究对象或取分离体。确定所研究的物体受到哪些力的作用，搞清约束的类型和约束反力的方向，这个分析过程称为物体的受力分析。在研究对象上画出所有的主动力，并解除全部约束，代之以相应的约束反力，这样得到的图形称为受力图。画受力图具体步骤如下：

（1）明确研究对象，画出分离体。

（2）在分离体上画出全部主动力。

（3）在分离体解除约束处画出约束反力。

例 1-3　小球的重力为 $\boldsymbol{G}$，在 A 处用绳索系在竖直墙上，如图 1-19a 所示。球与墙面间的摩擦不计，画出小球的受力图。

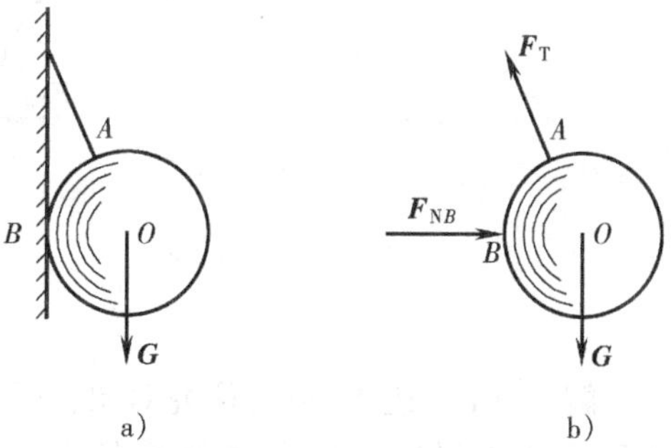

图　1-19

解　（1）选小球为研究对象，画出分离体。

（2）画出主动力 $\boldsymbol{G}$。

（3）画出全部约束反力。绳索的约束反力 $\boldsymbol{F}_{\mathrm{T}}$ 沿着绳索背离物体；光滑面约束的约束反力 $\boldsymbol{F}_{NB}$ 垂直于墙面指向物体，如图 1-19b 所示。

例 1-4　杆 AB 如图 1-20a 所示，中点 C 作用一主动力 $\boldsymbol{F}$。不计自重，画出杆 AB 的受力图。

解　（1）选杆 AB 为研究对象，画出分离体。

（2）画出主动力 $\boldsymbol{F}$。

（3）画出全部约束反力。活动铰链的约束反力 $\boldsymbol{F}_{NB}$ 竖直向上通过铰链中心；固定铰链的

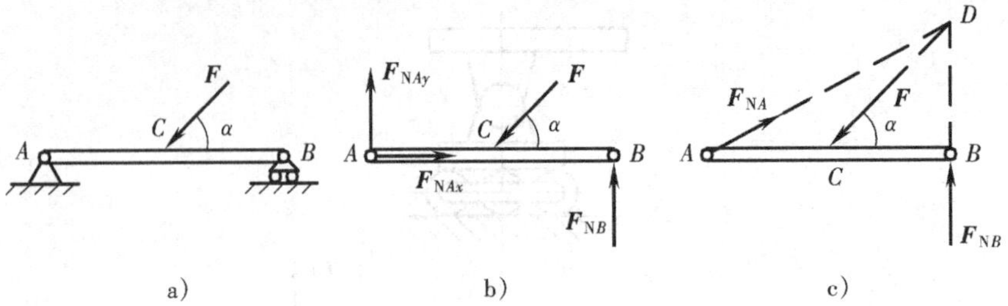

图 1-20

约束反力可用一对正交分力 $\boldsymbol{F}_{NAx}$、$\boldsymbol{F}_{NAy}$表示，如图 1-20b 所示。也可以根据三力平衡汇交原理确定其具体方向，如图 1-20c 所示。

例 1-5 如图 1-21a 所示，三铰拱桥由左、右两拱铰接而成，在 BC 拱上作用一主动力 $\boldsymbol{F}$。各拱的自重不计，分别画出拱 AC、BC 的受力图。

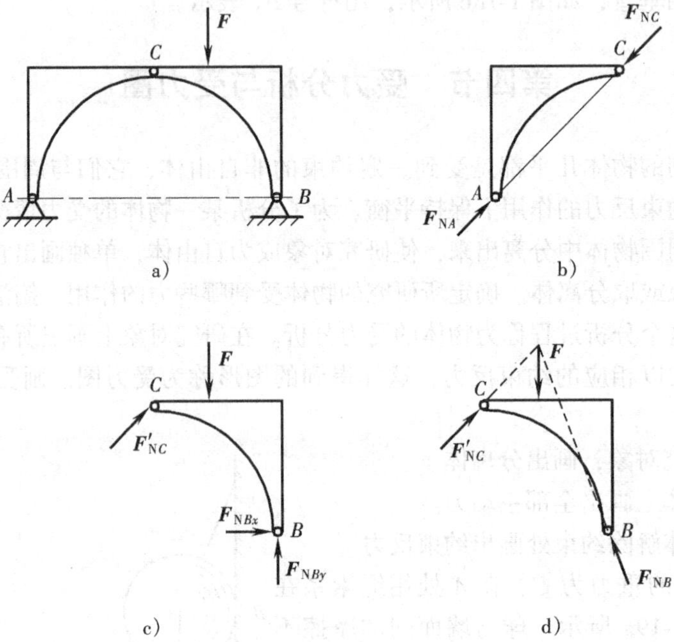

图 1-21

解 (1) 选 AC 拱为研究对象，画出分离体。由于拱的自重不计，AC 拱仅在 A、C 两处受到固定铰链和中间铰链的约束反力，所以 AC 拱是一个二力构件，可根据二力平衡公理确定约束反力 $\boldsymbol{F}_{NA}$和 $\boldsymbol{F}_{NC}$，如图 1-21b 所示。

(2) 选 BC 拱为研究对象，画出分离体。BC 拱受到三个力作用：主动力 $\boldsymbol{F}$；C 处受到中间铰链约束，其约束反力 $\boldsymbol{F}_{NC}'$可根据作用反作用定律确定；B 点为固定铰链约束，其约束反力可用一对正交分力 $\boldsymbol{F}_{NBx}$、$\boldsymbol{F}_{NBy}$ 表示，如图 1-21c 所示。也可以根据三力平衡汇交原理确定其具体方向，如图 1-21d 所示。

例 1-6 如图 1-22a 所示，三角架由 AC、BC 两杆铰接而成，力 $\boldsymbol{F}$ 作用在销钉 C 上。两杆和销钉的自重不计，分别画出杆 AC、BC 及销钉 C 的受力图。

解 (1) 选 AC 杆为研究对象，画出分离体。由于不计杆的自重，AC 杆仅在 A、C 两

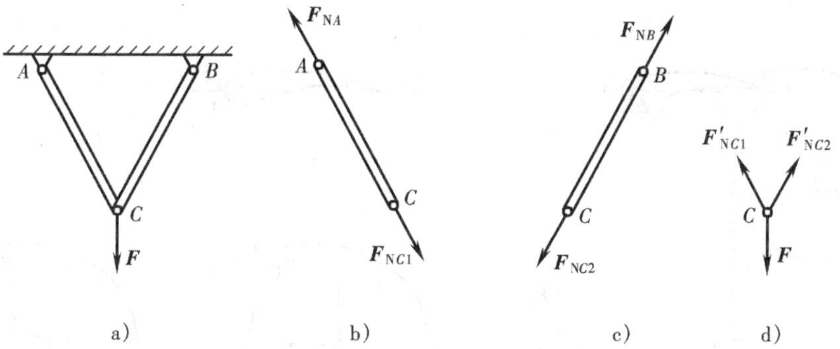

图 1-22

处受到固定铰链和中间铰链的约束反力，所以 AC 杆为一二力杆，可根据二力平衡公理确定约束反力 F_{NA}和 F_{NC1}，如图 1-22b 所示。

（2）选 BC 杆为研究对象，画出分离体。同理可确定约束反力 F_{NB}和 F_{NC2}，如图 1-22c 所示。

（3）选销钉 C 为研究对象，画出分离体。销钉 C 受到三个力作用：主动力 F；AC 杆和 BC 杆对销钉 C 的反作用力F'_{NC1}和 F'_{NC2}，此二力可根据作用反作用定律确定，如图 1-22d 所示。

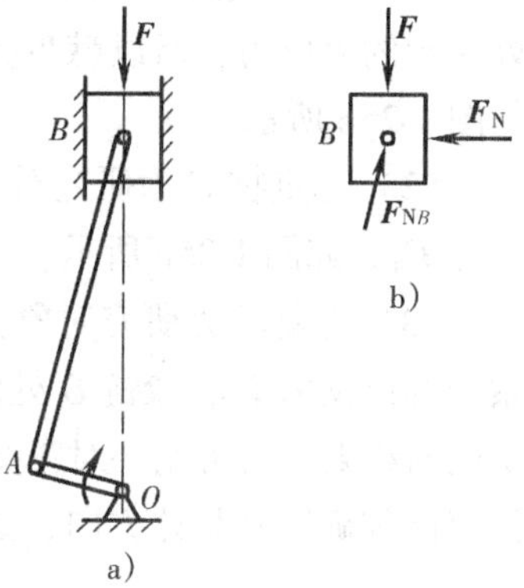

图 1-23

例 1-7 如图 1-23a 所示曲柄滑块机构，力 F 作用在滑块 B 上。不计各构件的自重与接触处的摩擦，画出滑块 B 的受力图。

解 选滑块 B 为研究对象，画出分离体。由于不计自重，滑块 B 只受到三个力作用：主动力 F；滑块 B 与 AB 杆形成的中间铰链的约束反力 F_{NB}；滑块 B 与导槽形成的光滑面约束的约束反力 F_N。

为画出约束反力 F_{NB}，可先画出 AB 杆的受力图。AB 杆为一二力杆，可根据二力平衡公理确定其受力，然后根据作用反作用定律确定 F_{NB}的具体方向；滑块 B 与导槽形成的光滑面约束为一双面约束，在图示状态下，滑块 B 与右导槽面单面接触，从而产生垂直于右导槽面的约束反力 F_N，由三力平衡汇交原理可知，F_N 与 F、F_{NB} 汇交于一点，据此可画出约束反力 F_N，如图 1-23b 所示。

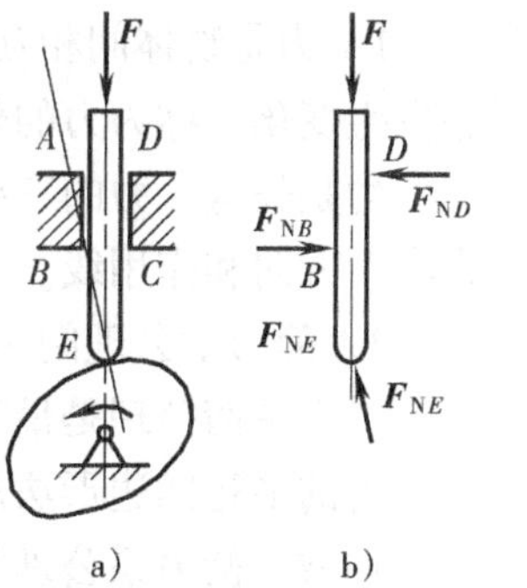

图 1-24

例 1-8 如图 1-24a 所示凸轮机构，力 F 作用在推杆上。不计各构件的自重与接触处的摩擦，画出推杆的受力图。

解 选推杆为研究对象，画出分离体。不计自重，推杆受到的作用力有：主动力 F；凸轮与推杆形成的光滑面约束的约束反力 F_{NE}；在图示状态下，推杆倾斜与导路在 B、D 两点接触，又形成两个光滑面约束，其约束反力为 F_{NB}、F_{ND}，如图 1-24b 所示。

例 1-9 如图 1-25a 所示棘轮机构，重物 C 的重力为 G。画出棘轮 O、棘爪 AB、重物 C

的受力图。

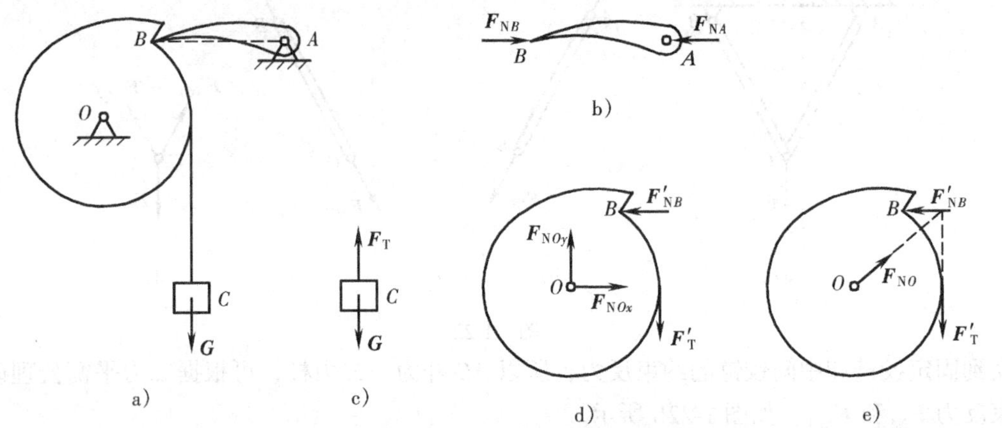

图 1-25

解 (1) 选棘爪 AB 为研究对象，画出分离体。由于不计自重，棘爪 AB 仅在 A、B 两处受到约束反力，所以棘爪为一二力构件，可根据二力平衡公理确定约束反力 $\boldsymbol{F}_{NA}$ 和 $\boldsymbol{F}_{NB}$，如图 1-25b 所示。

(2) 选重物 C 为研究对象，画出分离体。重物仅受两个力作用：重力 $\boldsymbol{G}$ 和绳索的约束反力 $\boldsymbol{F}_T$，如图 1-25c 所示。

(3) 选棘轮为研究对象，画出分离体。棘轮受到三个力作用：棘爪的约束反力 $\boldsymbol{F}_{NB}'$；绳索的约束反力 $\boldsymbol{F}_T'$；铰链 O 处的约束反力 $\boldsymbol{F}_{NO}$。根据作用反作用定律可以确定 $\boldsymbol{F}_{NB}'$和 $\boldsymbol{F}_T'$，铰链 O 处的约束反力可用一对正交分力 $\boldsymbol{F}_{NOx}$、$\boldsymbol{F}_{NOy}$ 表示，如图 1-25d 所示。也可以根据三力平衡汇交原理确定其具体方向，如图 1-25e 所示。

小 结

1. 力是物体间相互的机械作用。力作用在物体上具有两种效应：一是使物体的运动状态发生变化，称为力的外效应；二是使物体产生变形，称为力的内效应。

力是矢量。力的三要素为力的大小、方向和作用点。作用于刚体上的力的三要素为力的大小、方向和作用线。

2. 静力学公理阐明了力的基本性质，是静力学的理论基础。

二力平衡公理是最简单力系的平衡条件。

力的平行四边形法总结了最简单力系的简化规律，它是复杂力系简化的基础。

加减平衡力系公理是力系等效代换和简化的理论基础。

作用与反作用定律概括了自然界中物体间相互作用的关系。表明力总是成对出现的。

3. 作用于物体上的力可分为主动力和约束反力。约束反力是限制被约束物体运动的力，作用于约束与被约束物体的接触处，方向与约束所限制的运动方向相反。

常见的约束类型有：

(1) 柔体约束。约束反力作用在接触点，方向沿着柔索背离物体，恒为拉力，用符号

F_T 表示。

（2）光滑接触面约束。约束反力作用在接触点，方向沿着接触面的公法线方向指向物体，恒为压力，一般用符号 F_N 表示。

（3）光滑圆柱铰链约束。固定铰链和中间铰链约束反力的方向一般情况下用一对正交分力 F_{Nx}、F_{Ny} 表示；活动铰链约束反力的方向垂直于支承面通过铰链中心。

4. 在研究对象上画出所有的主动力，并解除其受到的全部约束，代之以相应的约束反力，这样得到的图形称为受力图。画受力图时应注意：

（1）只画受力，不画施力。

（2）解除约束后，才能画上约束反力。

习　题

1-1　如图所示，能否在折杆的 A、B 两点各施一力，使它处于平衡状态？（折杆的自重不计）。

1-2　作用于三角架 AB 杆中点的力 F，能否沿其作用线移动到 BC 杆的中点？

1-3　指出图中哪些构件是二力构件（所有构件均不计自重）。

1-4　画出图中各圆球的受力图。

1-5　画出图中各杆的受力图。

1-6　画出图中各指定物体的受力图。

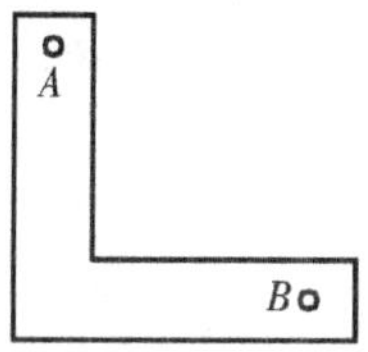

题　1-1 图

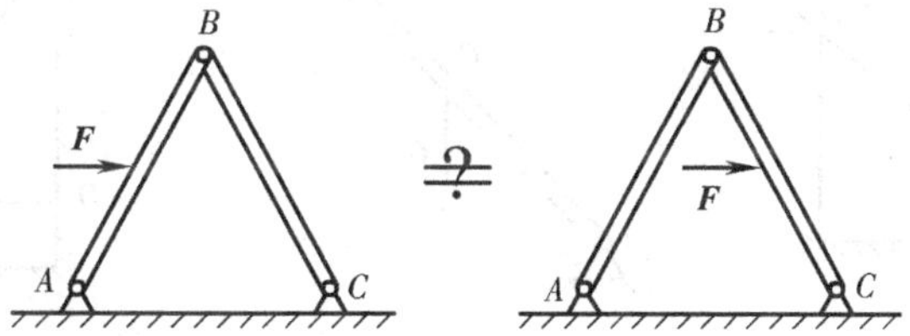

题　1-2 图

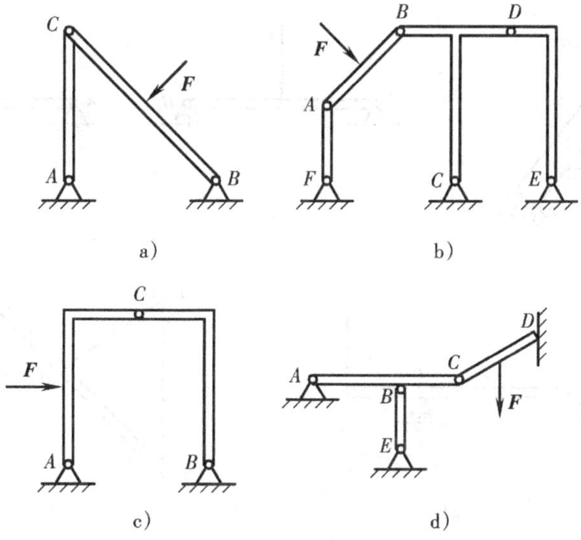

题　1-3 图

1-7　如图所示三角架，力 F 作用在销钉 C 上。画出杆 AC、BC 及销钉 C 的受力图。

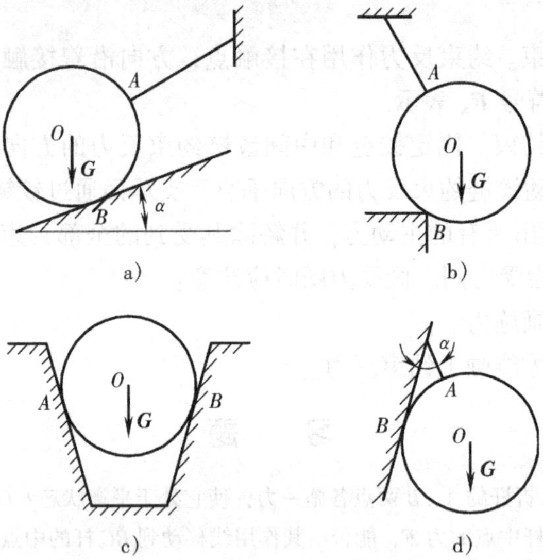
A
O
G
B
α
a)
A
O
G
B
b)
O
A
G
B
c)
α
A
B
O
G
d)

题 1-4 图

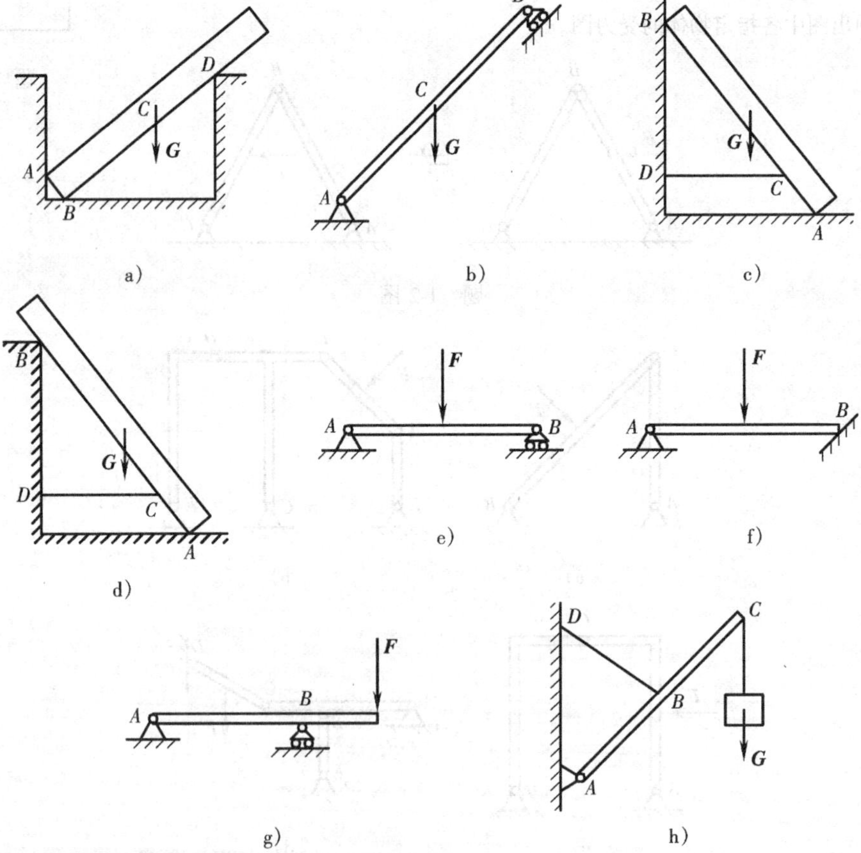
D
C
G
A
B
a)
B
C
G
A
b)
B
G
D
C
A
c)
B
G
D
C
A
d)
F
A
B
e)
F
A
B
f)
F
A
B
g)
D
C
B
A
G
h)

题 1-5 图

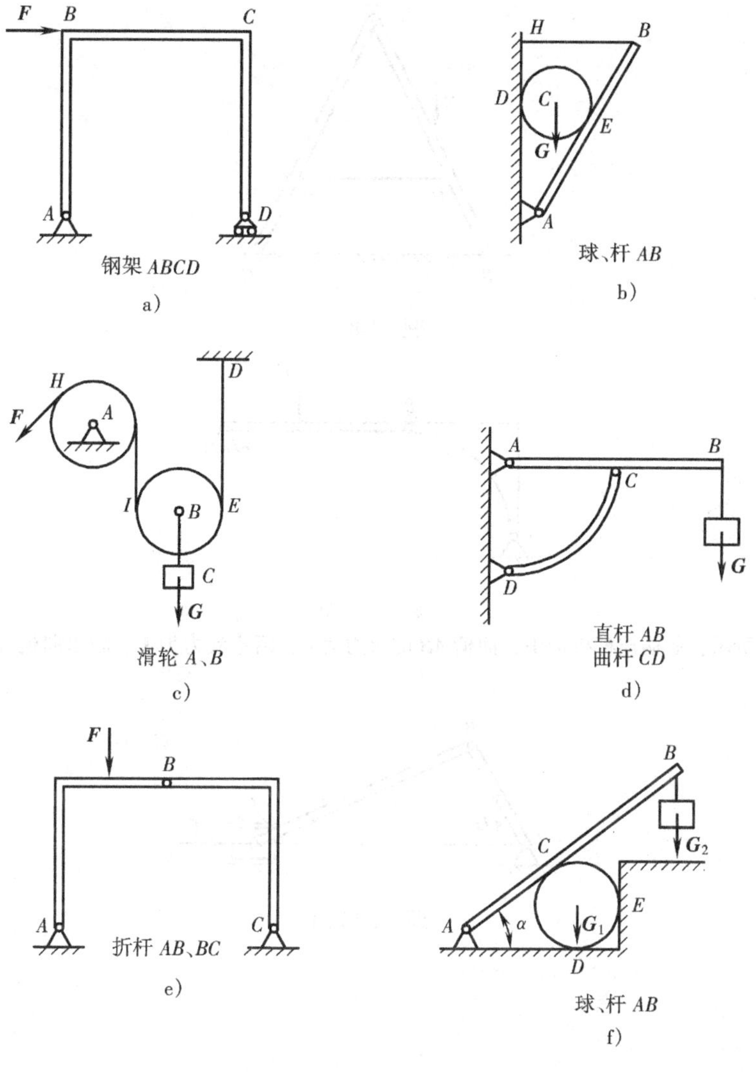

题　1-6 图

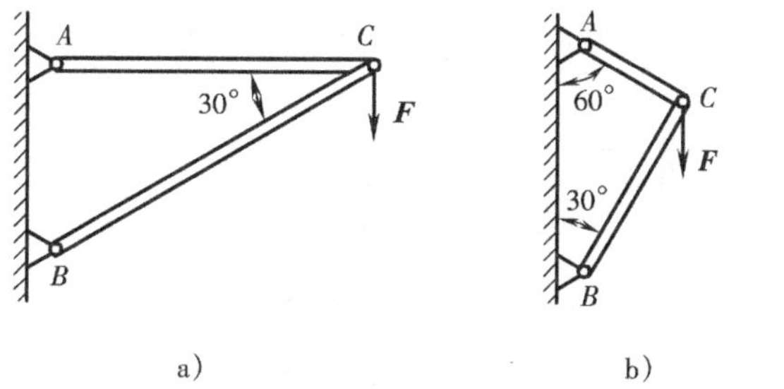

题　1-7 图

1-8　如图所示，梯子由 *AB*、*AC* 两杆在点 *A* 铰接，又在 *D*、*E* 两点用水平绳子连接，在 *AB* 杆的中点作用一竖直力 $\boldsymbol{F}$。不计自重，分别画出杆 *AB*、*AC* 的受力图。

1-9　如图所示，平面机构 *ABC* 中，力 $\boldsymbol{F}$ 作用在杆 *BC* 上。画出构件 *AB*、*BC* 的受力图。

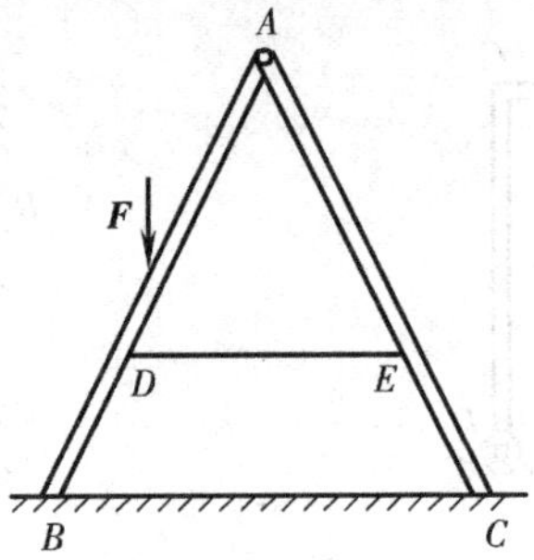

题　1-8 图

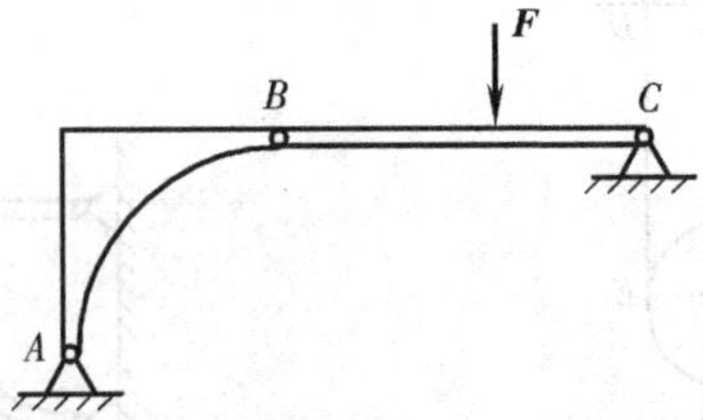

题　1-9 图

1-10　如图所示，曲柄连杆机构中，曲柄 AB 的重力为 G，活塞受力为 $\boldsymbol{F}$。画出曲柄 AB、连杆 BC 及活塞 C 的受力图。

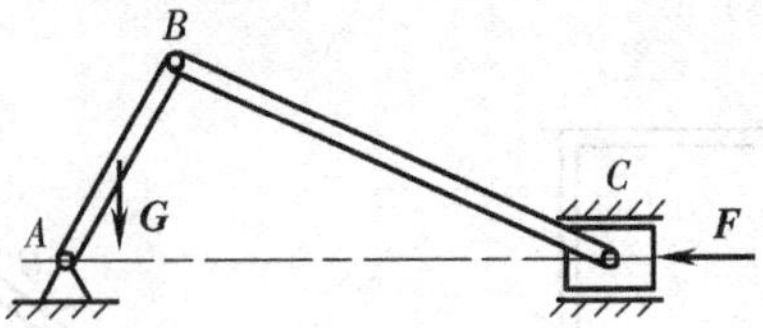

题　1-10 图

第二章　平面汇交力系

凡各力的作用线均在同一平面内的力系，称为平面力系。在平面力系中，若各力的作用线全部汇交于一点，则称为平面汇交力系。

研究平面汇交力系，一方面可以解决一些简单的工程实际问题，另一方面也为研究更复杂的力系打下基础。

本章将分别用几何法和解析法研究平面汇交力系的合成与平衡问题。

第一节　平面汇交力系合成与平衡的几何法

一、平面汇交力系合成的几何法

1. 二汇交力合成的三角形法则

设 $\boldsymbol{F}_1$、$\boldsymbol{F}_2$ 二力作用于某刚体的 A 点，则由力的平行四边形法则可知，以 $\boldsymbol{F}_1$、$\boldsymbol{F}_2$ 为两边，作平行四边形，其对角线即为它们的合力 $\boldsymbol{F}_R$，并记作 $\boldsymbol{F}_R=\boldsymbol{F}_1+\boldsymbol{F}_2$，如图 2-1a 所示。

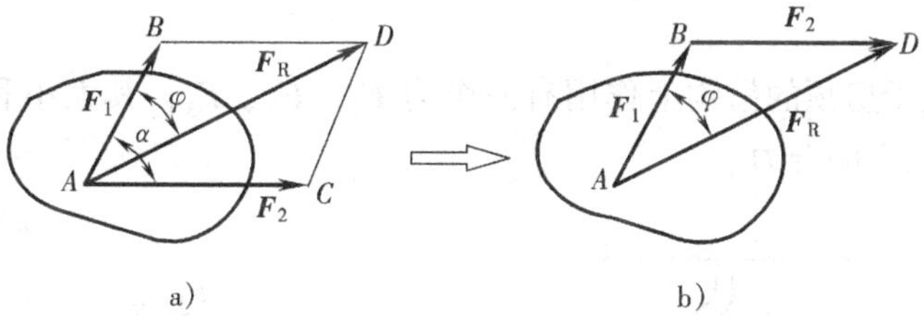

图　2-1

为简便计，作图时可直接将 $\boldsymbol{F}_2$ 平移到 $\boldsymbol{F}_1$ 的末端，通过 $\triangle ABD$ 即可求得合力 $\boldsymbol{F}_R$，如图 2-1b 所示，此法称为二汇交力合成的三角形法则。实际应用时，按一定比例作图，可直接量得合力 $\boldsymbol{F}_R$ 的近似值；也可以由正弦定理或余弦定理计算合力 $\boldsymbol{F}_R$ 的大小。

2. 多个汇交力合成的力的多边形法则

设在刚体上作用一平面汇交力系 $\boldsymbol{F}_1$、$\boldsymbol{F}_2$、$\boldsymbol{F}_3$、$\boldsymbol{F}_4$，其作用线汇交于 O 点，如图 2-2a 所示。求其合力 $\boldsymbol{F}_R$，可连续使用上述三角形法则，即先求 $\boldsymbol{F}_1$ 与 $\boldsymbol{F}_2$ 的合力 $\boldsymbol{F}_{12}$，再将 $\boldsymbol{F}_{12}$与 $\boldsymbol{F}_3$ 合成为 $\boldsymbol{F}_{123}$，最后求出 $\boldsymbol{F}_{123}$与 $\boldsymbol{F}_4$ 的合力 $\boldsymbol{F}_R$，力 $\boldsymbol{F}_R$ 即为该汇交力系 $\boldsymbol{F}_1$、$\boldsymbol{F}_2$、$\boldsymbol{F}_3$、$\boldsymbol{F}_4$ 的合力，如图 2-2b 所示。用矢量式表示为

$$\boldsymbol{F}_R=\boldsymbol{F}_1+\boldsymbol{F}_2+\boldsymbol{F}_3+\boldsymbol{F}_4=\sum\boldsymbol{F}$$

在上面分析的过程中，$\boldsymbol{F}_{12}$、$\boldsymbol{F}_{123}$ 亦可省略，如图 2-2c 所示。故求合力 $\boldsymbol{F}_R$ 只需将各力 $\boldsymbol{F}_1$、$\boldsymbol{F}_2$、$\boldsymbol{F}_3$、$\boldsymbol{F}_4$ 首尾相接，形成一条折线，最后将其连成一封闭的多边形，从 $\boldsymbol{F}_1$ 的起始点指向 $\boldsymbol{F}_4$ 的终止点所形成的矢量即为合力 $\boldsymbol{F}_R$。此法称为力的多边形法则，也称为平面汇交力系合成的几何法。力多边形的封闭边即为力系的合力。

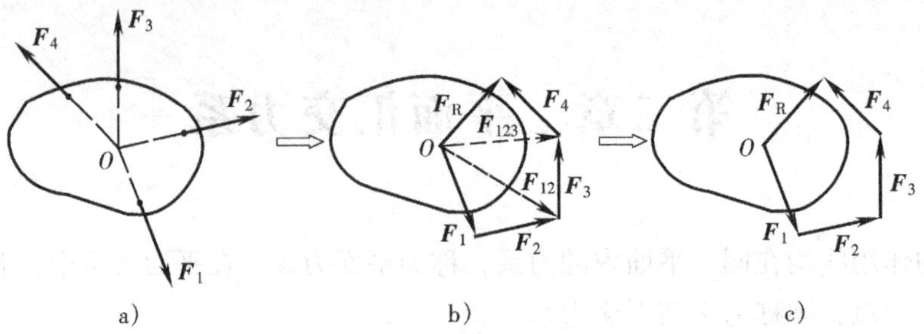

图　2-2

上述方法可以推广到平面汇交力系有若干个力的情况，于是可以得出结论：

用力的多边形法则可以将平面汇交力系合成为一个合力，画力的多边形时需将各力首尾相接，形成一条折线，最后连其封闭边。从第一个力的起始点指向最后一个力的终止点所形成的矢量即为合力 $\boldsymbol{F}_R$。即平面汇交力系合成的结果是一个合力，其作用线过力系的汇交点，合力的大小和方向等于力系中各力的矢量和，用矢量式表示为

$$\boldsymbol{F}_R = \boldsymbol{F}_1 + \boldsymbol{F}_2 + \cdots + \boldsymbol{F}_n = \sum \boldsymbol{F} \tag{2-1}$$

应用力的多边形法则求合力时，应注意以下两点：

(1) 作力多边形时各个分力的次序是任意的，顺序不同只改变力多边形的形状，不改变合力的大小与方向。

(2) 作力多边形时各分力必须首尾相接，合力的箭头与最后一个分力的箭头相碰，合力为封闭边。

例 2-1　一固定于房顶的吊钩上作用有三个力 $\boldsymbol{F}_1$、$\boldsymbol{F}_2$、$\boldsymbol{F}_3$，其大小和方向如图 2-3a 所示。用几何法求此三力的合力。

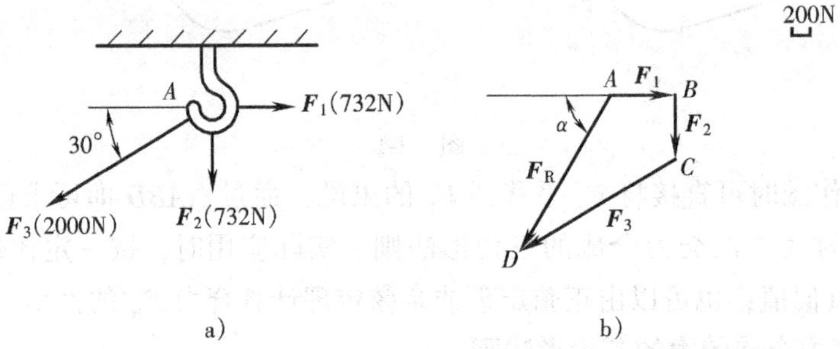

图　2-3

解　(1) 选取比例尺，如图 2-3b 所示。

(2) 按比例尺首尾相接地画出 $\boldsymbol{F}_1$、$\boldsymbol{F}_2$、$\boldsymbol{F}_3$，连其封闭边即为合力 $\boldsymbol{F}_R$，如图 2-3b 所示。

(3) 量出代表合力 $\boldsymbol{F}_R$ 的长度 AD，通过比例换算，得到 $F_R = 2000\text{N}$。

(4) 用量角器量得合力 $\boldsymbol{F}_R$ 与水平线之间的夹角 $\alpha = 60°$。

二、平面汇交力系平衡的几何条件

若刚体在一平面汇交力系作用下处于平衡状态，则该力系的合力为零；反之刚体受到一

平面汇交力系作用，若力系的合力为零，则刚体处于平衡状态。于是得到刚体在平面汇交力系作用下处于平衡状态的充分必要条件是力系的合力等于零，即

$$\boldsymbol{F}_R = \sum \boldsymbol{F} = 0 \tag{2-2}$$

若用力的多边形法则表示，即当平面汇交力系平衡时，由力系中各力首尾相连而成的力多边形，其第一个力的起始点和最后一个力的终止点恰好重合在一起，构成一个封闭的力多边形。由此得到结论：

刚体在平面汇交力系作用下处于平衡状态的几何条件是此力系的力多边形首尾相连、自行封闭。

例 2-2　如图 2-4a 所示，支架 ABC 由水平杆 AB 与斜杆 BC 组成，A、B、C 三处均为铰链连接，B 端悬挂重物，其重力 $W=5\text{kN}$。不计自重，试求两杆所受的力。

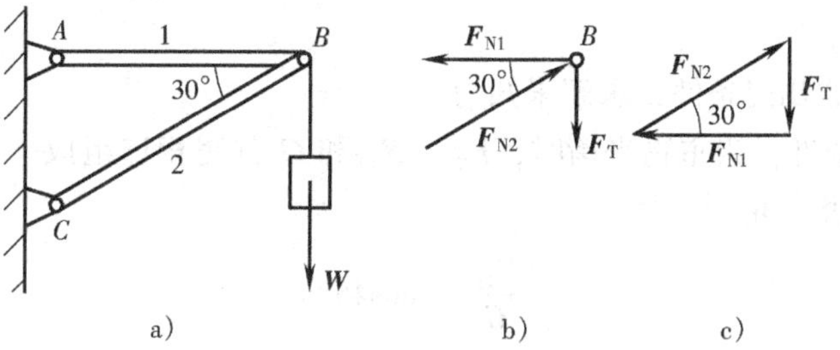

图　2-4

解（1）选销钉 B 为研究对象。

（2）对销钉 B 进行受力分析，画受力图。

销钉 B 受到三个力作用：绳子的约束反力 $\boldsymbol{F}_T$（大小等于重物的重力 W），其方向沿着绳索竖直向下；杆 AB、AC 对销钉的约束反力 $\boldsymbol{F}_{N1}$、$\boldsymbol{F}_{N2}$，由于自重不计，AB、AC 两杆均为二力杆，故 $\boldsymbol{F}_{N1}$、$\boldsymbol{F}_{N2}$ 沿着各自杆的轴线，如图 2-4b 所示。显然，$\boldsymbol{F}_{N1}$、$\boldsymbol{F}_{N2}$ 和 $\boldsymbol{F}_T$ 组成一平面汇交力系。

（3）应用平衡的几何条件，求解未知力。

由平衡的几何条件，当销钉 B 平衡时，$\boldsymbol{F}_{N1}$、$\boldsymbol{F}_{N2}$ 和 $\boldsymbol{F}_T$ 首尾相连组成一个封闭的力三角形，如图 2-4c 所示。解此三角形，得

$$\frac{F_T}{F_{N1}} = \tan 30°$$

$$\frac{F_T}{F_{N2}} = \sin 30°$$

故

$$F_{N1} = \frac{F_T}{\tan 30°} = \frac{W}{\tan 30°} = \frac{5}{\tan 30°}\text{kN} = 8.66\text{kN}$$

$$F_{N2} = \frac{F_T}{\sin 30°} = \frac{W}{\sin 30°} = \frac{5}{\sin 30°}\text{kN} = 10\text{kN}$$

根据受力图可知 AB 杆受拉力，BC 杆受压力。

例 2-3　如图 2-5a 所示，绳 AC、BC 吊起一重物，重物的重力 $G=100\text{N}$，绳与水平线的夹角均为 45°。求绳的拉力。

解　（1）选重物为研究对象。

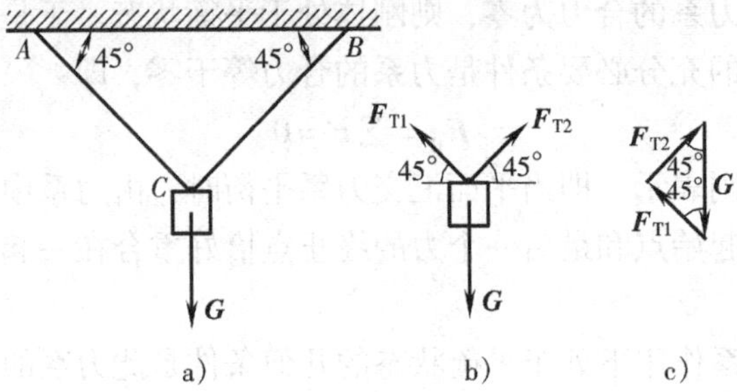

图　2-5

（2）对重物进行受力分析，画受力图。

重物受到三个力作用：重力 $\boldsymbol{G}$、柔体的约束反力 $\boldsymbol{F}_{T1}$ 和 $\boldsymbol{F}_{T2}$，此三力组成一平面汇交力系，如图 2-5b 所示。

（3）应用平衡的几何条件，求解未知力。

由平衡的几何条件，当重物平衡时，$\boldsymbol{F}_{T1}$、$\boldsymbol{F}_{T2}$ 和 $\boldsymbol{G}$ 首尾相连组成一个封闭的力三角形，如图 2-5c 所示。解此三角形，得

$$\frac{F_{T1}}{G} = \cos 45^\circ$$

故

$$F_{T1} = G\cos 45^\circ = 100\cos 45^\circ \text{N} = 70.7\text{N}$$

此三角形为等腰三角形，则

$$F_{T2} = F_{T1} = 70.7\text{N}$$

由以上分析可知应用平面汇交力系平衡的几何条件解题，当力的封闭多边形为直角三角形时，求解未知力的过程简单、直观、准确、方便。

第二节　力的分解和力的投影

一、力的分解

把一个已知力沿两个已知方向分解求得的两个力，称为分力。如图 2-6 所示，$\boldsymbol{F}$ 为已知力，$\boldsymbol{F}_x$、$\boldsymbol{F}_y$ 分别为力 $\boldsymbol{F}$ 沿 x、y 轴方向分解所得的分力。力的分解的作图过程与用平行四边形法则求合力的作图过程相反。两个已知方向可以任意，不一定互相垂直，当两个已知方向互相垂直时，画出的图形为一矩形，如图 2-6a 所示；当两个已知方向不互相垂直时，画出的图形为一平行四边形，如图 2-6b 所示。

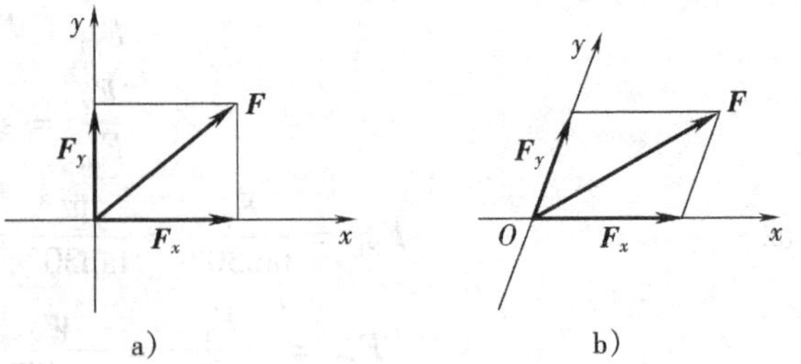

图　2-6

注意：分力是矢量。

二、力在直角坐标轴上的投影

设力 F 作用在刚体上的 A 点，建立直角坐标系 Oxy，使它与力 F 的作用线在同一平面内，如图 2-7 所示。从力 F 的起始点 A 和终止点 B 分别向 x 轴和 y 轴作垂线，得垂足 a、b 和 a'、b'。线段 ab 称为力 F 在 x 轴上的投影，用 F_x 表示。线段 $a'b'$ 称为力 F 在 y 轴上的投影，用 F_y 表示。

若已知力 F 的大小和它与 x 轴间的夹角 α（取锐角），则力 F 在直角坐标轴上的投影 F_x、F_y 分别为

$$\left.\begin{aligned} F_x &= \pm F\cos\alpha \\ F_y &= \pm F\sin\alpha \end{aligned}\right\} \tag{2-3}$$

投影的正负号规定如下：若由 a 到 b（或由 a' 到 b'）的指向与坐标轴的正向一致时，力的投影为正值；反之，为负值。

例 2-4　在刚体上的 O、A、B、C、D 点，分别作用有力 F_1、F_2、F_3、F_4、F_5，各力的大小为 $F_1 = F_2 = F_3 = F_4 = F_5 = 20\text{N}$，方向如图 2-8 所示。求各力在 x、y 轴上的投影。

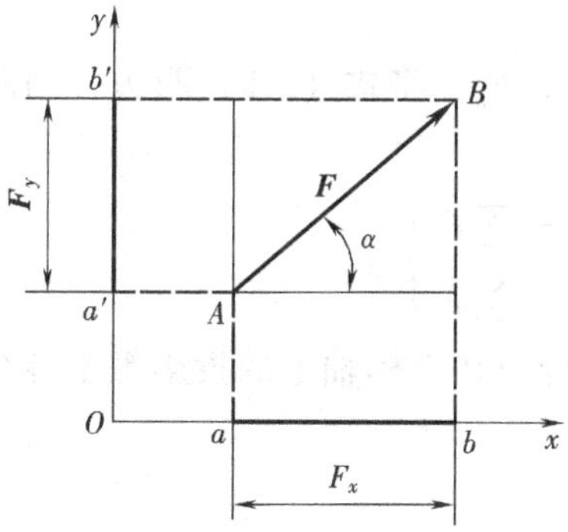

图　2-7

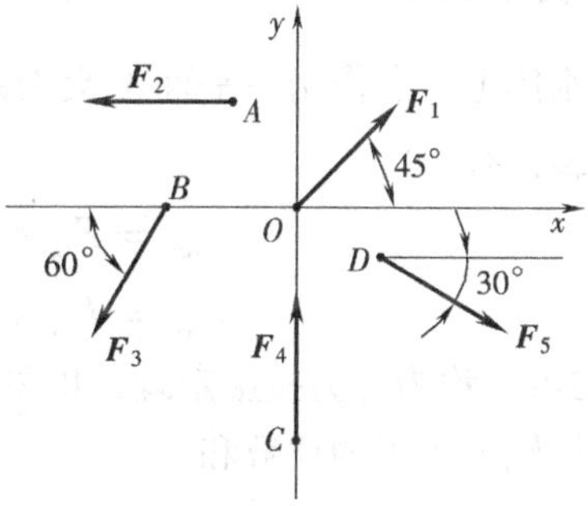

图　2-8

解　由式（2-3）得，各力在 x 轴上的投影为

$$F_{1x} = F_1\cos45° = 20\cos45°\text{N} = 14.14\text{N}$$

$$F_{2x} = -F_2 = -20\text{N}$$

$$F_{3x} = -F_3\cos60° = -20\cos60°\text{N} = -10\text{N}$$

$$F_{4x} = 0$$

$$F_{5x} = F_5\cos30° = 20\cos30°\text{N} = 17.32\text{N}$$

各力在 y 轴上的投影为

$$F_{1y} = F_1\sin45° = 20\sin45°\text{N} = 14.14\text{N}$$

$$F_{2y} = 0$$

$$F_{3y} = -F_3\sin60° = -20\sin60°\text{N} = -17.32\text{N}$$

$$F_{4y} = F_4 = 20\text{N}$$

$$F_{5y} = -F_5\sin30° = -20\sin30°\text{N} = -10\text{N}$$

强调指出，力的投影和力的分力是两个不同的概念，前者是代数量，后者是矢量；投影

无作用点，而分力必须作用在原力的作用点。只有当一个力沿一对直角坐标轴分解时，所得到的两个分力的大小才分别等于该力在相应坐标轴上投影的绝对值，如图 2-9 所示。

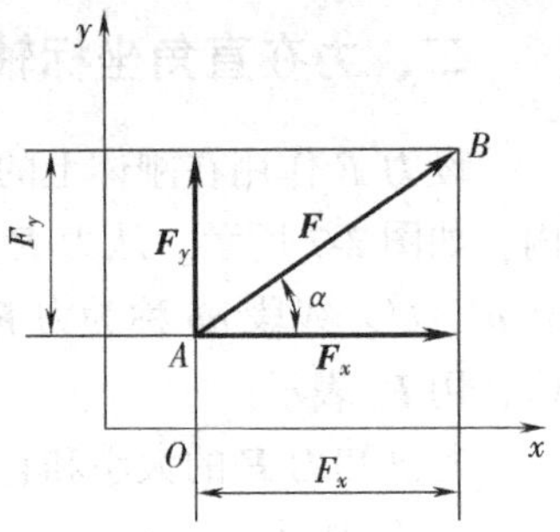

图　2-9

反之，若已知力 $\boldsymbol{F}$ 在 x 轴和 y 轴上的投影 F_x、F_y则可求出力 $\boldsymbol{F}$ 的大小和方向，即

$$\left.\begin{aligned} F &= \sqrt{F_x^2 + F_y^2} \\ \tan\alpha &= \left|\frac{F_y}{F_x}\right| \end{aligned}\right\} \tag{2-4}$$

式中　α——力 $\boldsymbol{F}$ 与 x 轴所夹锐角，力 $\boldsymbol{F}$ 的方向由 F_x 和 F_y的正负号确定。

第三节　平面汇交力系合成与平衡的解析法

一、合力投影定理

设在刚体上一点作用一平面汇交力系 $\boldsymbol{F}_1$、$\boldsymbol{F}_2$，…，$\boldsymbol{F}_n$，将式（2-1）两边分别向 x 轴及 y 轴投影，有

$$\left.\begin{aligned} F_{Rx} &= F_{1x} + F_{2x} + \cdots + F_{nx} = \sum F_x \\ F_{Ry} &= F_{1y} + F_{2y} + \cdots + F_{ny} = \sum F_y \end{aligned}\right\} \tag{2-5}$$

式（2-5）称为合力投影定理，即平面汇交力系的合力在坐标轴上的投影等于各个分力在同一坐标轴上投影的代数和。

二、平面汇交力系合成的解析法

平面汇交力系合成的解析法是用力在直角坐标轴上的投影来计算合力的大小、确定合力方向的方法。

由合力投影定理，求出合力在 x 轴和 y 轴上的投影 $\boldsymbol{F}_{Rx}$和 $\boldsymbol{F}_{Ry}$，根据式（2-4）可求得合力的大小和方向为

$$\left.\begin{aligned} F_R &= \sqrt{F_{Rx}^2 + F_{Ry}^2} = \sqrt{(\sum F_x)^2 + (\sum F_y)^2} \\ \tan\alpha &= \left|\frac{F_{Ry}}{F_{Rx}}\right| = \left|\frac{\sum F_y}{\sum F_x}\right| \end{aligned}\right\} \tag{2-6}$$

式中　α——合力 $\boldsymbol{F}_R$ 与 x 轴所夹锐角，合力 $\boldsymbol{F}_R$ 的方向由$\sum F_x$ 和$\sum F_y$ 的正负号确定。

例 2-5　用解析法求解例题 2-1。

解　建立直角坐标系 Axy，如图 2-10 所示，应用合力投影定理求出

$F_{Rx} = \sum F_x = F_{1x} + F_{2x} + F_{3x} =$（$732 + 0 - 2000\cos30°$）$\text{N} = -1000\text{N}$

$F_{Ry} = \sum F_y = F_{1y} + F_{2y +} F_{3y} =$（$0 - 732 - 2000\sin30°$）$\text{N} = -1732\text{N}$

再根据式（2-6）求得合力 F_R 为

$$F_R = \sqrt{(\sum F_x)^2 + (\sum F_y)^2} = \sqrt{(-1000)^2 + (-1732)^2}\text{N} = 2000\text{N}$$

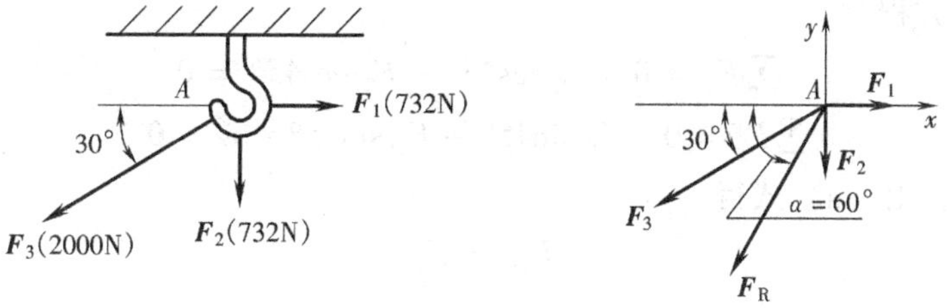

图　2-10

$$\tan\alpha = \left|\frac{\sum F_y}{\sum F_x}\right| = \sqrt{3} \qquad \alpha = 60°$$

三、平面汇交力系平衡的解析条件

由式（2-2）可知，刚体在平面汇交力系作用下处于平衡状态的充分必要条件是力系的合力等于零。由式（2-6）得

$$F_R = \sqrt{(\sum F_x)^2 + (\sum F_y)^2} = 0$$

即

$$\left.\begin{aligned}\sum F_x &= 0\\ \sum F_y &= 0\end{aligned}\right\} \tag{2-7}$$

式（2-7）称为刚体在平面汇交力系作用下处于平衡状态的解析条件，又称为平面汇交力系的平衡方程。它表明当刚体在平面汇交力系作用下处于平衡状态时，力系中各力在任意两个直角坐标轴上投影的代数和均等于零。

用式（2-7）解题时，坐标轴的方向可以任意选择，因为平衡力系在任何方向都不会有合力存在。任选坐标轴可以列出无数个投影方程，但其中相互独立的却只有两个。因此，对于一个平面汇交力系，只能列出两个相互独立的平衡方程，求解两个未知量。

例 2-6　用解析法求解例题 2-3。

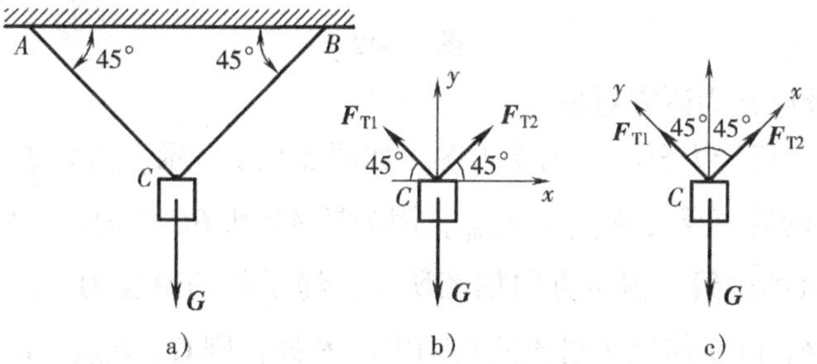

图　2-11

解　（1）选重物为研究对象。

（2）对重物进行受力分析，画受力图，如图 2-11b 所示。重物受到重力 $\boldsymbol{G}$、柔体的约束反力 $\boldsymbol{F}_{T1}$ 和 $\boldsymbol{F}_{T2}$。

（3）建立坐标系 Cxy，如图 2-11b 所示。

（4）列平衡方程

$$\sum F_x = 0 \quad F_{T2}\cos45° - F_{T1}\cos45° = 0 \tag{a}$$

$$\sum F_y = 0 \quad F_{T2}\sin45° + F_{T1}\sin45° - G = 0 \tag{b}$$

解方程求未知量，由（a）式得

$$F_{T1} = F_{T2}$$

代入（b）式得

$$2F_{T1}\sin45° - 100\text{N} = 0$$

$$F_{T1} = F_{T2} = 70.7\text{N}$$

本题若以 $\boldsymbol{F}_{T2}$ 和 $\boldsymbol{F}_{T1}$ 的作用线作为 x 轴、y 轴，如图 2-11c 所示，则解题比较简便。因为两个未知量都在坐标轴上，列出的平衡方程均只含有一个未知量。列平衡方程

$$\sum F_x = 0 \quad F_{T2} - G\cos45° = 0$$

$$F_{T2} = 100\cos45°\text{N} = 70.7\text{N}$$

$$\sum F_y = 0 \quad F_{T1} - G\sin45° = 0$$

$$F_{T1} = 100\sin45°\text{N} = 70.7\text{N}$$

例 2-7 如图 2-12a 所示，滑轮 B 由两端铰接的刚杆 AB 和 BC 支撑，重物的重力 $G=2\text{kN}$，用绞车和绕过定滑轮 B 的绳子吊起。不计滑轮的大小和各接触处的摩擦，试求杆 AB 和 BC 所受到的力。

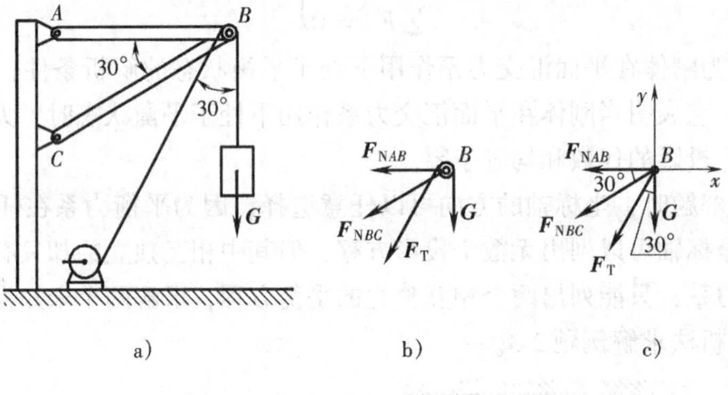

图 2-12

解 （1）选滑轮 B 为研究对象。

（2）对滑轮 B 进行受力分析，画受力图，如图 2-12b 所示。滑轮 B 受力有：主动力 $\boldsymbol{G}$；杆 AB 和 BC 给滑轮的约束反力 $\boldsymbol{F}_{NAB}$ 和 $\boldsymbol{F}_{NBC}$，因为杆 AB 和 BC 均为二力杆，所以这两个约束反力分别沿着各自杆的轴线，假设方向如图所示；绳子的约束反力 $\boldsymbol{F}_T$，显然 $F_T=G$。略去滑轮的大小，可将 $\boldsymbol{F}_T$ 和 $\boldsymbol{G}$ 作用于滑轮的转动中心 B 处，则 $\boldsymbol{G}$、$\boldsymbol{F}_{NAB}$、$\boldsymbol{F}_{NBC}$ 和 $\boldsymbol{F}_T$ 组成一平面汇交力系，如图 2-12c 所示。

（3）建立坐标系 Bxy，如图 2-12c 所示。

（4）列平衡方程

$$\sum F_x = 0 \quad -F_{NBC}\cos30° - F_{NAB} - F_T\sin30° = 0 \tag{a}$$

$$\sum F_y = 0 \quad -F_{NBC}\sin30° - F_T\cos30° - G = 0 \tag{b}$$

解方程求未知量，由（b）式得

$$-F_{NBC}\sin30° - 2\cos30° - 2 = 0$$

$$F_{NBC} = -7.46\text{kN}(\text{负号表示其实际方向与图示相反})$$

代入（a）式得

$$7.46\cos30° - F_{NAB} - 2\sin30° = 0$$

$$F_{NAB} = 5.46\text{kN}$$

根据受力图可知 AB 杆为受拉杆，BC 杆为受压杆。

例 2-8　矿井起重支架如图 2-13a 所示。已知重物的重力 $G=10\text{kN}$，$\alpha=60°$，$\beta=30°$。不计滑轮的大小和各接触处的摩擦，求杆 AB、AC 所受到的力。

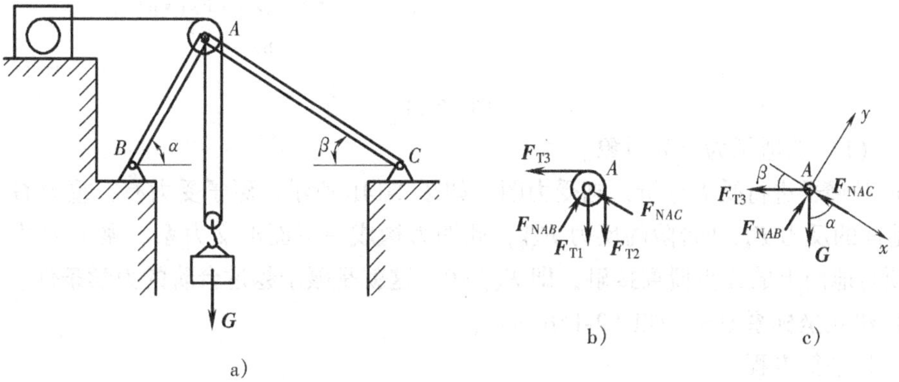

图　2-13

解　（1）选滑轮 A 为研究对象。

（2）对滑轮 A 进行受力分析，画受力图，如图 2-13b 所示。滑轮 A 受力有：绳索的约束反力 $\boldsymbol{F}_{T1}$、$\boldsymbol{F}_{T2}$、$\boldsymbol{F}_{T3}$；杆 AB 和 BC 给滑轮的约束反力 $\boldsymbol{F}_{NAB}$ 和 $\boldsymbol{F}_{NAC}$，因为杆 AB 和 AC 均为二力杆，所以这两个约束反力分别沿着各自杆的轴线，假设方向如图所示。

滑轮两边绳索的拉力值相等，故有 $F_{T1}=F_{T2}=F_{T3}=0.5G$。略去滑轮的大小，将 $\boldsymbol{F}_{T1}$、$\boldsymbol{F}_{T2}$、$\boldsymbol{F}_{T3}$ 作用于滑轮的转动中心 A 处。$\boldsymbol{F}_{T1}$、$\boldsymbol{F}_{T2}$ 可合并为 $\boldsymbol{G}$，则 $\boldsymbol{G}$、$\boldsymbol{F}_{NAB}$、$\boldsymbol{F}_{NAC}$ 和 $\boldsymbol{F}_{T3}$ 组成一平面汇交力系，如图 2-13c 所示。

（3）建立坐标系 Axy，因为 $\boldsymbol{F}_{NAB}$ 和 $\boldsymbol{F}_{NAC}$ 两个未知力相互垂直，所以选此两力的作用线为坐标轴，如图 2-13c 所示。这样列出的平衡方程均只含有一个未知量。

（4）列平衡方程

$$\sum F_x = 0 \quad -F_{NAC} + G\cos60° - F_{T3}\cos30° = 0 \tag{a}$$

$$\sum F_y = 0 \quad -F_{NAB} - G\sin60° - F_{T3}\sin30° = 0 \tag{b}$$

解方程求未知量，由（a）式得

$$-F_{NAC} + 10\cos60° - 5\cos30° = 0$$

$$F_{NAC} = 0.67\text{kN}$$

由（b）式得

$$F_{NAB} - 10\sin60° - 5\sin30° = 0$$

$$F_{NAB} = 11.16\text{kN}$$

根据受力图可知 AB、AC 杆均为受压杆。

例 2-9　如图 2-14a 所示，轧路机的碾子重 $G=2\text{kN}$，半径 $r=60\text{cm}$，欲将此碾子拉过高 $h=8\text{cm}$ 的台阶，在其中心 O 作用一水平拉力 $\boldsymbol{F}$，求此拉力 $\boldsymbol{F}$ 的大小和碾子对台阶的压力。

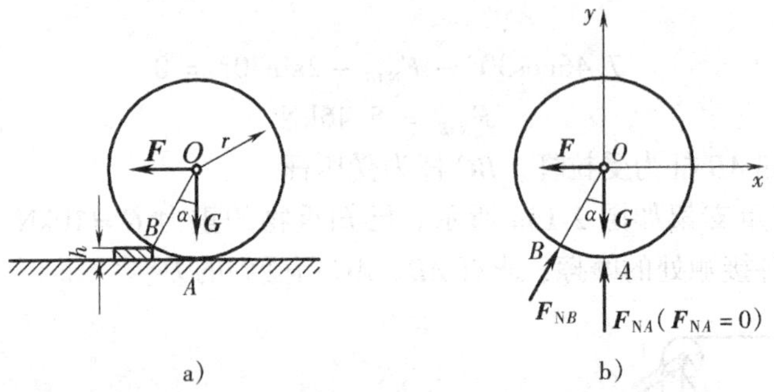

图　2-14

解　（1）选碾子为研究对象。

（2）对碾子进行受力分析，画受力图，如图 2-14b 所示。碾子受力有：重力 $\boldsymbol{G}$、水平拉力 $\boldsymbol{F}$、地面的反力 $\boldsymbol{F}_{NA}$ 和台阶的反力 $\boldsymbol{F}_{NB}$，此四力构成一平面汇交力系。碾子越过台阶的瞬间，必须与地面上的 A 点脱离接触，即 $F_{NA}=0$，这就是碾子越过台阶的力学条件。

（3）建立坐标系 Oxy，如图 2-14b 所示。

（4）列平衡方程

$$\sum F_x = 0 \quad -F + F_{NB}\sin\alpha = 0 \tag{a}$$

$$\sum F_y = 0 \quad F_{NB}\cos\alpha - G = 0 \tag{b}$$

$$\text{其中 } \cos\alpha = \frac{r-h}{r} = \frac{60-8}{60} = 0.866$$

$$\text{即} \quad \alpha = 30°$$

解方程求未知量，由（b）式得

$$F_{NB} = \frac{G}{\cos\alpha} = \frac{20\text{kN}}{0.866} = 23.1\text{kN}$$

由作用与反作用定律可知，$\boldsymbol{F}_{NB}$ 就是碾子对台阶的压力。

将 F_{NB} 值代入（a）式得

$$F = F_{NB}\sin\alpha = 23.1\sin 30°\text{kN} = 11.55\text{kN}$$

在前面所介绍的例题中，已知力和未知力都作用在同一个物体上，这样的问题比较简单，只选一次研究对象即可。但工程中有些问题已知力和未知力分别作用在不同的物体上，这时只选一次研究对象就不能解决问题了。

例 2-10　压榨机的结构简图如图 2-15a 所示，在 A 铰链处作用一水平力 $\boldsymbol{F}$ 使滑块 C 压紧物体 D。若不计杆 AB、AC 的重力和各接触处的摩擦，求物体 D 所受的压力。

解　由作用与反作用定律可知，物体 D 所受的压力就是物体 D 对滑块 C 的约束反力，所以已知力作用在 A 铰链处，而未知力作用在滑块 C 上，它们分别作用在不同的物体上，此时选研究对象应该由已知力作用的物体出发，去寻找已知力和未知力相联系的“桥梁”，

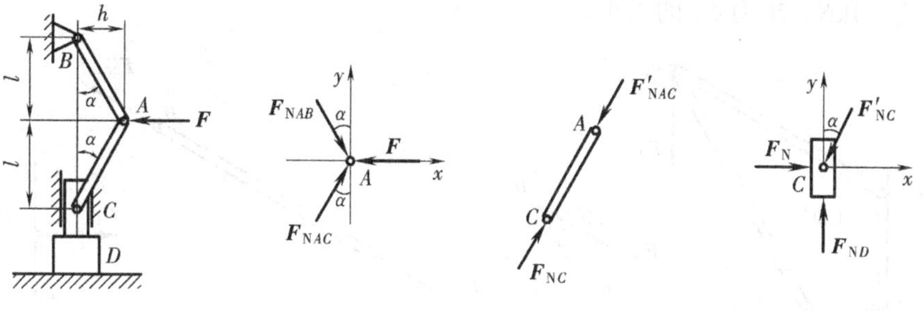

a)　　b)　　c)　　d)

图　2-15

最后落到未知力作用的物体上，即需要选多次研究对象。

(1) 先选 A 铰链为研究对象。对 A 铰链进行受力分析，画受力图，如图 2-15b 所示。A 铰链共受到三个力的作用：主动力 $\boldsymbol{F}$、AB 杆和 AC 杆的约束反力 $\boldsymbol{F}_{NAB}$ 和 $\boldsymbol{F}_{NAC}$。因为 AB 杆和 AC 杆均为二力杆，所以这两个约束反力分别沿着各自杆的轴线，假设方向如图所示。建立坐标系 Axy，列平衡方程

$$\sum F_x = 0 \quad F_{NAC}\sin\alpha + F_{NAB}\sin\alpha - F = 0 \tag{a}$$

$$\sum F_y = 0 \quad F_{NAC}\cos\alpha - F_{NAB}\cos\alpha = 0 \tag{b}$$

解方程求未知量，由 (b) 式得

$$F_{NAC} = F_{NAB}$$

代入 (a) 式得

$$F_{NAC} = F_{NAB} = \frac{F}{2\sin\alpha}$$

(2) AC 杆是铰链 A 和滑块 C 联系的“桥梁”，故再选 AC 杆为研究对象。AC 杆为一二力杆，画 AC 杆的受力图，如图 2-15c 所示。由二力平衡公理有

$$F_{NAC}' = F_{NC}$$

又由作用与反作用定律有 $F_{NAC}' = F_{NAC}$，所以 $F_{NC} = F_{NAC}$。

(3) 最后选滑块 C 为研究对象，受力分析、画受力图，如图 2-15d 所示。滑块 C 受到三个力作用：AC 杆的反作用力 $\boldsymbol{F}_{NC}'$、物体 D 的约束反力 $\boldsymbol{F}_{ND}$ 和导槽的约束反力 $\boldsymbol{F}_N$。$\boldsymbol{F}_{NC}'$ 可根据作用反作用定律确定；$\boldsymbol{F}_{ND}$ 为一光滑面约束的约束反力，其方向竖直向上；滑块 C 与导槽形成的光滑面约束为一双面约束，在图示状态下，滑块 C 与导槽左面单面接触，从而产生垂直于导槽左面的约束反力 $\boldsymbol{F}_N$，由三力平衡汇交原理。$\boldsymbol{F}_N$ 与 $\boldsymbol{F}_{NC}'$、$\boldsymbol{F}_{ND}$ 汇交于一点，据此可画出约束反力 $\boldsymbol{F}_N$。

因为 $F_{NC}' = F_{NC}$，故 $F_{NC}' = F_{NAC} = \dfrac{F}{2\sin\alpha}$

建立坐标系 Cxy，列平衡方程

$$\sum F_y = 0 \quad F_{ND} - F_{NC}'\cos\alpha = 0$$

得

$$F_{ND} = F_{NC}'\cos\alpha = \frac{F}{2\sin\alpha}\cos\alpha = \frac{F\cot\alpha}{2} = \frac{Fl}{2h}$$

例 2-11　如图 2-16a 所示，连杆机构 $OABC$ 受水平力 $\boldsymbol{F}_1$ 和竖直力 $\boldsymbol{F}_2$ 作用处于平衡状

态。已知 $F_2=4\text{kN}$，求力 $\boldsymbol{F}_1$ 的大小。

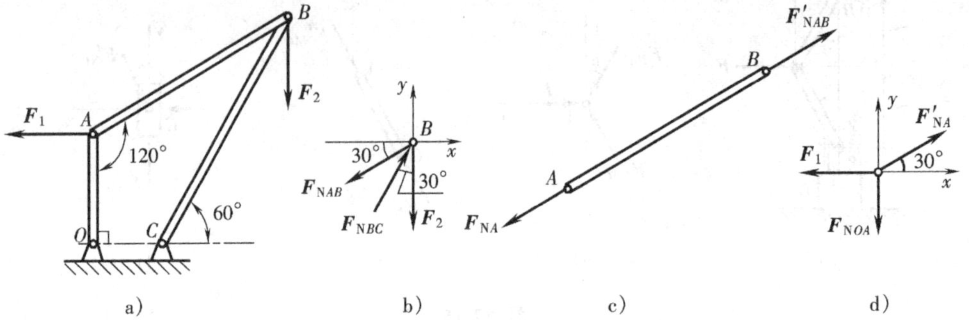

图 2-16

解 (1) 先选 B 铰链为研究对象。对 B 铰链进行受力分析，画受力图，如图 2-16b 所示。B 铰链共受到三个力的作用：主动力 $\boldsymbol{F}_2$、AB 杆和 BC 杆的约束反力 $\boldsymbol{F}_{NAB}$ 和 $\boldsymbol{F}_{NBC}$。因为 AB 杆和 BC 杆均为二力杆，所以这两个约束反力分别沿着各自杆的轴线，假设方向如图所示。建立坐标系 Bxy，列平衡方程

$$\sum F_x = 0 \quad -F_{NAB}\cos30° + F_{NBC}\cos60° = 0 \tag{a}$$

$$\sum F_y = 0 \quad -F_{NAB}\sin30° + F_{NBC}\sin60° - F_2 = 0 \tag{b}$$

解方程求未知量，由（a）式得

$$F_{NBC} = \sqrt{3}F_{NAB}$$

代入（b）式得

$$-F_{NAB}\sin30° + \sqrt{3}F_{NAB}\sin60° - F_2 = 0$$

$$F_{NAB} = F_2 = 4\text{kN}$$

(2) AB 杆是铰链 A 和铰链 B 联系的“桥梁”，故再选 AB 杆为研究对象。AB 杆为一二力杆，画 AB 杆的受力图，如图 2-16c 所示。由二力平衡公理有

$$F_{NAB}' = F_{NA}$$

又由作用与反作用定律有 $F_{NAB}'=F_{NAB}$，所以 $F_{NA}=F_{NAB}$。

(3) 最后选铰链 A 为研究对象，受力分析、画受力图，如图 2-16d 所示。铰链 A 受到三个力作用：主动力 $\boldsymbol{F}_1$、AB 杆的反作用力 $\boldsymbol{F}_{NA}'$ 和 OA 杆的约束反力 $\boldsymbol{F}_{NOA}$。$\boldsymbol{F}_{NA}'$ 可根据作用与反作用定律确定；OA 杆为一二力杆，故其约束反力沿着杆的轴线，假设方向如图所示。

因为 $F_{NA}'=F_{NA}$，故 $F_{NA}'=F_{NAB}=F_2=4\text{kN}$

建立坐标系 Axy，列平衡方程

$$\sum F_x = 0 \quad F_{NA}'\cos30° - F_1 = 0$$

得

$$F_1 = F_{NA}'\cos30° = 4\cos30°\text{kN} = 3.46\text{kN}$$

通过以上例题，可以总结出求解平面汇交力系平衡问题的主要步骤：

(1) 选研究对象。当已知力和未知力都作用在同一个物体上时，只选一次研究对象即可；当已知力和未知力分别作用在不同的物体上时，就要选多次研究对象了。一般情况下，首先选有已知力作用的物体为研究对象，找到它和未知力联系的“桥梁”，然后选取该“桥梁”研究对象，最后再选未知力作用的物体为研究对象。

（2）对研究对象进行受力分析，画受力图。

（3）建立直角坐标系。应使坐标轴与较多力（特别是未知力）的作用线相平行或垂直，以便于计算力在坐标轴上的投影，同时尽量避免求解联立方程组。

（4）列平衡方程，求解未知量。计算结果中出现负号时，说明实际受力方向与所设方向相反，不必去改受力图。

小　　结

1. 平面汇交力系合成与平衡的几何法

用几何法将平面汇交力系合成，即用画力多边形的方法，将各力首尾相接，形成一条折线，最后连其封闭边。从第一个力的起始点指向最后一个力的终止点所形成的矢量即为合力 $\boldsymbol{F}_R$。用公式表示为

$$\boldsymbol{F}_R = \sum \boldsymbol{F}$$

平衡条件是力的多边形首尾相连、自行封闭。用公式表示为

$$\boldsymbol{F}_R = \sum \boldsymbol{F} = 0$$

2. 平面汇交力系合成与平衡的解析法

用解析法将平面汇交力系合成，即先求各个分力的投影，然后用合力投影定理求出合力的投影，再将其合成为一个力。用公式表示为

$$\left.\begin{aligned} F_{Rx} &= \sum F_x \\ F_{Ry} &= \sum F_y \end{aligned}\right\}$$

$$\left.\begin{aligned} F_R &= \sqrt{F_{Rx}^2 + F_{Ry}^2} = \sqrt{(\sum F_x)^2 + (\sum F_y)^2} \\ \tan\alpha &= \left|\frac{F_{Ry}}{F_{Rx}}\right| = \left|\frac{\sum F_y}{\sum F_x}\right| \end{aligned}\right\}$$

平衡条件是力系中各力在任意两个直角坐标轴上投影的代数和均等于零。即

$$\left.\begin{aligned} \sum F_x &= 0 \\ \sum F_y &= 0 \end{aligned}\right\}$$

此式又称为平面汇交力系的平衡方程。平面汇交力系有两个相互独立的平衡方程，可求解两个未知量。

习　　题

2-1　图中的两个力三角形中三个力的关系是否一样？

2-2　某刚体受到平面汇交力系作用，其力的多边形如图所示。问这些图中哪一个图表示平衡力系？哪一个图表示有合力的？其合力又是哪一个力？

2-3　力 $\boldsymbol{F}$ 沿 Ox，Oy 轴的分力和力 $\boldsymbol{F}$ 在两轴上的投影有何区别？试以图中两种情况为例进行分析说明。

2-4　已知 $F_1 = 200\text{N}$，$F_2 = 150\text{N}$，$F_3 = 200\text{N}$，$F_4 = 100\text{N}$，各力的方向如图所示。求各力在 x、y 轴上的投影。

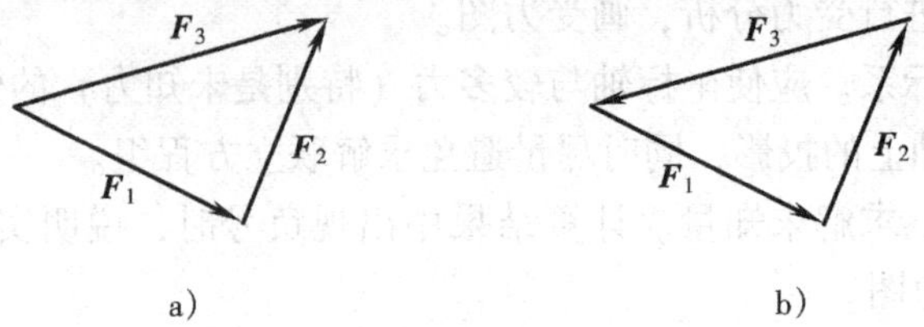

题 2-1 图

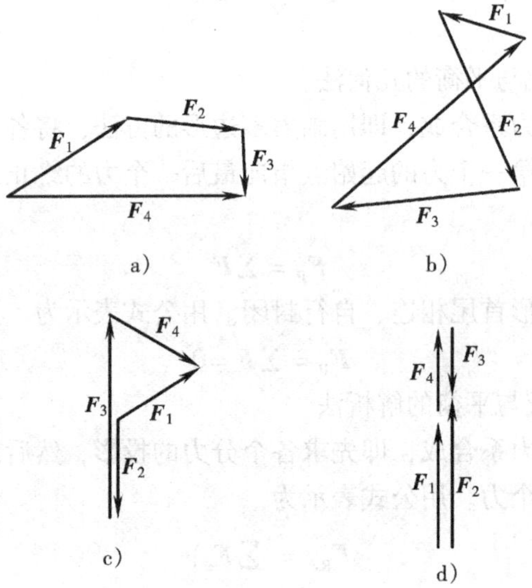

题 2-2 图

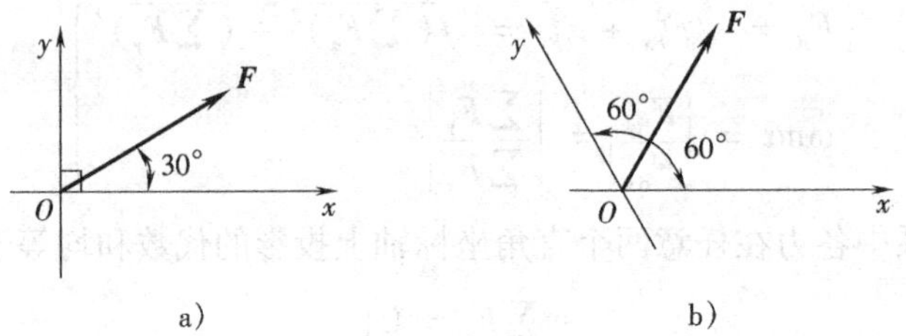

题 2-3 图

2-5 如图所示，$\boldsymbol{F}_1$、$\boldsymbol{F}_2$、$\boldsymbol{F}_3$ 三力共拉一碾子，已知 $F_1 = 1\text{kN}$，$F_2 = 1\text{kN}$，$F_3 = 1.732\text{kN}$，各力的方向如图。求此三力合力的大小与方向。

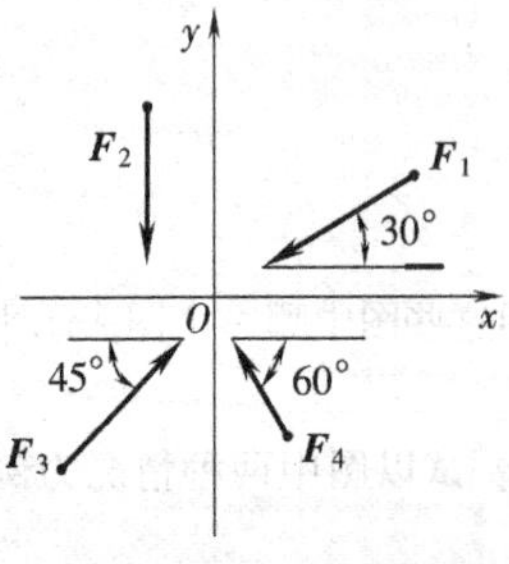

题 2-4 图

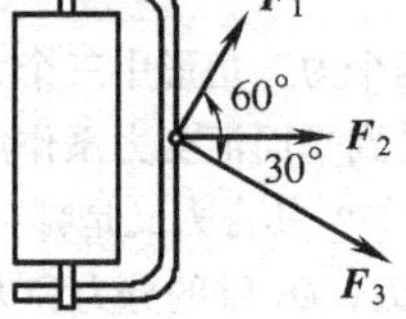

题 2-5 图

2-6　铆接薄钢板在孔心 A、B、C 和 D 处受四个力作用，孔间尺寸如图所示。已知 $F_1=50\text{N}$，$F_2=100\text{N}$，$F_3=150\text{N}$，$F_4=200\text{N}$。求此汇交力系的合力。

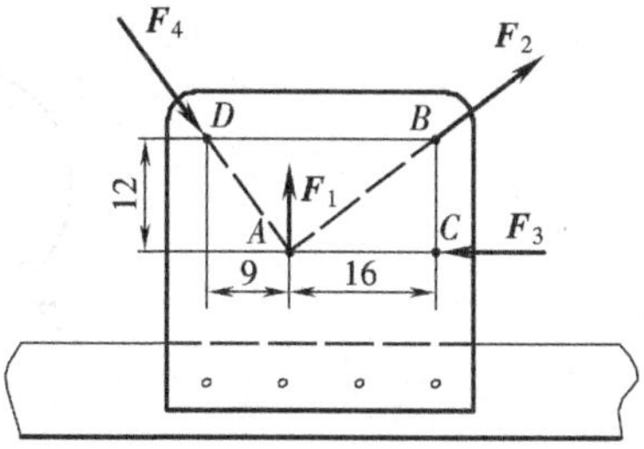

题　2-6 图

2-7　支架由 AB、AC 两杆组成，A、B、C 三处均为铰链连接。A 点悬挂重物，其重力 $W=10\text{kN}$。不计杆的自重，求图中四种情况下 AB、AC 杆所受的力。

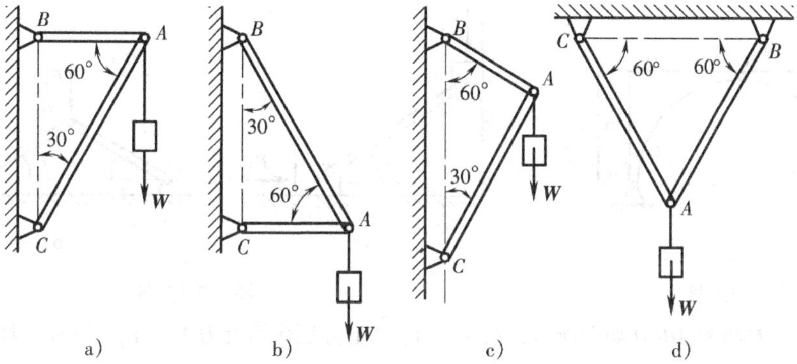

题　2-7 图

2-8　用两绳吊挂重物如图所示，重物的重力 $G=200\text{N}$。求绳 AB、BC 的拉力。

2-9　卷扬机绞盘用跨过滑轮 A 的钢索吊起重力 $G=20\text{kN}$ 的重物，如图所示。已知 $\alpha=30°$，$\beta=60°$。不计滑轮的大小及各接触处的摩擦，求 AB、AC 杆所受的力。

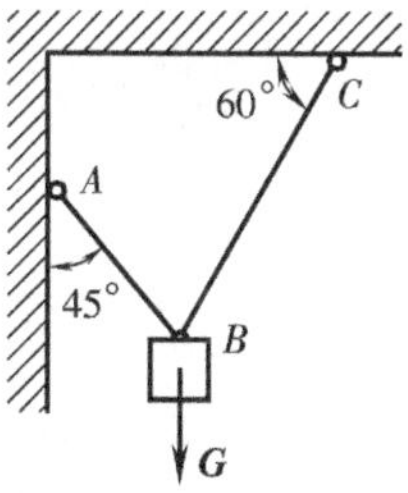

题　2-8 图

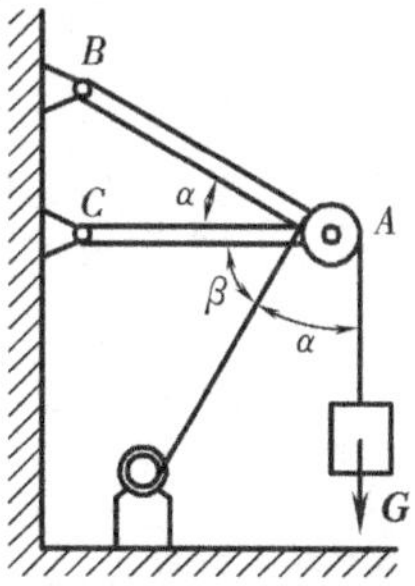

题　2-9 图

2-10　滑轮 A 由三角架 BAC 上的钢杆 AB 和 AC 支撑，绞车用跨过滑轮的吊索吊起重力 $G=40\text{kN}$ 的重物。不计滑轮的大小及各接触处的摩擦，求杆 AB 和 AC 所受的力。

2-11　圆盘的重力 $G=10\text{kN}$，直径 $D=1.2\text{m}$，施加一水平力 $\boldsymbol{F}$ 使它能跨过 $h=0.2\text{m}$ 的台阶，如图所示。求：(1) 水平力 $\boldsymbol{F}$ 的大小；(2) 若作用力 $\boldsymbol{F}$ 的方向可变，确定最小力 $\boldsymbol{F}$ 的大小和方向。

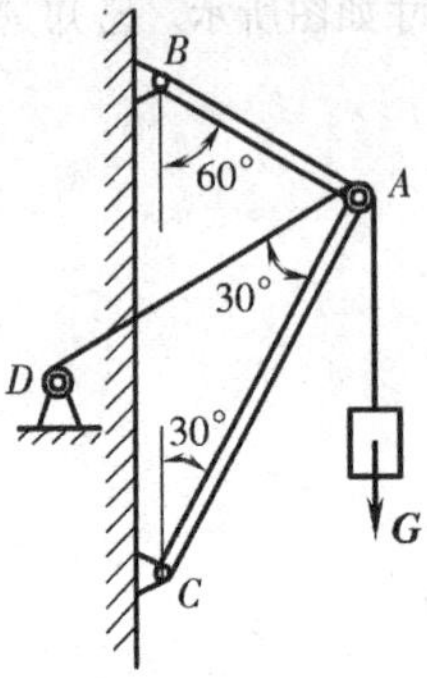

题　2-10 图

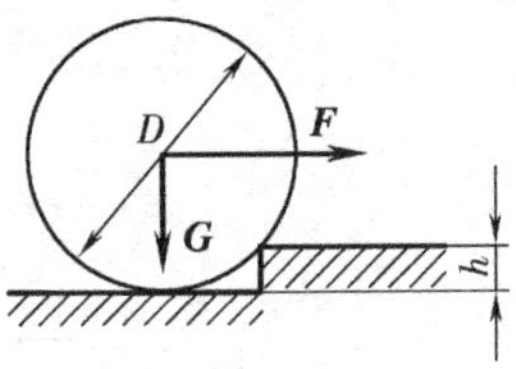

题　2-11 图

2-12　三铰拱钢架在 D 点受水平力 $\boldsymbol{F}$ 作用，尺寸如图所示。不计自重，求铰链 A、B 处的约束反力。

2-13　连杆增力夹具如图所示，已知推力 $\boldsymbol{F}_1$ 作用于 A 点，夹紧平衡时杆与水平线的夹角为 α。求夹紧时 $\boldsymbol{F}_2$ 的大小和 $\alpha=10°$时的增力倍数 $\boldsymbol{F}_2/\boldsymbol{F}_1$（杆重不计）。

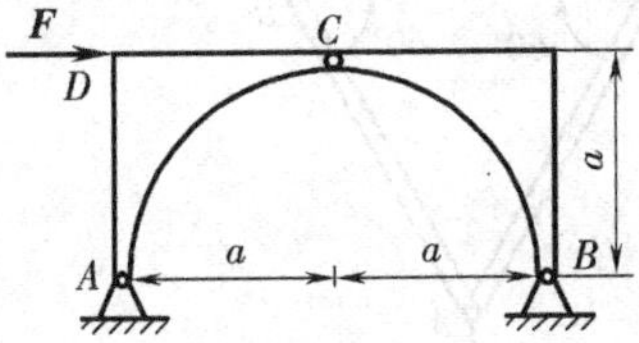

题　2-12 图

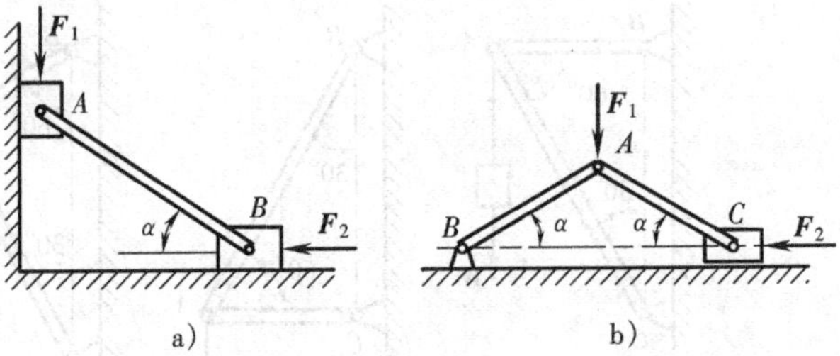

题　2-13 图

2-14　铰链四杆机构 $ABCD$ 如图所示，在铰链 A、B 上分别作用有力 $\boldsymbol{F}_1$、$\boldsymbol{F}_2$。不计各杆的自重，求平衡时 F_2 与 F_1 之比。

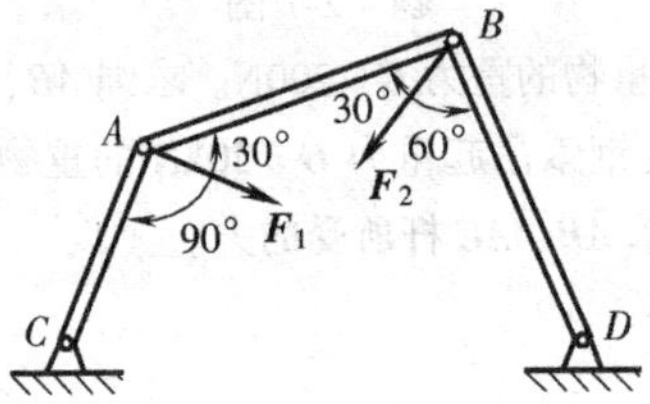

题　2-14 图

第三章　力矩和平面力偶系

进一步研究其他力系的合成与平衡问题时，将遇到力对物体的另一种作用效应，即力对物体的转动效应，这是力的外效应的表现形式之一。本章将研究具有转动效应的力矩和力偶的概念、性质，平面力偶系的合成与平衡条件，力的平移定理等内容。

第一节　力对点之矩

一、力矩的概念

如图3-1所示，当用扳手拧紧螺母时，力 $\boldsymbol{F}$ 对螺母拧紧的转动效应不仅与力 $\boldsymbol{F}$ 的大小有关，而且与转动中心 O 到力 $\boldsymbol{F}$ 的垂直距离 d 有关。

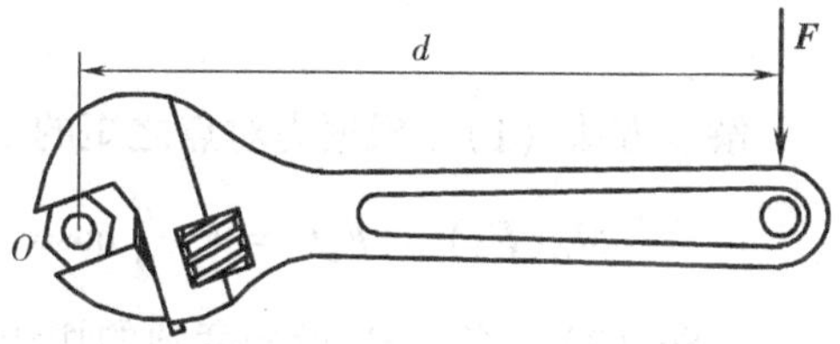

图　3-1

因此，在力学中以物理量 Fd 及其转向来度量力使物体绕转动中心 O 转动的效应，这个量称为力 $\boldsymbol{F}$ 对 O 点之矩，简称力矩，记作

$$M_O(\boldsymbol{F}) = \pm Fd \tag{3-1}$$

式中　d——点 O 到力 $\boldsymbol{F}$ 作用线的垂直距离，称为力臂，单位为 m。

点 O 称为力矩中心，简称矩心。力矩是代数量。一般规定，力使物体绕矩心作逆时针方向转动时，力矩为正；反之，作顺时针方向转动时，力矩为负。力矩的单位是 N · m。

二、力矩的性质

（1）力对点之矩不仅取决于力的大小，而且与矩心的位置有关；力等于零或力的作用线通过矩心时，力矩为零。

（2）力对点之矩不因该力沿其作用线移动而改变。因为力沿其作用线移动时，力和力臂均未发生改变。

（3）互成平衡的两个力对同一点之矩的代数和等于零。互成平衡的两个力对同一点之矩的大小相等、转向相反，即一个为正值，另一个为负值，所以其代数和为零。

三、合力矩定理

合力矩定理给出了合力与其各个分力对同一点力矩之间的关系，即合力对作用面内任意一点之矩，等于该力在同平面内各个分力对同一点之矩的代数和。

$$M_O(\boldsymbol{F}_{\mathrm{R}}) = \sum M_O(\boldsymbol{F}) \tag{3-2}$$

这个关系称为合力矩定理。用合力矩定理求力矩非常方便，尤其在力臂不易求出时。

例 3-1 如图 3-2 所示，直齿圆柱齿轮的齿面受到法向压力 $\boldsymbol{F}_n$ 的作用，已知 $F_n = 1\text{kN}$，$\alpha = 20°$，齿轮的分度圆直径 $d = 60\text{mm}$。求力 $\boldsymbol{F}_n$ 对轴心 O 点的矩。

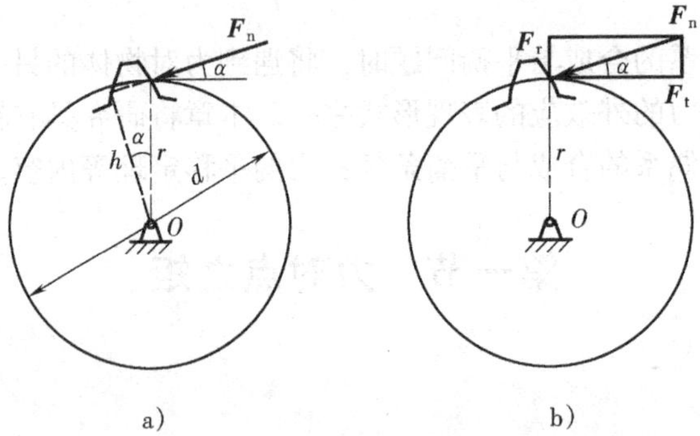

图 3-2

解 方法（1） 根据力对点之矩的定义，有

$$M_O(\boldsymbol{F}_n) = F_n h = F_n \frac{d}{2}\cos\alpha = 1000 \times 0.03\cos20°\text{N} \cdot \text{m} = 28.2\text{N} \cdot \text{m}$$

方法（2） 将力 $\boldsymbol{F}_n$ 沿分度圆的切线和法线方向分解为一对正交分力：圆周力 $\boldsymbol{F}_t$ 和径向力 $\boldsymbol{F}_r$，如图 3-2b 所示，则有

$$F_t = F_n\cos\alpha$$

$$F_r = F_n\sin\alpha$$

由合力矩定理得

$$M_O(\boldsymbol{F}_n) = M_O(\boldsymbol{F}_t) + M_O(\boldsymbol{F}_r) = F_t r + 0 = F_n\cos\alpha\, r = 1000 \times 0.03\cos20°\text{N} \cdot \text{m}$$

$$= 28.2\text{N} \cdot \text{m}$$

注意：上述合力矩定理不仅适用于平面汇交力系，也同样适用于平面任意力系。

第二节 力 偶

一、力偶的概念

在日常生活中，常见物体同时受到大小相等、方向相反、作用线相互平行的两个力作用。例如，用手拧水龙头（如图 3-3a 所示）和汽车司机转动转向盘（如图 3-3b 所示）的两对力就是这样的力。

在力学中，把同时作用在物体上的大小相等、方向相反、作用线相互平行的两个力称为力偶，记作（$\boldsymbol{F}$，$\boldsymbol{F}'$）。力偶的两个力所在的平面称为力偶的作用面。两力作用线之间的垂直距离，称为力偶臂，用 d 表示。

由图 3-3 可知，力偶作用在物体上只能使物体产生转动效应，而不会产生移动效应。同

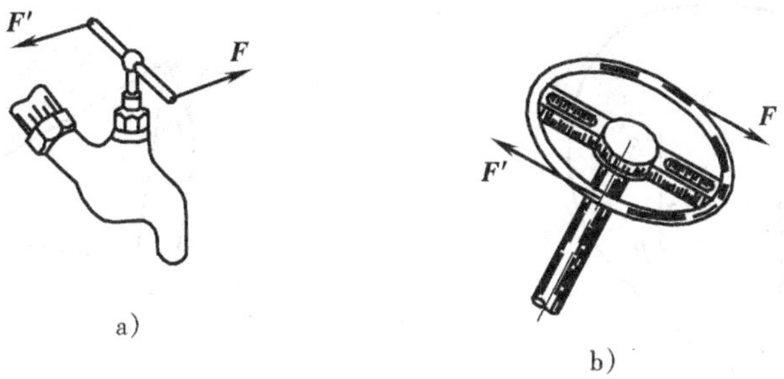

图 3-3

时，力偶对物体的转动效应不仅与力偶中力的大小成正比，而且还与两力作用线间的垂直距离 d 成正比。因此，在力学中以物理量 Fd 及其转向来度量力偶对物体的转动效应，称为力偶矩，如图 3-4 所示，并记作 M（$\boldsymbol{F}$，$\boldsymbol{F}'$）或 M。即

$$M(\boldsymbol{F},\boldsymbol{F}') = M = \pm Fd \qquad (3\text{-}3)$$

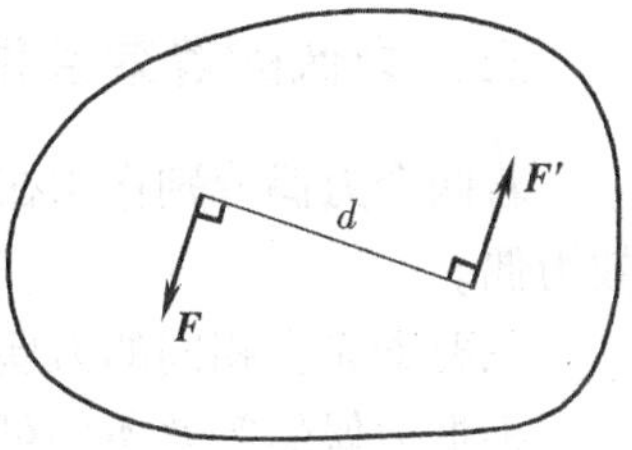

图 3-4

力偶矩为代数量。一般规定，力偶使物体作逆时针方向转动时，力偶矩为正；反之，作顺时针方向转动时，力偶矩为负。力偶矩的单位是 N·m。

综上所述，力偶对物体的转动效应取决于力偶矩的大小、力偶的转向和力偶作用面的方位——力偶的三要素。

二、力偶的性质

（1）力偶对其作用面内任意一点的力矩值恒等于此力偶的力偶矩，而和力偶与矩心间的相对位置无关。

设在刚体某平面上 A、B 两点作用一力偶，其力偶矩 $M = Fd$，如图 3-5 所示。现求此力偶对作用面内任意一点 O 的力矩。设 x 为矩心 O 到 $\boldsymbol{F}'$作用线的垂直距离，则 $\boldsymbol{F}$ 与 $\boldsymbol{F}'$对 O 点力矩的代数和为

$$M_O(\boldsymbol{F}) + M_O(\boldsymbol{F}') = F(x + d) - Fx = Fd$$

即

$$M_O(\boldsymbol{F}) + M_O(\boldsymbol{F}') = M$$

不论 O 点选在何处，力偶对 O 点的力矩值，永远等于它的力偶矩，而和力偶与矩心间的相对位置无关。

（2）力偶无合力，力偶不能与一个力平衡，只能与力偶平衡。

力偶是由一对大小相等、方向相反、作用线相互平行的力组成的。这样的一对力不可能有合力，即力偶不能与一个力等效，也不能与一个力平衡，力偶只能与力偶平衡。力偶和力是力学中的两个基本元素。

（3）力偶在任何坐标轴上投影的代数和恒为零。

如图 3-6 所示，刚体上作用一力偶 M（$\boldsymbol{F}$，$\boldsymbol{F}'$），x 轴为一任意方向的坐标轴，设 $\boldsymbol{F}$、$\boldsymbol{F}'$ 与 x 轴间的夹角为 α，则这两个力在 x 轴上投影的代数和为

$$\sum F_x = F\cos\alpha - F'\cos\alpha = 0$$

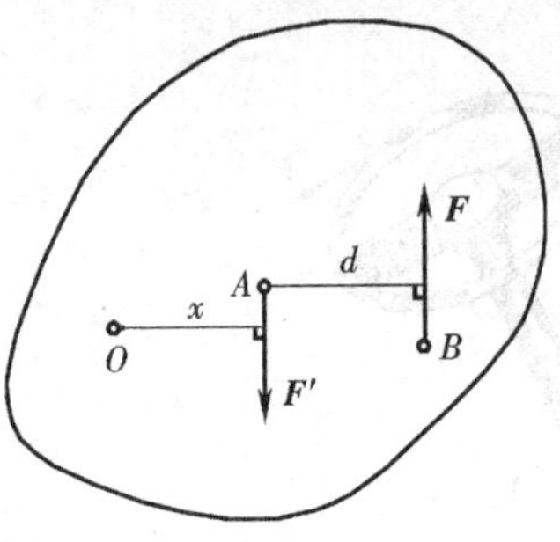

图　3-5

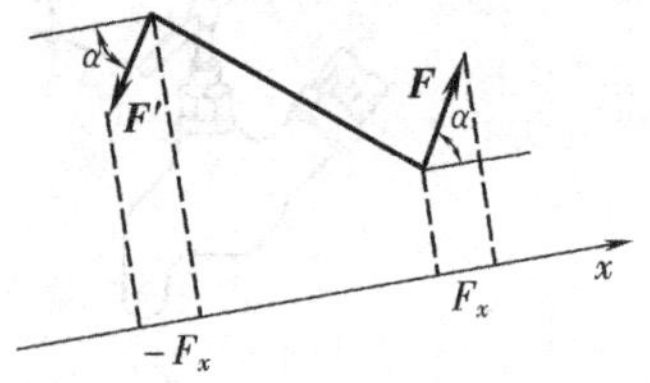

图　3-6

由于力偶在坐标轴上投影的代数和为零，故力偶对刚体的移动不会产生任何影响。

三、力偶的等效条件

若两个力偶分别作用在同一物体上时，物体的转动效应完全相同，则称此两力偶互为等效力偶。

三要素完全相同的力偶，彼此等效。这就是力偶的等效条件。

根据力偶的等效条件可知，在保持力偶三要素不变的条件下，力偶可以

（1）在其作用面内任意移动；

（2）任意改变力偶中力的大小、方向和力偶臂的长短。

如图 3-7a、b、c 所示，三个力偶的三要素完全相同，故它们彼此等效。在表示力偶时，已经没必要表明力偶的具体位置以及组成力偶的力的大小、方向和力偶臂的数值，有时就简明地用一个带箭头的弧线来表示力偶矩，标出其值，如图 3-7d 所示。

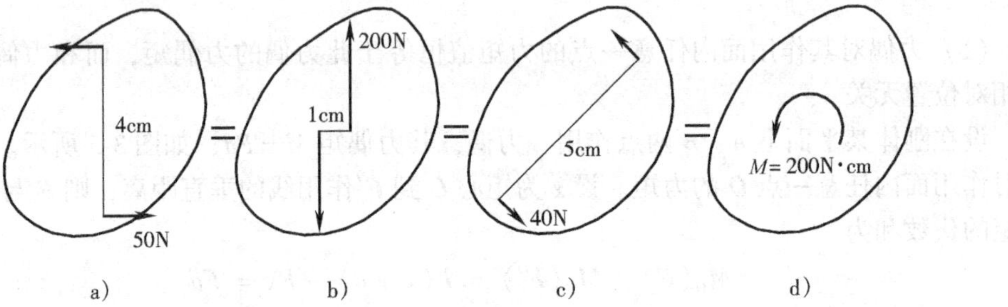

图　3-7

注意：力偶的性质及其等效条件只适用于刚体。对于变形体，如图 3-8a 所示的力偶（$\boldsymbol{F}_1$，$\boldsymbol{F}_1'$），如果换成力偶矩相等的力偶（$\boldsymbol{F}_2$，$\boldsymbol{F}_2'$），如图 3-8b 所示，则尽管此时对构件的转动效应没有影响，但构件的变形却会发生变化。

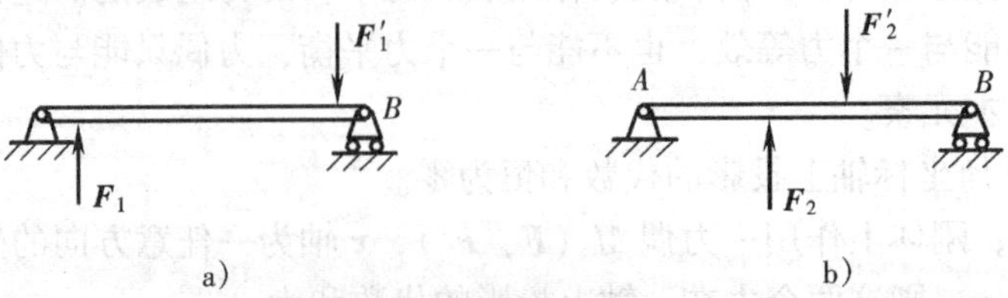

图　3-8

第三节 平面力偶系的合成与平衡

一、平面力偶系的合成

作用在同一平面内的若干个力偶，称为平面力偶系。平面力偶系的合成，即把力偶系中的所有力偶用一个与它等效的合力偶来代替。

由于平面内的力偶对物体的转动效应只取决于力偶矩的大小和力偶的转向，因而只要求出各个分力偶矩的代数和，便可确定力偶系对物体总的转动效应。因此，平面力偶系的合成结果为一合力偶，合力偶矩等于各个分力偶矩的代数和，即

$$M_R = M_1 + M_2 + \cdots + M_n = \sum M \tag{3-4}$$

二、平面力偶系的平衡条件

平面力偶系的合成结果为一合力偶，因此，若使刚体在平面力偶系作用下处于平衡状态，即力偶系对刚体无转动效应，则合力偶矩必须等于零，即

$$\sum M = 0 \tag{3-5}$$

由此，平面力偶系平衡的充分必要条件是：力偶系中各力偶矩的代数和等于零。式（3-5）称为平面力偶系的平衡方程。

平面力偶系只有一个平衡方程，只能求解一个未知量。

例 3-2 用多头钻床在水平放置的工件上同时钻四个直径相同的孔，如图 3-9 所示，每个钻头的切削力偶矩为 $M_1 = M_2 = M_3 = M_4 = -15\text{N}\cdot\text{m}$。求工件受到的总切削力偶矩的值。

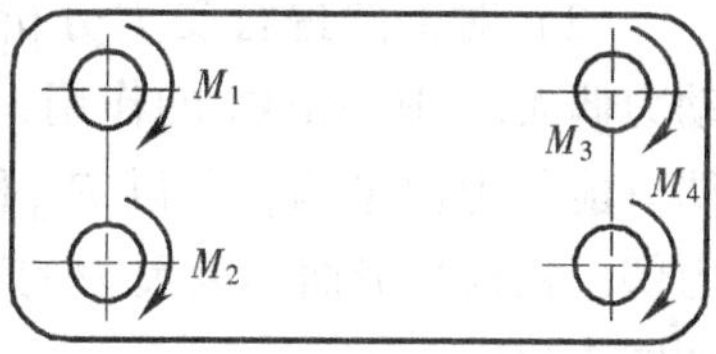

图 3-9

解 选工件为研究对象。

作用于工件的力偶有四个，各力偶矩大小相等、转向相同且在同一平面内。由式（3-4）可求出合力偶矩，即总切削力偶矩为

$$M_R = M_1 + M_2 + M_3 + M_4 = 4 \times (-15)\text{N}\cdot\text{m} = -60\text{N}\cdot\text{m}$$

负号表示切削力偶是顺时针转向。

知道总切削力偶矩后，就可以考虑夹紧措施，设计夹具。

例 3-3 杆 AB 受一力偶作用，其力偶矩 $M = 1000\text{N}\cdot\text{m}$，如图 3-10a 所示，$AB = 4\text{m}$。求支座 A、B 的约束反力。

解 （1）选杆 AB 为研究对象。

（2）对杆 AB 进行受力分析，画受力图。杆 AB 受一主动力偶 M 作用，B 点为一活动铰链约束，其约束反力 $\boldsymbol{F}_{NB}$ 竖直向上；根据力偶的性质二，力偶只能与力偶平衡，所以支座 A 的约束反力 $\boldsymbol{F}_{NA}$ 竖直向下，与 B 点的约束反力组成一对约束反力偶，如图 3-10b 所示。

（3）列平衡方程

$$\sum M = 0 \qquad 4F_{NA} - M = 0$$

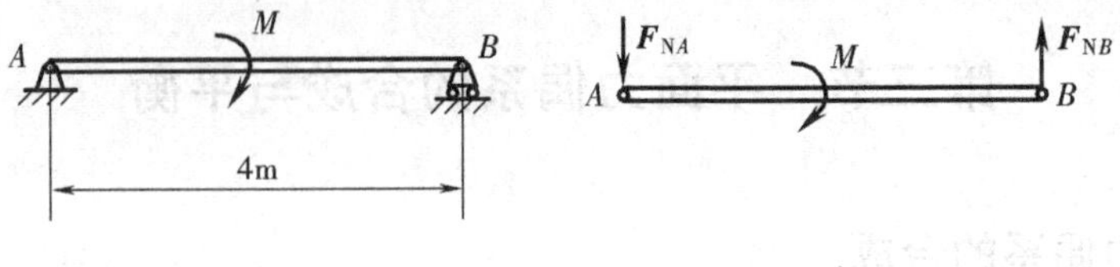

a)　　　　b)

图　3-10

得

$$F_{NA} = \frac{M}{4} = \frac{1000}{4}\text{N} = 250\text{N}$$

$$F_{NA} = F_{NB} = 250\text{N}$$

通过本例题的求解，可以总结出以下两点：

（1）图 3-10 中的 AB 杆不是二力杆，因为杆上作用有力偶，一个力偶就含有两个力。

（2）关于固定铰链和中间铰链的约束反力，确定其具体方向所应用的原理在第一章中列出了三条。到此可以总结出第四条，即应用力偶的性质二：力偶无合力，力偶不能与一个力平衡，只能与力偶平衡。

例 3-4　如图 3-11a 所示，多轴钻床在水平工件上钻孔时，每个孔的切削力偶矩 $M_1 = M_2 = M_3 = 20\text{N}\cdot\text{m}$，固定螺栓 A 和 B 的距离 $l = 0.5\text{m}$，求两个螺栓所受的力。

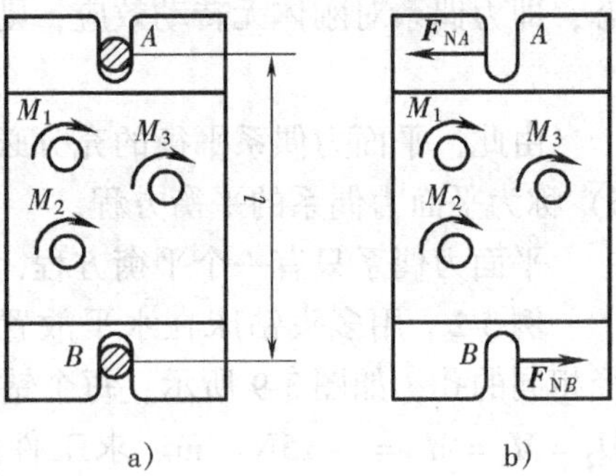

a)　　　　b)

图　3-11

解　（1）选工件为研究对象。

（2）对工件进行受力分析，画受力图。工件受主动力偶 M_1、M_2 和 M_3 的作用；根据力偶的性质二，力偶只能与力偶平衡，所以 $\boldsymbol{F}_{NA}$ 和 $\boldsymbol{F}_{NB}$ 必组成一对约束反力偶，根据光滑面约束反力的特性可画出其具体方向，如图 3-11b 所示。

（3）列平衡方程

$$\sum M = 0 \quad F_{NA}l - M_1 - M_2 - M_3 = 0$$

得

$$F_{NA} = \frac{M_1 + M_2 + M_3}{l} = \frac{20 + 20 + 20}{0.5}\text{N} = 120\text{N}$$

$$F_{NA} = F_{NB} = 120\text{N}$$

由作用与反作用定律可知，$\boldsymbol{F}_{NA}$、$\boldsymbol{F}_{NB}$ 即为两个螺栓所受到的力。

例 3-5　如图 3-12a 所示，平面机构 $OABC$ 中，已知作用在杆 OA 上的力偶矩为 M_1，为使机构在 $\alpha = \beta = 45°$ 时保持平衡，求作用在杆 BC 上的力偶矩 M_2。设 $OA = a$，$BC = b$，各杆的自重与各接触处摩擦不计。

解　（1）选研究对象，受力分析、画受力图。

已知力偶 M_1 作用于 OA 杆上，未知力偶 M_2 作用于 BC 杆上，OA 杆和 BC 杆之间联系的“桥梁”是 AB 杆，故分别选 OA 杆、AB 杆、BC 杆为研究对象，画出分离体，并在 OA 杆、BC 杆上分别画出已知力偶 M_1、未知力偶 M_2。

分析可知，AB 杆为一二力杆，所以 $\boldsymbol{F}_{NA}$、$\boldsymbol{F}_{NB}$ 均沿杆 AB 的轴线，且 $F_{NA} = F_{NB}$，方向

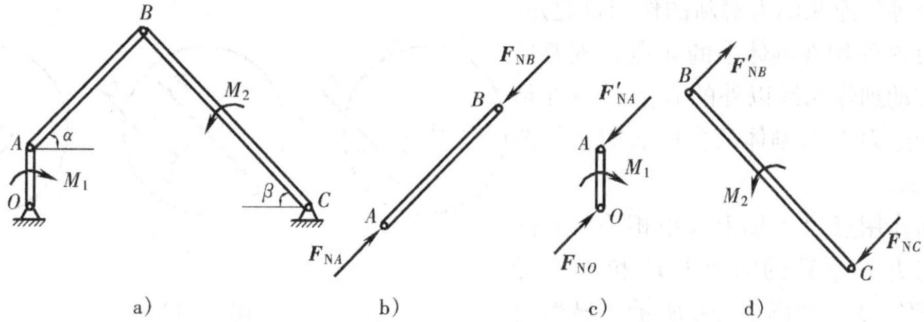

图 3-12

假设如图 3-12b 所示。

根据作用与反作用定律，可确定 OA 杆 A 铰链处的约束反力 $\boldsymbol{F}'_{NA}$，且 $F'_{NA}=F_{NA}$，根据力偶的性质二，力偶只能与力偶平衡，故 $\boldsymbol{F}_{NO}$ 与 $\boldsymbol{F}'_{NA}$组成一对约束反力偶，即 $\boldsymbol{F}_{NO}$ 平行于 $\boldsymbol{F}'_{NA}$，且 $F_{NO}=F'_{NA}$，如图 3-13c 所示。

同理可以画出 BC 杆的受力图，如图 3-13d 所示，且有 $F_{NC}=F'_{NB}$。

由以上分析可知，$F_{NO}=F'_{NA}=F_{NA}=F_{NB}=F'_{NB}=F_{NC}$。

(2) 列平衡方程

对于 OA 杆 $\sum M=0 \quad F'_{NA}\,a\cos45°-M_1=0$

得
$$F'_{NA}=\frac{M_1}{a\cos45°}$$

故
$$F'_{NA}=F_{NA}=F_{NB}=F'_{NB}=\frac{M_1}{a\cos45°}$$

对于 BC 杆 $\sum M=0 \quad M_2-F'_{NB}\,b=0$

得
$$M_2=F'_{NB}\,b=\frac{M_1 b}{a\cos45°}=\frac{b}{a}\sqrt{2}M_1$$

通过以上例题，可以总结出求解平面力偶系平衡问题的基本步骤：

(1) 选研究对象。当已知力偶和未知力（或力偶）都作用在同一个物体上时，只选一次研究对象即可；当已知力和未知力（或力偶）分别作用在不同的物体上时，就要选多次研究对象。

(2) 对研究对象进行受力分析，画受力图。分析已知力偶和待求未知力（或力偶）的关系，紧紧围绕力偶只能和力偶平衡这一要点去解决问题。

(3) 列平衡方程，求解未知量。列平衡方程时要注意力偶矩的正负，计算结果中出现负号时，说明实际受力方向或力偶的转向与所设方向相反，不必去改受力图。

第四节 力的平移定理

由力的可传性原理可知，作用在刚体上的力可沿其作用线移动至刚体上任意一点，而不改变力对刚体的作用效应。现在的问题是，在不改变力对刚体作用效应的前提下，能不能将作用在刚体上的力平行移动到作用线以外的任意一点呢？力的平移定理回答了这个问题。

定理：作用于刚体上的力，可平行移动到刚体内任意一点，但必须同时附加一个力偶，其力偶矩等于原来的力对新的作用点之矩。

设力 $\boldsymbol{F}$ 作用在刚体上的 A 点，现要把它平行移动到作用线以外的 O 点，条件是不能改变原力 $\boldsymbol{F}$ 对刚体的作用效应，如图 3-13a 所示。

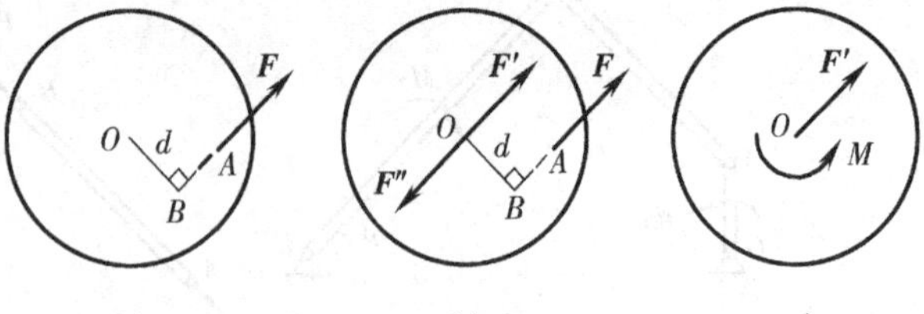

a) b) c)

图 3-13

在新作用点 O 上加上大小相等、方向相反且与力 $\boldsymbol{F}$ 平行的两个力 $\boldsymbol{F}'$ 和 $\boldsymbol{F}''$，并使 $F'=F''=F$，如图 3-13b 所示。显然新加上的两个力满足二力平衡公理，是一个平衡力系，不改变原力 $\boldsymbol{F}$ 对刚体的作用效应，即力系（$\boldsymbol{F}$、$\boldsymbol{F}'$、$\boldsymbol{F}''$）与力 $\boldsymbol{F}$ 是等效的。换个角度来看，$\boldsymbol{F}$ 和 $\boldsymbol{F}''$ 组成一个力偶，称为附加力偶，其力偶矩 M 等于原力 $\boldsymbol{F}$ 对 O 点之矩，即 $M=M_O(\boldsymbol{F})$。于是，原作用于 A 点的力 $\boldsymbol{F}$ 由作用在 O 点的力 $\boldsymbol{F}'$ 和一个力偶（$\boldsymbol{F}$、$\boldsymbol{F}''$）所代替，如图 3-13c 所示。由于 $F'=F$，可以认为是力 $\boldsymbol{F}$ 平行移动到了 O 点，但是作为等效力系，还必须附加一力偶，其附加力偶矩为

$$M=M_O(\boldsymbol{F})$$

力的平移定理是力系简化的依据，也是分析和解决工程实际问题的重要方法。

例如，钳工攻螺纹时，要求双手均匀加力，这时丝锥仅受到一个力偶作用；若双手用力不匀或单手加力，如图 3-14 所示，分析力 $\boldsymbol{F}$ 对丝锥的作用效应：将力 $\boldsymbol{F}$ 平行移动到转动中心 O，则有平移力 $\boldsymbol{F}'$ 和附加力偶 M，附加力偶 M 使丝锥转动，力 $\boldsymbol{F}'$ 使丝锥产生弯曲变形，容易引起丝锥折断。

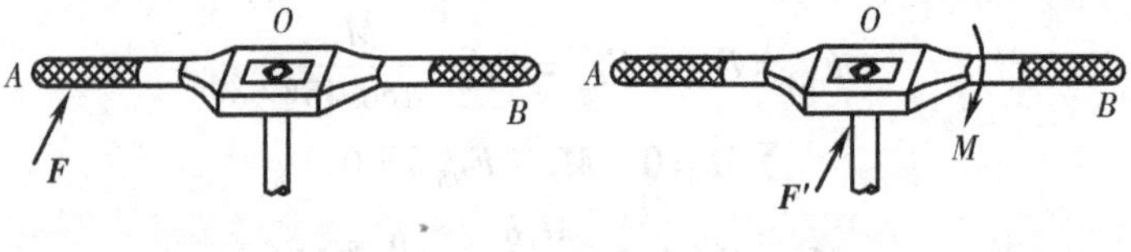

a) b)

图 3-14

又如，图 3-15 所示，传动轴上的齿轮受到圆周力 $\boldsymbol{F}$ 的作用。分析力 $\boldsymbol{F}$ 对轴的作用效应：将力 $\boldsymbol{F}$ 平行移动到轴心 O 点，则有平移力 $\boldsymbol{F}'$ 和附加力偶 M，力 $\boldsymbol{F}'$ 使轴产生弯曲变形，附加力偶 M 使轴转动。

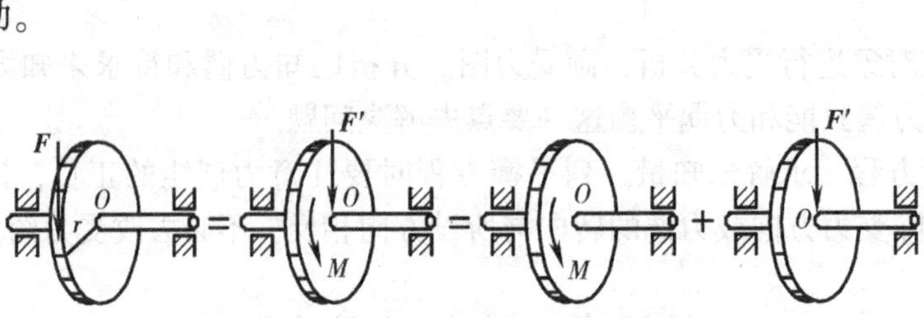

a) b) c)

图 3-15

再如，图 3-16 所示，乒乓球受到力 $\boldsymbol{F}$ 的作用。分析力 $\boldsymbol{F}$ 对球的作用效应：将力 $\boldsymbol{F}$ 平移至球心，得到平移力 $\boldsymbol{F}'$ 和附加力偶 M，力 $\boldsymbol{F}'$ 使球移动，附加力偶 M 使球转动。

由以上实例可见，力对作用线以外的转动中心，有两种效应，一是平移力对物体产生移

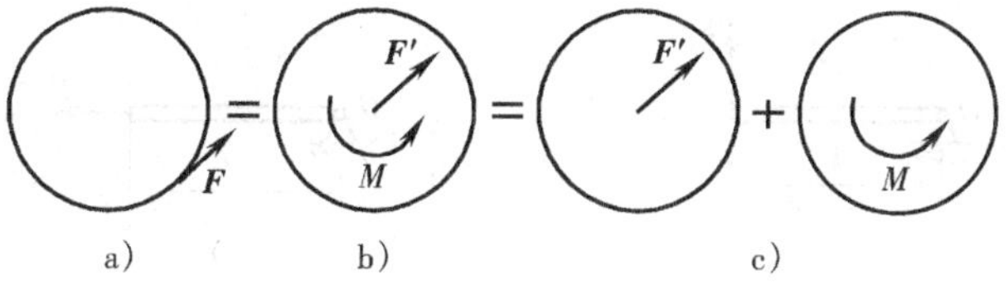

图　3-16

动效应，当物体受到约束不能移动时，就会引起变形；二是附加力偶对物体产生转动效应。

小　　结

1. 力矩是度量力使物体绕矩心转动效应的物理量，矩心到力作用线的垂直距离称为力臂，力矩定义为

$$M_O(\boldsymbol{F}) = \pm Fd$$

2. 合力矩定理——力系中合力对某点之矩等于各个分力对同一点之矩的代数和，即

$$M_O(\boldsymbol{F}_R) = \sum M_O(\boldsymbol{F})$$

3. 同时作用在物体上的大小相等、方向相反、作用线相互平行的两个力称为力偶，力偶作用在物体上只能使物体产生转动效应，而不会产生移动效应。力学中以 F、d 的乘积作为度量力偶对物体转动效应的物理量，称为力偶矩 M。即

$$M = \pm Fd$$

力偶的三要素为：力偶矩的大小、力偶的转向和力偶作用面的方位。凡三要素相同的力偶彼此等效。

4. 力偶的性质有：

（1）力偶对其作用面内任意一点的力矩值恒等于此力偶的力偶矩，而和力偶与矩心间的相对位置无关。

（2）力偶无合力，力偶不能与一个力平衡，只能与力偶平衡。

（3）力偶在任何坐标轴上投影的代数和恒为零。

5. 平面力偶系的合力偶矩等于各分力偶矩的代数和，平面力偶系的平衡条件为

$$\sum M = 0$$

此式又称为平面力偶系的平衡方程。平面力偶系只有一个平衡方程，只能求解一个未知量。

6. 力的平移定理——作用于刚体上的力，可平行移动到刚体内任意一点，但必须同时附加一个力偶，其力偶矩等于原来的力对新的作用点之矩。由此可知：力对其作用线外一点的作用为一个平移力和一个附加力偶的联合作用，平移力对物体产生移动效应，附加力偶对物体产生转动效应。

习　　题

3-1　求图示各种情况下力 $\boldsymbol{F}$ 对 O 点的矩。

3-2　计算图中力 $\boldsymbol{G}$ 与力 $\boldsymbol{F}$ 对转动中心 A 之矩。

3-3　如图所示，拱架 C 处受力 $\boldsymbol{F}$ 作用。已知 F、α、a、b，求 $M_A(\boldsymbol{F})$、$M_B(\boldsymbol{F})$ 的值。

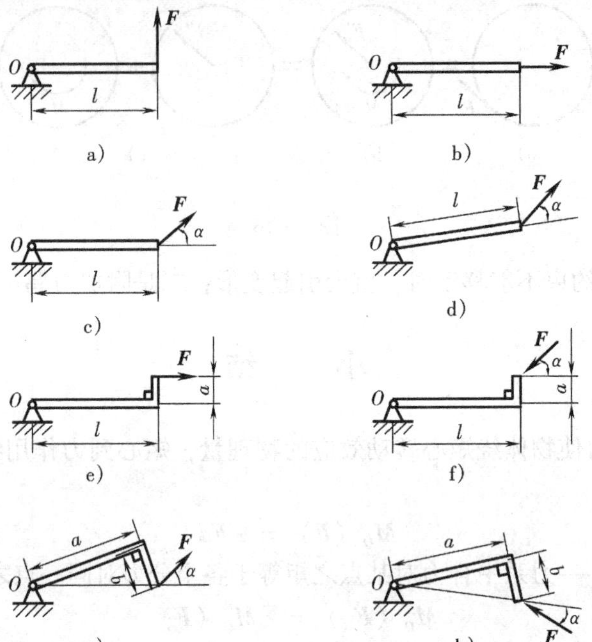

题 3-1 图

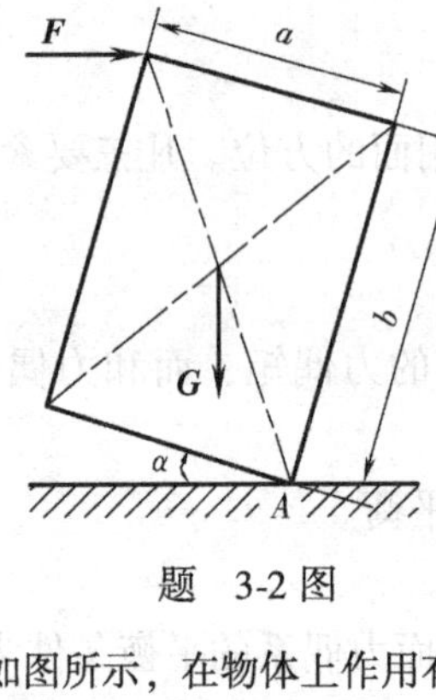

题 3-2 图

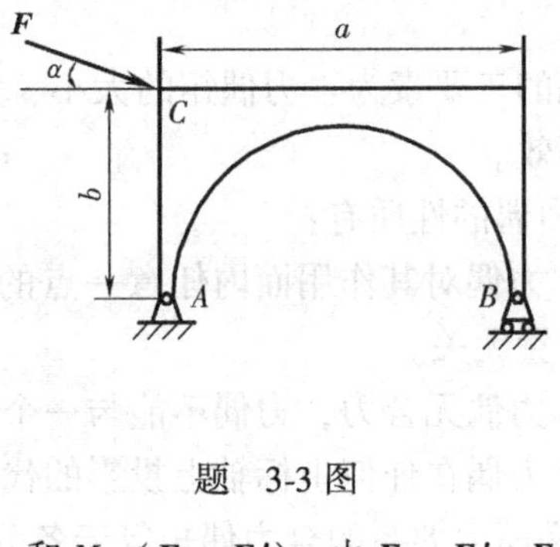

题 3-3 图

3-4 如图所示，在物体上作用有两个力偶 M_1（$\boldsymbol{F}_1$，$\boldsymbol{F}_1'$）和 M_2（$\boldsymbol{F}_2$，$\boldsymbol{F}_2'$），由 $\boldsymbol{F}_1$、$\boldsymbol{F}_1'$、$\boldsymbol{F}_2$、$\boldsymbol{F}_2'$四力构成一个封闭的力的多边形。问此物体是否平衡，为什么？

3-5 为什么力偶不能与一个力平衡？解释图中所示的平衡现象。

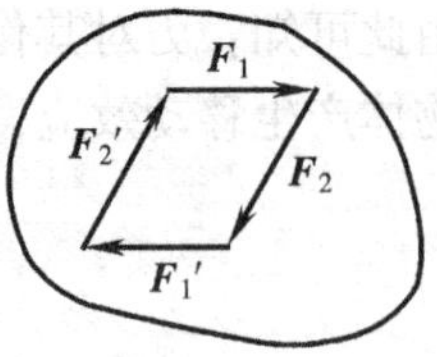

题 3-4 图

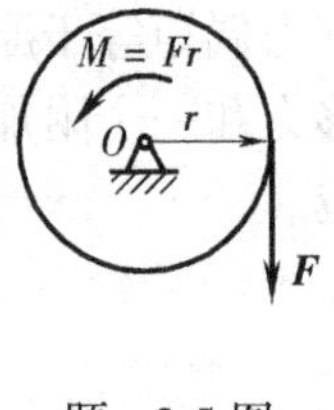

题 3-5 图

3-6 判断图中所示构件能否平衡？

3-7 说明图中力 $\boldsymbol{F}$ 与力偶 M（$\boldsymbol{F}'$，$\boldsymbol{F}''$）对轮的作用是否相同？已知 $F' = F'' = 0.5F$。

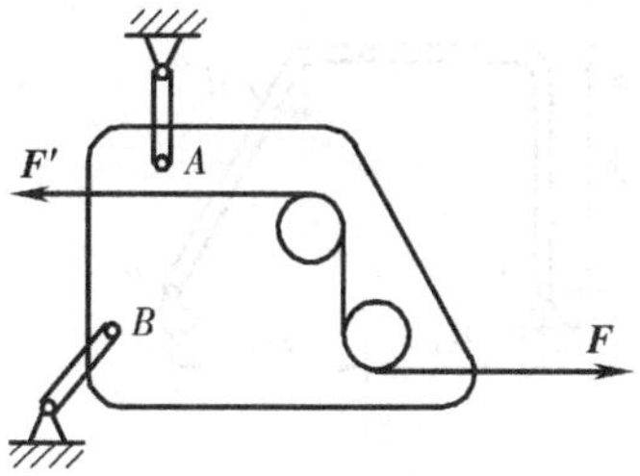

题　3-6 图

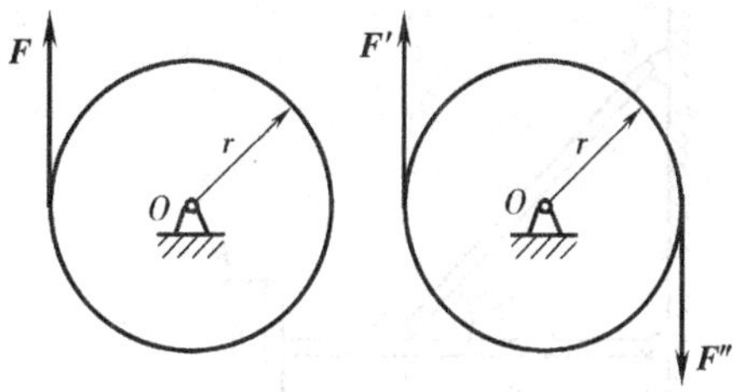

题　3-7 图

3-8　水平杆受力如图所示，已知 M、l、α，求支座 A、B 的约束反力。

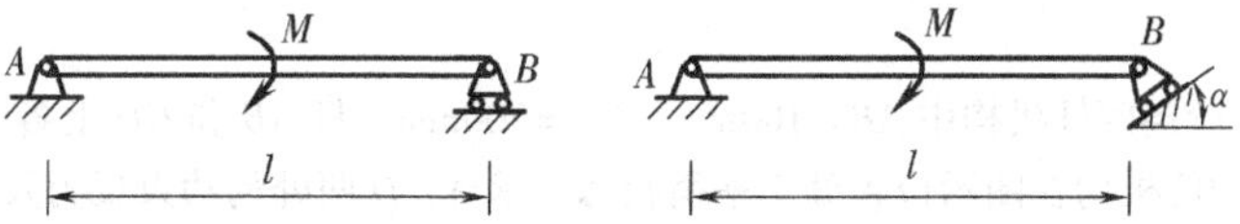

a)　　　　b)

题　3-8 图

3-9　水平杆受力如图所示，已知 $F = F' = 2\text{kN}$，$M = 10\text{N} \cdot \text{m}$，$a = 200\text{mm}$。求支座 A、B 的约束反力。

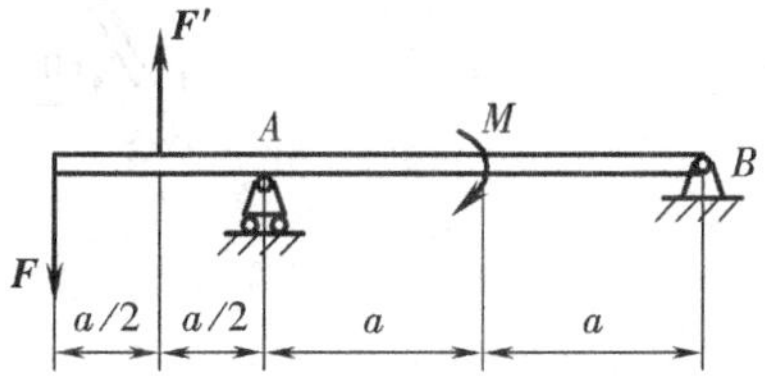

题　3-9 图

3-10　构件的支承及载荷情况如图 a、b 所示，已知 $F = F'$、a、l、α。求两种情况下 A、B 两支座的约束反力。

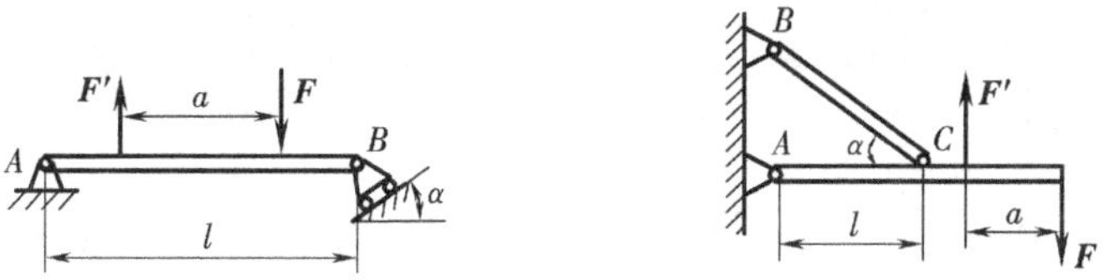

a)　　　　b)

题　3-10 图

3-11　如图所示，丁字杆 AB 与直杆 CD 在 D 点用铰链连接，丁字杆的 B 端受一力偶（$\boldsymbol{F}$，$\boldsymbol{F}'$）的作用，其力偶矩 $M = 1\text{kN} \cdot \text{m}$。求铰链 A、C 的约束反力。

3-12　三铰拱钢架如图所示，BC 拱受一力偶作用，其力偶矩 $M = 50\text{kN} \cdot \text{m}$。不计自重，求 A、B 支座的约束反力。如将该力偶移至 AC 拱上，两支座的约束反力是否改变？为什么？

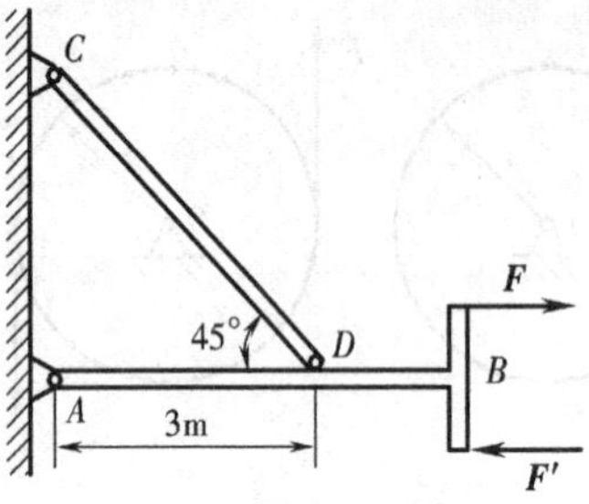

题　3-11 图

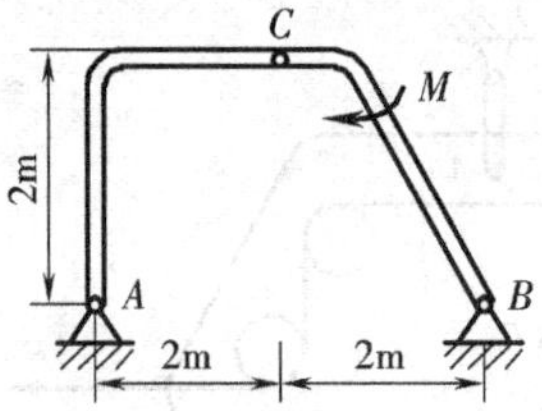

题　3-12 图

3-13　如图所示，铰链四杆机构的杆 OA 上作用一力偶 M_1，其力偶矩 $M_1=2\mathrm{N\cdot m}$。为使机构在 $\alpha=90°$，$\beta=30°$时处于平衡，求作用在杆 O_1B 上的力偶矩 M_2。设 $OA=400\mathrm{mm}$，$O_1B=200\mathrm{mm}$，各杆的自重与接触处的摩擦不计。

3-14　如图所示，铰链四杆机构中 $AB=100\mathrm{mm}$，$CD=200\mathrm{mm}$，杆 AB 和 CD 上各作用一力偶 M_1 和 M_2。已知 $M_1=0.4\mathrm{N\cdot m}$，为使机构在图示位置处于平衡状态，求 A、D 两处的约束反力及力偶矩 M_2（各杆的自重与接触处的摩擦不计）。

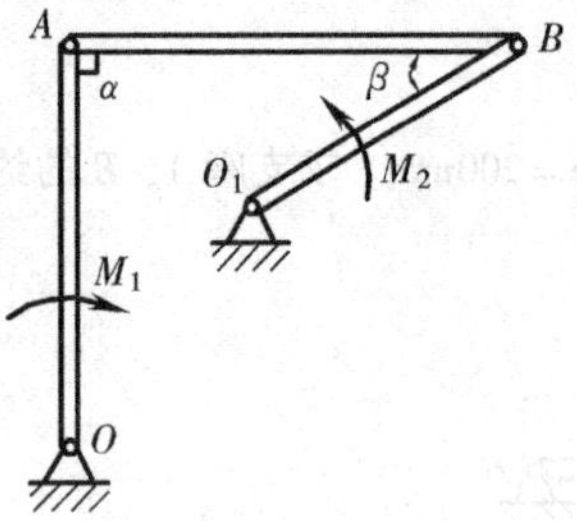

题　3-13 图

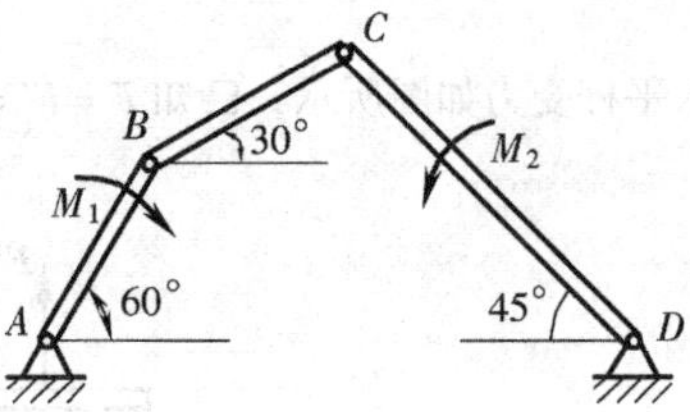

题　3-14 图

第四章　平面任意力系

力系中各力的作用线都在同一平面内，它们既不汇交于一点，也不全部互相平行，这样的力系称为平面任意力系，也称平面一般力系。

如图 4-1 所示的水平杆 AB，受到几个力的作用：重力 G，集中力 W，斜杆的拉力 $\boldsymbol{F}_{NB}$ 和铰链 A 的约束反力 $\boldsymbol{F}_{NAx}$、$\boldsymbol{F}_{NAy}$，这些力组成平面任意力系。

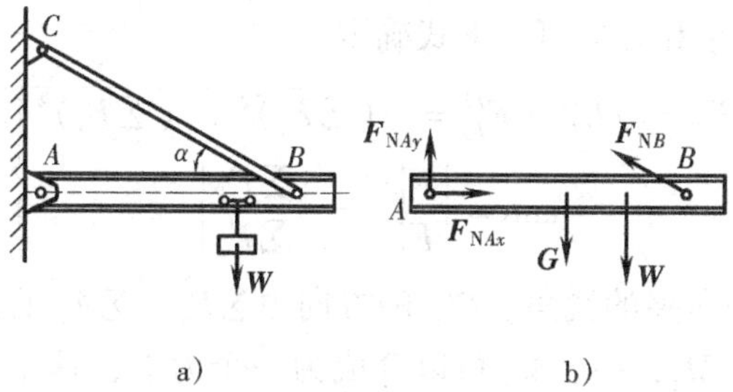

图　4-1

平面任意力系是工程实际中最常见的一种力系。本章将讨论平面任意力系的简化方法、平衡条件及平衡方程的应用。

第一节　平面任意力系的简化

一、平面任意力系的简化，主矢和主矩

如图 4-2a 所示，设刚体上作用一平面任意力系 $\boldsymbol{F}_1$，$\boldsymbol{F}_2$，…，$\boldsymbol{F}_n$，在力系的作用面内任取一点 O，O 点称为简化中心。根据力的平移定理，将力系中各力向 O 点平移，得到一个平面汇交力系 $\boldsymbol{F}'_1$，$\boldsymbol{F}'_2$，…，$\boldsymbol{F}'_n$，和一个附加平面力偶系 M_1，M_2，…，M_n，如图 4-2b 所示。

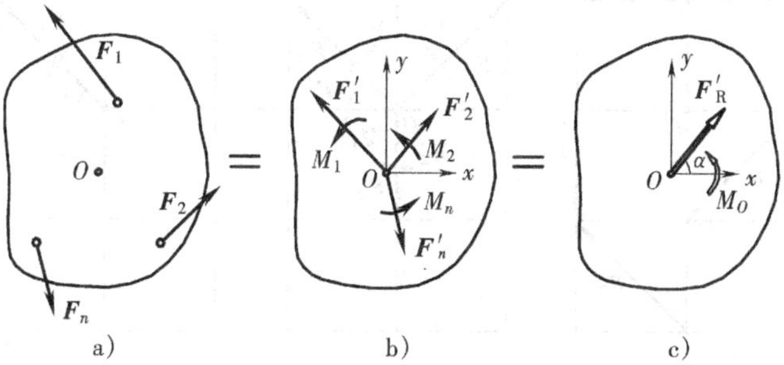

图　4-2

且有

$$F_1' = F_1, F_2' = F_2, \cdots, F_n' = F_n,$$
$$M_1 = M_O(\boldsymbol{F}_1), M_2 = M_O(\boldsymbol{F}_2), \cdots, M_n = M_O(\boldsymbol{F}_n)$$

平面汇交力系 $\boldsymbol{F}_1'$，$\boldsymbol{F}_2'$，…，$\boldsymbol{F}_n'$可以合成为一个作用在 O 点的力，这个力 $\boldsymbol{F}_R'$称为原力系的主矢，即

$$\boldsymbol{F}_R' = \boldsymbol{F}_1' + \boldsymbol{F}_2' + \cdots + \boldsymbol{F}_n' = \sum \boldsymbol{F} \tag{4-1}$$

过 O 点建立直角坐标系 Oxy，如图 4-2c 所示，用解析法可求出主矢 $\boldsymbol{F}_R'$的大小和方向。根据合力投影定理得

$$\left.\begin{aligned} F_{Rx}' &= F_{1x} + F_{2x} + \cdots + F_{nx} = \sum F_x \\ F_{Ry}' &= F_{1y} + F_{2y} + \cdots + F_{ny} = \sum F_y \end{aligned}\right\} \tag{4-2}$$

于是，主矢 $\boldsymbol{F}'_R$ 的大小和方向可由下式确定

$$\left.\begin{aligned} F_R' &= \sqrt{F_{Rx}'^2 + F_{Ry}'^2} = \sqrt{(\sum F_x)^2 + (\sum F_y)^2} \\ \tan\alpha &= \left|\frac{F_{Ry}'}{F_{Rx}'}\right| = \left|\frac{\sum F_y}{\sum F_x}\right| \end{aligned}\right\} \tag{4-3}$$

式中　α——F'_R 与 x 轴间所夹的锐角。F'_R 的方向由 $\sum F_x$、$\sum F_y$ 的正负号确定。

附加平面力偶系 M_1，M_2，…，M_n 可以合成为一个力偶，这个力偶的力偶矩 M_O，称为原力系对 O 点的主矩，其值等于原来各力对 O 点力矩的代数和，即

$$M_O = M_1 + M_2 + \cdots + M_n = M_O(\boldsymbol{F}_1) + M_O(\boldsymbol{F}_2) + \cdots + M_O(\boldsymbol{F}_n) = \sum M_O(\boldsymbol{F}) \tag{4-4}$$

显然，当平面任意力系给定后，主矢就是一个不变的量，选择不同的简化中心，不会影响主矢的大小和方向，但一般会影响主矩，因为各力对该点的力臂的变化会引起相应力矩的变化。

由此可知，在一般情况下，平面任意力系向作用面内任意一点简化，可以得到一个力和一个力偶。这个力 F_R'称为平面任意力系的主矢，这个力偶的力偶矩 M_O 称为平面任意力系对简化中心的主矩。主矢与简化中心的位置无关，主矩与简化中心的位置有关。所以当提到主矩时必须明确对哪一点而言，M_O 右下角所标注字母为简化中心。

例 4-1　如图 4-3a 所示平面任意力系，每方格边长为 5cm，$F_1 = F_2 = 5$N，$F_3 = F_4 = 5\sqrt{2}$ N。求力系向 O 点简化的结果。

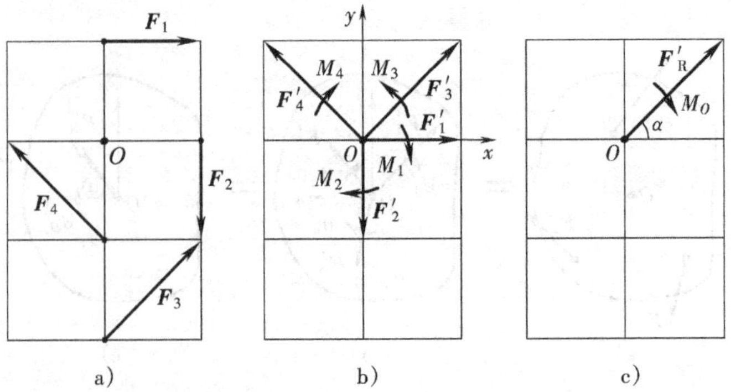

图　4-3

解　将 $\boldsymbol{F}_1$、$\boldsymbol{F}_2$、$\boldsymbol{F}_3$、$\boldsymbol{F}_4$ 各力向 O 点平移，得到一平面汇交力系 $\boldsymbol{F}_1'$、$\boldsymbol{F}_2'$、$\boldsymbol{F}_3'$、$\boldsymbol{F}_4'$和

一附加力偶系 M_1、M_2、M_3、M_4，如图 4-3b 所示。且有

$$F_1' = F_1 = 5\text{N} \quad F_2' = F_2 = 5\text{N} \quad F_3' = F_3 = 5\sqrt{2}\text{N} \quad F_4' = F_4 = 5\sqrt{2}\text{N}$$

$$M_1 = M_O(\boldsymbol{F}_1) = -5 \times 5\text{N} \cdot \text{cm} = -25\text{N} \cdot \text{cm}$$

$$M_2 = M_O(\boldsymbol{F}_2) = -5 \times 5\text{N} \cdot \text{cm} = -25\text{N} \cdot \text{cm}$$

$$M_3 = M_O(\boldsymbol{F}_3) = 5\sqrt{2} \times 5\sqrt{2}\text{N} \cdot \text{cm} = 50\text{N} \cdot \text{cm}$$

$$M_4 = M_O(\boldsymbol{F}_4) = -5\sqrt{2} \times \frac{5}{2}\sqrt{2}\text{N} \cdot \text{cm} = -25\text{N} \cdot \text{cm}$$

建立直角坐标系 Oxy，如图 4-3b 所示。则由式（4-2）得

$$F'_{\text{R}x} = F_{1x} + F_{2x} + F_{3x} + F_{4x} = 5\text{N} + 0 + 5\sqrt{2} \times \frac{\sqrt{2}}{2}\text{N} - 5\sqrt{2} \times \frac{\sqrt{2}}{2}\text{N} = 5\text{N}$$

$$F'_{\text{R}y} = F_{1y} + F_{2y} + F_{3y} + F_{4y} = 0 - 5\text{N} + 5\sqrt{2} \times \frac{\sqrt{2}}{2}\text{N} + 5\sqrt{2} \times \frac{\sqrt{2}}{2}\text{N} = 5\text{N}$$

由式（4-3）得，主矢 $\boldsymbol{F}'_{\text{R}}$的大小和方向为

$$F'_{\text{R}} = \sqrt{F'^2_{\text{R}x} + F'^2_{\text{R}y}} = \sqrt{5^2 + 5^2}\text{N} = 5\sqrt{2}\text{N}$$

$$\tan\alpha = \left|\frac{F'_{\text{R}y}}{F'_{\text{R}x}}\right| = \frac{5}{5} = 1 \qquad \alpha = 45°$$

由式（4-4）得，主矩 M_O 为

$$M_O = M_1 + M_2 + M_3 + M_4 = -25\text{N} \cdot \text{cm} - 25\text{N} \cdot \text{cm} + 50\text{N} \cdot \text{cm} - 25\text{N} \cdot \text{cm} = -25\text{N} \cdot \text{cm}$$

负号表示主矩 M_O 为顺时针转向。

主矢 $\boldsymbol{F}'_{\text{R}}$和主矩 M_O 的方向如图 4-3c 所示。

二、固定端约束

构件的一端受到约束的限制，使构件不能向任何方向移动，也不能向任何方向转动，这种约束称为固定端约束。如夹紧在卡盘上的工件，固定在刀架上的车刀，埋入地下的电线杆，楼房的阳台等，都是固定端约束的实例。固定端约束的简化表示法如图 4-4a 所示。

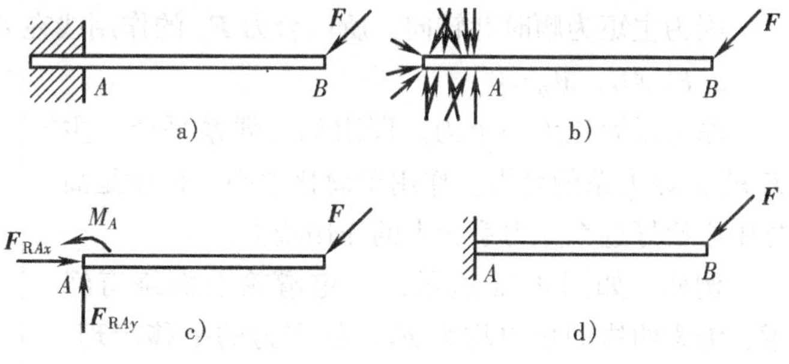

图　4-4

为便于叙述，将图 4-4a 看成是水平杆 AB 插入竖直墙内。杆 AB 上作用主动力 $\boldsymbol{F}$，其插入部分受到墙的约束，杆上与墙接触的每个点所受到约束反力的大小和方向都不相同，这样杂乱无章的约束反力组成了一个平面任意力系，如图 4-4b 所示。把这个力系向 A 点简化，得到一个主矢 $\boldsymbol{F}_{\text{R}A}$和一个主矩 M_A，因为不能确定主矢 $\boldsymbol{F}_{\text{R}A}$的具体方向，故用一对正交分力 $\boldsymbol{F}_{\text{R}Ax}$、$\boldsymbol{F}_{\text{R}Ay}$表示；主矩 M_A 的转向，通常假设为逆时针转向。因此，在平面力系中，固定端处的约束反力可以简化为一对正交分力 $\boldsymbol{F}_{\text{R}Ax}$、$\boldsymbol{F}_{\text{R}Ay}$和一个约束反力偶 M_A，如图 4-4c 所示。固定端约束还可以更简单地表示为图 4-4d 的形式。

比较固定端约束和固定铰链约束的性质可见，固定端约束除了限制物体在水平方向和竖直方向的移动外，还能限制物体在平面内的转动，因此除了约束反力 $\boldsymbol{F}_{RAx}$、$\boldsymbol{F}_{RAy}$外，还有约束反力偶 M_A；而固定铰链约束只能限制物体在平面内的移动，不能限制物体在平面内的转动，所以它只有约束反力，没有约束反力偶。

三、简化结果的分析

如前所述，平面任意力系向任意一点 O 简化，一般得到一个主矢 $\boldsymbol{F}'_R$和一个主矩 M_O，进一步讨论力系简化后的结果，可以分为以下四种情况：

1. $F'_R \neq 0$，$M_O \neq 0$

原力系简化后，主矢、主矩都不为零，这是最一般的情况。根据力的平移定理，可将主矢、主矩继续合成为一个合力 $\boldsymbol{F}_R$，其作用线到 O 点的距离为 $d = M_O/F'_R$，合力 $\boldsymbol{F}_R$ 的作用线在简化中心 O 点的哪一侧由主矩 M_O 的转向来确定，如图 4-5 所示。

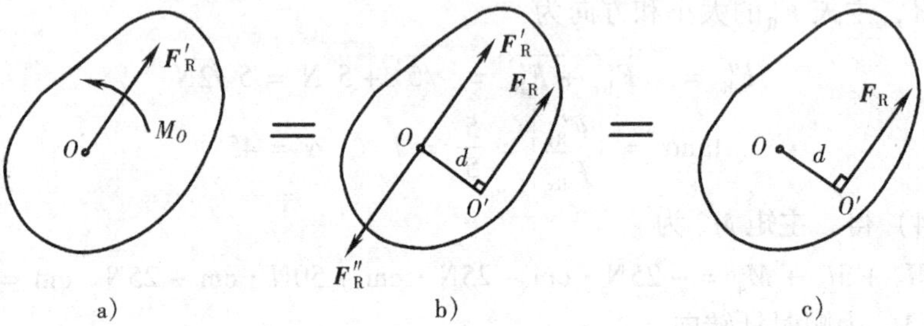

图 4-5

例如，在例题4-1 中，平面任意力系向 O 点简化后得到主矢 $F'_R = 5\sqrt{2}$N、主矩 $M_O = -25$N · cm。可将主矢、主矩继续合成为一个合力 $\boldsymbol{F}_R$，其大小为 $F_R = 5\sqrt{2}$N，其作用线到 O 点的距离为

$$d = \frac{M_O}{F'_R} = \frac{25}{5\sqrt{2}}\text{cm} = \frac{5}{2}\sqrt{2}\text{cm}$$

因为主矩为顺时针转向，所以合力 $\boldsymbol{F}_R$ 的作用线在 O 点的左上方，如图 4-6b 所示。

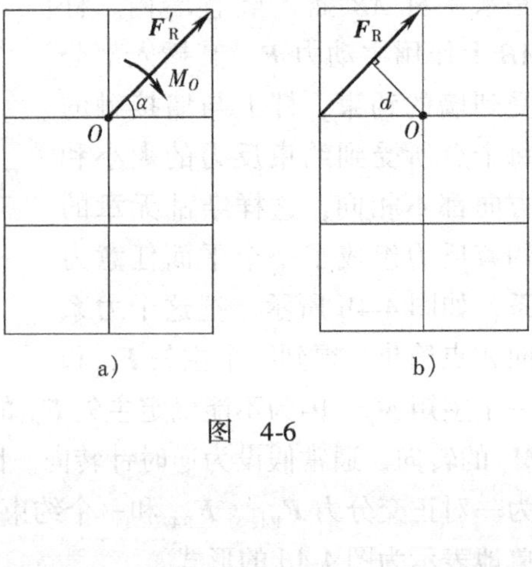

图 4-6

2. $F'_R \neq 0$，$M_O = 0$

原力系简化为一个力。即附加力偶系平衡，主矢 $\boldsymbol{F}'_R$为原力系的合力，作用于简化中心，也就是简化中心恰好选在原力系合力的作用线上。

例如　如图 4-7a 所示，一定滑轮上面绕有绳索，绳索两边的拉力均为 $\boldsymbol{F}_T$。根据力的平移定理，将 $\boldsymbol{F}_T$ 向转动中心 O 简化，得到主矢 $F'_R = F_T + F_T = 2F_T$，方向竖直向下；主矩 $M_O = M_1 + M_2 = F_T r - F_T r = 0$，如图 4-7b 所示。即原力系简化为一个作用于转动中心的合力，如图 4-7c 所示。

3. $F'_R = 0$，$M_O \neq 0$

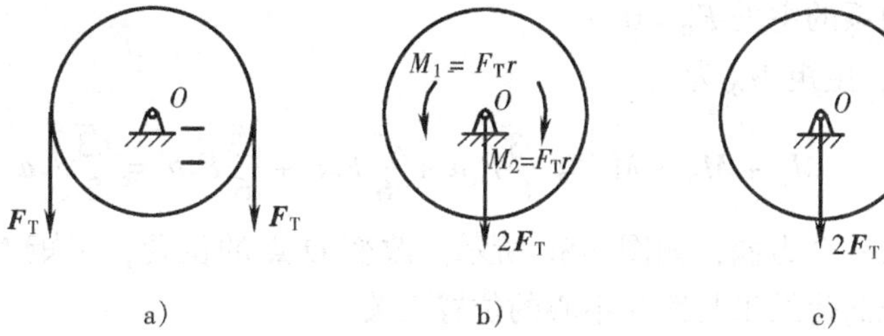

图　4-7

原力系简化为一个力偶，其矩等于原力系对简化中心的主矩。在这种情况下，简化结果与简化中心的位置无关。

例 4-2　一平面任意力系如图 4-8a 所示，三个等值力 $\boldsymbol{F}_1$、$\boldsymbol{F}_2$、$\boldsymbol{F}_3$ 构成一封闭的等边三角形，三角形的边长为 a。求力系向三角形的几何中心 O 点简化的结果。

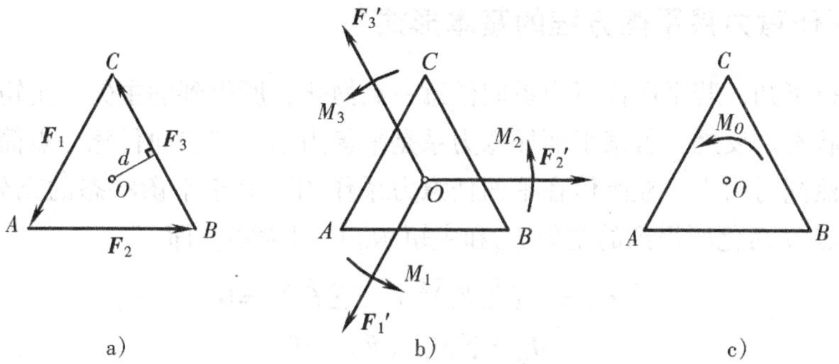

图　4-8

解　将 $\boldsymbol{F}_1$、$\boldsymbol{F}_2$、$\boldsymbol{F}_3$ 各力向 O 点平移，得到一平面汇交力系 $\boldsymbol{F}_1'$、$\boldsymbol{F}_2'$、$\boldsymbol{F}_3'$和一附加力偶系 M_1、M_2、M_3，如图 4-8b 所示。且有

$$F_1' = F_1$$

$$F_2' = F_2$$

$$F_3' = F_3$$

由几何关系可知，O 点到各力作用线的垂直距离为

$$d = \frac{1}{3} \times \frac{\sqrt{3}}{2}a = \frac{\sqrt{3}}{6}a$$

故

$$M_1 = M_O(\boldsymbol{F}_1) = \frac{\sqrt{3}}{6}F_1 a$$

$$M_2 = M_O(\boldsymbol{F}_2) = \frac{\sqrt{3}}{6}F_2 a$$

$$M_3 = M_O(\boldsymbol{F}_3) = \frac{\sqrt{3}}{6}F_3 a$$

因为

$$F_1 = F_2 = F_3$$

故

$$F_1' = F_2' = F_3'$$

即平面汇交力系中，$\boldsymbol{F}_1'$、$\boldsymbol{F}_2'$、$\boldsymbol{F}_3'$等值且互成 120°角，用几何法或解析法均可求出其合力为

零，即原平面任意力系的主矢 $F'_R=0$。

由式（4-4）得，主矩 M_O 为

$$M_O = M_1 + M_2 + M_3 = \frac{\sqrt{3}}{6}F_1 a + \frac{\sqrt{3}}{6}F_2 a + \frac{\sqrt{3}}{6}F_3 a = \frac{\sqrt{3}}{2}F_1 a$$

即原力系简化为一个力偶，如图 4-8c 所示。改变 O 点的位置，主矩 M_O 大小和转向均保持不变，也就是说简化结果与简化中心的位置无关。

4. $F'_R=0$，$M_O=0$

原力系是平衡力系，物体在此力系作用下处于平衡状态。

第二节 平面任意力系的平衡方程及其应用

一、平面任意力系平衡方程的基本形式

由前面分析可知，若平面任意力系向任意一点简化，所得到的主矢、主矩均等于零，则刚体处于平衡状态。反之，若某平面任意力系是平衡力系，则它向任意一点简化，所得到的主矢、主矩必然同时为零。故刚体在平面任意力系作用下处于平衡状态的充分必要条件是：力系向任意一点 O 简化所得到的主矢 F'_R 和主矩 M_O 同时为零。即

$$F'_R = \sqrt{(\sum F_x)^2 + (\sum F_y)^2} = 0$$
$$M_O = \sum M_O(\boldsymbol{F}) = 0$$

由此可得到平面任意力系的平衡方程为

$$\left.\begin{aligned} \sum F_x &= 0 \\ \sum F_y &= 0 \\ \sum M_O(\boldsymbol{F}) &= 0 \end{aligned}\right\} \tag{4-5}$$

式（4-5）是平面任意力系平衡方程的基本形式。它表示力系中各力在任何坐标轴上投影的代数和为零；各力对平面内任意一点之矩的代数和为零。前者说明力系对物体无任何方向的移动效应，方程称为投影式方程；后者说明力系对物体无转动效应，方程称为力矩式方程。

因为式（4-5）是刚体在平面任意力系作用下处于平衡状态的充分必要条件，故平面任意力系有三个相互独立的平衡方程，可求解三个未知量。

例 4-3 如图 4-9a 所示，水平杆 AB 受到力 $\boldsymbol{F}_1$、$\boldsymbol{F}_2$ 的作用，且 $F_1=200\text{N}$，$F_2=300\text{N}$，$\alpha=45°$。求 A、B 铰链处的约束反力。

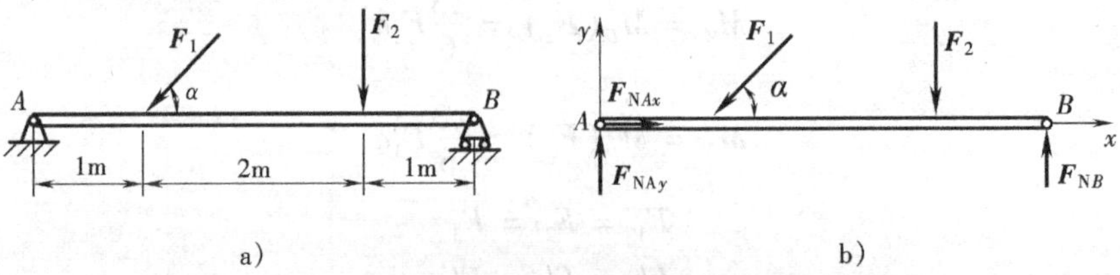

图 4-9

解 （1）选水平杆 AB 为研究对象，进行受力分析，画受力图，如图 4-9b 所示。B 点为一活动铰链，其约束反力 $\boldsymbol{F}_{NB}$ 竖直向上通过铰链中心；A 点为一固定铰链，因为不能确定其约束反力的具体方向，故用一对正交分力 $\boldsymbol{F}_{NAx}$、$\boldsymbol{F}_{NAy}$ 表示。

（2）建立坐标系 Axy，列平衡方程

$$\sum F_x = 0 \qquad F_{NAx} - F_1\cos\alpha = 0$$

$$\sum F_y = 0 \qquad F_{NAy} - F_1\sin\alpha - F_2 + F_{NB} = 0$$

$$\sum M_A(\boldsymbol{F}) = 0 \qquad F_{NB}\times 4 - F_2\times 3 - F_1\sin\alpha\times 1 = 0$$

（3）代入已知数据，求解未知量

$$F_{NAx} - 200\cos45° = 0 \tag{a}$$

$$F_{NAy} - 200\sin45° - 300 + F_{NB} = 0 \tag{b}$$

$$F_{NB}\times 4 - 300\times 3 - 200\sin45°\times 1 = 0 \tag{c}$$

由（a）式得 $F_{NAx} = 141.4\text{N}$

由（c）式得 $F_{NB} = 260.4\text{N}$

将 F_B 值代入（b）式得 $F_{NAy} = 181\text{N}$

例 4-4 水平杆 AB 如图 4-10a 所示，杆上作用有均布载荷，载荷集度为 q，杆的自由端作用有力 $\boldsymbol{F}$ 和力偶 M，已知 $F = ql$，$M = ql^2$。求固定端 A 处的约束反力。

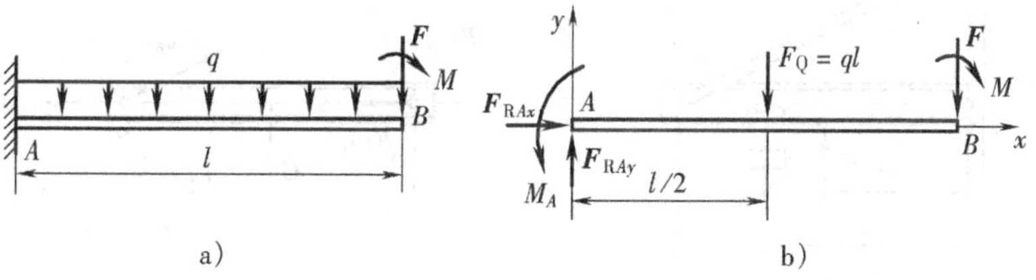

图 4-10

解 均匀连续分布的载荷称为均布载荷。在均布载荷的作用范围内，单位长度上力的大小称为载荷集度，通常用 q 表示，其单位为 N/m 或 kN/m。在静力学中，均布载荷的简化结果为一合力 F_Q，合力 F_Q 的大小等于载荷集度 q 与其作用长度 l 的乘积，即 $F_Q = ql$；合力 F_Q 的方向与均布载荷方向相同；合力 F_Q 的作用点为均布载荷作用范围的中点，本例中在 $l/2$ 处，如图 4-10b 所示。

（1）选杆 AB 为研究对象，进行受力分析，画受力图，如图 4-10b 所示。A 点为一固定端约束，其约束反力中含有三个未知量：一对正交分力 $\boldsymbol{F}_{RAx}$、$\boldsymbol{F}_{RAy}$ 和一个约束反力偶 M_A，其方向假设如图所示。

（2）建立坐标系 Axy，列平衡方程

$$\sum F_x = 0 \qquad F_{RAx} = 0 \tag{a}$$

$$\sum F_y = 0 \qquad F_{RAy} - ql - F = 0 \tag{b}$$

$$\sum M_A(\boldsymbol{F}) = 0 \qquad M_A - ql\frac{l}{2} - Fl - M = 0 \tag{c}$$

（3）解方程，求未知量

由（a）式得 $F_{RAx} = 0$

由（b）式得　　$F_{RAy}=ql+F=2ql$

由（c）式得　　$M_A=ql\dfrac{l}{2}+Fl+M=\dfrac{5}{2}ql^2$

由此例题进一步明确以下三点内容：

(1) 固定端处的约束反力有三个分量，包括一对正交分力和一个约束反力偶，和约束反力一样，约束反力偶的转向也可任意假设，求出结果为正值，表示其实际转向与假设相同；反之，表示其实际转向与假设相反。

(2) 力偶在任何坐标轴上投影的代数和为零，所以列投影方程时可不考虑力偶。

(3) 力偶对于任意一点的力矩值恒等于此力偶的力偶矩，所以列力矩方程时，不论矩心取在哪一点，力偶的力矩值都是一个常数。

本例中，水平杆 AB 受到力、力偶和均布载荷的综合作用。力学中将作用于物体上的力、力偶和均布载荷统称为载荷，即作用于物体上的载荷分为三种类型：力、力偶和均布载荷。

例 4-5　起重机如图 4-11a 所示，已知水平杆 AB 的重力 $G=4\text{kN}$，提升重物的重力 $W=10\text{kN}$，$l=6\text{m}$，$a=4\text{m}$。求拉杆 BC 的拉力和铰链 A 的约束反力。

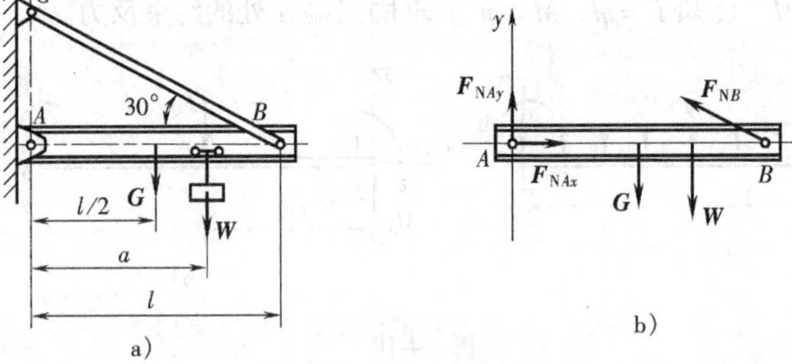

图　4-11

解　(1) 选水平杆 AB 为研究对象，进行受力分析，画受力图，如图 4-11b 所示。BC 杆为一二力杆，故 B 点的约束反力 $\boldsymbol{F}_{NB}$ 沿着 BC 杆的轴线；A 点为一固定铰链，因为不能确定其约束反力的具体方向，故用一对正交分力 $\boldsymbol{F}_{NAx}$、$\boldsymbol{F}_{NAy}$ 表示。

(2) 建立坐标系 Axy，列平衡方程

$$\sum F_x=0 \qquad F_{NAx}-F_{NB}\cos30°=0$$

$$\sum F_y=0 \qquad F_{NAy}-G-W+F_{NB}\sin30°=0$$

$$\sum M_A(\boldsymbol{F})=0 \qquad F_{NB}\sin30°l-G\frac{l}{2}-Wa=0$$

(3) 代入已知数据，求解未知量

$$F_{NAx}-F_{NB}\cos30°=0 \tag{a}$$

$$F_{NAy}-4-10+F_{NB}\sin30°=0 \tag{b}$$

$$F_{NB}\sin30°\times6-4\times\frac{6}{2}-10\times4=0 \tag{c}$$

由（c）式得　　$F_{NB}=17.33\text{kN}$

将 F_{NB} 值代入（a）式得　　　　$F_{NAx}=15.01\text{kN}$

将 F_{NB} 值代入（b）式得　　　　$F_{NAy}=5.33\text{kN}$

由以上例题可以看出，平面任意力系平衡问题的解题步骤与平面汇交力系无原则区别，所不同的是，除了两个投影方程外，还多了一个力矩方程，故可求解三个未知量。在解题时，为避免解联立方程组，应尽量使一个方程只含有一个未知量。为此，坐标轴的选取应尽可能与未知力的作用线相平行或垂直，矩心选在两个未知力的交点上。

二、平面任意力系平衡方程的其他形式

平面任意力系的平衡方程，除了它的基本形式（4-5）外，还有两种其他形式。

1. 二力矩式平衡方程

$$\left.\begin{aligned}\sum F_x=0\ （或\sum F_y=0）\\ \sum M_A(\boldsymbol{F})=0\\ \sum M_B(\boldsymbol{F})=0\end{aligned}\right\}\tag{4-6}$$

使用条件：A、B 两点的连线不能与 x 轴（或 y 轴）垂直。

2. 三力矩式平衡方程

$$\left.\begin{aligned}\sum M_A(\boldsymbol{F})=0\\ \sum M_B(\boldsymbol{F})=0\\ \sum M_C(\boldsymbol{F})=0\end{aligned}\right\}\tag{4-7}$$

使用条件：A、B、C 三点不共线。

必须注意：(1) 不论选用那种形式的平衡方程，对于同一平面任意力系来说，最多只能列出三个相互独立的平衡方程，因而只能求出三个未知量。

(2) 选用力矩式方程，必须满足使用条件，否则列出的平衡方程将不都相互是独立的。

例如，在例 4-5 中，A、B 两点的连线与 x 轴重合（不垂直），满足二力矩式平衡方程的使用条件，故可应用二力矩式平衡方程

$$\sum F_x=0\qquad F_{NAx}-F_{NB}\cos30^\circ=0\tag{d}$$

$$\sum M_A(\boldsymbol{F})=0\qquad F_{NB}\sin30^\circ l-G\frac{l}{2}-Wa=0\tag{e}$$

$$\sum M_B(\boldsymbol{F})=0\qquad G\frac{l}{2}+W(l-a)-F_{NAy}l=0\tag{f}$$

由（e）式可求得 F_{NB}，由（f）式可求得 F_{NAy}，将 F_{NB} 值代入（d）式可求得 F_{NAx}。用哪一种形式的平衡方程更为简便，应该结合实际情况分析确定。

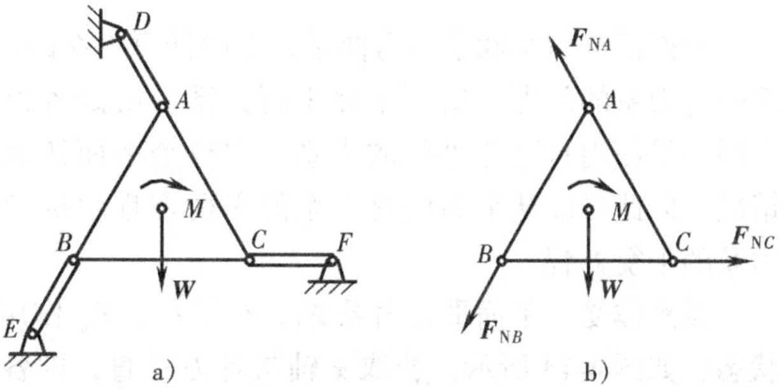

图　4-12

例 4-6　如图 4-12a 所示，在竖直平面内，一边长为 a 的等边三角板 ABC 用三根沿边长方向的等长直杆铰接，BC 边处于水平位置，板上作用一力偶 M，板的重力为 W。杆重不计，求各杆所受到的力。

解 (1) 选平板 ABC 为研究对象，进行受力分析，画受力图，如图 4-12b 所示。由于杆重不计，三杆均为二力杆，故三杆所受到的力 $\boldsymbol{F}_{NA}$、$\boldsymbol{F}_{NB}$、$\boldsymbol{F}_{NC}$均沿着各自杆的轴线。

(2) 因为 $\boldsymbol{F}_{NA}$、$\boldsymbol{F}_{NB}$、$\boldsymbol{F}_{NC}$三个力的分布比较特殊，若用平衡方程的基本形式求解，显然要解联立方程组。现 A、B、C 三点不共线，满足三力矩式平衡方程的使用条件，故可用三力矩式平衡方程求解。列平衡方程

$$\sum M_A(\boldsymbol{F})=0 \qquad F_{NC}\cos30°a-M=0$$

得

$$F_{NC}=\frac{M}{a\cos30°}=\frac{2\sqrt{3}}{3}\frac{M}{a}$$

$$\sum M_B(\boldsymbol{F})=0 \qquad F_{NA}\cos30°a-W\frac{a}{2}-M=0$$

得

$$F_{NA}=\frac{M+W\dfrac{a}{2}}{a\cos30°}=\frac{\sqrt{3}}{3}\left(\frac{2M}{a}+W\right)$$

$$\sum M_C(\boldsymbol{F})=0 \qquad F_{NB}\cos30°a+W\frac{a}{2}-M=0$$

得

$$F_{NB}=\frac{M-W\dfrac{a}{2}}{a\cos30°}=\frac{\sqrt{3}}{3}\left(\frac{2M}{a}-W\right)$$

本例题满足三力矩式平衡方程的使用条件，故三个平衡方程是相互独立的，所以可解出三个未知量。应该注意，这时投影方程仍然满足，但不再独立，只能用作校核。现介绍一种校核方法：另取一个非独立的投影方程或力矩方程，将计算结果代入该方程中，若计算结果等于零，表示原计算结果正确。例如，在本例中，另取投影方程

$$\sum F_x=0 \qquad F_{NC}-F_{NA}\sin30°-F_{NB}\sin30°=0$$

将所求得的 F_{NA}、F_{NB}、F_{NC}的值代入上式，有

$$\frac{2\sqrt{3}}{3}\frac{M}{a}-\frac{\sqrt{3}}{3}\left(\frac{2M}{a}+W\right)\sin30°-\frac{\sqrt{3}}{3}\left(\frac{2M}{a}-W\right)\sin30°=0$$

说明原计算结果正确。

第三节 平面平行力系的平衡方程及其应用

平面汇交力系和平面力偶系是平面任意力系的特殊情况。除此之外，工程中还常遇到平面平行力系的问题。所谓平面平行力系，就是各力的作用线都在同一平面内且互相平行的力系。它也是平面任意力系的特殊情况，因此可以从平面任意力系的平衡方程中推导出平面平行力系的平衡方程。

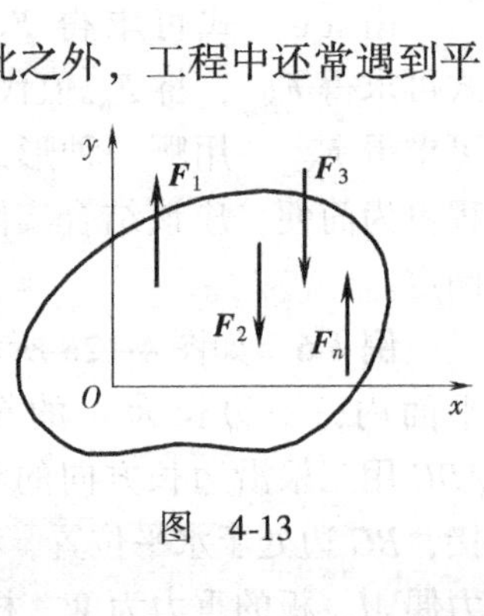

图 4-13

设刚体受一平面平行力系 $\boldsymbol{F}_1$，$\boldsymbol{F}_2$，…，$\boldsymbol{F}_n$ 作用而处于平衡状态，如图 4-13 所示，若取 x 轴与各力垂直，则各力在 x 轴上的投影均为零，式 $\sum F_x=0$ 恒成立。因此，平面平行力系的平衡方程为

$$\left.\begin{aligned}\sum F_y &= 0 \\ \sum M_O(\boldsymbol{F}) &= 0\end{aligned}\right\} \tag{4-8}$$

平面平行力系有两个相互独立的平衡方程，可求解两个未知量。

与平面任意力系相同，平面平行力系的平衡方程也有二力矩式，即

$$\left.\begin{aligned}\sum M_A(\boldsymbol{F}) &= 0 \\ \sum M_B(\boldsymbol{F}) &= 0\end{aligned}\right\} \tag{4-9}$$

使用条件：力 $\boldsymbol{F}$ 不能平行于 AB 连线。

例 4-7　水平杆如图 4-14 所示，沿全长作用有均布载荷 $q = 8\text{kN/m}$，A、B 两铰链中间作用一集中力 $F = 8\text{kN}$ 和一个力偶 $M = 2\text{kN}\cdot\text{m}$，$a = 1\text{m}$。求 A、B 两铰链的约束反力。

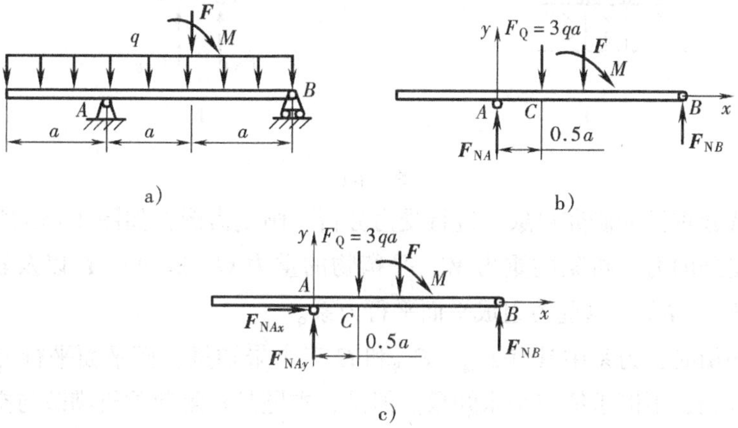

图　4-14

解　(1) 选 AB 杆为研究对象，进行受力分析，画受力图，如图 4-14b 所示。均布载荷简化为作用于杆中点的集中力，其值为 $F_Q = 3qa$；B 点为一活动铰链，其约束反力 $\boldsymbol{F}_{NB}$ 竖直向上；A 点为一固定铰链，其约束反力 $\boldsymbol{F}_{NA}$ 也假设为竖直向上（因为其他力在 x 轴上均没有投影，所以水平分力 $\boldsymbol{F}_{NAx}$ 为零）。于是各个力组成平面平行力系。

(2) 建立坐标系 Axy，列平衡方程

$$\sum F_y = 0 \qquad F_{NA} - 3qa - F + F_{NB} = 0$$

$$\sum M_A(\boldsymbol{F}) = 0 \qquad F_{NB} \times 2a - M - Fa - 3qa \times 0.5a = 0$$

(3) 代入已知数据，求解未知量

$$F_{NA} - 3 \times 8 \times 1 - 8 + F_{NB} = 0 \tag{a}$$

$$F_{NB} \times 2 \times 1 - 2 - 8 \times 1 - 3 \times 8 \times 1 \times 0.5 \times 1 = 0 \tag{b}$$

由 (b) 式得　　$F_{NB} = 11\text{kN}$

将 F_{NB} 值代入 (a) 式得　　$F_{NA} = 21\text{kN}$

本例中，如果不能通过分析得出水平分力 F_{NAx} 为零，则可将其在受力图中画出，此时杆 AB 受到平面任意力系作用，如图 4-14c 所示。列出三个相互独立的平衡方程，可求出结果为

$$F_{NAx} = 0 \qquad F_{NAy} = 21\text{kN} \qquad F_{NB} = 11\text{kN}$$

显然，两种解法结果相同。

例 4-8 起重机如图 4-15a 所示，机架重 $W=500\text{kN}$，重心在 C 点，与右轨 B 相距 $a=1.5\text{m}$；最大起重量 $F=250\text{kN}$，与右轨 B 的距离 $l=10\text{m}$；平衡物重力为 G，与左轨 A 相距 $x=6\text{m}$，A、B 二轨相距 $b=3\text{m}$。求起重机在满载和空载时都不致翻倒的平衡物重 G 的范围。

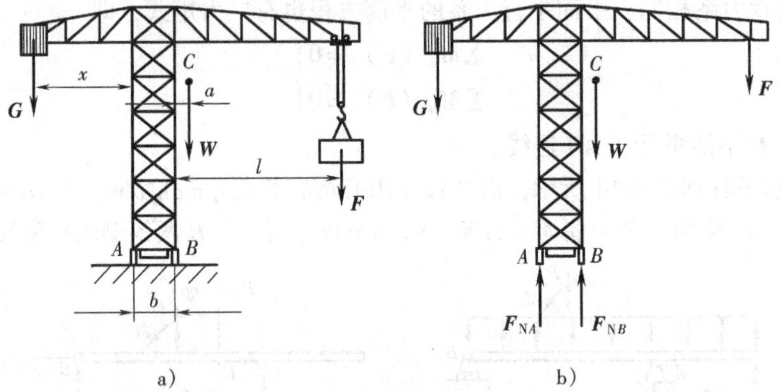

图 4-15

解：(1) 选起重机为研究对象，进行受力分析，画受力图，如图 4-15b 所示。起重机在起吊重物时，受到的力有机架的重力 $\boldsymbol{W}$、平衡物的重力 $\boldsymbol{G}$、起重量 $\boldsymbol{F}$ 以及轨道对 A 轮、B 轮的约束反力 $\boldsymbol{F}_{NA}$、$\boldsymbol{F}_{NB}$，这些力组成平面平行力系。

起重机在平衡时，力系中具有 $\boldsymbol{F}_{NA}$、$\boldsymbol{F}_{NB}$ 和 $\boldsymbol{G}$ 三个未知量，而平面平行力系只有两个相互独立的平衡方程，不能求解三个未知量。但是，本题是求解起重机满载与空载都不致翻倒的平衡物重 $\boldsymbol{G}$ 的范围，因此可分为满载与空载两种临界状态来讨论，从而确定 $\boldsymbol{G}$ 值的范围。

(2) 满载（$F=250\text{kN}$）时，起重机将绕 B 轨右翻，在平衡的临界状态（即将翻而未翻时），A 轮将与导轨脱离接触，此时 $F_{NA}=0$。由平衡方程可求出平衡物重力的最小值 G_{min}。

$$\sum M_B(\boldsymbol{F})=0 \qquad G_{min}(x+b)-Wa-Fl=0$$

$$G_{min}(6+3)-500\times1.5-250\times10=0$$

$$G_{min}=361.1\text{kN}$$

(3) 空载（$F=0$）时，起重机将绕 A 轨左翻，在平衡的临界状态，B 轮将与导轨脱离接触，此时 $F_{NB}=0$。由平衡方程可求出平衡物重力的最大值 G_{max}。

$$\sum M_A(\boldsymbol{F})=0 \qquad G_{max}x-W(a+b)=0$$

$$G_{max}\times6-500\times(1.5+3)=0$$

$$G_{max}=375\text{kN}$$

即平衡物重 G 的范围是 $\quad 361.1\text{kN}\leqslant G\leqslant375\text{kN}$

*第四节 物体系统的平衡

前面研究的是单个物体的平衡问题。但在工程实际中经常遇到的大都是物体系统的平衡问题。所谓物体系统就是由若干个物体通过约束组成的系统，简称物系。如图 4-16a 所示人字梯就是一个物系。

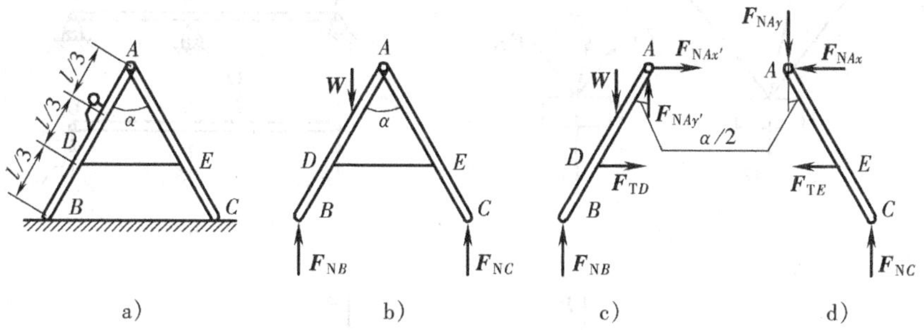

图　4-16

一、外力和内力

研究物体系统的平衡首先要搞清物系的外力和内力。力学中把物系以外的物体作用于物系内部物体的力称为该物系的外力，图 4-16b 中的主动力 $\boldsymbol{W}$ 和 A、B 处的约束反力 $\boldsymbol{F}_{NB}$、$\boldsymbol{F}_{NC}$ 都是外力。物系内部各物体之间的相互作用力称为物系的内力，如图 4-16c 中的 $\boldsymbol{F}'_{NAx}$、$\boldsymbol{F}'_{NAy}$、$\boldsymbol{F}_{TD}$和图 4-16d 中的 $\boldsymbol{F}_{NAx}$、$\boldsymbol{F}_{NAy}$、$\boldsymbol{F}_{TE}$都是该物系的内力。

外力和内力的概念是相对的，并在一定条件下可以相互转化。在研究整个物系平衡时，由于内力总是成对出现的，不必考虑，画受力图时也不必画出。如图 4-16b 所示，$\boldsymbol{F}'_{NAx}$、$\boldsymbol{F}'_{NAy}$、$\boldsymbol{F}_{TD}$、$\boldsymbol{F}_{NAx}$、$\boldsymbol{F}_{NAy}$和 $\boldsymbol{F}_{TE}$这些内力，在画整个物体系统的受力图时，不必画出。当研究物系中某一物体的平衡时，系统中其他物体对它的作用力就成为外力，必须给予考虑，受力图中也必须画出。如图 4-16c 所示，当研究 AB 杆受力时，$\boldsymbol{F}'_{NAx}$、$\boldsymbol{F}'_{NAy}$、$\boldsymbol{F}_{TD}$就成为外力，必须画出；又如图 4-16d 所示，当研究 AC 杆受力时，$\boldsymbol{F}_{NAx}$、$\boldsymbol{F}_{NAy}$、$\boldsymbol{F}_{TE}$也成为外力，必须画出。也就是说，受力图中只画外力不画内力。

二、静定问题与静不定问题

当物体系统平衡时，则物系中的每个物体都处于平衡状态。设物系由 n 个物体组成，如果每个物体都受到平面任意力系作用，则有 $3n$ 个独立的平衡方程。如果物系中有物体受到平面汇交力系、平面平行力系或平面力偶系作用时，则物系的平衡方程数目相应减少。当物系中的未知量数目不超过独立平衡方程的数目时，则所有的未知量都能由平衡方程求出，这样的问题称为静定问题。反之，若未知量的数目多于平衡方程的数目时，仅用平衡方程就不能全部求出这些未知量，这样的问题称为静不定问题，或超静定问题。未知量数目与独立平衡方程数目之差，称为静不定次数。

图 4-17 所示为几个静不定问题的例子。如图 4-17a、b 所示，重物 A 和水平杆 ABC 所受的力分别是平面汇交力系和平面平行力系，独立的平衡方程都是两个，而未知反力却都是三个，任何一个未知量都无法由平衡方程求得。如图 4-17c 所示，刚架受到平面任意力系作用，独立的平衡方程有三个，而未知反力却为四个，虽然可以由 $\sum F_y=0$、$\sum M_A(\boldsymbol{F})=0$ 求出 $\boldsymbol{F}_{NAy}$、$\boldsymbol{F}_{NBy}$，但 $\boldsymbol{F}_{NAx}$、$\boldsymbol{F}_{NBx}$却无法由平衡方程求出，所以上述三例都是静不定问题。

必须指出，所谓静不定问题并不是不能求解的问题，而只是不能仅用静力学的知识来求

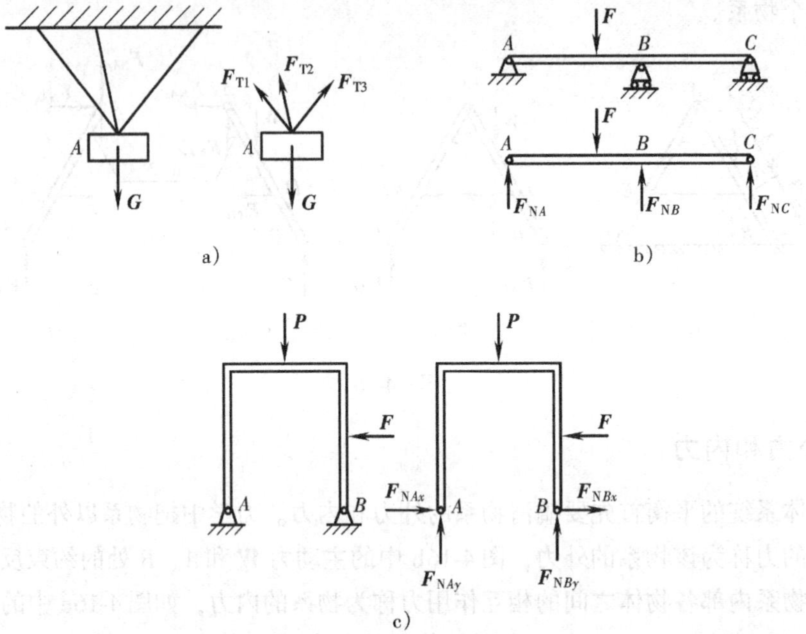

图　4-17

解。问题之所以成为静不定，是因为静力学把物体抽象为刚体略去了物体的变形而导致的。如果考虑到物体受力后变形，找出其变形与作用力之间的关系，静不定问题是可以求解的。本节只给出静不定问题的概念，至于求解这类问题的方法，将在第九章中介绍。

下面举例说明物体系统平衡问题的求解方法。

例 4-9　如图 4-16a 所示，人字梯由 AB、AC 两杆在 A 点铰接又在 D、E 两点用水平绳连接。梯子放在光滑的水平面上，其一边有人攀梯而上，梯子处于平衡状态，已知人的重力 $W=60\text{kN}$，$AB=AC=l=3\text{m}$，$\alpha=45°$。不计梯子的重力，求绳子的拉力和铰链 A 的约束反力。

解　(1) 先选整个物体系统为研究对象，进行受力分析，画受力图，如图 4-16b 所示。显然，$\boldsymbol{F}_{NB}$、$\boldsymbol{F}_{NC}$、$\boldsymbol{W}$ 组成平面平行力系，列平衡方程

$$\sum M_B(\boldsymbol{F})=0 \qquad F_{NC}\times 2l\sin\frac{\alpha}{2}-W\times\frac{2}{3}l\sin\frac{\alpha}{2}=0$$

$$F_{NC}=\frac{1}{3}W=\frac{1}{3}\times 60\text{kN}=20\text{kN}$$

$$\sum F_y=0 \qquad F_{NB}+F_{NC}-W=0$$

$$F_{NB}=W-F_{NC}=60\text{kN}-20\text{kN}=40\text{kN}$$

(2) 分析 AB 杆和 AC 杆的受力，发现 AC 杆受力比较简单，所以再选 AC 杆为研究对象，进行受力分析，画受力图，如图 4-16d 所示。AC 杆受到平面任意力系作用，列平衡方程

$$\sum M_A(\boldsymbol{F})=0 \qquad F_{NC}l\sin\frac{\alpha}{2}-F_{TE}\times\frac{2}{3}l\cos\frac{\alpha}{2}=0$$

$$F_{TE}=\frac{F_{NC}\sin\dfrac{\alpha}{2}}{\dfrac{2}{3}\cos\dfrac{\alpha}{2}}=\frac{3}{2}F_{NC}\tan\frac{\alpha}{2}=\frac{3}{2}\times 20\tan\frac{45°}{2}\text{kN}=12.4\text{kN}$$

$$\sum F_x = 0 \qquad -F_{NAx} - F_{TE} = 0$$

$$F_{NAx} = -F_{TE} = -12.4\text{kN}$$（负号表示其实际方向与图示相反）

$$\sum F_y = 0 \qquad F_{NC} - F_{NAy} = 0$$

$$F_{NAy} = F_{NC} = 20\text{kN}$$

例 4-10　如图 4-18a 所示，水平杆 AB、BC 用中间铰链 B 连接。A 端为活动铰链约束，C 端为固定端约束，已知 $M = 20\text{kN} \cdot \text{m}$，$q = 15\text{kN/m}$。求 A、B、C 三点的约束反力。

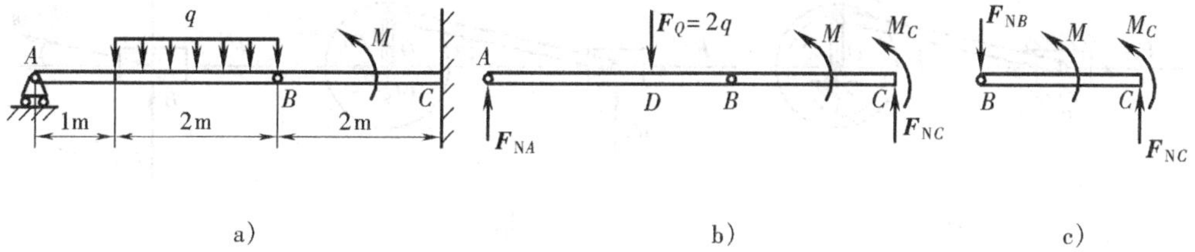

图　4-18

解　(1) 先选整个物体系统为研究对象，进行受力分析，画受力图，如图 4-18b 所示。将均布载荷 q 简化为集中力，作用在 D 点，其值 $F_Q = 2q$；活动铰链 A 处的约束反力 $\boldsymbol{F}_{NA}$ 竖直向上；中间铰链 B 的约束反力为内力，不必画出；固定端 C 处只有约束反力 $\boldsymbol{F}_{NC}$（其水平分力 $F_{NCx} = 0$）和约束反力偶 M_C，其方向假设如图所示。显然，物系受平面平行力系作用，列平衡方程

$$\sum F_y = 0 \qquad F_{NA} - 2q + F_{NC} = 0$$

$$\sum M_A(\boldsymbol{F}) = 0 \qquad -2q \times 2 + M + M_C + 5F_{NC} = 0$$

代入已知数据，得

$$F_{NA} - 2 \times 15 + F_{NC} = 0 \tag{a}$$

$$-2 \times 15 \times 2 + 20 + M_C + 5F_{NC} = 0 \tag{b}$$

(2) 两个方程不能求解三个未知量，再来分析 AB 杆和 BC 杆的受力，发现 BC 杆受力比较简单，故再选 BC 杆为研究对象，进行受力分析，画受力图，如图 4-18c 所示。此时中间铰链 B 的约束反力 $\boldsymbol{F}_{NB}$ 转化成外力，必须画出。由力偶的性质二，力偶只能与力偶平衡，故 $\boldsymbol{F}_{NB}$ 应竖直向下，与 $\boldsymbol{F}_{NC}$ 组成一对约束反力偶，即 $F_{NB} = F_{NC}$，所以 BC 杆受到平面力偶系作用。列平衡方程

$$\sum M = 0 \qquad M + M_C + 2F_{NC} = 0$$

代入已知数据，得

$$20 + M_C + 2F_{NC} = 0 \tag{c}$$

将 (b) 式和 (c) 式联立起来，解方程组得

$$F_{NC} = 20\text{kN}$$

$$M_C = -60\text{kN} \cdot \text{m}$$（负号表示实际转向与图示相反，为顺时针转向）

将 $F_{NC} = 20\text{kN}$ 代入 (a) 式得

$$F_{NA} = 10\text{kN}$$

由以上例题分析可知，求解简单物体系统的平衡问题时，一般要选两次研究对象，首先选取整个物体系统为研究对象，然后再选单个物体中受力简单的一个物体为研究对象，分别

列出平衡方程求解。列平衡方程时应遵循的原则是：使每个平衡方程中的未知量数目尽可能少，最好只含有一个未知量。

例 4-11 曲柄连杆机构由活塞、连杆和飞轮组成，如图 4-19a 所示。已知飞轮的重力为 W，曲柄长 $OA=r$，连杆长 $AB=l$，作用于活塞上的总压力为 $\boldsymbol{F}$，当曲柄在竖直位置时系统平衡。不计活塞、连杆、曲柄的重力，求作用于轴 O 上的阻力偶矩 M_O 及轴承 O 的反力。

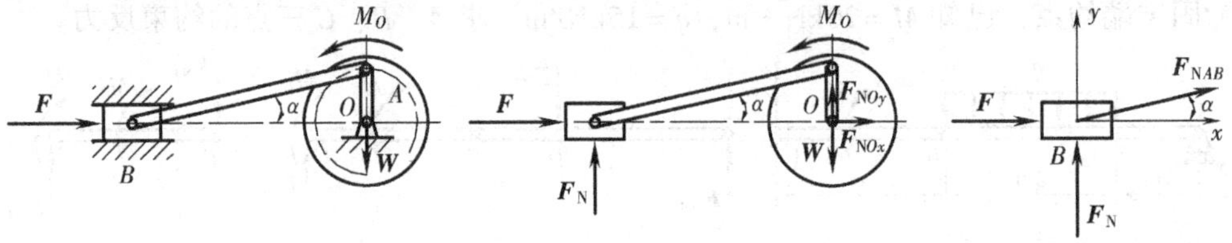

图 4-19

解 (1) 先取整个物体系统为研究对象，进行受力分析，画受力图，如图 4-19b 所示。活塞与导槽形成双面约束，在图示状态下，活塞与导槽下表面单面接触，故约束反力 $\boldsymbol{F}_N$ 竖直向上。中间铰链 A、B 两处的约束反力为内力，不必画出。O 点为一固定铰链约束，其约束反力用一对正交分力 $\boldsymbol{F}_{NOx}$、$\boldsymbol{F}_{NOy}$ 表示。显然，物系受到平面任意力系作用，列平衡方程

$$\sum F_x=0 \qquad F_{NOx}+F=0 \tag{a}$$

$$\sum F_y=0 \qquad F_N+F_{NOy}-W=0 \tag{b}$$

$$\sum M_O(\boldsymbol{F})=0 \qquad M_O-F_N l\cos\alpha=0 \tag{c}$$

由（a）式得 $F_{NOx}=-F$（负号表示其实际方向与图示相反）

(2)（b）、（c）两式不能求解三个未知量，再选活塞为研究对象，进行受力分析，画受力图，如图 4-19c 所示。此时中间铰链 B 的约束反力转化成外力，必须画出。因为 AB 杆为一二力杆，故 B 铰链处的约束反力 $\boldsymbol{F}_{NAB}$ 沿 AB 杆的轴线，其方向假设如图所示。活塞受到平面汇交力系作用，列平衡方程

$$\sum F_x=0 \qquad F_{NAB}\cos\alpha+F=0 \tag{d}$$

$$\sum F_y=0 \qquad F_{NAB}\sin\alpha+F_N=0 \tag{e}$$

由（d）式得

$$F_{NAB}=-\frac{F}{\cos\alpha}$$

代入（e）式得

$$F_N=F\tan\alpha$$

将 $F_N=F\tan\alpha$ 代入（b）式得

$$F_{NOy}=W-F_N=W-F\tan\alpha=W-F\frac{r}{\sqrt{l^2-r^2}}$$

将 $F_N=F\tan\alpha$ 代入（c）式得

$$M_O=F_N l\cos\alpha=F\tan\alpha l\cos\alpha=Fl\sin\alpha=Fr$$

例 4-12 三铰拱如图 4-20a 所示，其上作用载荷 $\boldsymbol{F}_1$、$\boldsymbol{F}_2$。求 A、B、C 三铰链处的约束反力。

解 (1) 先选整个物体系统为研究对象，进行受力分析，画受力图，如图 4-20b 所示。中间铰链 C 处的约束反力为内力，不必画出；两固定铰链 A、B 处的约束反力均用一对正

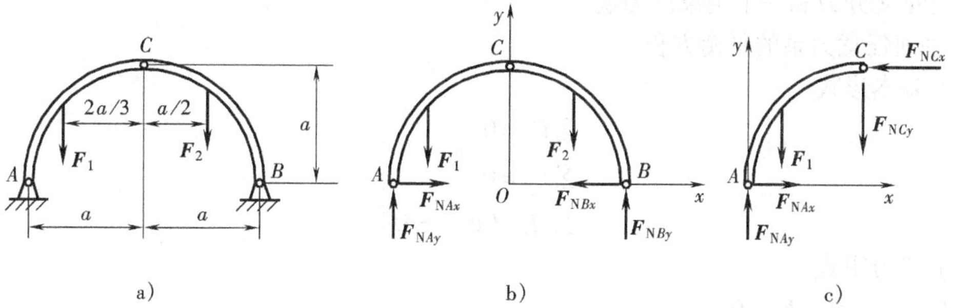

图 4-20

交分力表示。显然，三铰拱受到平面任意力系作用，列平衡方程

$$\sum F_x = 0 \qquad F_{NAx} - F_{NBx} = 0 \tag{a}$$

$$\sum F_y = 0 \qquad F_{NAy} + F_{NBy} - F_1 - F_2 = 0 \tag{b}$$

$$\sum M_B(\boldsymbol{F}) = 0 \qquad F_1\left(a + \frac{2a}{3}\right) + F_2\frac{a}{2} - F_{NAy} \times 2a = 0 \tag{c}$$

由（c）式得
$$F_{NAy} = \frac{5}{6}F_1 + \frac{1}{4}F_2$$

将 F_{NAy} 值代入（b）式得
$$F_{NBy} = \frac{1}{6}F_1 + \frac{3}{4}F_2$$

由（a）式还不能求出 F_{NAx} 和 F_{NBx}。

（2）再选左半拱 AC 为研究对象，进行受力分析，画受力图，如图 4-20c 所示。此时中间铰链 C 处的约束反力转化成外力，必须画出，用一对正交分力 $\boldsymbol{F}_{NCx}$、$\boldsymbol{F}_{NCy}$ 表示。AC 拱仍然受到平面任意力系作用，列平衡方程

$$\sum F_x = 0 \qquad F_{NAx} - F_{NCx} = 0 \tag{d}$$

$$\sum F_y = 0 \qquad F_{NAy} + F_{NCy} - F_1 = 0 \tag{e}$$

$$\sum M_C(\boldsymbol{F}) = 0 \qquad F_1\frac{2a}{3} + F_{NAx}a - F_{NAy}a = 0 \tag{f}$$

将 F_{NAy} 值代入（e）式得
$$F_{NCy} = \frac{1}{6}F_1 - \frac{1}{4}F_2$$

将 F_{NAy} 值代入（f）式得
$$F_{NAx} = \frac{1}{6}F_1 + \frac{1}{4}F_2$$

将 F_{NAx} 值代入（a）式和（d）式得

$$F_{NAx} = F_{NBx} = F_{NCx} = \frac{1}{6}F_1 + \frac{1}{4}F_2$$

小　结

1. 平面任意力系向任意一点简化的结果为一个主矢 $\boldsymbol{F}'_R$ 和一个主矩 M_O。主矢 $\boldsymbol{F}'_R$ 是作用在简化中心的平面汇交力系的合力，它与简化中心的位置无关。主矩 M_O 是附加力偶的合力偶矩，它与简化中心的位置有关，且 $M_O = \sum M_O(\boldsymbol{F})$。

在平面力系中，应用平面任意力系向任意一点简化的原理可以将固定端处的约束反力简

化为一对正交分力和一个约束反力偶。

2. 平面任意力系的平衡方程

(1) 基本形式

$$\left.\begin{aligned}\sum F_x &= 0\\ \sum F_y &= 0\\ \sum M_O(\boldsymbol{F}) &= 0\end{aligned}\right\}$$

(2) 二力矩式

$$\left.\begin{aligned}\sum F_x = 0\ (\text{或}\sum F_y = 0)\\ \sum M_A(\boldsymbol{F}) = 0\\ \sum M_B(\boldsymbol{F}) = 0\end{aligned}\right\} A、B\text{两点的连线不能与}x\text{轴(或}y\text{轴)垂直}$$

(3) 三力矩式

$$\left.\begin{aligned}\sum M_A(\boldsymbol{F}) &= 0\\ \sum M_B(\boldsymbol{F}) &= 0\\ \sum M_C(\boldsymbol{F}) &= 0\end{aligned}\right\} A、B、C\text{三点不共线}$$

3. 平面任意力系有三个相互独立的平衡方程，可求解三个未知量。在解题时，为了避免解联立方程组，应尽量使一个方程只含有一个未知量。为此，坐标轴的选取应尽可能与未知力的作用线相平行或垂直，矩心选在两个未知力的交点上。

4. 平面平行力系的平衡方程

(1) 基本形式

$$\left.\begin{aligned}\sum F_y &= 0\\ \sum M_O(\boldsymbol{F}) &= 0\end{aligned}\right\}$$

(2) 二力矩式

$$\left.\begin{aligned}\sum M_A(\boldsymbol{F}) &= 0\\ \sum M_B(\boldsymbol{F}) &= 0\end{aligned}\right\} \text{力}\boldsymbol{F}\text{不平行于}AB\text{连线}$$

平面平行力系有两个相互独立的平衡方程，可求解两个未知量。

5. 求解简单物体系统的平衡问题时，一般要选两次研究对象，首先选取整个物体系统为研究对象，然后再选单个物体中受力简单的一个物体为研究对象，分别列出平衡方程求解。

习 题

4-1 如图所示，物体上有等值且互成60°夹角的三个力作用，问此物体是否平衡？为什么？

4-2 如图所示，一绞盘有三个等长的手柄，长度为 l，其间夹角均为120°，每个手柄末端各作用一垂直于手柄的力 $\boldsymbol{F}$。求该力系（1）向 O 点简化的结果；（2）向 BC 连线的中点 D 简化的结果。这两个结果说明什么问题？

4-3 一平面任意力系如图所示，每方格边长10cm，$F_1 = F_2 = 10\text{N}$，$F_3 = F_4 = 10\sqrt{2}\text{N}$。求此力系向 O 点简化的结果。

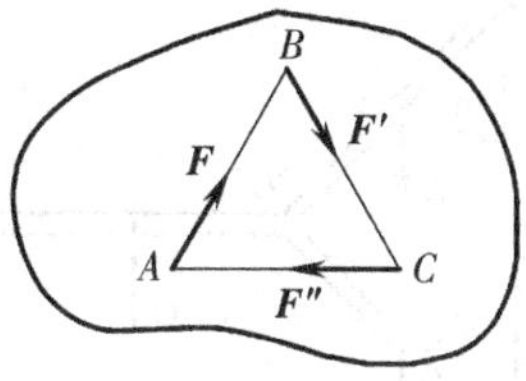

题　4-1 图

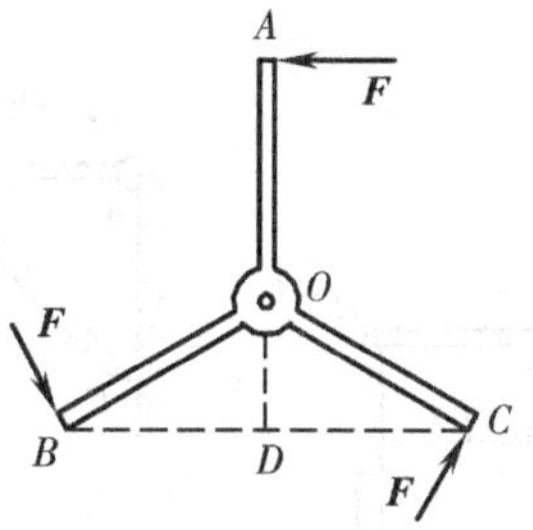

题　4-2 图

4-4　直角曲杆的一端固定，它所受的载荷如图所示。求固定端的约束反力。

4-5　起重扒杆如图所示，杆 AB 的重力 $G=1.8\text{kN}$，作用在中点 C 处，提升重物的重力 $W=20\text{kN}$。求绳 AD 的拉力以及 B 铰链处的约束反力。

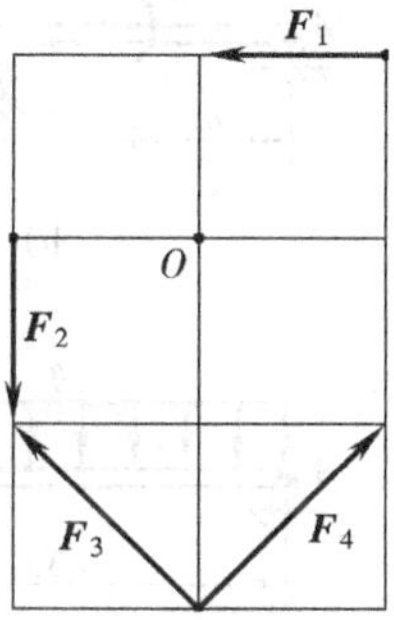

题　4-3 图

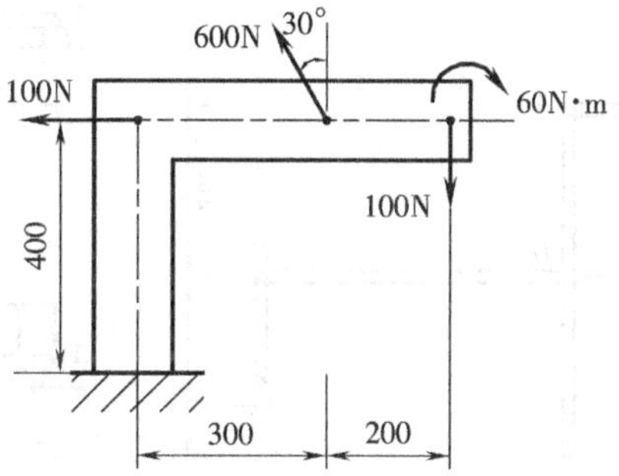

题　4-4 图

4-6　求图中 a、b 两支架各支承点的约束反力。已知重物的重力 $G=2\text{kN}$，支架的自重不计。

4-7　计算图 a、b 两支架中 A、C 处的约束反力。已知重物的重力 $G=10\text{kN}$，支架的自重不计。

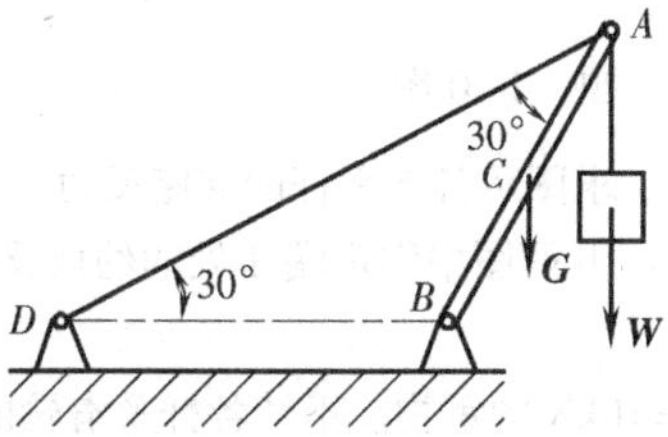

题　4-5 图

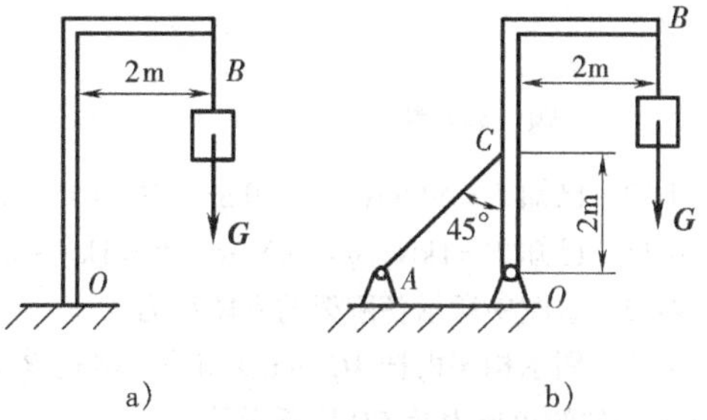

题　4-6 图

4-8　如图所示，挂物架由三根的相同均质杆 AC、BC、CD 彼此固定连接而成，已知杆的重力均为 G，杆长均为 l，物体 E 的重力 $\boldsymbol{W}$ 和角 α，求 A、B 处的约束反力。

4-9　图示结构中，A、B、C 三点均为铰链连接，D 点为固定连接点，在 D 点作用一水平力 $F=2\text{kN}$。求 A、B、C 三处的约束反力。

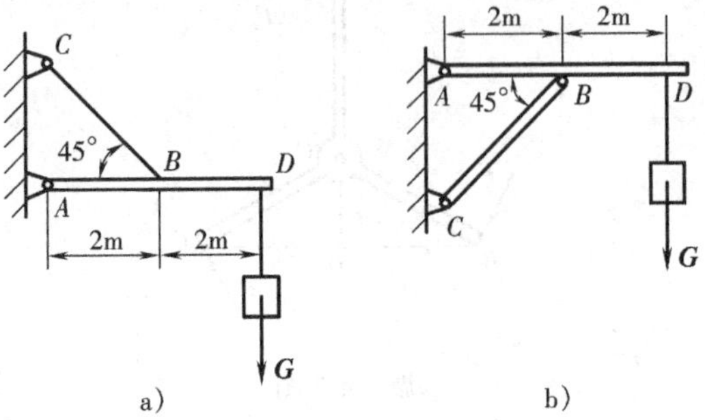

题 4-7 图

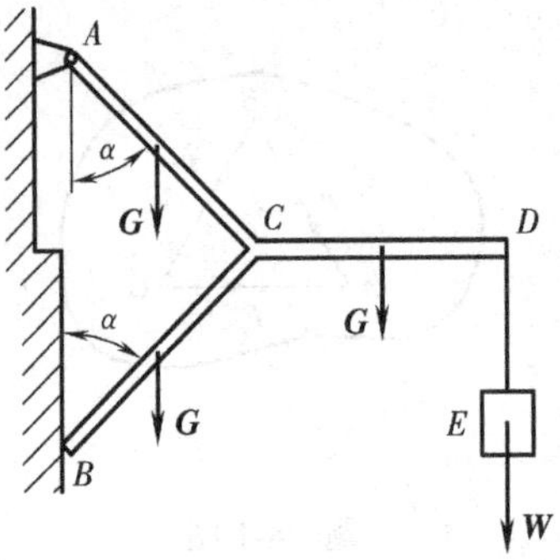

题 4-8 图

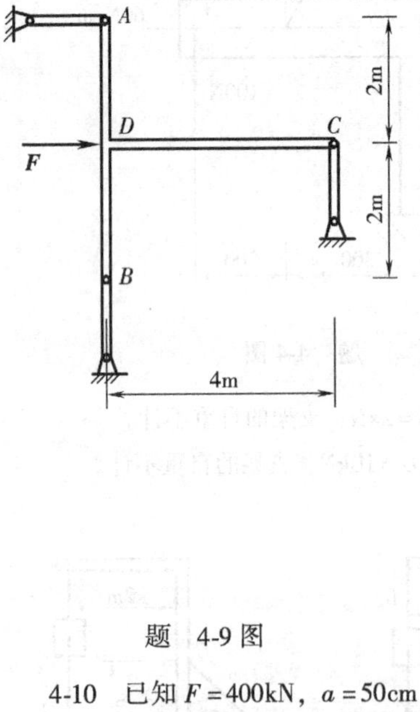

题 4-9 图

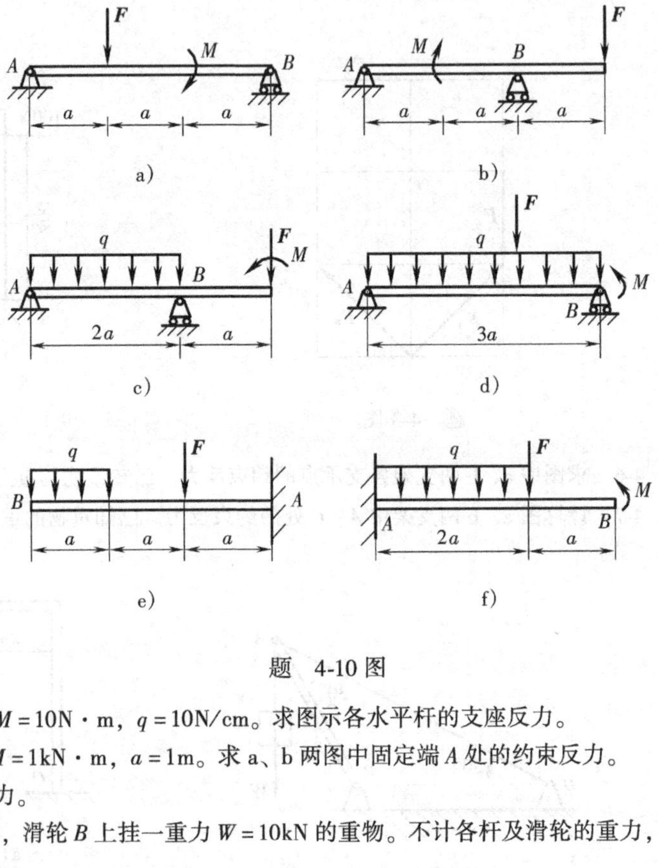

题 4-10 图

4-10 已知 $F=400\text{kN}$，$a=50\text{cm}$，$M=10\text{N}\cdot\text{m}$，$q=10\text{N/cm}$。求图示各水平杆的支座反力。

4-11 已知 $F=1\text{kN}$，$q=1\text{kN/m}$，$M=1\text{kN}\cdot\text{m}$，$a=1\text{m}$。求 a、b 两图中固定端 A 处的约束反力。

4-12 求图中所示各刚架的支座反力。

4-13 图示构架由杆 AC 和 CD 组成，滑轮 B 上挂一重力 $W=10\text{kN}$ 的重物。不计各杆及滑轮的重力，求铰链 A 处的约束反力及 CD 杆所受的力。

4-14 重物的重力 $G=4\text{kN}$，滑轮直径 $d=0.3\text{m}$，其他尺寸如图所示。分别求图 a、b、c 所示三种情况下，立柱固定端 A 处的约束反力。

4-15 由 AC 和 BC 两杆组成的梯子，放在光滑的水平面上，如图所示。两杆的重力均为 $G=150\text{N}$，彼此用铰链 C 及绳索 EF 连接，一重力 $W=600\text{N}$ 的人站在 D 处。求绳索 EF 的拉力及 A、B 两处的约束反力。

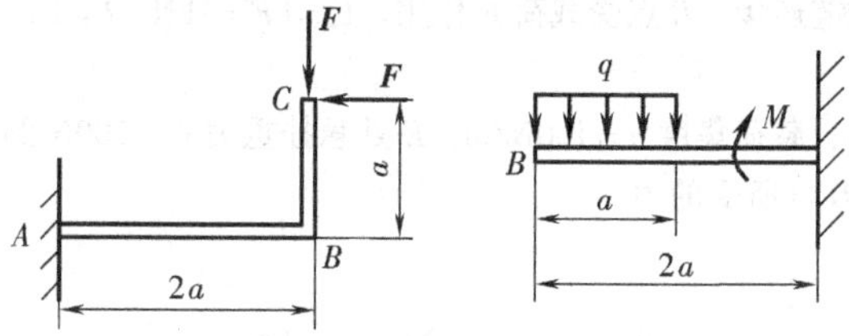

a)　　b)

题　4-11 图

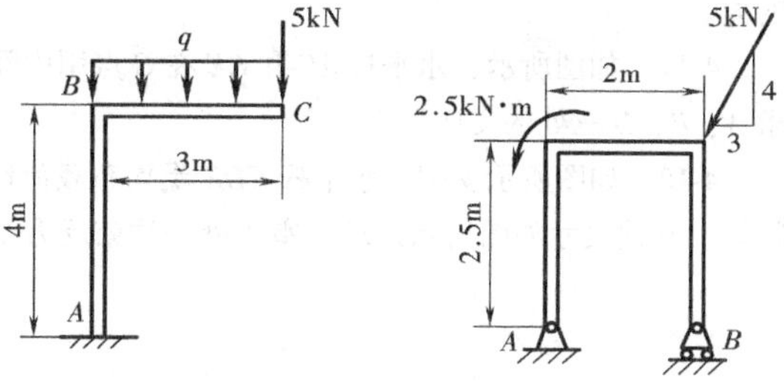

a)　　b)

题　4-12 图

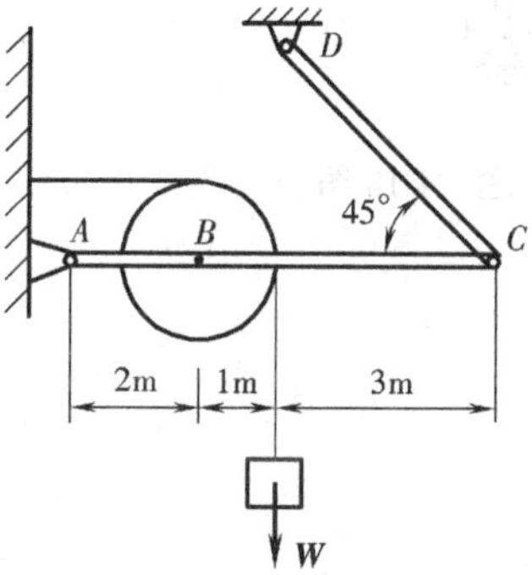

题　4-13 图

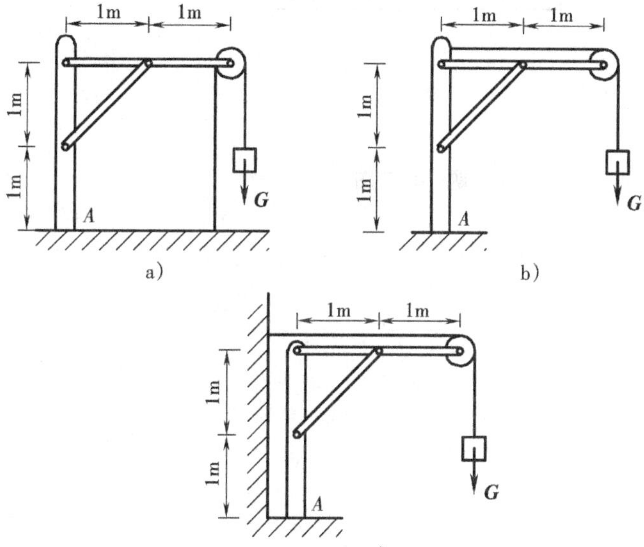

c)

题　4-14 图

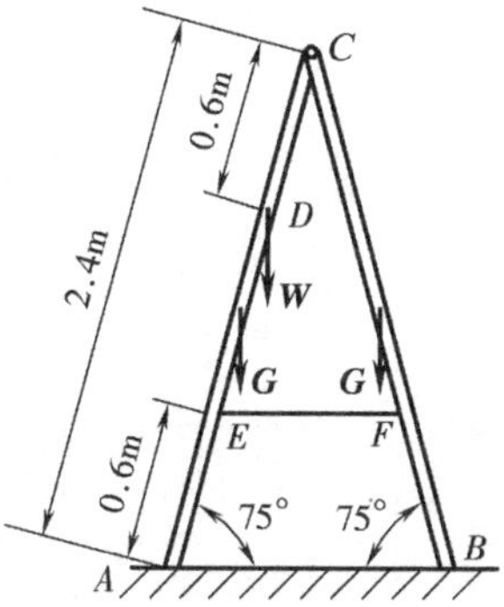

题　4-15 图

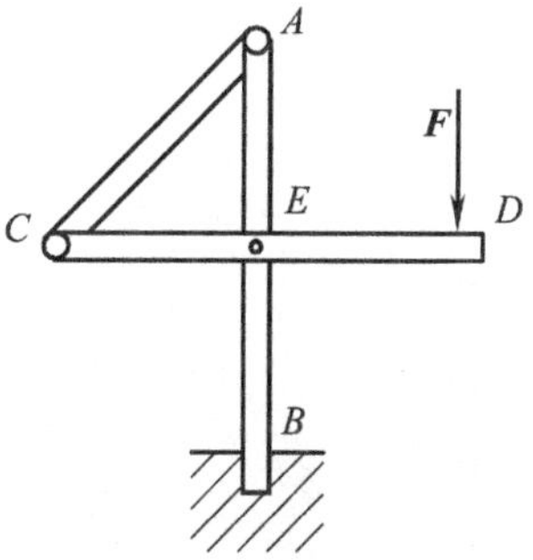

题　4-16 图

4-16　构架如图所示，力 $F=1000\text{N}$，$AE=BE=CE=DE=1\text{m}$。求固定端 B 处的约束反力及 AC 杆所受的力。

4-17　如图所示，水平杆 AC 和 CE 在 C 点用中间铰链连接，E 点受载荷 $\boldsymbol{F}$ 作用。已知 $F=1\text{kN}$，$l=1\text{m}$，求 A、B、D 三处的支座反力。

4-18　如图所示支架，水平杆 CDE 受均布载荷作用，载荷集度 $q=100\text{N/m}$，E 处悬挂重力 $G=500\text{N}$ 的物体，其他尺寸如图所示。求支座 A 处的约束反力及 BD 杆所受的力。

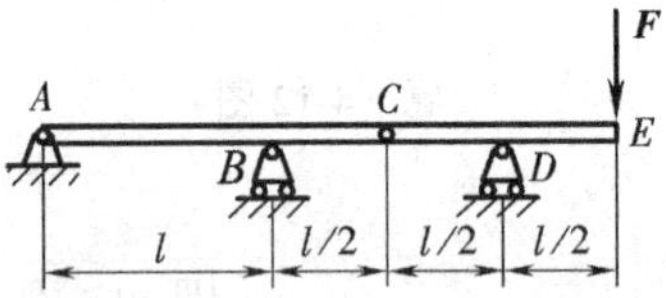

题　4-17 图

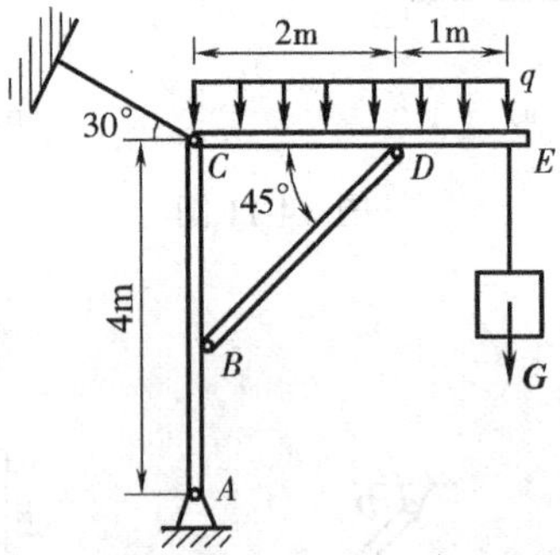

题　4-18 图

第二篇　运动力学

在静力学中，我们研究了物体在力系作用下的平衡问题。在运动力学中，我们将研究物体的运动规律（包括运动轨迹、运动方程、速度和加速度等）以及物体运动的变化与作用于物体上的力之间的关系。

运动力学是研究物体的运动规律以及物体运动的变化与受力之间关系的科学。通常把研究物体运动规律的问题称为运动学；把研究物体运动的变化与受力之间关系的问题称为动力学。

学习运动力学，一方面可以为学习后续专业课程打基础，另一方面可以直接为工程实际中物体的运动分析提供基本的理论和方法。

物体的运动是在空间、时间中进行的。描述一个物体的运动，必须明确是相对于哪一个物体而言的，后一个物体称为参考体，选用不同的参考体，对物体的运动状态就有不同的描述。例如，观察安装在汽车中座椅的运动，若以汽车为参考体，即站在汽车中看，座椅是静止的；但是，若以地面为参考体，即站在地面上看，座椅是随汽车一起运动的。所以，物体的运动总是相对于特定的参考体而言的，这就是运动的相对性。与参考体固定连接的坐标系称为参考系。工程上的问题，如不特别指定参考体，都是指相对于地球而言的，参考系固定连接于地球上。

瞬时和时间间隔是描述物体运动的时间概念。瞬时是指某一时刻，如八点钟整，第二秒末等。时间间隔是指两个瞬时之间的一段时间，例如从瞬时 t_1 到瞬时 t_2 的时间间隔是 $\Delta t = t_2 - t_1$。

质点和刚体是运动力学中的两个力学模型。对于质点，当单纯研究其运动而不涉及运动的物理原因，即不涉及质点自身的质量和它所受的力时，可将其简称为点。本篇主要讨论点和刚体的基本运动，质点和刚体的动力学基本方程及其应用。

第五章　点的运动

研究点的运动，就是研究点在所选参考系上的几何位置随时间变化的规律，具体来说，就是要确定点的运动方程、运动轨迹、速度和加速度。

点在参考系上的几何位置随时间变化的关系式称为点的运动方程，点在运动过程中所经过的路线称为点的运动轨迹。按照轨迹形状的不同，点的运动可分为直线运动和曲线运动。

计算点的速度和加速度，涉及到数学中的求导问题，现将常用的一阶导数和二阶导数的计算公式列于表 5-1 中，以便查取。

表 5-1

函　数	一阶导数	二阶导数
$y=c$	$\frac{dy}{dx}=0$	$\frac{d^2y}{dx^2}=0$
$y=cx$	$\frac{dy}{dx}=c$	$\frac{d^2y}{dx^2}=0$
$y=x^n$	$\frac{dy}{dx}=nx^{n-1}$	$\frac{d^2y}{dx^2}=n(n-1)x^{n-2}$
$y=\sin x$	$\frac{dy}{dx}=\cos x$	$\frac{d^2y}{dx^2}=-\sin x$
$y=\cos x$	$\frac{dy}{dx}=-\sin x$	$\frac{d^2y}{dx^2}=-\cos x$
$y=\sin cx$	$\frac{dy}{dx}=c\cos cx$	$\frac{d^2y}{dx^2}=-c^2\sin cx$
$y=\cos cx$	$\frac{dy}{dx}=-c\sin cx$	$\frac{d^2y}{dx^2}=-c^2\cos cx$

注：c 为常数；n 为整数。

第一节　用自然法求点的速度、加速度

自然法是以点的运动轨迹作为自然坐标轴来确定点的位置的方法。因此，用自然法来描述点的运动规律必须已知点的运动轨迹。

一、运动方程

如图 5-1 所示，设点 M 沿已知轨迹 AB 运动，选此轨迹为自然坐标轴，在轨迹上任取一点 O 作为坐标原点，并规定 O 点的一侧为正方向，另一侧为负方向。这样，点 M 在轨迹上的位置可用它到 O 点的弧长 s 来表示，弧长 s 称为点 M 在自然坐标轴上的弧坐标。弧坐标 s 是代数量，如果点 M 在轨迹的正方向上，则弧坐标 s 为正值，反之为负值。

当点 M 沿轨迹运动时，弧坐标 s 随时间 t 而变化，即弧坐标是时间的函数，用数学表达式表示为

$$s=f(t) \tag{5-1}$$

式（5-1）称为用自然法表示的点沿已知轨迹的运动方程。

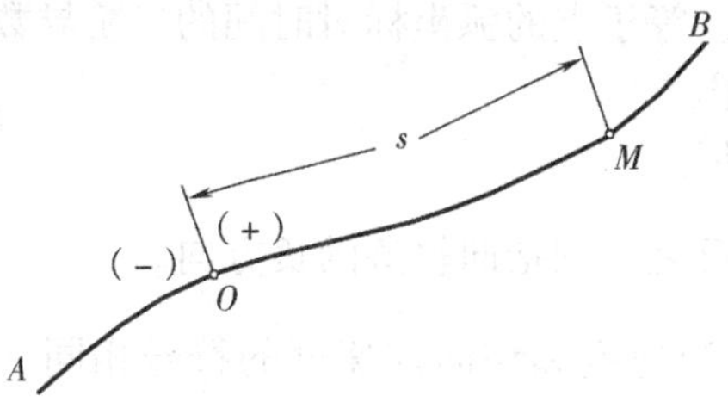

图　5-1

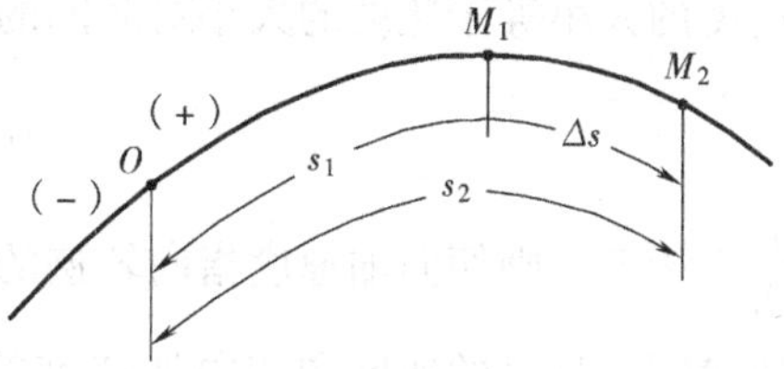

图　5-2

需要说明，弧坐标与路程不同，其主要区别为：

（1）弧坐标是点在自然坐标轴上的坐标，它对应于某一瞬时，其值与原点位置有关；而路程是点在某一时间间隔内沿自然坐标轴所走过的弧长，它对应于某一时间间隔，其值与原点位置无关。如图 5-2 所示，点在瞬时 t_1 和 t_2 的弧坐标分别为 s_1 和 s_2，则在时间间隔 $\Delta t = t_2 - t_1$ 内，点所经过的路程为

$$\overset{\frown}{M_1M_2} = |s_2 - s_1| = \Delta s$$

（2）弧坐标有正负之分，而路程总是大于等于零。

二、速度

点的速度是描述点运动的快慢和方向的物理量。速度是矢量，用符号$\boldsymbol{v}$表示，其单位为 m/s。

在中学物理中知道，速度等于位移除以时间，那里的速度指的是对应于一段时间间隔的平均速度，而这里所讲的速度是对应于某一时刻的瞬时速度。

理论推导可得，当点沿已知轨迹运动时，其瞬时速度的大小等于点的弧坐标对时间的一阶导数，方向沿轨迹的切线方向，如图 5-3 所示。即

$$v = \frac{\mathrm{d}s}{\mathrm{d}t} \tag{5-2}$$

如果$\frac{\mathrm{d}s}{\mathrm{d}t}$大于零，则瞬时速度指向轨迹的正方向，表明在该瞬时，点沿轨迹的正方向运动；反之，则指向轨迹的负方向，表明在该瞬时，点沿轨迹的负方向运动。

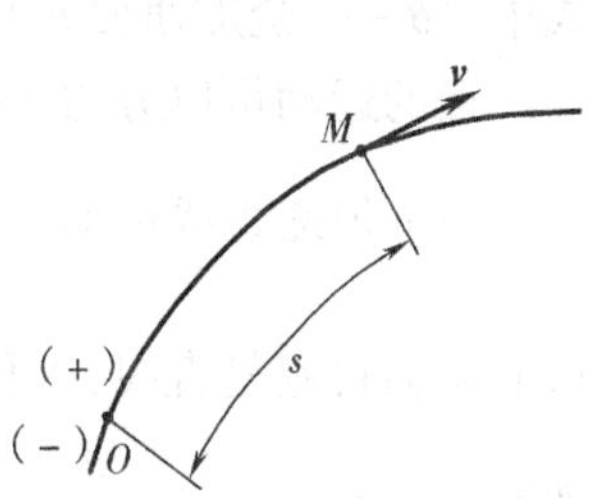

图　5-3

三、加速度

点作变速曲线运动时，其速度的大小和方向都随时间而变化，加速度是表示速度的大小和方向变化快慢的物理量。加速度也是矢量，用符号 $\boldsymbol{a}$ 表示，其单位为 $\mathrm{m/s^2}$。同样，这里所讲的加速度也是对应于某一时刻的瞬时加速度。

理论推导可得，当点沿已知轨迹运动时，其加速度分为切向加速度和法向加速度两个分量，下面分别加以讨论。

1. 切向加速度 $\boldsymbol{a}_\tau$

切向加速度是表示速度大小的变化率，其方向沿轨迹的切线方向，用符号 $\boldsymbol{a}_\tau$ 表示。切向加速度的大小等于速度的大小对时间的一阶导数，等于点的弧坐标对时间的二阶导数，即

$$a_\tau = \frac{\mathrm{d}v}{\mathrm{d}t} = \frac{\mathrm{d}^2 s}{\mathrm{d}t^2} \tag{5-3}$$

如果$\frac{dv}{dt}$大于零，则切向加速度指向轨迹的正方向；反之，则指向轨迹的负方向。

比较同一瞬时的速度和切向加速度符号可知，当速度和切向加速度的符号相同（即方向相同）时，点作加速运动，反之点作减速运动。

2. 法向加速度 $\boldsymbol{a}_n$

法向加速度是表示速度方向的变化率，其方向沿轨迹的法线方向，用符号 $\boldsymbol{a}_\mathrm{n}$ 表示。法向加速度的大小为

$$a_\mathrm{n} = \frac{v^2}{\rho} \tag{5-4}$$

式中 v——点 M 的瞬时速度的大小。

ρ——轨迹曲线在 M 点的曲率半径。

由式（5-4）可知，a_n 恒为正值，所以法向加速度总是沿轨迹的法线方向，指向 M 点的曲率中心。特殊情况下，当点作圆周运动时，曲率半径为圆的半径 R，则

$$a_\mathrm{n} = \frac{v^2}{\rho} = \frac{v^2}{R}$$

方向沿半径指向圆心，就是物理中所讲的向心加速度。

将切向加速度 $\boldsymbol{a}_\tau$ 和法向加速度 $\boldsymbol{a}_\mathrm{n}$ 合成，可得点 M 的全加速度 $\boldsymbol{a}$，如图 5-4 所示。全加速度又简称为加速度，其大小和方向为

$$\left.\begin{aligned} a &= \sqrt{a_\tau^2 + a_\mathrm{n}^2} = \sqrt{\left(\frac{\mathrm{d}v}{\mathrm{d}t}\right)^2 + \left(\frac{v^2}{\rho}\right)^2} \\ \tan\theta &= \left|\frac{a_\tau}{a_\mathrm{n}}\right| \end{aligned}\right\} \tag{5-5}$$

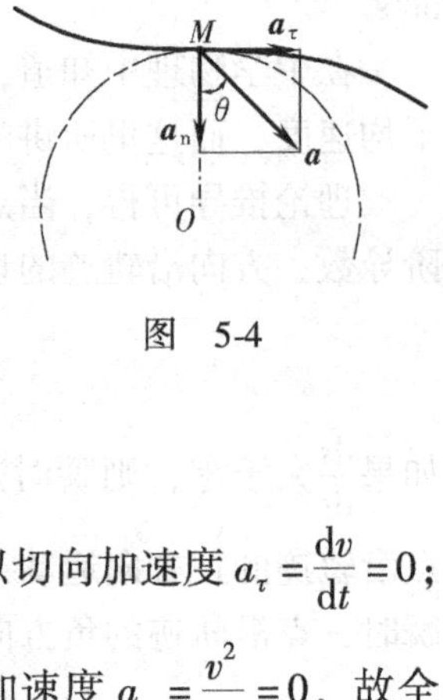

图 5-4

式中 θ——全加速度 $\boldsymbol{a}$ 与法向加速度 $\boldsymbol{a}_\mathrm{n}$ 之间所夹的锐角。

点的运动可以分为下列几种情况：

（1）匀速直线运动 匀速直线运动的速度的大小为一常量，所以切向加速度 $a_\tau = \frac{\mathrm{d}v}{\mathrm{d}t} = 0$；点的运动轨迹是直线，而直线的曲率半径 ρ 趋于无穷大，所以法向加速度 $a_\mathrm{n} = \frac{v^2}{\rho} = 0$，故全加速度 $a = 0$。

（2）变速直线运动 变速直线运动的速度的大小在变化，所以切向加速度 $a_\tau = \frac{\mathrm{d}v}{\mathrm{d}t} \neq 0$；点的运动轨迹仍然是直线，所以法向加速度 $a_\mathrm{n} = \frac{v^2}{\rho} = 0$，故全加速度 $a = a_\tau = \frac{\mathrm{d}v}{\mathrm{d}t}$。

在变速直线运动中，如果 a 为一常量，则为匀变速直线运动。推导可得物理学中的计算公式

$$v = v_0 + at$$

$$s = v_0 t + \frac{1}{2}at^2$$

$$v^2 - v_0^2 = 2as$$

(3) 匀速曲线运动　匀速曲线运动的速度的大小为一常量，所以切向加速度 $a_\tau = \frac{dv}{dt} = 0$；点的运动轨迹是曲线，所以法向加速度 $a_n = \frac{v^2}{\rho} \neq 0$，故全加速度 $a = a_n = \frac{v^2}{\rho}$。

(4) 变速曲线运动　这是最一般的情况，变速曲线运动的速度的大小在变化，所以切向加速度 $a_\tau = \frac{dv}{dt} \neq 0$；点的运动轨迹是曲线，所以法向加速度 $a_n = \frac{v^2}{\rho} \neq 0$，全加速度 $\boldsymbol{a}$ 的大小和方向可由式 (5-5) 求得。

在变速曲线运动中，如果 a_τ 为一常量，则为匀变速曲线运动。将匀变速直线运动计算公式中的 a 变为 a_τ，则得到匀变速曲线运动的计算公式

$$v = v_0 + a_\tau t$$

$$s = v_0 t + \frac{1}{2}a_\tau t^2$$

$$v^2 - v_0^2 = 2a_\tau s$$

例 5-1　如图 5-5 所示，点 M 沿轨迹 OAB 运动，其中 OA 为一条直线，AB 为四分之一圆弧。在已知轨迹上建立自然坐标轴，设点 M 的运动方程为 $s = t^3 - 2.5t^2 + t + 10$（$s$ 的单位为 m，t 的单位为 s），求 $t = 1$s、3s 时，点的速度和加速度的大小，并图示其方向。

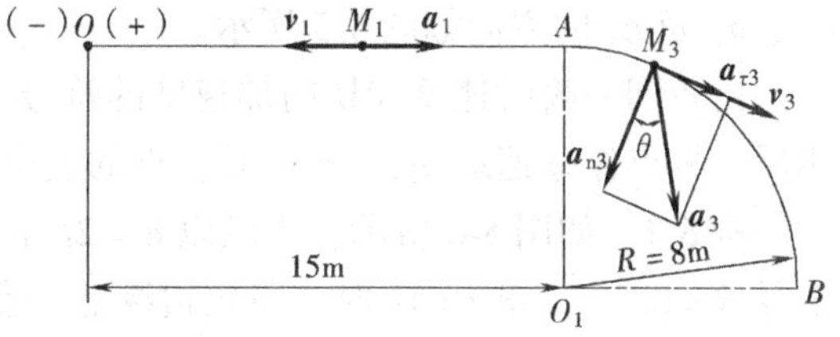

图 5-5

解　(1) 求点 M 的位置

由点 M 的运动方程得，当 $t = 1$s、3s 时点 M 的弧坐标分别为

$$s_1 = 9.5\text{m} \quad s_3 = 17.5\text{m}$$

由图 5-5 中尺寸得，$t = 1$s 时点 M 在直线 OA 部分，设其位于 M_1 点；$t = 3$s 时点 M 在曲线 AB 部分，设其位于 M_3 点，如图 5-5 所示。

(2) 求速度

由式 (5-2) 得

$$v = \frac{ds}{dt} = 3t^2 - 5t + 1$$

将 $t = 1$s、3s 分别代入上式，得

$$v_1 = -1\text{m/s}$$

$$v_3 = 13\text{m/s}$$

其方向均沿轨迹切线方向，v_1 为负值指向轨迹负方向，v_3 为正值指向轨迹正方向，如图 5-5 所示。

(3) 求加速度

$t=1\text{s}$ 时，点 M 在直线 OA 部分，其法向加速度为零，故

$$a_1 = a_{\tau 1} = \frac{dv}{dt} = 6t - 5$$

当 $t=1\text{s}$ 时　　　　　　　　$a_1 = 1\text{m/s}^2$

其方向沿轨迹切线方向，指向轨迹正方向，如图 5-5 所示。

$t=3\text{s}$ 时，点 M 在曲线 AB 部分，其加速度分为切向加速度和法向加速度两个分量，其中切向加速度为

$$a_{\tau 3} = \frac{dv}{dt} = 6t - 5$$

当 $t=3\text{s}$ 时　　　　　　　　$a_{\tau 3} = 13\text{m/s}^2$

法向加速度为

$$a_{n3} = \frac{v_3^2}{R} = \frac{13^2}{8}\text{m/s}^2 = 21.13\text{m/s}^2$$

由式（5-5）得，$t=3\text{s}$ 时点的全加速度为

$$a_3 = \sqrt{a_{\tau 3}^2 + a_{n3}^2} = \sqrt{13^3 + 21.13^2}\text{m/s}^2 = 24.81\text{m/s}^2$$

$$\tan\theta = \left|\frac{a_{\tau 3}}{a_{n3}}\right| = \frac{13}{21.13} = 0.615 \qquad \theta = 31.59°$$

$\boldsymbol{a}_{\tau 3}$、$\boldsymbol{a}_{n3}$ 及 $\boldsymbol{a}_3$ 的方向如图 5-5 所示。

比较同一瞬时速度和切向加速度的符号可知：$t=1\text{s}$ 时，点的速度和切向加速度的符号相反，故点作减速运动；$t=3\text{s}$ 时，点的速度和切向加速度的符号相同，故点作加速运动。

例 5-2　如图 5-6 所示，飞轮以 $\varphi = 2t^2$ 的规律转动（φ 的单位为 rad，t 的单位为 s），其半径 $R=0.5\text{m}$。求 $t=1\text{s}$ 时，飞轮边缘上一点 M 的速度和加速度。

解　（1）求点 M 的运动方程

由题意得，点 M 的运动轨迹是 $R=0.5\text{m}$ 的圆周。在点 M 的运动轨迹上，以 M_0 为坐标原点、M 点的运动方向为正方向建立自然坐标轴，如图 5-6 所示。则点 M 的运动方程为

$$s = R\varphi = 0.5 \times 2t^2 = t^2$$

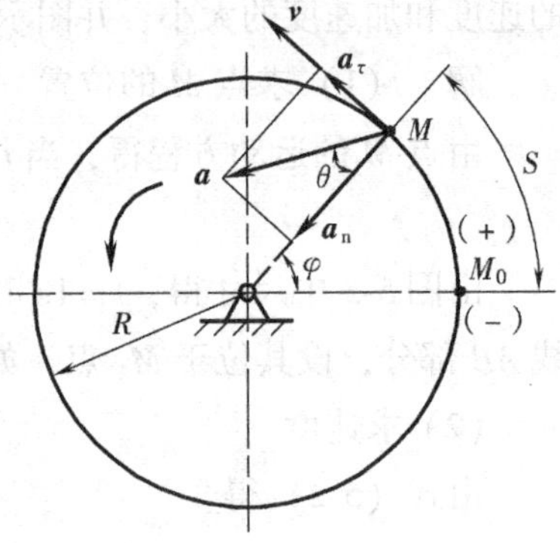

图　5-6

（2）求速度

由式（5-2）得

$$v = \frac{ds}{dt} = 2t$$

当 $t=1\text{s}$ 时　　　　　$v = 2\text{m/s}$

速度的方向沿轨迹的切线方向，指向轨迹正方向，如图 5-6 所示。

（3）求加速度

因为点的轨迹为曲线，所以其加速度分为切向加速度和法向加速度两个分量，其中切向加速度为

$$a_\tau = \frac{dv}{dt} = 2\text{m/s}^2$$

法向加速度为

$$a_n = \frac{v^2}{R} = \frac{2^2}{0.5}\text{m/s}^2 = 8\text{m/s}^2$$

由式（5-5）得，$t=1\text{s}$ 时点 M 的全加速度为

$$a = \sqrt{a_\tau^2 + a_n^2} = \sqrt{2^2 + 8^2}\text{m/s}^2 = 8.25\text{m/s}^2$$

$$\tan\theta = \left|\frac{a_\tau}{a_n}\right| = \frac{2}{8} = 0.25 \qquad \theta = 14.04°$$

$\boldsymbol{a}_\tau$、$\boldsymbol{a}_n$ 及 $\boldsymbol{a}$ 的方向如图 5-6 所示。

例 5-3 如图 5-7 所示，在半径为 R 的铁环上套一小环 M，杆 AB 穿过小环 M 并匀速绕 A 点转动，已知转角 $\varphi=\omega t$（其中 ω 为一常数，φ 的单位为 rad，t 的单位为 s），开始时 AB 杆处于水平位置。求小环 M 运动到图示位置时的速度和加速度。

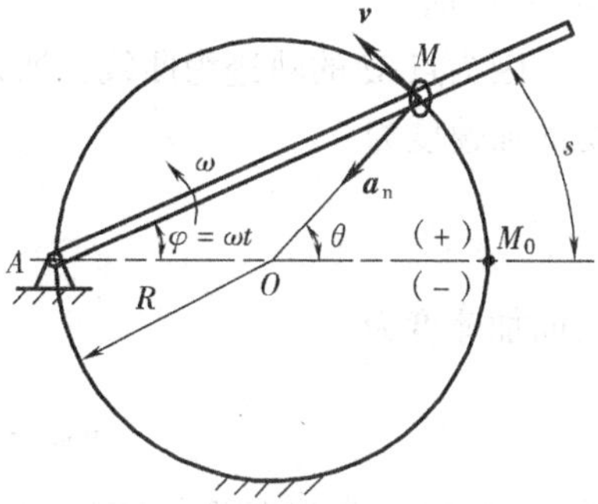

图 5-7

解 （1）求小环 M 的运动方程

由题意可知，小环 M 的运动轨迹是以 O 为圆心，半径为 R 的圆周。在小环 M 的运动轨迹上，以 M_0 为坐标原点、小环 M 的运动方向为正方向建立自然坐标轴，如图 5-7 所示。则小环 M 的运动方程为

$$s = R\theta = R\times 2\varphi = 2R\omega t$$

（2）求速度

由式（5-2）得

$$v = \frac{\mathrm{d}s}{\mathrm{d}t} = 2R\omega$$

速度的方向沿轨迹的切线方向，指向轨迹正方向，如图 5-7 所示。

（3）求加速度

因为小环 M 的轨迹为曲线，所以其加速度分为切向加速度和法向加速度两个分量，其中切向加速度为

$$a_\tau = \frac{\mathrm{d}v}{\mathrm{d}t} = 0$$

法向加速度为

$$a_n = \frac{v^2}{R} = \frac{(2R\omega)^2}{R} = 4R\omega^2$$

故小环 M 的全加速度为 $a = a_n = 4R\omega^2$

法向加速度 $\boldsymbol{a}_n$ 的方向即为全加速度 $\boldsymbol{a}$ 的方向，如图 5-7 所示。

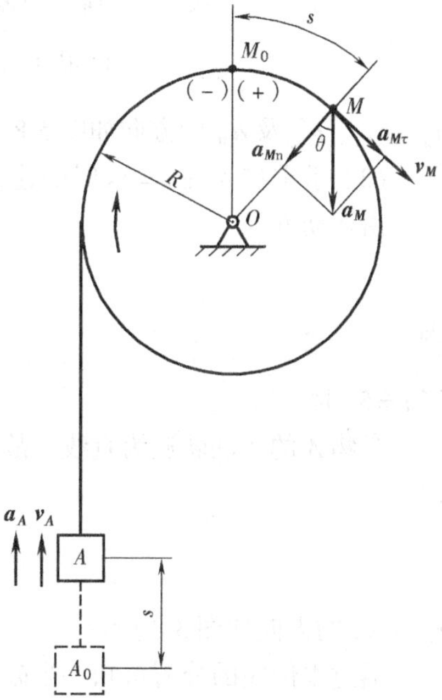

图 5-8

例 5-4 半径为 $R=200\text{mm}$ 的鼓轮绕 O 轴转动，其上绕有绳索，绳索的一端挂有重物，如图 5-8 所示，已知重物竖直提升的运动方程为 $s=20t^2$（s 的单位为 mm，t 的单位为 s）。求 $t=5\text{s}$ 时，鼓轮边缘上一点 M 及重物 A 的速度和加速度。

解 (1) 求点 M 的运动方程

重物作直线运动，点 M 作半径为 R 的圆周运动。设 $t=0$ 时，重物在 A_0 点，M 点在 M_0 处，经时间 Δt 后，重物到达 A 点，M 点运动到图示位置，即 M 点沿圆周走过的弧长等于重物上升的高度。建立如图自然坐标轴，则 M 点的运动方程为

$$s_M = s = 20t^2$$

(2) 求点 M 在 $t=5\text{s}$ 时的速度和加速度

$$v_M = \frac{\mathrm{d}s}{\mathrm{d}t} = 40t$$

当 $t=5\text{s}$ 时 $\qquad v_M = 200\text{mm/s}$

因为点 M 的轨迹为曲线，所以其加速度分为切向加速度和法向加速度两个分量，其中切向加速度为

$$a_{M\tau} = \frac{\mathrm{d}v_M}{\mathrm{d}t} = 40\text{mm/s}^2$$

法向加速度为

$$a_{M\text{n}} = \frac{v_M^2}{R} = \frac{200^2}{200}\text{mm/s}^2 = 200\text{mm/s}^2$$

故 $t=5\text{s}$ 时，点 M 的全加速度为

$$a_M = \sqrt{a_{M\tau}^2 + a_{M\text{n}}^2} = \sqrt{40^2 + 200^2}\text{mm/s}^2 = 203.96\text{mm/s}^2$$

$$\tan\theta = \left|\frac{a_{M\tau}}{a_{M\text{n}}}\right| = \frac{40}{200} = 0.2 \quad \theta = 11.31°$$

$\boldsymbol{v}_M$、$\boldsymbol{a}_{M\tau}$、$\boldsymbol{a}_{M\text{n}}$及 $\boldsymbol{a}_M$ 的方向如图 5-8 所示。

(3) 求重物 A 在 $t=5\text{s}$ 时的速度和加速度

由运动方程

$$s = 20t^2$$

得 $\qquad v_A = \frac{\mathrm{d}s}{\mathrm{d}t} = 40t$

当 $t=5\text{s}$ 时 $\qquad v_A = 200\text{mm/s}$

重物 A 的运动轨迹为直线，故其法向加速度 $a_{A\text{n}}=0$，其全加速度即为它的切向加速度，即

$$a_A = a_{A\tau} = \frac{\mathrm{d}v_A}{\mathrm{d}t} = 40\text{mm/s}^2$$

$\boldsymbol{v}_A$ 和 $\boldsymbol{a}_A$ 的方向如图 5-8 所示。

通过本例题的分析可知，当鼓轮通过绳索提升重物时，其轮缘上任意一点的速度与重物的速度大小相等，轮缘上任意一点的切向加速度与重物的加速度大小相等。当重物下降时，也具有相同的规律。

第二节 用直角坐标法求点的速度、加速度

用自然法来描述点的运动规律必须已知点的运动轨迹。如果点的运动轨迹为未知，则应

采用直角坐标法。

一、运动方程

如图5-9所示，设点M在平面内作曲线运动，建立直角坐标系Oxy，则点M在任一瞬时的位置可由坐标x、y来确定。当点M运动时，坐标x、y随时间而变化，即x、y是时间的函数，用数学表达式表示为

$$\left.\begin{aligned} x &= f_1(t) \\ y &= f_2(t) \end{aligned}\right\} \tag{5-6}$$

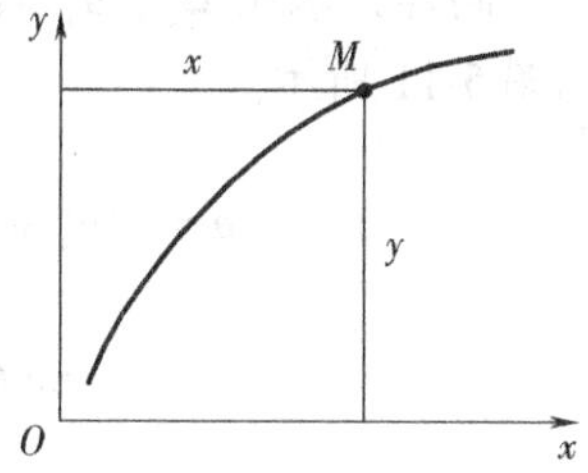

图　5-9

式（5-6）称为用直角坐标法表示的点的运动方程。

如果从式（5-6）两式中削去参数t，可以得到点的轨迹方程

$$y = F(x) \tag{5-7}$$

根据式（5-7）即可在直角坐标系中画出点的运动轨迹。

二、速度

用直角坐标法求点的速度$\boldsymbol{v}$，可先求其沿直角坐标轴的两个分量$\boldsymbol{v}_x$和$\boldsymbol{v}_y$，然后再将其合成为速度$\boldsymbol{v}$。

理论推导可得，动点的速度沿直角坐标轴的两个分量$\boldsymbol{v}_x$和$\boldsymbol{v}_y$的大小，等于其相应的坐标对时间的一阶导数，即

$$\left.\begin{aligned} v_x &= \frac{\mathrm{d}x}{\mathrm{d}t} \\ v_y &= \frac{\mathrm{d}y}{\mathrm{d}t} \end{aligned}\right\} \tag{5-8}$$

$\boldsymbol{v}_x$和$\boldsymbol{v}_y$的方向分别平行于x轴和y轴，导数为正时，指向坐标轴的正方向；反之，则指向坐标轴的负方向。

因此，若已知直角坐标形式的点的运动方程，即可求出$\boldsymbol{v}_x$、$\boldsymbol{v}_y$，将$\boldsymbol{v}_x$、$\boldsymbol{v}_y$合成可以求出速度$\boldsymbol{v}$，如图5-10所示。

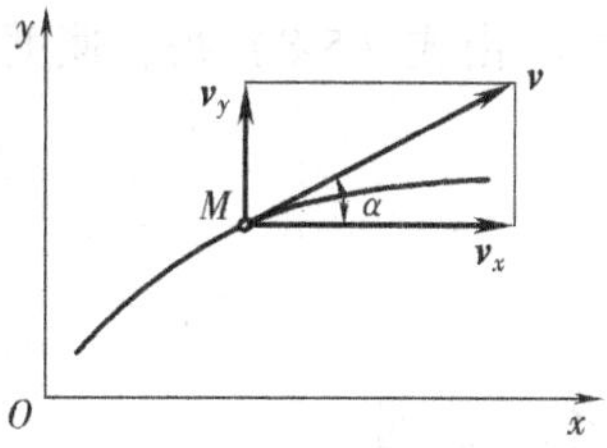

图　5-10

$$\left.\begin{aligned} v &= \sqrt{v_x^2 + v_y^2} = \sqrt{\left(\frac{\mathrm{d}x}{\mathrm{d}t}\right)^2 + \left(\frac{\mathrm{d}y}{\mathrm{d}t}\right)^2} \\ \tan\alpha &= \left|\frac{v_y}{v_x}\right| \end{aligned}\right\} \tag{5-9}$$

式中　α——$\boldsymbol{v}$与x轴之间所夹的锐角，$\boldsymbol{v}$的方向由v_x和v_y的正负号决定。

三、加速度

同理，用直角坐标法求点的加速度$\boldsymbol{a}$，可先求其沿直角坐标轴的两个分量$\boldsymbol{a}_x$和$\boldsymbol{a}_y$，然后再将其合成为加速度$\boldsymbol{a}$。

理论推导可得，动点的加速度沿直角坐标轴的两个分量$\boldsymbol{a}_x$和$\boldsymbol{a}_y$的大小，等于其相应的速度分量的大小对时间的一阶导数，等于其相应的坐标对时间的二阶导数，即

$$\left.\begin{aligned} a_x &= \frac{dv_x}{dt} = \frac{d^2x}{dt^2} \\ a_y &= \frac{dv_y}{dt} = \frac{d^2y}{dt^2} \end{aligned}\right\} \qquad (5\text{-}10)$$

$\boldsymbol{a}_x$ 和 $\boldsymbol{a}_y$ 的方向分别平行于 x 轴和 y 轴，导数为正时，指向坐标轴的正方向；反之，则指向坐标轴的负方向。

同样，求出 $\boldsymbol{a}_x$、$\boldsymbol{a}_y$ 后，将 $\boldsymbol{a}_x$、$\boldsymbol{a}_y$ 合成可以求出加速度 $\boldsymbol{a}$，如图 5-11 所示。

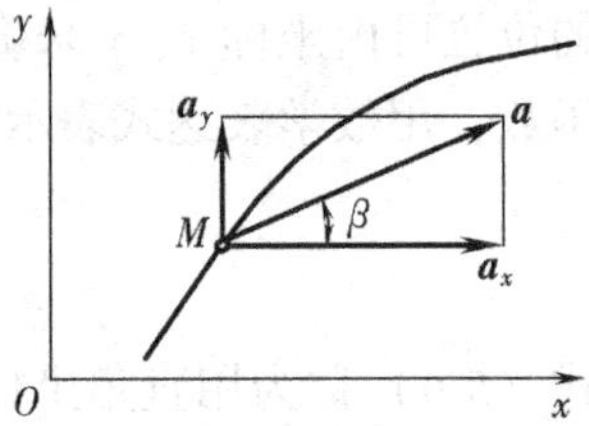

图　5-11

$$\left.\begin{aligned} a &= \sqrt{a_x^2 + a_y^2} = \sqrt{\left(\frac{dv_x}{dt}\right)^2 + \left(\frac{dv_y}{dt}\right)^2} \\ \tan\beta &= \left|\frac{a_y}{a_x}\right| \end{aligned}\right\} \qquad (5\text{-}11)$$

式中　β——$\boldsymbol{a}$ 与 x 轴之间所夹的锐角，$\boldsymbol{a}$ 的方向由 a_x 和 a_y 的正负号决定。

例 5-5　已知点的运动方程为 $x = 4t^2$，$y = 5t^2$（x、y 的单位为 m，t 的单位为 s）。求：(1) 点的轨迹方程；(2) $t = 2s$ 时，点的速度和加速度。

解　(1) 求点的轨迹方程

由 $x = 4t^2$ 得

$$t^2 = \frac{x}{4}$$

代入 $y = 5t^2$ 得点的轨迹方程为

$$y = \frac{5}{4}x$$

即点的运动轨迹为一直线。

(2) 求 $t = 2s$ 时的速度

由式 (5-8) 得，速度沿直角坐标轴的两个分量的大小为

$$v_x = \frac{dx}{dt} = 8t$$

$$v_y = \frac{dy}{dt} = 10t$$

当 $t = 2s$ 时　　$v_x = 16\text{m/s}$　　$v_y = 20\text{m/s}$

由式 (5-9) 得，$t = 2s$ 时的速度为

$$v = \sqrt{v_x^2 + v_y^2} = \sqrt{16^2 + 20^2}\text{m/s} = 25.6\text{m/s}$$

$$\tan\alpha = \left|\frac{v_y}{v_x}\right| = \frac{20}{16} = 1.25 \qquad \alpha = 51.3°$$

(3) 求 $t = 2s$ 时的加速度

由式 (5-10) 得，加速度沿直角坐标轴的两个分量的大小为

$$a_x = \frac{dv_x}{dt} = 8\text{m/s}^2$$

$$a_y = \frac{dv_y}{dt} = 10\text{m/s}^2$$

由式（5-11）得，$t=2\text{s}$ 时的加速度为

$$a=\sqrt{a_x^2+a_y^2}=\sqrt{8^2+10^2}\text{m/s}^2=12.8\text{m/s}^2$$

$$\tan\beta=\left|\frac{a_y}{a_x}\right|=\frac{10}{8}=1.25 \qquad \beta=51.3°$$

点的运动轨迹图、$t=2\text{s}$ 时点的速度和加速度的方向如图 5-12 所示。由图中可见，当 $t=2\text{s}$ 时，点的速度和加速度方向相同，故在该瞬时点作加速运动。

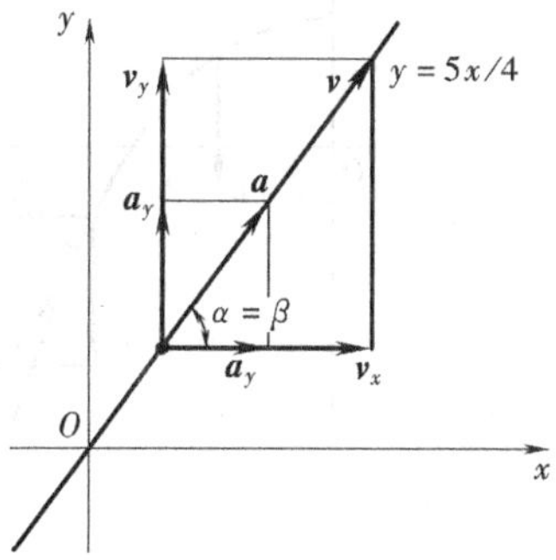

图 5-12

例 5-6 已知点的运动方程为 $x=2t$，$y=2-t^2$（x、y 的单位为 m，t 的单位为 s）。求：（1）点的轨迹方程；（2）$t=2\text{s}$ 时，点的速度；（3）$t=1\text{s}$ 时，点的加速度。

解 （1）求点的轨迹方程

由 $x=2t$ 得

$$t=\frac{x}{2}$$

代入 $y=2-t^2$ 得点的轨迹方程为

$$y=2-\frac{x^2}{4}$$

即点的运动轨迹为一抛物线。

（2）求 $t=2\text{s}$ 时的速度

由式（5-8）得，速度沿直角坐标轴的两个分量的大小为

$$v_x=\frac{\mathrm{d}x}{\mathrm{d}t}=2\text{m/s}$$

$$v_y=\frac{\mathrm{d}y}{\mathrm{d}t}=-2t$$

当 $t=2\text{s}$ 时 $\qquad v_x=2\text{m/s} \qquad v_y=-4\text{m/s}$

由式（5-9）得，$t=2\text{s}$ 时的速度为

$$v=\sqrt{v_x^2+v_y^2}=\sqrt{2^2+(-4)^2}\text{m/s}=4.47\text{m/s}$$

$$\tan\alpha=\left|\frac{v_y}{v_x}\right|=\frac{4}{2}=2 \qquad \alpha=63.4°$$

（3）求 $t=1\text{s}$ 时的加速度

由式（5-10）得，加速度沿直角坐标轴的两个分量的大小为

$$a_x=\frac{\mathrm{d}v_x}{\mathrm{d}t}=0$$

$$a_y=\frac{\mathrm{d}v_y}{\mathrm{d}t}=-2\text{m/s}^2$$

由式（5-11）得，$t=1\text{s}$ 时的加速度为

$$a=\sqrt{a_x^2+a_y^2}=\sqrt{(-2)^2}\text{m/s}^2=2\text{m/s}^2$$

即加速度为一常量，其方向指向 y 轴的负方向（竖直向下）。

点的运动轨迹图、$t=2\text{s}$ 时点的速度和 $t=1\text{s}$ 时点的加速度的方向如图 5-13 所示。

例 5-7 用直角坐标法求解例题 5-3。

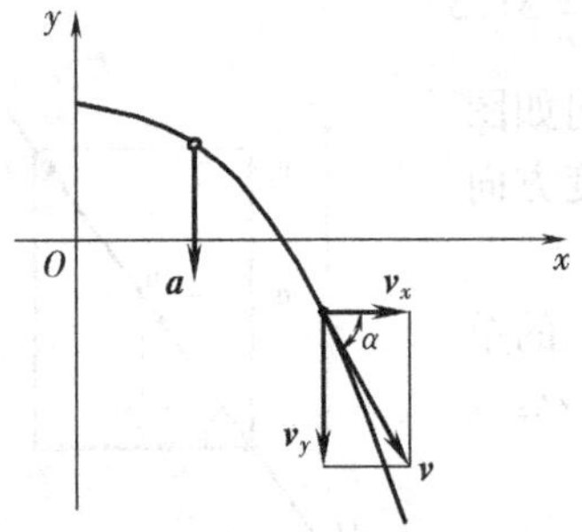

图 5-13

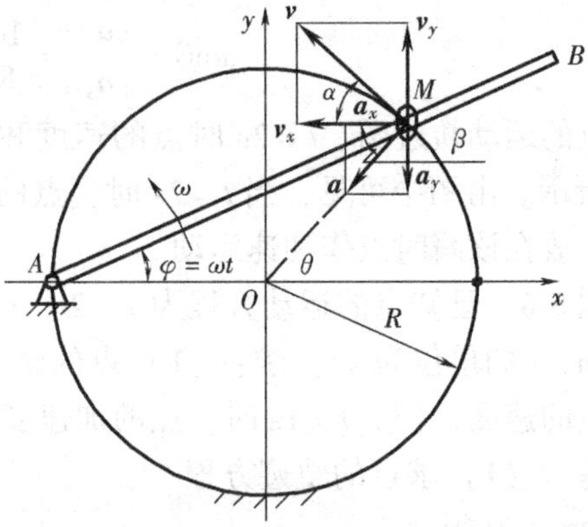

图 5-14

解 建立直角坐标系 Oxy，如图 5-14 所示。由几何关系得小环 M 的运动方程为

$$x = R\cos\theta = R\cos2\omega t$$

$$y = R\sin\theta = R\sin2\omega t$$

由式（5-8）得，速度沿直角坐标轴的两个分量的大小为

$$v_x = \frac{dx}{dt} = -2R\omega\sin2\omega t$$

$$v_y = \frac{dy}{dt} = 2R\omega\cos2\omega t$$

由式（5-9）得，小环 M 的速度为

$$v = \sqrt{v_x^2 + v_y^2} = 2R\omega$$

$$\tan\alpha = \left|\frac{v_y}{v_x}\right| = \cot\theta \qquad 即\ \alpha = 90° - \theta$$

说明$\boldsymbol{v}$ 的方向沿轨迹的切线方向，并指向小环 M 的运动方向，如图 5-14 所示。

由式（5-10）得，加速度沿直角坐标轴的两个分量的大小为

$$a_x = \frac{dv_x}{dt} = -4R\omega^2\cos2\omega t$$

$$a_y = \frac{dv_y}{dt} = -4R\omega^2\sin2\omega t$$

由式（5-11）得，小环 M 的加速度为

$$a = \sqrt{a_x^2 + a_y^2} = 4R\omega^2$$

$$\tan\beta = \left|\frac{a_y}{a_x}\right| = \tan\theta \qquad 即\ \beta = \theta$$

说明加速度 $\boldsymbol{a}$ 的方向沿 MO 指向 O 点，即沿 M 点的法线方向，如图 5-14 所示。

这一结果与例 5-3 中用自然法求得的结果相同，说明对于同一问题，用直角坐标法和自然法求解的结果完全一致，只不过当点的运动轨迹为已知曲线时，用自然法求解更为简便。

例 5-8 如图 5-15 所示，一曲柄连杆机构 $OA = AB = l = 60\text{cm}$，曲柄 OA 以 $\varphi = 4\pi t$ 的规

律转动（φ 的单位为 rad，t 的单位为 s）。求 $t=0.5$s 时，滑块 B 的速度和加速度。

解　建立直角坐标系 Oxy，如图 5-15 所示。由题意可知滑块 B 只在 x 轴上运动，根据几何关系得运动方程为

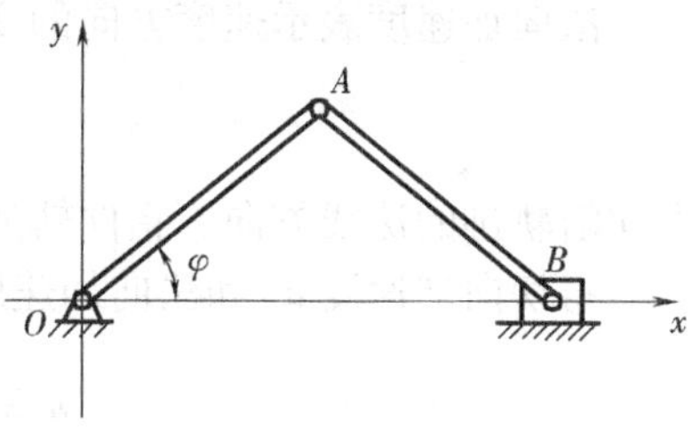

图　5-15

$$x=2l\cos\varphi=2l\cos4\pi t$$

由式（5-8）得，速度沿 x 轴分量的大小为

$$v_x=\frac{\mathrm{d}x}{\mathrm{d}t}=-8l\pi\sin4\pi t$$

当 $t=0.5$s 时　　$v_x=-8l\pi\sin2\pi=0$

因为滑块 B 只在 x 轴上运动，故　　$v_y=0$

所以 $t=0.5$s 时，滑块 B 的速度　$v=0$

由式（5-10）得，加速度沿 x 轴分量的大小为

$$a_x=\frac{\mathrm{d}v_x}{\mathrm{d}t}=-32l\pi^2\cos4\pi t$$

当 $t=0.5$s 时

$$a_x=-32l\pi^2\cos2\pi=-32\times60\times\pi^2\mathrm{cm/s^2}=-18949.6\mathrm{cm/s^2}=-189.5\mathrm{m/s^2}$$

因为滑块 B 只在 x 轴上运动，故　　$a_y=0$

由式（5-11）得，滑块 B 的加速度为

$$a=\sqrt{a_x^2+a_y^2}=\sqrt{(-189.5)^2}\mathrm{m/s^2}=189.5\mathrm{m/s^2}$$

加速度 $\boldsymbol{a}$ 的方向与 $\boldsymbol{a}_x$ 的方向相同，即与 x 轴的正向相反，水平向左。

小　　结

1. 自然法是以点的运动轨迹作为自然坐标轴来确定点的位置的方法。因此，用自然法来描述点的运动规律必须已知点的运动轨迹。

用自然法表示的点的运动方程为

$$s=f(t)$$

点的瞬时速度的大小为

$$v=\frac{\mathrm{d}s}{\mathrm{d}t}$$

方向沿轨迹的切线方向。如果 $\frac{\mathrm{d}s}{\mathrm{d}t}$ 大于零，指向轨迹的正方向，反之，则指向负方向。

点的瞬时加速度由切向加速度和法向加速度两个分量组成。

（1）切向加速度 $\boldsymbol{a}_\tau$

切向加速度表示速度大小的变化率，其大小为

$$a_\tau=\frac{\mathrm{d}v}{\mathrm{d}t}=\frac{\mathrm{d}^2s}{\mathrm{d}t^2}$$

方向沿轨迹的切线方向，如果 $\frac{\mathrm{d}v}{\mathrm{d}t}$ 大于零，指向轨迹的正方向；反之，则指向负方向。

(2) 法向加速度 $\boldsymbol{a}_n$

法向加速度表示速度方向的变化率，其大小为

$$a_n = \frac{v^2}{\rho}$$

方向沿轨迹的法线方向，指向轨迹曲线的曲率中心。

将切向加速度 $\boldsymbol{a}_\tau$ 和法向加速度 $\boldsymbol{a}_n$ 合成，可得点的全加速度 $\boldsymbol{a}$，其大小和方向为

$$\left.\begin{aligned} a &= \sqrt{a_\tau^2 + a_n^2} = \sqrt{\left(\frac{dv}{dt}\right)^2 + \left(\frac{v^2}{\rho}\right)^2} \\ \tan\theta &= \left|\frac{a_\tau}{a_n}\right| \end{aligned}\right\}$$

2. 如果点的运动轨迹未知，则应采用直角坐标法。

用直角坐标法表示的点的运动方程为

$$\left.\begin{aligned} x &= f_1\ (t) \\ y &= f_2\ (t) \end{aligned}\right\}$$

如果从运动方程中削去参数 t，即可得到点的轨迹方程

$$y = F\ (x)$$

用直角坐标法求点的瞬时速度可先求出速度沿直角坐标轴的两个分量$\boldsymbol{v}_x$ 和$\boldsymbol{v}_y$，其大小为

$$\left.\begin{aligned} v_x &= \frac{dx}{dt} \\ v_y &= \frac{dy}{dt} \end{aligned}\right\}$$

$\boldsymbol{v}_x$ 和$\boldsymbol{v}_y$ 的方向平行于 x 轴和 y 轴，导数为正时，指向坐标轴的正方向；反之，则指向负方向。

将$\boldsymbol{v}_x$ 和$\boldsymbol{v}_y$ 合成，可求出瞬时速度$\boldsymbol{v}$ 的大小和方向

$$\left.\begin{aligned} v &= \sqrt{v_x^2 + v_y^2} = \sqrt{\left(\frac{dx}{dt}\right)^2 + \left(\frac{dy}{dt}\right)^2} \\ \tan\alpha &= \left|\frac{v_y}{v_x}\right| \end{aligned}\right\}$$

用直角坐标法求点的瞬时加速度可先求出加速度沿直角坐标轴的两个分量 $\boldsymbol{a}_x$ 和 $\boldsymbol{a}_y$，其大小为

$$\left.\begin{aligned} a_x &= \frac{dv_x}{dt} = \frac{d^2x}{dt^2} \\ a_y &= \frac{dv_y}{dt} = \frac{d^2y}{dt^2} \end{aligned}\right\}$$

$\boldsymbol{a}_x$ 和 $\boldsymbol{a}_y$ 的方向平行于 x 轴和 y 轴，导数为正时，指向坐标轴的正方向；反之，则指向负方向。

将 $\boldsymbol{a}_x$ 和 $\boldsymbol{a}_y$ 合成，可求出瞬时加速度 $\boldsymbol{a}$ 的大小和方向

$$\left.\begin{aligned} a &= \sqrt{a_x^2 + a_y^2} = \sqrt{\left(\frac{dv_x}{dt}\right)^2 + \left(\frac{dv_y}{dt}\right)^2} \\ \tan\beta &= \left|\frac{a_y}{a_x}\right| \end{aligned}\right\}$$

习 题

5-1 举例说明点的位移、路程和弧坐标三者有何不同？在特定的运动情况下，位移、路程和弧坐标能否相同？

5-2 点在某一瞬时的速度为零，则该瞬时的加速度是否必然为零？

5-3 判断下列情况时，点作何种运动？

(1) $a_\tau=0$，$a_n=0$；(2) $a_\tau=0$，$a_n\neq0$；

(3) $a_\tau\neq0$，$a_n=0$；(4) $a_\tau\neq0$，$a_n\neq0$。

5-4 点作直线运动，其瞬时速度 $v=4\text{m/s}$，此时加速度是否为 $a=\frac{dv}{dt}=0$？为什么？

5-5 如图所示，点作曲线运动，对于下列三种情况，画出加速度的大致方向。

(1) 点在 M_1 处作匀速运动；(2) 点在 M_2 处作加速运动；(3) 点在 M_3 处作减速运动。

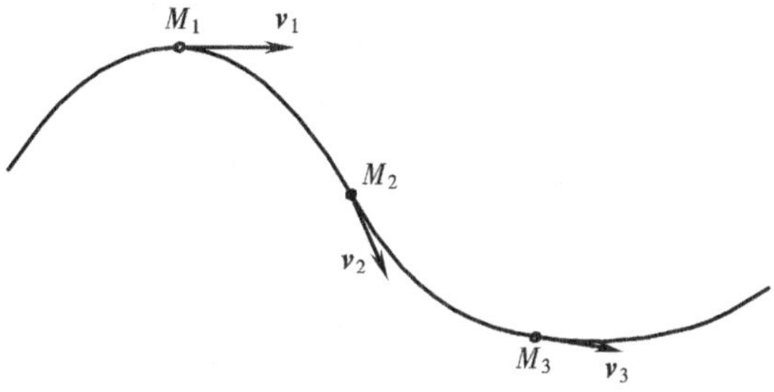

题 5-5 图

5-6 一列车作直线运动，制动后，列车的运动方程为 $s=16t-0.2t^2$（s 的单位为 m，t 的单位为 s）。求制动开始时的速度、加速度、制动时间及停车前运行的距离。

5-7 点作直线运动，其运动方程为 $s=40+2t-0.5t^2$（s 的单位为 m，t 的单位为 s）。求 $t=10\text{s}$ 时，点的速度和加速度。

5-8 点沿半径 $R=1000\text{m}$ 的圆弧运动，其运动方程为 $s=40t-t^2$（s 的单位为 m，t 的单位为 s）。求 $s=400\text{m}$ 时，点的速度和加速度。

5-9 点沿半径 $R=20\text{cm}$ 的圆弧运动，其运动方程为 $s=20\sin\pi t$（s 的单位为 cm，t 的单位为 s）。求 $t=5\text{s}$ 时，点的速度和加速度。

5-10 如图所示，点 M 沿轨道 $OABC$ 运动，OA 段为直线，AB 和 BC 段分别为四分之一圆弧，已知点的运动方程为 $s=30t+5t^2$（s 的单位为 mm，t 的单位为 s）。求 $t=0.4\text{s}$、1s、2s 时，点的加速度。

5-11 如图所示，在半径为 10cm 的铁圈上套一小环 M，杆 OA 穿过小环绕点 O 作匀速转动，其转角 φ 在 5s 内转一直角。用自然法求小环 M 的速度和加速度。

5-12 用直角坐标法求解题 5-11。

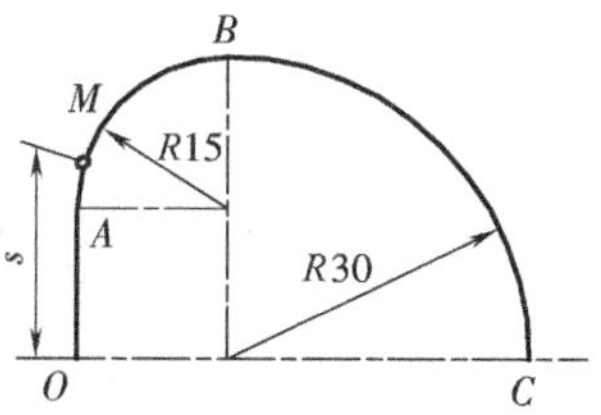

题 5-10 图

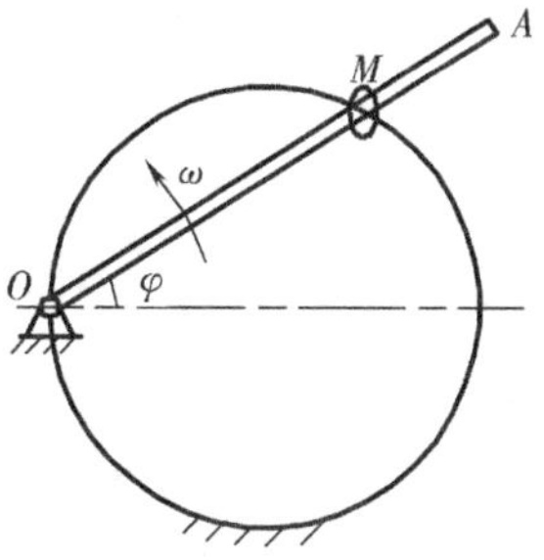

题 5-11 图

5-13 点的运动方程为 $x=10t^2$，$y=7.5t^2$（x、y 的单位为 cm，t 的单位为 s）。求 $t=4\text{s}$ 时，点的速度与加速度的大小和方向。

5-14 点的运动方程为 $x=4t^2-3$，$y=3t^2+2$（x、y 的单位为 cm，t 的单位为 s）。求 $t=4\text{s}$ 时，点的速

度与加速度的大小和方向。

5-15　点的运动方程为 $x=20\cos2\pi t$，$y=20\sin2\pi t$（x、y 的单位为 cm，t 的单位为 s）。求：（1）点的轨迹方程；（2）$t=1$s 时，点的速度与加速度的大小和方向。

5-16　炮弹的运动方程为 $x=300t$，$y=400t-5t^2$（x、y 的单位为 m，t 的单位为 s）。求：（1）炮弹初始时的速度和加速度；（2）炮弹的射击高度和射程。

5-17　点的运动方程为 $x=2t$，$y=2t^2$（x、y 的单位为 m，t 的单位为 s）。求：（1）点的轨迹方程；（2）$t=2$s 时，点的速度与加速度的大小和方向。

第六章　刚体的基本运动

前一章中介绍了点的运动，但在工程实际中常见的往往是刚体的运动，如机床工作台的升降，机器中轴和齿轮的旋转，火车车轮的滚动等。

刚体最简单的运动形式是平行移动和定轴转动。平行移动和定轴转动称为刚体的基本运动。刚体的复杂运动可以归结为这两种基本运动的组合。

第一节　刚体的平行移动

刚体在运动过程中，其上任意一条直线总是与它的初始位置保持平行，这种运动称为刚体的平行移动，简称平动。例如，图 6-1 所示在平直公路上行驶的汽车车厢的运动、图 6-2a 所示平行四边形机构中连杆 *AB* 的运动等都是刚体的平动。

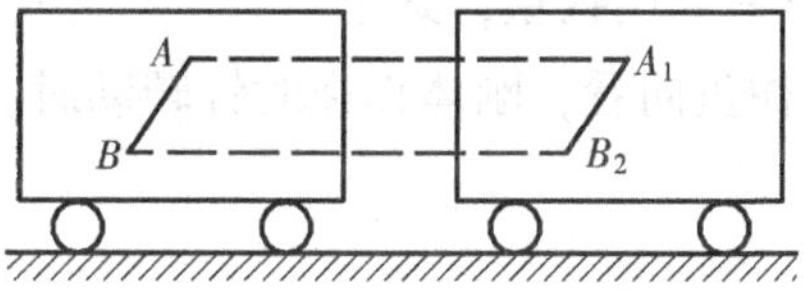

图　6-1

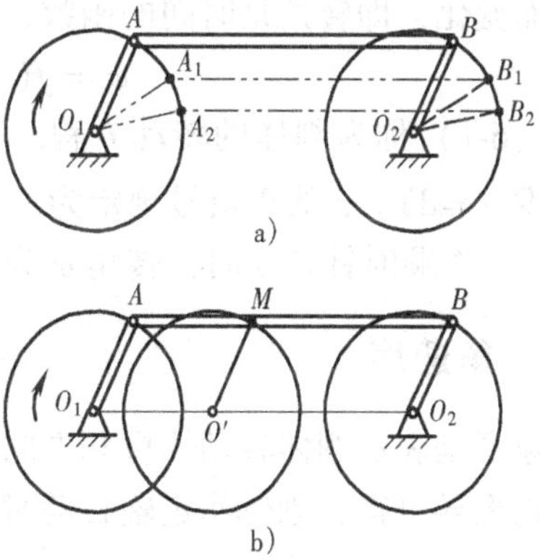

图　6-2

如图 6-1 所示，车厢上所有的点的运动轨迹都是直线，这种平动称为直线平动；如图 6-2 所示，连杆 *AB* 上所有的点的运动轨迹都是曲线，这种平动称为曲线平动。

分析图 6-1 可以发现，车厢上任意两点 *A*、*B* 的运动轨迹完全相同；再来分析图 6-2 中连杆 *AB* 上各点的运动轨迹，*A*、*B* 两点的运动轨迹分别是以 O_1、O_2 为圆心，O_1A、O_2B 为半径的圆周，如图 6-2b 所示。现在连杆 *AB* 上任取一点 *M*，分析可知，*M* 点的运动轨迹是以 O'为圆心，以 $O'M$ 为半径的圆周，此轨迹与 *A* 点和 *B* 点的运动轨迹完全相同。因此，刚体平动时，其上各点具有相同的运动轨迹、相同的运动方程，在同一瞬时，刚体上各点具有相同的速度、相同的加速度。故刚体的平动，可用其上任意一点的运动来表示，即刚体的平动，可简化为点的运动来研究。

第二节　刚体的定轴转动

刚体在运动过程中，其上（或其延伸部分）有一条直线始终固定不动，而直线以外的各点均绕此直线作圆周运动，这种运动称为刚体的定轴转动。固定不动的直线称为转轴。

分析可知，刚体作定轴转动时，其上各点的运动轨迹均为圆周，但半径不等，所以各点的运动方程不同，即使在同一瞬时，刚体内各点的速度、加速度也不同。故刚体的定轴转动不能简化为点的运动。

为了研究刚体定轴转动的运动规律，确定其上各点的速度、加速度，首先应建立其转动方程。

一、转动方程

图6-3所示为一作定轴转动的刚体，通过其轴线作一假想固定平面Ⅰ，再通过轴线作一假想动平面Ⅱ，并将动平面Ⅱ固定在转动刚体上。初始位置两平面重合，刚体作定轴转动时固定平面Ⅰ不动，动平面Ⅱ随刚体一起转动，在图示位置时，平面Ⅰ和平面Ⅱ之间存在一夹角，此夹角称为刚体的转角，用符号 φ 表示。显然，刚体转动到图示位置时，其上各点都绕转轴转过了相同的转角 φ，所以转动刚体的位置可以用转角来确定，对应于一个转角，刚体便有一个确定的位置。当刚体作定轴转动时，其转角 φ 随时间而变化，即转角是时间的函数，写成数学表达式为

$$\varphi = f(t) \tag{6-1}$$

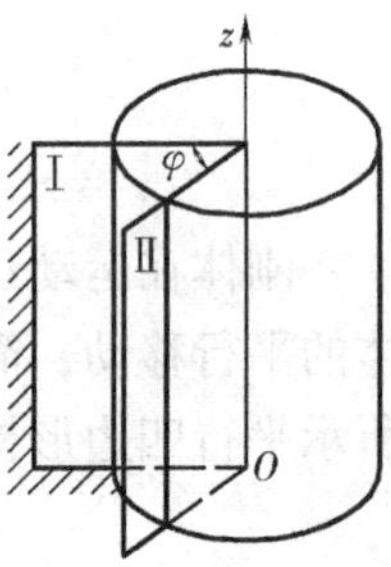

图 6-3

式（6-1）称为刚体的转动方程。其中转角 φ 是一个代数量，其单位为弧度（rad）。φ 的正负号规定为：从转轴的正向往负向看，刚体作逆时针转动时，转角 φ 为正值，作顺时针转动时，转角 φ 为负值。

二、角速度

角速度是表示刚体转动快慢和方向的物理量，用符号 ω 表示，其单位为 rad/s。

理论推导可得，刚体作定轴转动时，其角速度等于转角对于时间的一阶导数，即

$$\omega = \frac{\mathrm{d}\varphi}{\mathrm{d}t} \tag{6-2}$$

角速度 ω 为代数量，其正负号的规定与转角 φ 的正负号规定相同，即从转轴的正向往负向看，刚体作逆时针转动时为正，作顺时针转动时为负。

工程上常用转速 n（r/min）来表示刚体转动的快慢，转速 n 与角速度 ω 之间的换算关系为

$$\omega = \frac{2\pi n}{60} = \frac{\pi n}{30} \tag{6-3}$$

例如，某传动轴的转速为 $n = 1380\text{r/min}$，则其角速度为

$$\omega = \frac{\pi n}{30} = \frac{\pi \times 1380}{30}\text{rad/s} = 144.5\text{rad/s}$$

三、角加速度

角加速度是表示角速度变化快慢的物理量，用符号 ε 表示，其单位为 rad/s^2。

理论推导可得，刚体作定轴转动时，其角加速度 ε 等于角速度对于时间的一阶导数，等于转角对于时间的二阶导数，即

$$\varepsilon = \frac{d\omega}{dt} = \frac{d^2\varphi}{dt^2} \tag{6-4}$$

角加速度 ε 也是标量，角加速度为正，则 ε 为逆时针转向；角加速度为负，则 ε 为顺时针转向。

ω 与 ε 的符号可能相同也可能相反，ω 与 ε 同号表示刚体作加速转动，ω 与 ε 异号表示刚体作减速转动。ω 与 ε 转向间的关系分为四种情况，如图 6-4 所示。图 a 表示刚体作逆时针方向的加速转动，图 b 表示刚体作逆时针方向的减速转动，图 c 表示刚体作顺时针方向的减速转动，图 d 表示刚体作顺时针方向的加速转动。

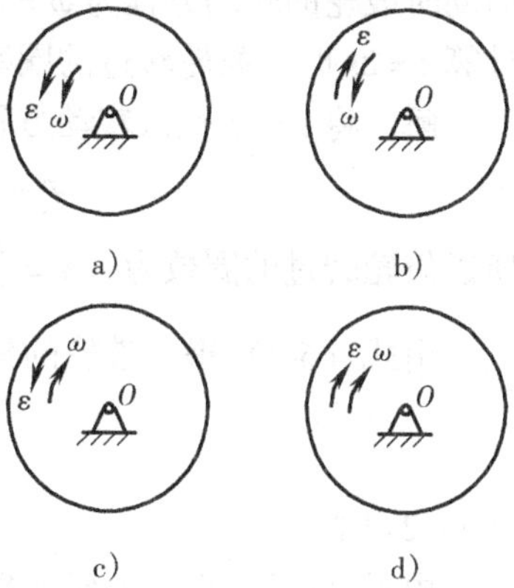

图　6-4

四、匀速及匀变速转动

1. 匀速转动

匀速转动是指刚体作定轴转动时，角速度不变，即 $\omega =$ 常量。如机床在正常工作时，其主轴的转动可看成是匀速转动。与点作匀速直线运动类似，刚体作匀速转动时，转角 φ 的计算公式为

$$\varphi = \varphi_0 + \omega t \tag{6-5}$$

式中　φ_0——刚体在 $t=0$ 时刻的转角。

2. 匀变速转动

匀变速转动是指刚体作定轴转动时，角加速度不变，即 $\varepsilon =$ 常量。如机床在启动和制动过程中，其主轴的转动可看成是匀变速转动。与点作匀变速直线运动类似，刚体作匀变速转动时，角速度 ω 和转角 φ 的计算公式为

$$\omega = \omega_0 + \varepsilon t \tag{6-6}$$

$$\varphi = \omega_0 t + \frac{1}{2}\varepsilon t^2 \tag{6-7}$$

$$\omega^2 - \omega_0^2 = 2\varepsilon\varphi \tag{6-8}$$

式中　ω_0——刚体在在 $t=0$ 时刻的角速度。

刚体作定轴转动的基本公式与点作直线运动的基本公式，形式上非常相似，其对应关系

表　6-1

点的直线运动		刚体的定轴转动	
运动方程	$s=f(t)$	转动方程	$\varphi=f(t)$
速度	$v=\frac{ds}{dt}$	角速度	$\omega=\frac{d\varphi}{dt}$
加速度	$a=\frac{dv}{dt}$	角加速度	$\varepsilon=\frac{d\omega}{dt}$
匀速直线运动	$s=s_0+vt$	匀速转动	$\varphi=\varphi_0+\omega t$
匀变速直线运动	$(s_0=0)$ $v=v_0+at$ $s=v_0t+\frac{1}{2}at^2$ $v^2-v_0^2=2as$	匀变速转动	$(\varphi_0=0)$ $\omega=\omega_0+\varepsilon t$ $\varphi=\omega_0t+\frac{1}{2}\varepsilon t^2$ $\omega^2-\omega_0^2=2\varepsilon\varphi$

见表6-1所示。

例6-1 升降机如图6-5所示，其鼓轮绕固定轴 O 逆时针转动。已知启动时鼓轮的转动方程为 $\varphi=2t^2+3t+1$（φ 的单位为rad，t 的单位为s）。计算 $t=2\text{s}$ 时，鼓轮转过的圈数、角速度及角加速度。

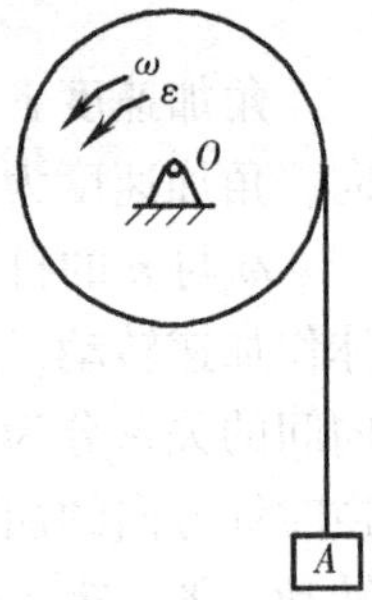

图 6-5

解 将 $t=2\text{s}$ 代入转动方程得

$$\varphi=2t^2+3t+1=15\text{rad}$$

所以鼓轮转过的圈数为 $N=\dfrac{\varphi}{2\pi}=\dfrac{15}{2\pi}$圈$=2.38$圈

由式（6-2）得，鼓轮的角速度为

$$\omega=\frac{\mathrm{d}\varphi}{\mathrm{d}t}=4t+3$$

当 $t=2\text{s}$ 时 $\omega=11\text{rad/s}$

由式（6-4）得，鼓轮的角加速度为

$$\varepsilon=\frac{\mathrm{d}\omega}{\mathrm{d}t}=4\text{rad/s}^2$$

ω 和 ε 的转向如图6-5所示，鼓轮在此瞬时作逆时针方向的加速转动。

例6-2 某汽轮机启动时，其转子的转动方程为 $\varphi=\pi t^3$（φ 的单位为rad，t 的单位为s）。试求：(1) $t=3\text{s}$ 时，转子的角加速度 ε；(2) 转子由静止至 $n=1440\text{r/min}$ 所需的时间及转过的圈数。

解 (1) 求 $t=3\text{s}$ 时转子的角加速度 ε

由式（6-2）和式（6-4）得

$$\omega=\frac{\mathrm{d}\varphi}{\mathrm{d}t}=3\pi t^2 \tag{a}$$

$$\varepsilon=\frac{\mathrm{d}\omega}{\mathrm{d}t}=6\pi t$$

当 $t=3\text{s}$ 时 $\varepsilon=6\pi\times3\text{rad/s}^2=56.5\text{rad/s}^2$

(2) 求转子由静止至 $n=1440\text{r/min}$ 所需的时间 t

由式（6-3）得

$$\omega=\frac{\pi n}{30}=\frac{\pi\times1440}{30}\text{rad/s}=48\pi\text{rad/s}$$

代入（a）式得，所需的时间为

$$t=\sqrt{\frac{\omega}{3\pi}}=\sqrt{\frac{48\pi}{3\pi}}\text{s}=4\text{s}$$

(3) 求转子转过的圈数 N

由转动方程得

$$\varphi=\pi t^3=\pi\times4^3\text{rad}=64\pi\text{rad}$$

所以转子转过的圈数为 $N=\dfrac{\varphi}{2\pi}=\dfrac{64\pi}{2\pi}$圈$=32$圈

例6-3 已知涡轮机起动时，其动轮的转角 φ 与时间 t 的立方成正比，且当 $t=3\text{s}$ 时，动轮的转速 $n=1620\text{r/min}$。求动轮的转动方程。

解 由题意，转角 φ 与 t^3 成正比，设比例常数为 k，则有

$$\varphi = kt^3$$

由式（6-2）得

$$\omega = \frac{d\varphi}{dt} = 3kt^2 \qquad (a)$$

当 $t = 3s$ 时，$n = 1620r/min$，由式（6-3）得

$$\omega = \frac{\pi n}{30} = \frac{\pi \times 1620}{30} rad/s = 54\pi rad/s$$

代入（a）式得

$$54\pi = 3k \times 3^2$$

则

$$k = 2\pi$$

故动轮的转动方程为

$$\varphi = 2\pi t^3$$

例 6-4　发动机正常工作时其转子作匀速转动，已知转子的转速 $n_0 = 1200r/min$，在制动后作匀减速转动，从开始制动到停止转动转子共转过 80 圈。求发动机制动过程所需要的时间。

解　制动开始时，转子的角速度为

$$\omega_0 = \frac{\pi n_0}{30} = \frac{\pi \times 1200}{30} rad/s = 40\pi rad/s$$

制动结束时，转子的角速度 $\omega = 0$

在制动过程中，转子转过的转角为

$$\varphi = 2\pi n = 2\pi \times 80 rad = 160\pi rad$$

由式（6-8）得，角加速度为

$$\varepsilon = \frac{\omega^2 - \omega_0^2}{2\varphi} = \frac{-(40\pi)^2}{2 \times 160\pi} rad/s^2 = -5\pi rad/s^2$$

由式（6-6）得，制动时间为

$$t = \frac{\omega - \omega_0}{\varepsilon} = \frac{-40\pi}{-5\pi} s = 8s$$

第三节　定轴转动刚体上点的速度和加速度

在工程实际中，不仅要知道刚体转动的角速度和角加速度，还要知道刚体转动时其上某点的速度和加速度。例如设计带轮时，要知道带轮边缘上点的速度；在车削工件时，要知道工件边缘上点的速度等。

一、速度

如图 6-6 所示，一刚体绕轴 O 作定轴转动，在刚体上任取一点 M，其到转轴的距离为 R，则点 M 的运动轨迹是以 O 为圆心，以 R 为半径的圆周。设初始时刻 $t = 0$ 时，点 M 的位置为 M_0，经时间 Δt 后，刚体转过转度 φ，点 M 到达图示位置。建立如图自然坐标轴，则点 M 的弧坐标 s 与转角 φ 之间的关系为

$$s = R\varphi$$

用自然法求得点 M 的速度为

$$v = \frac{ds}{dt} = R\frac{d\varphi}{dt} = R\omega \qquad (6\text{-}9)$$

即刚体作定轴转动时，其上任意一点速度的大小等于该点到转轴的距离与刚体角速度的乘积，方向沿轨迹的切线方向（垂直于转动半径），指向与角速度 ω 的转向一致。

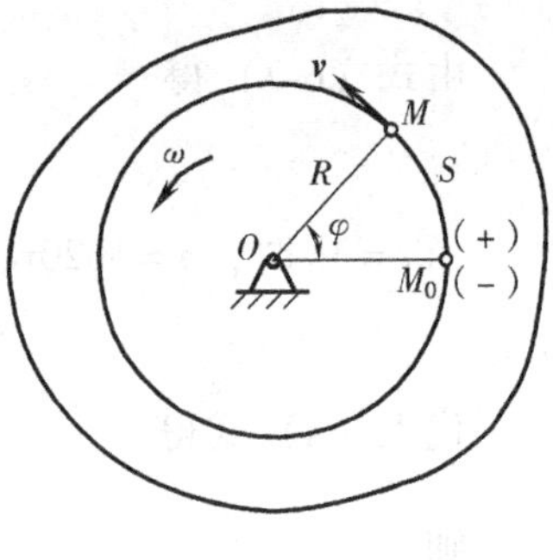

图 6-6

由式（6-9）可知，刚体作定轴转动时，其上各点的速度与其到转轴的距离成正比。刚体上各点的速度分布规律如图 6-7 所示，从图中可以看出，点到转轴的距离越远，速度越大；点到转轴的距离越近，速度越小；点在转轴上，速度为零；所有到转轴距离相等的点，其速度大小相等。

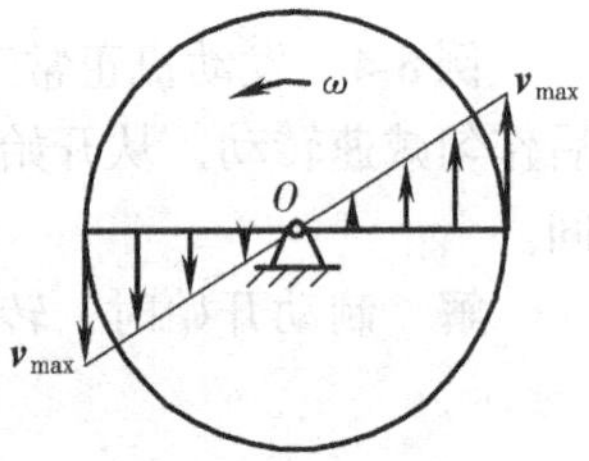

图 6-7

工程中，有很多作定轴转动的物体，如齿轮、带轮、车削的工件等，其圆周上点的速度称为圆周速度。若已知转速 n 和直径 D，则圆周速度的计算公式为

$$v = R\omega = \frac{D}{2}\frac{\pi n}{30} = \frac{\pi Dn}{60}(\mathrm{m/s}) \qquad (6\text{-}10)$$

或

$$v = \pi Dn \ (\mathrm{m/min}) \qquad (6\text{-}11)$$

式中，直径 D 的单位是 m，转速 n 的单位为 r/min。

例如，车床切削工件时，其主轴的转速为 $n = 80\mathrm{r/min}$，工件的直径 $D = 200\mathrm{mm}$，则工件的圆周速度为

$$v = \pi Dn = \pi \times 0.2 \times 80\mathrm{m/min} = 50.27\mathrm{m/min}$$

二、加速度

刚体作定轴转动时，其上任意一点 M 的运动轨迹为圆周，所以其加速度分为切向加速度和法向加速度两个分量。其中切向加速度的大小为

$$a_\tau = \frac{dv}{dt} = R\frac{d\omega}{dt} = R\varepsilon \qquad (6\text{-}12)$$

法向加速度的大小为

$$a_n = \frac{v^2}{R} = \frac{(R\omega)^2}{R} = R\omega^2 \qquad (6\text{-}13)$$

即刚体作定轴转动时，其上任意一点切向加速度的大小等于该点到转轴的距离与刚体角加速度的乘积，方向沿轨迹的切线方向（垂直于转动半径），指向与角加速度 ε 的转向一致；法向加速度的大小等于该点到转轴的距离与刚体角速度平方的乘积，方向沿轨迹的法线方向，指向转动中心，如图 6-8 所示。

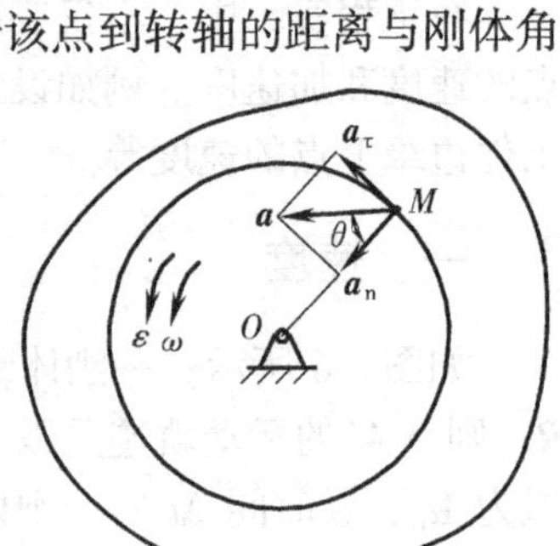

图 6-8

点 M 的全加速度的大小和方向为

$$\left.\begin{aligned} a &= \sqrt{a_\tau^2 + a_n^2} = R\sqrt{\varepsilon^2 + \omega^4} \\ \tan\theta &= \left|\frac{a_\tau}{a_n}\right| = \left|\frac{\varepsilon}{\omega^2}\right| \end{aligned}\right\} \qquad (6\text{-}14)$$

式中　θ——$\boldsymbol{a}$ 与 $\boldsymbol{a}_n$ 之间所夹的锐角。

由式（6-14）可知，刚体作定轴转动时，其上各点的加速度也与其到转轴的距离成正比。刚体上各点的加速度分布规律如图 6-9 所示，从图中可以看出，点到转轴的距离越远，加速度越大；点到转轴的距离越近，加速度越小；点在转轴上，加速度为零。

通过以上内容的介绍可以知道，刚体作定轴转动时，其上各点（转轴除外）具有相同的转动方程，在同一瞬时具有相同的角速度、相同的角加速度；但各点的速度不同、加速度也不同，其值随点到转轴距离的变化而变化。

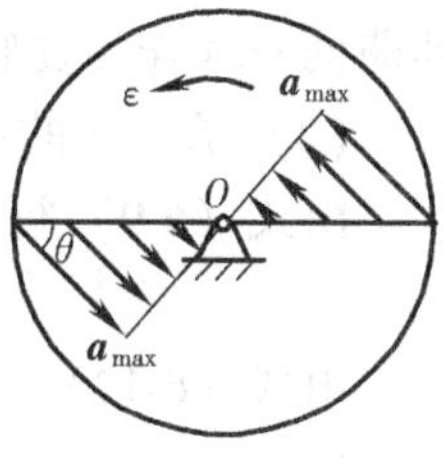

图　6-9

例 6-5　起重机的鼓轮作定轴转动，起动时转动方程为 $\varphi = t^3 - 2t^2 + 2$（φ 的单位为 rad，t 的单位为 s），M 为鼓轮上一点，其到转轴的距离 $R = 10$cm。计算 $t = 2$s 时，点 M 的速度、切向加速度、法向加速度及全加速度。

解　（1）求鼓轮的角速度和角加速度

$$\omega = \frac{d\varphi}{dt} = 3t^2 - 4t \tag{a}$$

$$\varepsilon = \frac{d\omega}{dt} = 6t - 4 \tag{b}$$

将 $t = 2$s 分别代入（a）式、（b）式得

$$\omega = 4\text{rad/s}$$

$$\varepsilon = 8\text{rad/s}^2$$

（2）求点 M 的速度

由式（6-9）得

$$v = R\omega = 10 \times 4\text{cm/s} = 40\text{cm/s}$$

（3）求点 M 的切向加速度、法向加速度和全加速度

由式（6-12）、（6-13）得

$$a_\tau = R\varepsilon = 10 \times 8\text{cm/s}^2 = 80\text{cm/s}^2$$

$$a_n = R\omega^2 = 10 \times 4^2\text{cm/s}^2 = 160\text{cm/s}^2$$

由式（6-14）得

$$a = \sqrt{a_\tau^2 + a_n^2} = \sqrt{80^2 + 160^2}\text{cm/s}^2 = 178.9\text{cm/s}^2$$

$$\tan\theta = \left|\frac{a_\tau}{a_n}\right| = \frac{80}{160} = \frac{1}{2} \qquad \theta = 26.6°$$

θ 为 $\boldsymbol{a}$ 与 $\boldsymbol{a}_n$ 之间所夹的锐角。

点 M 的速度、切向加速度、法向加速度和全加速度的方向如图 6-10 所示。

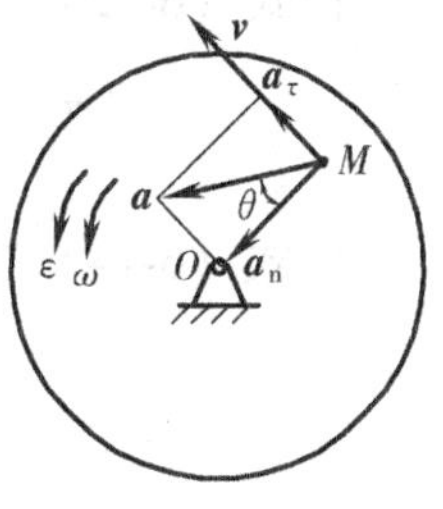

图　6-10

例 6-6　如图 6-11 所示为一平行四边形机构，已知曲柄 O_1A 的转动方程为 $\varphi = 10\pi t$，且 $O_1A = R = 0.2$m。求 $t = 0.5$s 时，连杆 AB 的中点 M 的速度和加速度。

解　由题意分析可知，曲柄 O_1A、O_2B 作定轴转动，连杆 AB 作平动，故点 M 的速度、加速度即为点 A 的速度、加速度。

（1）求曲柄 O_1A 的角速度、角加速度

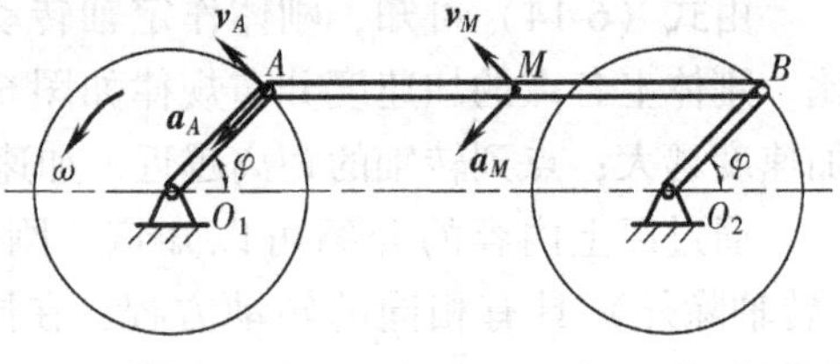

图 6-11

$$\omega = \frac{d\varphi}{dt} = 10\pi rad/s$$

$$\varepsilon = \frac{d\omega}{dt} = 0$$

即曲柄 O_1A 作匀速转动。

(2) 求点 A 的速度和加速度

由式 (6-9) 得

$$v_A = R\omega = 0.2 \times 10\pi m/s = 6.28m/s$$

由式 (6-12)、式 (6-13) 得

$$a_{A\tau} = R\varepsilon = 0$$

$$a_{An} = R\omega^2 = 0.2 \times (10\pi)^2 m/s^2 = 197.39m/s^2$$

故
$$a_A = a_{An} = 197.39m/s^2$$

所以点 M 的速度和加速度分别为

$$v_M = v_A = 6.28m/s \qquad a_M = a_A = 197.39m/s^2$$

点 A、点 M 的速度和加速度的方向如图 6-11 所示。

例 6-7 如图 6-12 所示，卷扬机的转筒半径 $R = 0.3m$，其转动方程为 $\varphi = -t^2 + 5t$，绳端悬一重物 A。试求 $t = 2s$ 时，图示筒缘上任意一点 M 和重物 A 的速度、加速度。

解 (1) 求转筒的角速度和角加速度

$$\omega = \frac{d\varphi}{dt} = -2t + 5$$

当 $t = 2s$ 时
$$\omega = 1rad/s$$

$$\varepsilon = \frac{d\omega}{dt} = -2rad/s^2$$

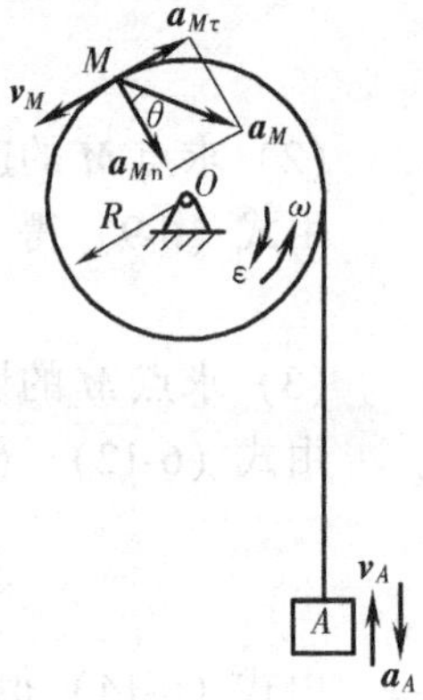

图 6-12

因为 ω 与 ε 异号，故该瞬时转筒作减速转动。

(2) 求点 M 的速度和加速度

由式 (6-9) 得

$$v_M = R\omega = 0.3 \times 1m/s = 0.3m/s$$

由式 (6-12)、式 (6-13) 得

$$a_{M\tau} = R\varepsilon = 0.3 \times (-2) m/s^2 = -0.6m/s^2$$

$$a_{Mn} = R\omega^2 = 0.3 \times 1^2 m/s^2 = 0.3m/s^2$$

由式 (6-14) 得

$$a_M = \sqrt{a_{M\tau}^2 + a_{Mn}^2} = \sqrt{(-0.6)^2 + 0.3^2} m/s^2 = 0.67m/s^2$$

$$\tan\theta = \left|\frac{a_{M\tau}}{a_{Mn}}\right| = \frac{0.6}{0.3} = 2 \quad \theta = 63.4°$$

θ 为 $\boldsymbol{a}_M$ 与 $\boldsymbol{a}_{Mn}$ 之间所夹的锐角。

(3) 求重物 A 的速度与加速度

分析可知，重物 A 作直线运动，其速度和加速度分别等于点 M 的速度和切向加速度，即

$$v_A = v_M = 0.3m/s$$

$$a_A = a_{M\tau} = -0.6\text{m/s}^2$$

点 M 和重物 A 的速度和加速度的方向如图 6-12 所示。

例 6-8　如图 6-13 所示为一齿轮传动机构，两齿轮的节圆半径分别为 $R_1 = 10\text{cm}$，$R_2 = 20\text{cm}$，两齿轮转动的角速度分别为 ω_1、ω_2，角加速度分别为 ε_1、ε_2。试求两齿轮角速度的比值 $\frac{\omega_1}{\omega_2}$ 和角加速度的比值 $\frac{\varepsilon_1}{\varepsilon_2}$。

解　两齿轮啮合时无相对滑动，故齿轮 1 与齿轮 2 在啮合点的速度相等，即

$$v_1 = v_2$$

而

$$v_1 = R_1\omega_1 \qquad v_2 = R_2\omega_2$$

故

$$R_1\omega_1 = R_2\omega_2 \tag{a}$$

即

$$\frac{\omega_1}{\omega_2} = \frac{R_2}{R_1} = \frac{20}{10} = 2$$

对（a）式两边求导得

$$R_1\frac{\text{d}\omega_1}{\text{d}t} = R_2\frac{\text{d}\omega_2}{\text{d}t}$$

即

$$R_1\varepsilon_1 = R_2\varepsilon_2$$

$$\frac{\varepsilon_1}{\varepsilon_2} = \frac{R_2}{R_1} = \frac{20}{10} = 2$$

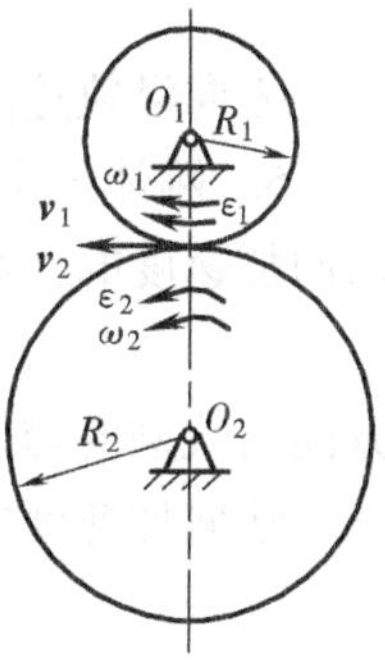

图　6-13

由以上结果可知，一对齿轮传动时，两齿轮的角速度、角加速度的比值与两齿轮节圆的半径成反比。

小　　结

1. 刚体在运动过程中，其上任意一条直线总是与它的初始位置保持平行，这种运动称为刚体的平行移动，简称平动。刚体平动时，其上各点具有相同的运动轨迹、相同的运动方程，在同一瞬时，刚体上各点具有相同的速度、相同的加速度。故刚体的平动，可简化为点的运动。

2. 刚体在运动过程中，其上（或其延伸部分）有一条直线始终固定不动，而直线以外的各点均绕此直线作圆周运动，这种运动称为刚体的定轴转动。固定不动的直线称为转轴。刚体的定轴转动不能简化为点的运动。

3. 刚体定轴转动的转动方程为 $\varphi = f(t)$。

角速度是表示刚体转动快慢和方向的物理量，用符号 ω 表示，其单位为 rad/s。角速度等于转角对于时间的一阶导数，即

$$\omega = \frac{\text{d}\varphi}{\text{d}t}$$

当 ω = 常量时，刚体作匀速转动。

角加速度是表示角速度变化快慢的物理量，用符号 ε 表示，其单位为 rad/s^2。角加速度 ε 等于角速度对于时间的一阶导数，等于转角对于时间的二阶导数，即

$$\varepsilon = \frac{d\omega}{dt} = \frac{d^2\varphi}{dt^2}$$

当 ε = 常量时，刚体作匀变速转动。

角速度和角加速度都是代数量，正号表示逆时针转向，负号表示顺时针转向。

4. 刚体作定轴转动时，其上任意一点速度的大小等于该点到转轴的距离与刚体角速度的乘积，即

$$v = R\omega$$

方向沿轨迹的切线方向，指向与角速度 ω 的转向一致。

5. 刚体作定轴转动时，其上任意一点的加速度分为切向加速度和法向加速度两个分量。切向加速度的大小等于该点到转轴的距离与刚体角加速度的乘积，即

$$a_\tau = R\varepsilon$$

方向沿轨迹的切线方向，指向与角加速度 ε 的转向一致。

法向加速度的大小等于该点到转轴的距离与刚体角速度平方的乘积，即

$$a_n = R\omega^2$$

方向沿轨迹的法线方向，指向转动中心。

全加速度的大小和方向为

$$\left.\begin{aligned} a &= \sqrt{a_\tau^2 + a_n^2} = R\sqrt{\varepsilon^2 + \omega^4} \\ \tan\theta &= \left|\frac{a_\tau}{a_n}\right| = \left|\frac{\varepsilon}{\omega^2}\right| \end{aligned}\right\}$$

式中 θ——$\boldsymbol{a}$ 与 $\boldsymbol{a}_n$ 之间所夹的锐角。

习 题

6-1 如图所示，用绳吊一重物，使其上 A 点沿一圆周运动。试问重物的运动是平动还是定轴转动？

6-2 刚体作定轴转动时，角速度为负，是否一定作减速转动？

6-3 如图所示，悬挂重物的绳索绕在鼓轮上，设轮上 A 点和绳上 B 点在切点重合。当重物上升时，问 A 点和 B 点的速度、加速度是否相同？重物下降时，又是否相同？

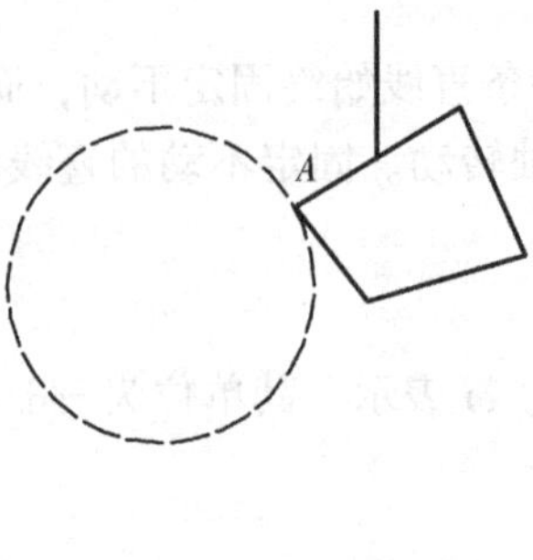

题 6-1 图

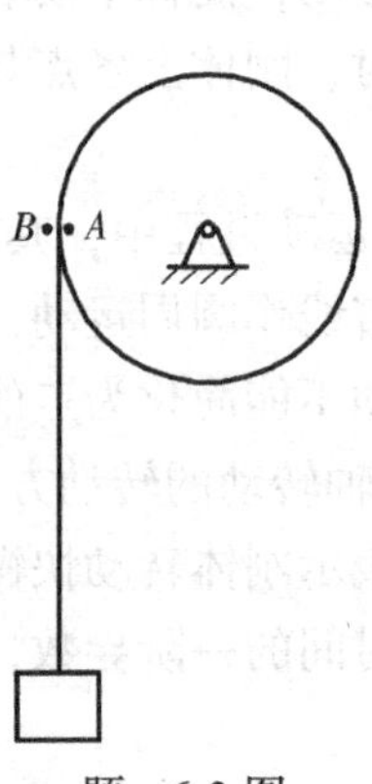

题 6-3 图

6-4 画出下列物体中 A、B 两点在图示位置时速度的方向。

6-5 在图示机构中，求点 M 的速度、切向加速度及法向加速度的大小并图示其方向。

6-6 飞轮匀速转动时，若半径增大一倍，轮缘上点的速度和加速度是否都增大一倍？若转速增大一

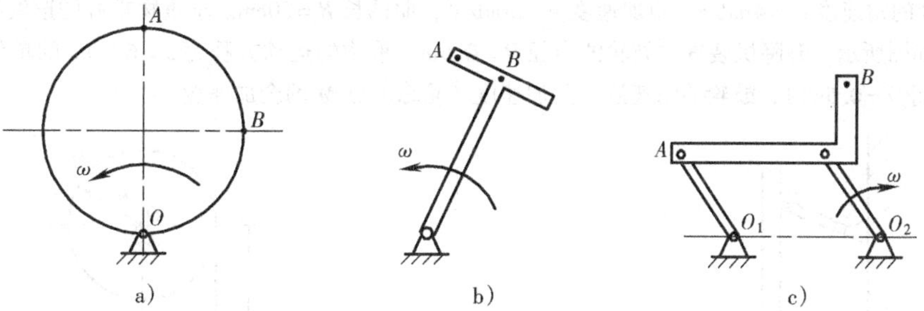

题 6-4 图

倍，轮缘上点的速度和加速度是否都增大一倍？

6-7 电动机在启动过程中，转子的转动方程为 $\varphi=2\pi t^3$（φ 的单位为 rad，t 的单位为 s）。求 $t=3$s 时，转子的角速度和角加速度。

6-8 车床的最大切削速度 $v=200$m/s。如果车削工件的直径 $D_1=15$mm，问车床的最大转速是多少？又如工件直径 $D_2=1200$mm，则最大转速又是多少？

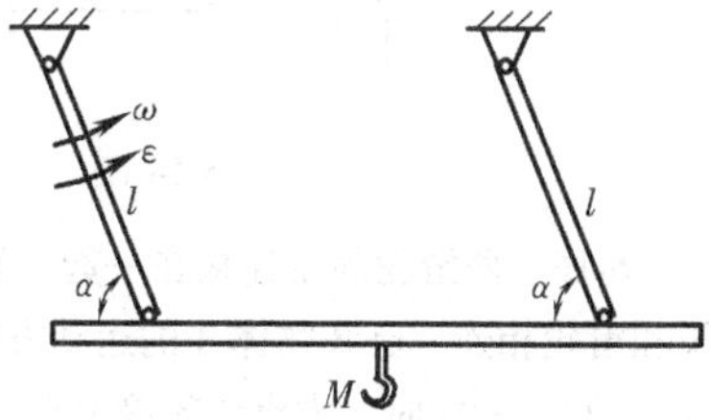

题 6-5 图

6-9 刚体作定轴转动，其转动方程为 $\varphi=t^3$（φ 的单位为 rad，t 的单位为 s）。求 $t=2$s 时，刚体转过的圈数、角速度和角加速度。

6-10 飞轮以 $n=210$r/min 作匀速转动，断电后，作匀减速转动，经 4min24s 停止。求断电后飞轮的角加速度及所转过的圈数。

6-11 半径 $R=0.5$m 的飞轮由静止开始作匀加速转动，经 10s 后，轮缘上点的速度 $v=10$m/s。求 $t=15$s 时，轮缘上点的切向加速度、法向加速度的大小。

6-12 如图所示，带轮边缘上一点 A 的速度 $v_A=50$cm/s，在轮缘内与 A 点同一半径上的 B 点的速度 $v_B=10$cm/s，两点距离为 20cm。求带轮的角速度和直径。

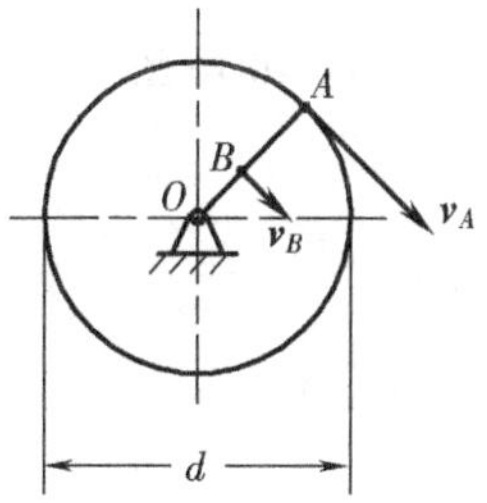

题 6-12 图

6-13 如图所示平行四边形机构中，已知曲柄 O_1A 的转动方程为 $\varphi=20\pi t$，且 $O_1A=R=0.4$m。求 $t=2$s 时，连杆 AB 上点 M 的速度和加速度。

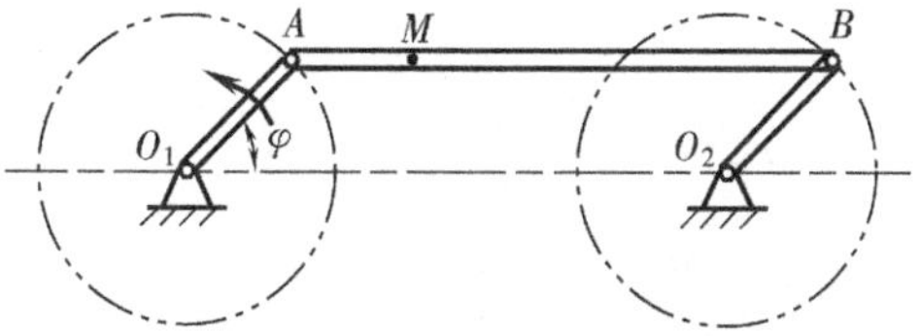

题 6-13 图

6-14 如图所示平行四边形机构中，连杆 DBE 为一折杆，其上放一重物，重物的重心在 G 点。已知某

瞬时曲柄 AB 的角速度 $\omega=4\text{rad/s}$，角加速度 $\varepsilon=2\text{rad/s}^2$，曲柄长 $R=20\text{cm}$。求重物重心的速度和加速度。

6-15　如图所示，升降机装置中鼓轮的半径 $R=0.5\text{m}$，重物的运动方程为 $s=6t^2$（s 的单位为 m，t 的单位为 s）。求 $t=0.5\text{s}$ 时，鼓轮的角速度、角加速度和轮缘上点 M 的全加速度。

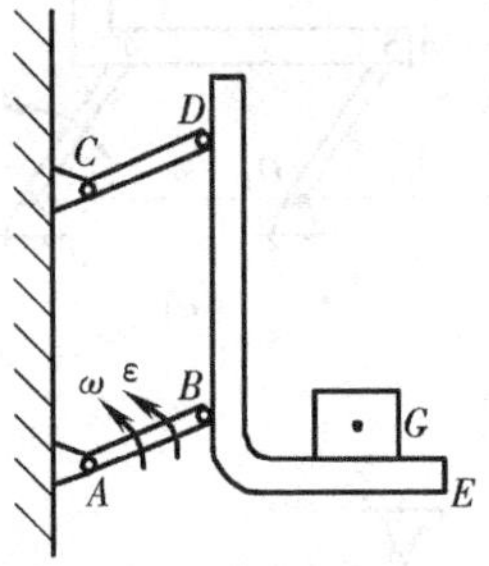

题　6-14 图

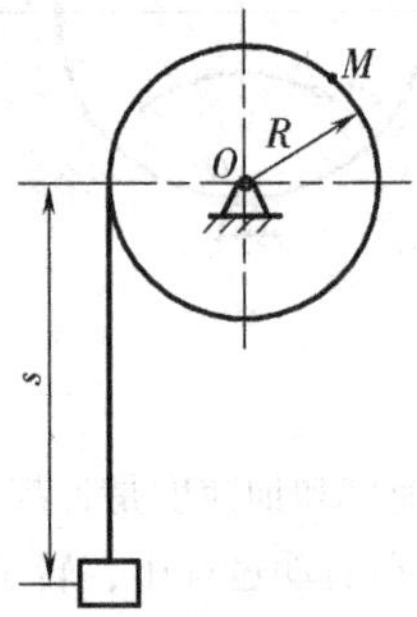

题　6-15 图

6-16　两滑轮固定连接在一起，转向如图所示，其半径分别为 $r=10\text{cm}$，$R=20\text{cm}$，A、B 两物体用绳子和滑轮相连。已知物体 A 的运动方程为 $s=50t^2$（s 的单位为 cm，t 的单位为 s），求：(1) 滑轮的转动方程；(2) $t=2\text{s}$ 时，大滑轮轮缘上点 M 的速度和加速度；(3) 物体 B 的运动方程。

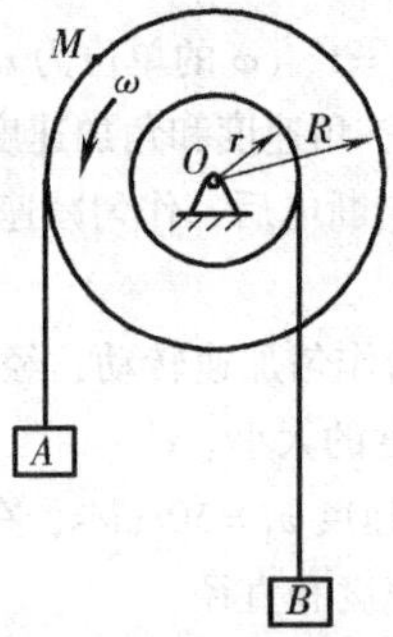

题　6-16 图

第七章　质点动力学基本方程

质点动力学基本定律是整个动力学的基础，其内容主要包括三个基本定律，通常称为牛顿运动三定律。质点动力学基本方程是牛顿运动第二定律的数学表达形式。本章在阐述质点动力学基本定律的基础上，着重讨论质点动力学基本方程的具体应用。

第一节　质点动力学基本定律

一、第一定律（惯性定律）

任何质点如不受力的作用，则将保持其原来静止的或匀速直线运动的状态。物体保持其运动状态不变的特性称为惯性。惯性是一切物体都具有的属性，匀速直线运动又称为惯性运动。

第一定律说明，力是改变质点运动状态的原因。如果质点的运动不是惯性运动，则在质点上必然受到其他物体作用的力。自然界中根本不存在不受力的物体，通常所说的物体不受力的作用，实际上是物体受到平衡力系的作用。

二、第二定律（力与加速度关系定律）

质点受到力的作用时，所获得的加速度值与合力的大小成正比，与质点的质量成反比，加速度的方向与合力的方向相同。用矢量表示为

$$\boldsymbol{a}=\frac{\Sigma \boldsymbol{F}}{m}$$

即

$$\Sigma \boldsymbol{F} = m\boldsymbol{a} \tag{7-1}$$

式中　$\Sigma \boldsymbol{F}$——作用在质点上力系的合力，单位为N；

m——质点的质量，单位为kg；

$\boldsymbol{a}$——质点的加速度，单位为m/s^2。

式（7-1）称为质点动力学基本方程。它具有下列几个方面的含义：

（1）作用在质点上的力与质点的加速度是瞬时关系。两者同瞬时产生，同瞬时消失；力变化时，加速度随着变化；若合力为零，质点作惯性运动，这与第一定律相符合。

（2）加速度的方向与合力的方向一致。即无论质点的运动方向如何，加速度方向始终与质点所受的合力方向相同。

（3）质量 m 是质点惯性大小的度量。相同的力作用在两个不同的质点上，质量大的获得的加速度小，质量小的获得的加速度大。即质点的质量越大，越不容易改变其原有的运动状态。也就是说质点的质量越大，惯性也越大，质量是质点惯性大小的度量。

（4）质量和重力是两个完全不同的概念。重力是由于地球的吸引而使质点受到的力，它随质点在地球表面的位置和距地面高度的不同而改变。质量是质点的固有属性，是质点惯性

大小的度量，它不因质点所处位置而异。但二者之间又有着密切联系，设真空中质量为 m 的质点受到重力 $\boldsymbol{G}$ 的作用而自由下落，其加速度为重力加速度 $\boldsymbol{g}$，由式（7-1）得

$$\boldsymbol{G} = m\boldsymbol{g} \tag{7-2}$$

式（7-2）表明了重力与质量的关系。知道了质点的重力，除以 g，就得到了它的质量。

（5）质点动力学基本方程只适用于惯性参考系。所谓惯性参考系是指与地球固定连接的静参考系或相对于地面作匀速直线运动的动参考系。

三、第三定律（作用与反作用定律）

两质点间的作用力与反作用力，总是大小相等、方向相反、沿同一直线同时并分别作用于这两个质点上。此定律在静力学中已经介绍过，这里强调它同样适用于运动的物体。

需要指出，牛顿定律的应用有一定的局限性，当物体的运动速度接近光速，或者研究微观粒子的运动时，牛顿定律就不再适用，要用相对论力学、量子力学来研究。

第二节　质点运动微分方程

一、质点运动微分方程的投影形式

因为质点运动的加速度是速度对时间的一阶导数，故可将质点动力学基本方程改写为

$$\Sigma \boldsymbol{F} = m\frac{\mathrm{d}\boldsymbol{v}}{\mathrm{d}t} \tag{7-3}$$

式（7-3）称为质点运动微分方程。它有两种不同的投影形式，分别叙述如下。

1. 直角坐标投影式

如图 7-1 所示，质量为 m 的质点 M 在 Oxy 坐标平面内作曲线运动。设某一瞬时，质点所受外力的合力为 $\Sigma\boldsymbol{F}$，产生的加速度为 $\boldsymbol{a}$，则将式（7-3）分别投影到 x、y 轴上，得

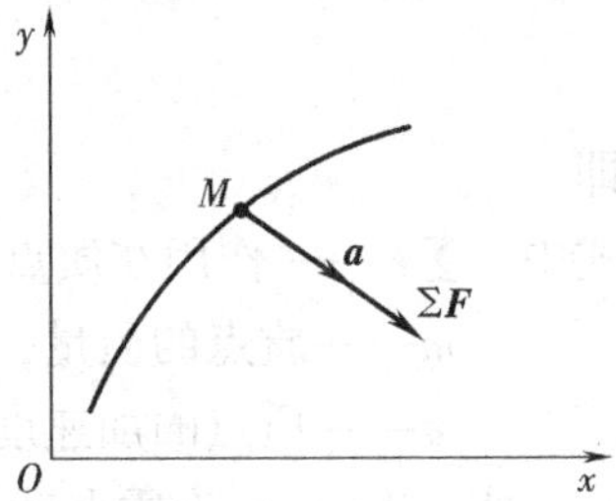

图　7-1

$$\left.\begin{aligned}\Sigma F_x &= ma_x = m\frac{\mathrm{d}v_x}{\mathrm{d}t} = m\frac{\mathrm{d}^2x}{\mathrm{d}t^2}\\ \Sigma F_y &= ma_y = m\frac{\mathrm{d}v_y}{\mathrm{d}t} = m\frac{\mathrm{d}^2y}{\mathrm{d}t^2}\end{aligned}\right\} \tag{7-4}$$

式中　ΣF_x——作用在质点上的合力在 x 轴上的投影；

ΣF_y——作用在质点上的合力在 y 轴上的投影；

a_x、$\frac{\mathrm{d}v_x}{\mathrm{d}t}$、$\frac{\mathrm{d}^2x}{\mathrm{d}t^2}$——加速度在 x 轴上的投影；

a_y、$\frac{\mathrm{d}v_y}{\mathrm{d}t}$、$\frac{\mathrm{d}^2y}{\mathrm{d}t^2}$——加速度在 y 轴上的投影。

2. 自然坐标投影式

设质量为 m 的质点 M 在平面内作曲线运动，以轨迹的切线和法线为坐标轴建立自然坐标系，如图 7-2 所示。设某一瞬时，质点所受外力的合力为 $\Sigma\boldsymbol{F}$，产生的加速度为 $\boldsymbol{a}$，将式（7-3）分别投影到轨迹的切线和法线上，得

$$\left.\begin{aligned}\Sigma F_{\tau} &= ma_{\tau} = m\frac{\mathrm{d}v}{\mathrm{d}t} = m\frac{\mathrm{d}^2 s}{\mathrm{d}t^2}\\ \Sigma F_{\mathrm{n}} &= ma_{\mathrm{n}} = m\frac{v^2}{\rho}\end{aligned}\right\} \tag{7-5}$$

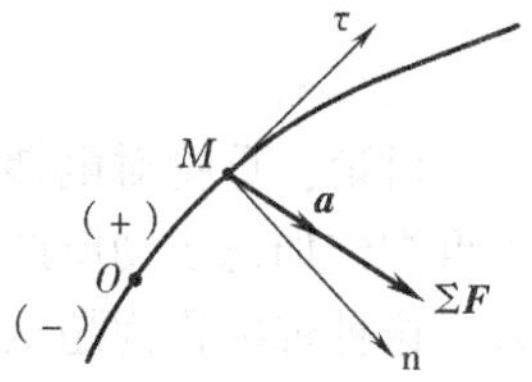

图　7-2

式中　ΣF_{τ}——作用在质点上的合力在 τ 轴上的投影；

ΣF_{n}——作用在质点上的合力在 n 轴上的投影；

a_{τ}、$\frac{\mathrm{d}v}{\mathrm{d}t}$、$\frac{\mathrm{d}^2 s}{\mathrm{d}t^2}$——质点切向加速度的大小；

a_{n}、$\frac{v^2}{\rho}$——质点法向加速度的大小。

二、质点运动微分方程的应用

运用质点运动微分方程解题，要对所研究物体进行受力分析和运动分析。一般情况下，当点的运动轨迹为直线时，采用直角坐标投影式；当点的运动轨迹为曲线时，采用自然坐标投影式。列方程时要注意力和加速度在坐标轴上投影的正负号。

例 7-1　电梯以匀加速度 a 上升，如图 7-3a 所示，电梯的重力为 $\boldsymbol{W}$，在电梯的底板上放置一重物，重物的重力为 $\boldsymbol{G}$，求绳索所受的拉力和重物对电梯底板的压力。

解　（1）求绳索所受的拉力 $\boldsymbol{F}_T$

选电梯和重物组成的物体系统为研究对象，进行受力分析，画受力图，如图 7-3a 所示。物体系统受到三个力作用：绳索的拉力 $\boldsymbol{F}_{\mathrm{T}}$、电梯的重力 $\boldsymbol{W}$ 和重物的重力 $\boldsymbol{G}$。重物对电梯底板的压力 $\boldsymbol{F}_{\mathrm{N}}'$和电梯底板对重物的约束反力 $\boldsymbol{F}_{\mathrm{N}}'$为一对内力，不必画出。

运动分析，由题意可知，电梯和重物一起以加速度 a 上升。建立坐标轴 y 如图所示，根据式（7-4）列质点运动微分方程

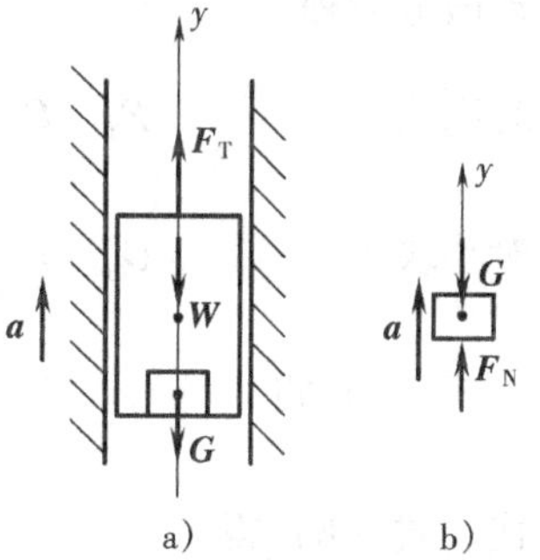

图　7-3

$$F_{\mathrm{T}} - W - G = \frac{W+G}{g}a$$

则
$$F_{\mathrm{T}} = (W+G)\left(1+\frac{a}{g}\right)$$

讨论：绳索所受的拉力 $\boldsymbol{F}_{\mathrm{T}}$ 由两部分组成，第一部分是电梯和重物的重力，第二部分是由于电梯和重物作加速运动所产生的附加力。

（2）求重物对电梯底板的压力 $\boldsymbol{F}_{\mathrm{N}}'$

选重物为研究对象，进行受力分析，画受力图，如图 7-3b 所示。此时电梯底板对重物的约束反力 $\boldsymbol{F}_{\mathrm{N}}$ 转化成外力，必须画出。

运动分析，重物以加速度 a 上升。建立坐标轴 y 如图所示，根据式（7-4）列质点运动微分方程

$$F_{\mathrm{N}} - G = \frac{G}{g}a$$

则
$$F_{\mathrm{N}} = G\left(1+\frac{a}{g}\right)$$

根据作用与反作用定律，重物对电梯底板的压力为

$$F_N' = F_N = G\left(1 + \frac{a}{g}\right)$$

讨论：重物对电梯底板的压力也由两部分组成，第一部分是重物的重力，第二部分是由于重物作加速运动所产生的附加力。当加速度向上时，重物对底板的压力大于重物本身的重力，这种现象称为超重。当加速度向下时，重物对底板的压力

$$F_N' = F_N = G\left(1 - \frac{a}{g}\right)$$

此时，重物对底板的压力小于重物本身的重力，这种现象称为失重。

例 7-2　如图 7-4a 所示，定滑轮的两边用绳索悬挂物块 A 和物块 B，已知物块 A 的重力 $G_A = 2\text{kN}$，物块 B 的重力 $G_B = 3\text{kN}$。不计绳索、滑轮的质量及各接触处的摩擦，求物块 A 的加速度。

解　由题意分析可知，滑轮两边绳索的拉力相等。分别选物块 A、物块 B 为研究对象，进行受力分析，画受力图，如图 7-4b 所示。

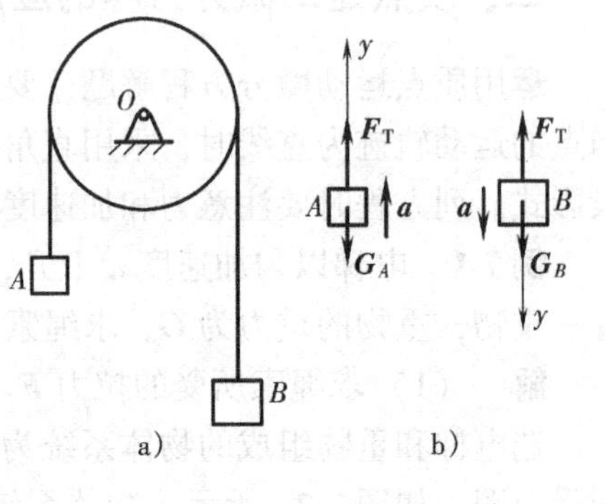

图　7-4

运动分析，由题意可知，物块 B 加速向下运动，物块 A 加速向上运动，且它们的加速度相等。建立坐标轴 y 如图所示，根据式（7-4）列质点运动微分方程

对物块 A　　$$F_T - G_A = \frac{G_A}{g}a \quad \text{(a)}$$

对物块 B　　$$G_B - F_T = \frac{G_B}{g}a \quad \text{(b)}$$

由式（a）得　　$$F_T = G_A + \frac{G_A}{g}a$$

代入式（b）得　　$$G_B - G_A = \frac{G_B + G_A}{g}a$$

即　　$$a = \frac{G_B - G_A}{G_B + G_A}g = \frac{3000 - 2000}{3000 + 2000} \times 9.8\text{m/s}^2 = 1.96\text{m/s}^2$$

例 7-3　曲柄连杆机构如图 7-5a 所示。曲柄 OA 以匀角速度 ω 绕 O 轴转动，滑块在导槽内作往复直线运动，曲柄 OA 的长度和连杆 AB 长度相等，均为 r，滑块的重力为 $\boldsymbol{G}$。不计摩擦，求曲柄转过任意转角 $\varphi = \omega t$ 时，连杆作用在滑块上的力 $\boldsymbol{F}_{NAB}$。

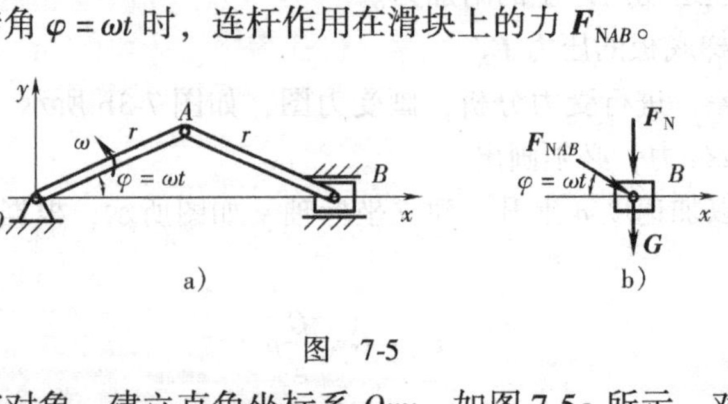

图　7-5

解　选滑块为研究对象，建立直角坐标系 Oxy，如图 7-5a 所示。对滑块进行运动分析，滑块只在 x 轴上运动，其运动方程为

$$x = OB = 2r\cos\omega t$$

其速度为
$$v_x = \frac{dx}{dt} = -2r\omega\sin\omega t$$

其加速度为
$$a_x = \frac{d^2x}{dt^2} = -2r\omega^2\cos\omega t$$

对滑块进行受力分析，画受力图，如图 7-5b 所示。连杆 *AB* 为一二力杆，其作用在滑块上的力 $\boldsymbol{F}_{NAB}$必沿着杆的轴线，假设方向如图所示；滑块与导槽形成一双面约束，在图示状态下，滑块与导槽上表面单面接触，故其约束反力 $\boldsymbol{F}_N$竖直向下。根据式（7-4）列质点运动微分方程

$$F_{NAB}\cos\omega t = \frac{G}{g}(-2r\omega^2\cos\omega t)$$

则
$$F_{NAB} = -2\frac{G}{g}r\omega^2$$

式中负号表示连杆作用于滑块的力 $\boldsymbol{F}_{NAB}$与图 7-5b 所示方向相反。

例 7-4　桥式吊车如图 7-6 所示，质量为 100kg 的重物随同吊车以 $v_0 = 1\text{m/s}$ 的速度沿水平横梁自左向右运动，钢索长 $l = 2\text{m}$。当吊车突然刹车时，重物因惯性开始绕其悬挂点摆动，求钢索受到的最大拉力。

解　选重物为研究对象。运动分析，刹车后，小车不动，重物因惯性绕悬挂点向前摆动，其运动轨迹为一段圆弧，加速度分为切向加速度 $\boldsymbol{a}_\tau$ 和法向加速度 $\boldsymbol{a}_n$ 两个分量。

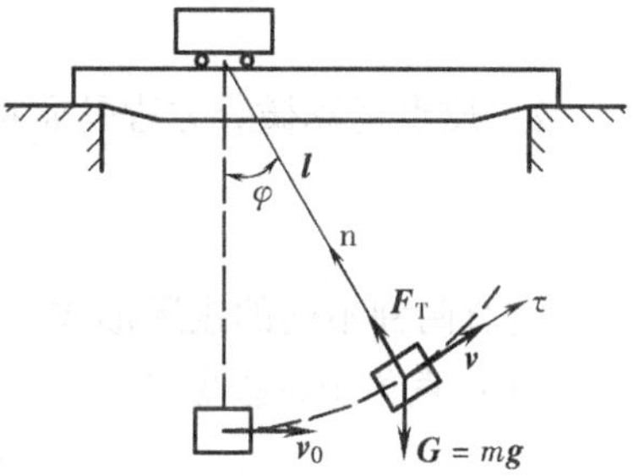

图　7-6

当重物摆动到图示位置（与竖直方向成 φ 角）时，对重物进行受力分析，画受力图，建立自然坐标系，如图 7-6 所示，根据式（7-5）列质点运动微分方程

$$-mg\sin\varphi = ma_\tau \qquad (a)$$

$$F_T - mg\cos\varphi = m\frac{v^2}{l} \qquad (b)$$

由式（b）得

$$F_T = m\left(g\cos\varphi + \frac{v^2}{l}\right)$$

式中 v 和 φ 均为变量，由式（a）可知，切向加速度 $\boldsymbol{a}_\tau$ 为负值，与速度$\boldsymbol{v}$ 方向相反，故重物作减速运动，摆角 φ 越大，重物速度越小。当 $\varphi = 0$（即初始位置）时，$\cos\varphi$ 具有最大值，v 也具有最大值，故钢索具有最大拉力

$$F_{T\max} = m\left(g + \frac{v_0^2}{l}\right) = 100 \times \left(9.8 + \frac{1^2}{2}\right)\text{N} = 1030\text{N}$$

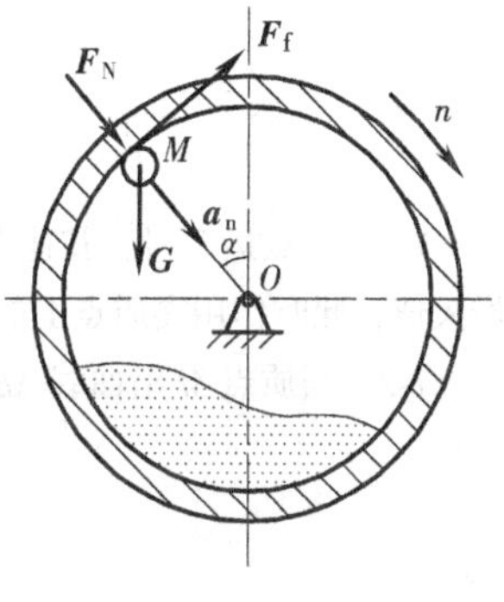

图　7-7

例 7-5　图 7-7 所示为研磨细矿石所用球磨机的简化示意图。圆筒绕轴 *O* 匀速转动时，带动筒内的许多钢球一起运动，当钢球转到一定角度 α 时，和筒壁脱离沿抛物线下落，借以打击矿石。打击力与 α 角有关，且当 $\alpha = 50°40'$时，可以得到最大的打击力，圆筒的内径 $d = 3.2\text{m}$。求获得最大打击力时圆筒的转速 n。

解　选钢球 *M* 为研究对象，受力分析，画受力图，如图 7-7 所示。

运动分析，由题意可知，钢球 M 在脱离筒壁之前作匀速圆周运动，其加速度即为法向加速度

$$a_n = \frac{d}{2}\omega^2 = \frac{d}{2}\left(\frac{\pi n}{30}\right)^2$$

根据式（7-5）列质点运动微分方程

$$F_N + G\cos\alpha = \frac{G}{g}\frac{d}{2}\left(\frac{\pi n}{30}\right)^2$$

当钢球脱离筒壁时，$F_N = 0$，则有

$$G\cos\alpha = \frac{G}{g}\frac{d}{2}\left(\frac{\pi n}{30}\right)^2$$

故
$$n = \frac{30}{\pi}\sqrt{\frac{2g\cos\alpha}{d}} = \frac{30}{\pi}\sqrt{\frac{2\times 9.8\cos 54°40'}{3.2}}\ \text{r/min} = 17.97\text{r/min}$$

小　结

1. 质点动力学基本定律的内容主要包括三个基本定律，即通常所说的牛顿运动三定律。质点动力学基本方程是牛顿运动第二定律的数学表达形式，即

$$\Sigma \boldsymbol{F} = m\boldsymbol{a}$$

2. 质点运动微分方程是质点动力学基本方程的微分形式，即

$$\Sigma \boldsymbol{F} = m\frac{\mathrm{d}\boldsymbol{v}}{\mathrm{d}t}$$

它有两种不同的投影形式

（1）直角坐标投影式

$$\left.\begin{aligned} \Sigma F_x &= ma_x = m\frac{\mathrm{d}v_x}{\mathrm{d}t} = m\frac{\mathrm{d}^2x}{\mathrm{d}t^2} \\ \Sigma F_y &= ma_y = m\frac{\mathrm{d}v_y}{\mathrm{d}t} = m\frac{\mathrm{d}^2y}{\mathrm{d}t^2} \end{aligned}\right\}$$

（2）自然坐标投影式

$$\left.\begin{aligned} \Sigma F_\tau &= ma_\tau = m\frac{\mathrm{d}v}{\mathrm{d}t} = m\frac{\mathrm{d}^2s}{\mathrm{d}t^2} \\ \Sigma F_n &= ma_n = m\frac{v^2}{\rho} \end{aligned}\right\}$$

习　题

7-1　质点运动时，其速度的方向是否与作用在质点上的合力方向相同？某瞬时，运动质点具有速度的最大值，此时作用在质点上的合力是否为最大值？某瞬时，质点的速度为零，作用力是否为零？

7-2　当质点 M 沿曲线 AB 运动时，质点上所受的力能否出现图中所示的各种情况？

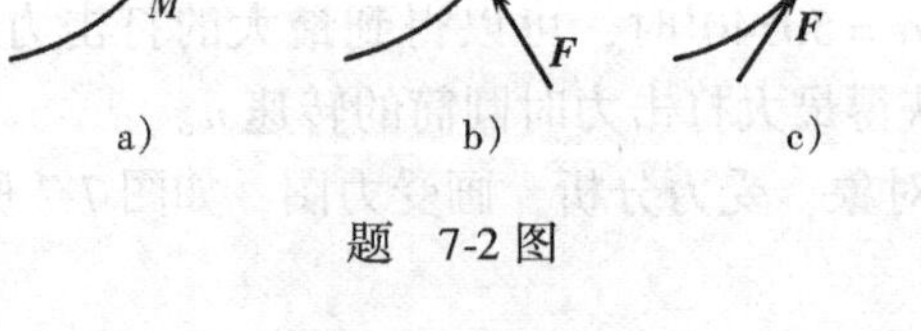

题　7-2 图

7-3　如图所示，质量 $m=2000\text{kg}$ 的汽车，以速度 $v=6\text{m/s}$ 先后驶过曲率半径为 $\rho=120\text{m}$ 的桥顶（图 a 所示）和凹坑（图 b 所示）时，分别求出桥面和凹坑底面对汽车的约束反力。

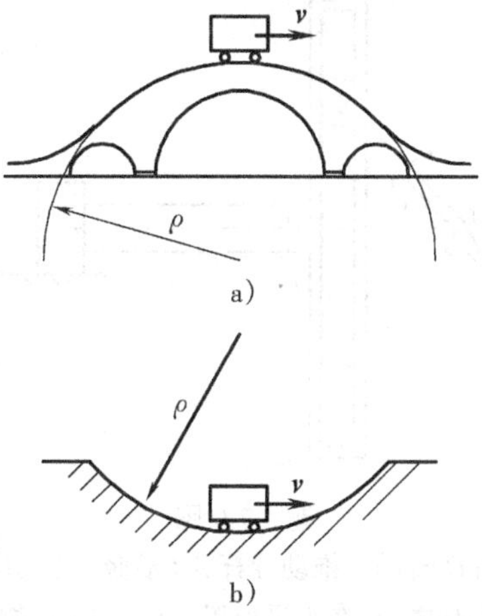

题　7-3 图

7-4　在例 7-2 中，将物块 B 换成 $F=3\text{kN}$ 的作用力，如图所示。其他条件不变，求物块 A 的加速度。

7-5　如图所示，物块 A、B 的重力分别为 $G_A=1\text{kN}$、$G_B=3\text{kN}$。开始时两物体有高度差 $h=19.6\text{m}$，不计滑轮、绳索的质量及各接触处的摩擦，求静止释放后，两物块到达相同高度所需的时间。

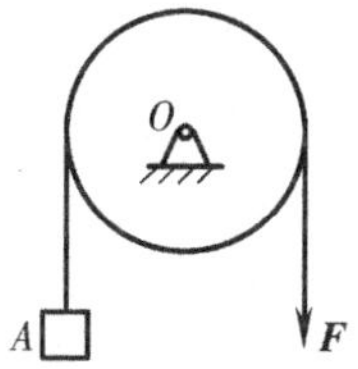

题　7-4 图

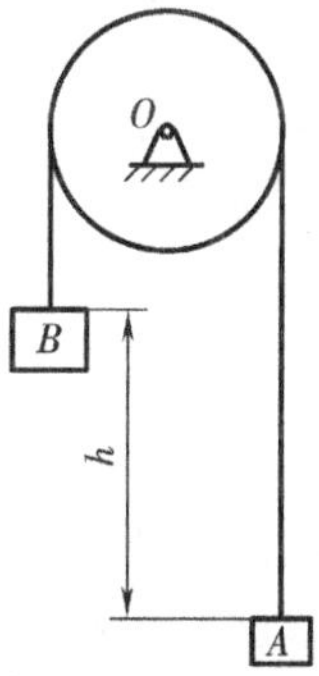

题　7-5 图

7-6　桥式起重机如图所示，已知重物的质量 $m=100\text{kg}$。求下列两种情况下吊索的拉力。(1) 重物匀速上升时；(2) 重物在上升过程中以 $a=2\text{m/s}^2$ 的加速度突然刹车时。

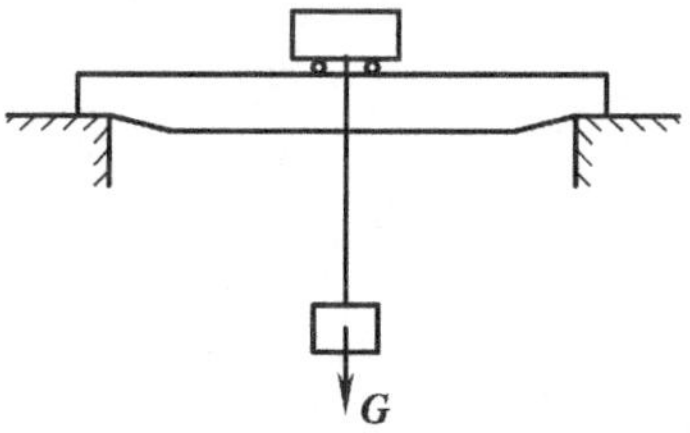

题　7-6 图

7-7　质量 $m=8000\text{kg}$ 的汽车以 $v_0=10\text{m/s}$ 的速度沿平直道路行驶，制动后，汽车驶过 8m 的路程停车。设制动期间汽车作匀减速运动，求作用在汽车上的制动力（包括各种阻力在内）。

7-8　自行车以等速 $v=8\text{m/s}$ 沿曲率半径 $\rho=30\text{m}$ 的圆弧路拐弯。不计摩擦，求路面的侧向倾角 α。

7-9　曲柄滑块机构如图所示，滑块和导槽体的质量共为50kg，曲柄 OA 以转速 $n=120\text{r/min}$ 绕轴 O 作匀速转动，其长度 $r=30\text{cm}$。求曲柄在 $\varphi=0°$ 和 $\varphi=90°$ 两位置时，滑块 A 作用在导槽上的水平力。

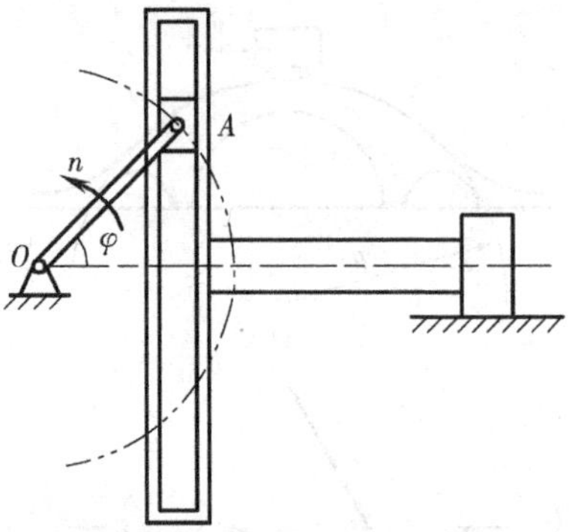

题　7-9 图

7-10　偏心轮以匀角速度 ω 绕轴 O 转动，推动导杆 AB 沿竖直轨道运动，导杆顶部放有一质量为 m 的物块，如图所示。偏心距 $OC=e$，开始时 OC 在水平位置。求：(1) 物块作用于导杆顶部的最大压力及此时偏心 C 的位置；(2) 要使物块不脱离导杆，角速度 ω 的最大允许值。

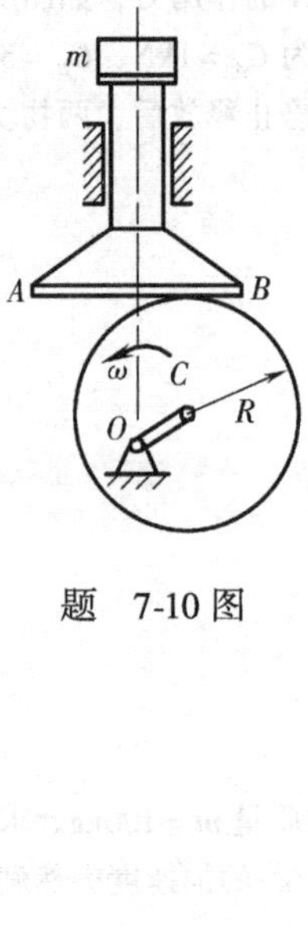

题　7-10 图

第八章　刚体定轴转动的动力学基本方程

刚体的基本运动包括平动和定轴转动两种运动形式。由第六章内容可知，刚体平动时，其上各点具有相同的运动轨迹、相同的运动方程，在同一瞬时，刚体上各点具有相同的速度、相同的加速度，即刚体的平动可以简化为点的运动。同样，刚体平动的动力学问题也可以简化为质点动力学问题。即把平动刚体看成是质量集中于质心的质点，作用于平动刚体上的力系的合力通过质心。根据质点动力学基本方程得到平动刚体的动力学基本方程为

$$\sum \boldsymbol{F} = M\boldsymbol{a}_C \tag{8-1}$$

式中　$\sum \boldsymbol{F}$——作用在刚体上力系的合力，单位为 N；

M——整个刚体的质量，单位为 kg；

$\boldsymbol{a}_C$——刚体质心的加速度，单位为 m/s^2。

本章着重阐述刚体作定轴转动时的动力学基本方程，研究定轴转动刚体的角加速度和外力矩之间的关系。

第一节　转 动 惯 量

如图 8-1 所示，一圆柱形刚体绕自身轴线作定轴运动。将刚体分割成若干个质点，设各个质点的质量分别为 m_1，m_2，…，m_n，各个质点到转轴 z 的距离分别为 r_1，r_2，…，r_n，则刚体对 z 轴的转动惯量为

$$J_z = m_1 r_1^2 + m_2 r_2^2 + \cdots + m_n r_n^2 = \sum m_i r_i^2 \tag{8-2}$$

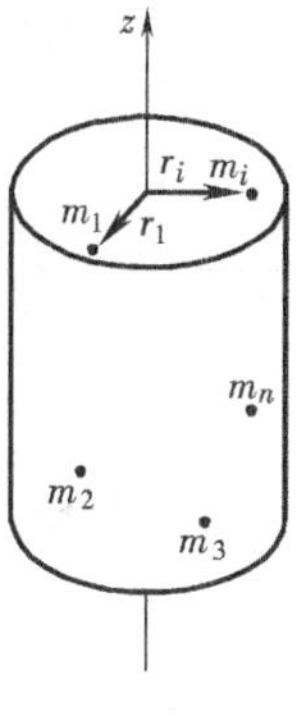

图　8-1

即刚体的转动惯量是构成刚体的各个质点的质量与它到转轴距离平方乘积的代数和。

转动惯量是一个正的标量，其单位为 $kg \cdot m^2$。实践和理论分析都表明：刚体转动惯量的大小不仅与刚体的质量有关，而且与刚体的形状、转轴的位置以及质量的分布有关。质量相同、形状不同的物体有不同的转动惯量；质量和形状均相同的两个物体因转轴位置不同也有不同的转动惯量。质量的分布越靠近转轴，转动惯量越小；质量的分布越远离转轴，转动惯量越大。例如，机器中飞轮的形状大多为边缘较厚中间较薄且有空洞，其目的是使大部分质量分布在边缘上，从而得到较大的转动惯量；再如，精密仪器中的转动零件，为了提高其灵敏度，需尽量减小其转动惯量，所以设计时应使较多的质量靠近转轴并采用轻金属材料。

常见的均质物体对通过质心轴转动惯量的计算公式，见表 8-1。

表 8-1　均质物体的转动惯量

物体种类	简图	转动惯量
细直杆	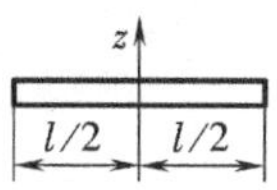	$J_z = \frac{1}{12}ml^2$

（续）

物体种类	简图	转动惯量
薄圆板	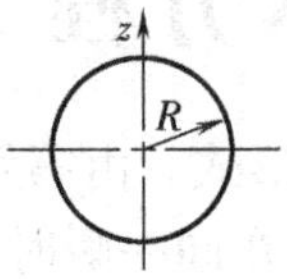	$J_z = \frac{1}{4}mR^2$
矩形六面体	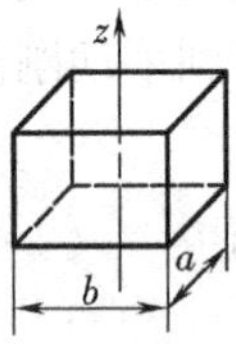	$J_z = \frac{1}{12}m（a^2 + b^2）$
球	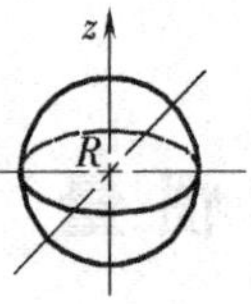	$J_z = \frac{2}{5}mR^2$
圆柱或圆盘	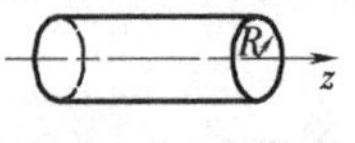	$J_z = \frac{1}{2}mR^2$
圆柱	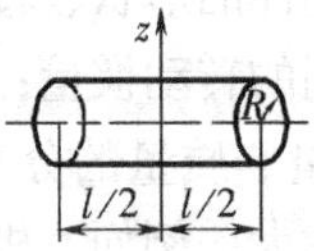	$J_z = \frac{1}{12}m（l^2 + 3R^2）$

例 8-1　如图 8-2 所示，一均质滑轮绕通过质心的 O 轴作定轴转动，滑轮的质量 $m = 10\text{kg}$，转动半径 $R = 0.5\text{m}$。求滑轮对 O 轴的转动惯量 J_O。

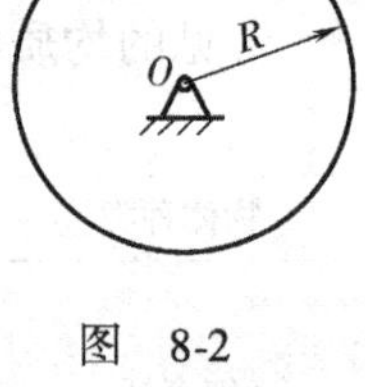

图　8-2

解　滑轮可视为均质圆盘，查表 8-1 得

$$J_O = \frac{1}{2}mR^2 = \frac{1}{2} \times 10 \times 0.5^2\text{kg} \cdot \text{m}^2$$

$$= 1.25\text{kg} \cdot \text{m}^2$$

第二节 刚体绕定轴转动定律

如图 8-3 所示，一刚体在外力 $\boldsymbol{F}_1$，$\boldsymbol{F}_2$，· · ·，$\boldsymbol{F}_n$ 的作用下绕 O 轴作定轴转动，在某一瞬时，刚体的角速度为 ω，角加速度为 ε，各作用力对 O 轴的力矩分别为 M_O（$\boldsymbol{F}_1$），M_O（$\boldsymbol{F}_2$），…，M_O（$\boldsymbol{F}_n$），它们的代数和为$\sum M_O$（$\boldsymbol{F}$），则理论推导可得如下定律。

刚体绕定轴转动定律：刚体受外力矩作用绕定轴转动时，所获得的角加速度与外力矩的大小成正比，与刚体对该轴的转动惯量成反比，角加速度的转向与外力矩的转向一致，其数学表达式为

$$\varepsilon = \frac{\sum M_O(\boldsymbol{F})}{J_O}$$

即

$$\sum M_O(\boldsymbol{F}) = J_O\varepsilon \tag{8-3}$$

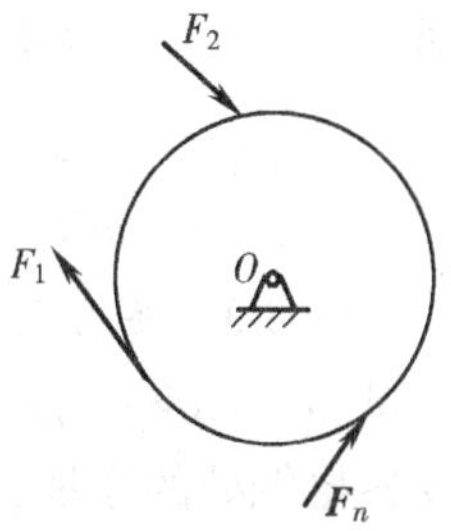

图 8-3

式（8-3）称为刚体定轴转动的动力学基本方程。

式中 $\sum M_O(\boldsymbol{F})$——各作用力对 O 轴力矩的代数和，单位为 N · m；

J_O——刚体对 O 轴的转动惯量，单位为 kg · m^2；

ε——刚体的角加速度，单位为 rad/s^2。

把式（8-3）与质点动力学基本方程相对照，可以看出，$\sum M_O$（$\boldsymbol{F}$）与$\sum \boldsymbol{F}$、J_O 与 m、ε 与 $\boldsymbol{a}$ 分别相对应，所以刚体定轴转动的动力学基本方程与质点动力学基本方程具有极为相似的含义：

（1）作用在刚体上的外力矩与刚体的角加速度是瞬时关系。两者同瞬时产生，同瞬时消失；外力矩变化时，角加速度随着变化。即只要外力矩不为零，则在该瞬时刚体必有确定的角加速度。

（2）角加速度的转向与外力矩的转向一致。即无论刚体的转动方向如何，其角加速度的转向始终与刚体所受外力矩的转向相同。

（3）转动惯量是刚体转动惯性大小的度量。相同的外力矩作用在两个不同的刚体上，转动惯量大的获得的角加速度小，转动惯量小的获得的角加速度大。即刚体的转动惯量越大，越不容易改变其原有的运动状态。也就是说刚体的转动惯量越大，惯性也越大，转动惯量是刚体转动惯性大小的度量。例如，在机器的传动轴上安装一个转动惯量较大的飞轮，可使传动轴产生较小的角加速度，缩小角速度的波动范围，使机器运转平稳。

（4）刚体动力学基本方程同样只适用于惯性参考系。

由第六章运动学可知

$$\varepsilon = \frac{d\varepsilon}{dt} = \frac{d^2\varphi}{dt^2}$$

故式（8-3）还可以写成如下形式

$$\sum M_O(\boldsymbol{F}) = J_O\frac{d\omega}{dt} = J_O\frac{d^2\varphi}{dt^2} \tag{8-4}$$

式（8-4）称为刚体定轴转动的微分方程。

例 8-2 如图 8-4a 所示，均质滑轮的质量 $m = 30$kg，半径 $R = 0.2$m，其上作用一力 $F = 30$N。求滑轮产生的角加速度 ε。

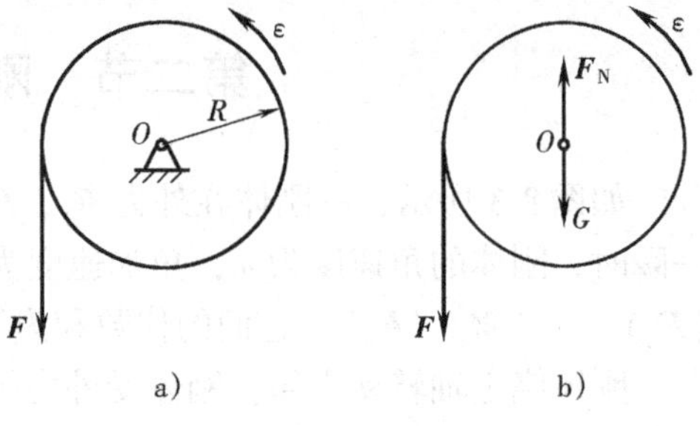

图　8-4

解　选滑轮为研究对象，进行受力分析，画受力图，如图 8-4b 所示。由式（8-3）得

$$FR = J_O\varepsilon$$

滑轮对 O 轴的转动惯量为

$$J_O = \frac{1}{2}mR^2$$

即

$$FR = J_O\varepsilon = \frac{1}{2}mR^2\varepsilon$$

则$\varepsilon = \dfrac{FR}{mR^2/2} = \dfrac{F}{mR/2} = \dfrac{30}{30\times0.2/2}\text{rad/s}^2 = 10\text{rad/s}^2$

例 8-3　图 8-5a 所示为一提升设备，物块 A 由跨过均质滑轮的钢索吊起。已知物块 A 的质量 $m_A = 50\text{kg}$，加速度 $a = 1\text{m/s}^2$，滑轮的质量 $m = 20\text{kg}$，半径 $R = 25\text{cm}$。不计钢索的质量及各接触处的摩擦，求加在滑轮上的力矩 M_O。

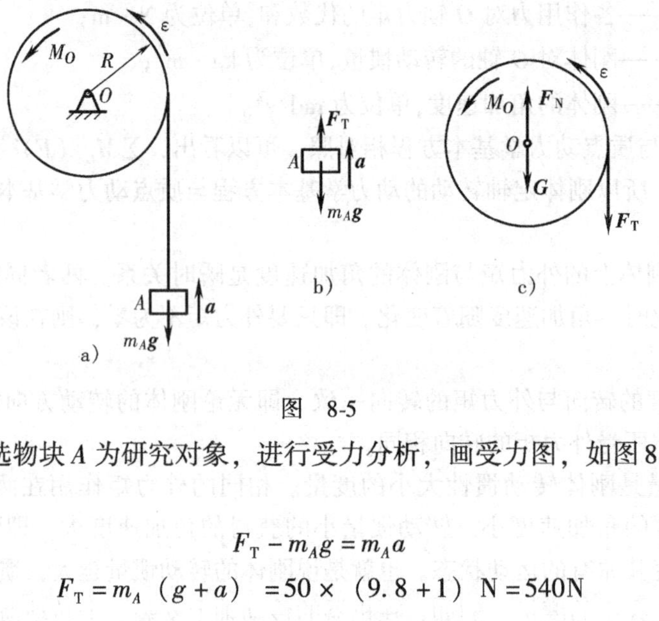

图　8-5

解　（1）先选物块 A 为研究对象，进行受力分析，画受力图，如图 8-5b 所示。列质点运动微分方程

$$F_T - m_Ag = m_Aa$$

即

$$F_T = m_A(g + a) = 50\times(9.8 + 1)\ \text{N} = 540\text{N}$$

（2）再选滑轮为研究对象，受力分析、画受力图，如图 8-5c 所示。

运动分析，滑轮在主动力矩 M_O 和绳的拉力 $\boldsymbol{F}_T$ 所产生的阻力矩共同作用下，产生逆时针方向的角加速度。由式（8-3）得

$$M_O - F_TR = J_O\varepsilon \tag{a}$$

由运动学可知

$$a = a_\tau = R\varepsilon \tag{b}$$

滑轮对 O 轴的转动惯量为

$$J_O = \frac{1}{2}mR^2 \tag{c}$$

将式（b）、式（c）两式代入式（a）得

$$M_O = F_T R + \frac{1}{2} mR^2 \frac{a}{R} = F_T R + \frac{1}{2} mRa = R\left(F_T + \frac{1}{2} ma\right)$$

$$= 0.25 \times \left(540 + \frac{1}{2} \times 20 \times 1\right) \mathrm{N \cdot m} = 137.5 \mathrm{N \cdot m}$$

例 8-4　如图 8-6a 所示，均质滑轮上绕有不计质量的绳索，绳索两端分别挂有质量为 $m_A = 3\mathrm{kg}$、$m_B = 5\mathrm{kg}$ 的物块 A 和物块 B，滑轮的质量 $m_O = 20\mathrm{kg}$，半径 $R = 30\mathrm{cm}$。求滑轮转动的角加速度 ε。

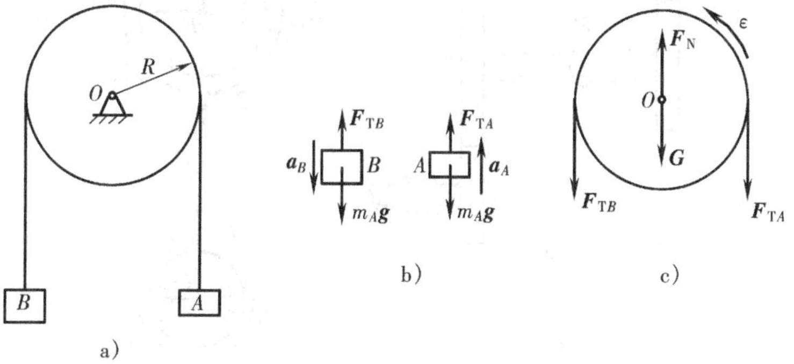

图　8-6

解　(1) 分别选物块 A 和物块 B 为研究对象，进行受力分析，画受力图，如图 8-6b 所示。

运动分析，由题意可知，物块 A 加速向上运动，物块 B 加速向下运动，列质点运动微分方程

$$F_{TA} - m_A g = m_A a_A \tag{a}$$

$$m_B g - F_{TB} = m_B a_B \tag{b}$$

(2) 再选滑轮为研究对象，受力分析、画受力图，如图 8-6c 所示。

运动分析，滑轮在 $\boldsymbol{F}_{TA}$、$\boldsymbol{F}_{TB}$ 所产生的力矩作用下，产生逆时针方向的角加速度。由式 (8-3) 得

$$F_{TB} R - F_{TA} R = J_O \varepsilon \tag{c}$$

由运动学可知

$$a_A = a_B = R\varepsilon \tag{d}$$

滑轮对 O 轴的转动惯量为

$$J_O = \frac{1}{2} m_O R^2 \tag{e}$$

联立式 (a)、式 (b)、式 (c)、式 (d)、式 (e)，解得

$$(m_B g - m_B R\varepsilon)\ R - (m_A g + m_A R\varepsilon)\ R = \frac{1}{2} m_O R^2 \varepsilon$$

整理得

$$\varepsilon = \frac{2g\ (m_B - m_A)}{R\ (m_O + 2m_B + 2m_A)} = \frac{2 \times 9.8 \times (5-3)}{0.3 \times (20 + 2 \times 5 + 2 \times 3)} = \mathrm{rad/s^2} = 3.63 \mathrm{rad/s^2}$$

由上面的例题可知，当考虑滑轮的质量和大小，且滑轮具有角加速度 ε 时，绕在滑轮两

边绳索的拉力便不再相等，正是这个拉力差，使滑轮产生了角加速度。

例 8-5　传动轮系如图 8-7a 所示，轴系Ⅰ受主动力矩 $M_1=200\text{N}\cdot\text{m}$ 作用，其转动惯量 $J_1=25\text{kg}\cdot\text{m}^2$；轴Ⅰ经齿轮传动带动轴Ⅱ，轴系Ⅱ受阻力矩 $M_2=150\text{N}\cdot\text{m}$ 作用，其转动惯量 $J_2=40\text{kg}\cdot\text{m}^2$。已知齿轮 z_1 的节圆半径 $R_1=200\text{mm}$，齿轮 z_2 的节圆半径 $R_2=300\text{mm}$。不计各接触处的摩擦，求轴Ⅰ的角加速度 ε_1。

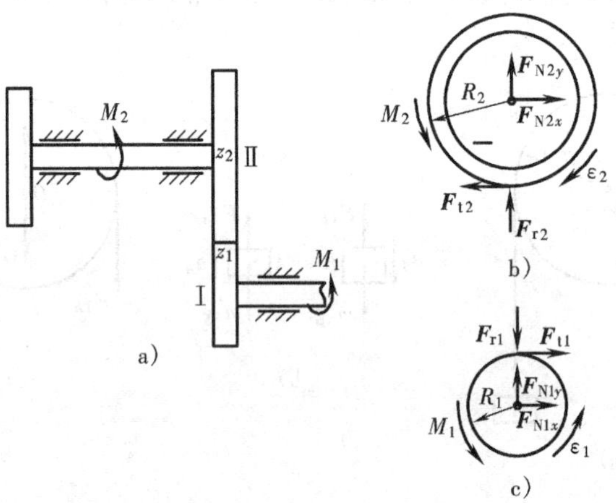

图　8-7

解　(1) 选轴Ⅰ为研究对象，进行受力分析，画受力图，如图 8-7c 所示，其中 $\boldsymbol{F}_{t1}$ 和 $\boldsymbol{F}_{r1}$ 分别为齿轮 z_1 所受到的圆周力和径向力。

运动分析，轴Ⅰ在主动力矩 M_1 和圆周力 $\boldsymbol{F}_{t1}$ 所产生的阻力矩共同作用下，产生逆时针方向的角加速度 ε_1。由式 (8-3) 得

$$M_1-F_{t1}R_1=J_1\varepsilon_1$$

代入已知数据得

$$200-0.2F_{t1}=25\varepsilon_1 \tag{a}$$

(2) 再选轴Ⅱ为研究对象，进行受力分析，画受力图，如图 8-7b 所示，其中 $\boldsymbol{F}_{t2}$ 和 $\boldsymbol{F}_{r2}$ 分别为齿轮 z_2 所受到的圆周力和径向力。

运动分析，轴Ⅱ在圆周力 $\boldsymbol{F}_{t2}$ 所产生的驱动力矩和阻力矩 M_2 的共同作用下，产生顺时针方向的角加速度 ε_2。由式 (8-3) 得

$$F_{t2}R_2-M_2=J_2\varepsilon_2$$

代入已知数据得

$$0.3F_{t2}-150=40\varepsilon_2 \tag{b}$$

(3) 由运动学可知，两齿轮在传动过程中其角加速度的比值等于其节圆半径的反比，即

$$\frac{\varepsilon_1}{\varepsilon_2}=\frac{R_2}{R_1}=\frac{300}{200}=\frac{3}{2}$$

则

$$\varepsilon_2=\frac{2}{3}\varepsilon_1 \tag{c}$$

由题意分析可知，$\boldsymbol{F}_{t1}$、$\boldsymbol{F}_{t2}$ 为一对作用力、反作用力，故

$$F_{t1}=F_{t2} \tag{d}$$

将式 (c)、式 (d) 代入式 (b) 得

$$0.3F_{t1} - 150 = 40 \times \frac{2}{3}\varepsilon_1 \tag{e}$$

解式（a）和式（e）联立组成的方程组，得

$$\varepsilon_1 = 2.34\text{rad/s}^2$$

通过以上例题可以知道，运用刚体定轴转动的动力学基本方程解题，要同时对所研究的物体进行受力分析和运动分析。列刚体定轴转动动力学基本方程时，一般以角加速度 ε 的方向为正方向，外力矩的转向与角加速度的转向一致时为正，相反时为负。

小　　结

1. 平动刚体的动力学问题可以简化为质点动力学问题。即把平动刚体看成是质量集中于质心的质点，作用于平动刚体上的力系的合力通过质心。平动刚体的动力学基本方程为

$$\sum \boldsymbol{F} = M\boldsymbol{a}_C$$

2. 刚体的转动惯量是构成刚体的各个质点的质量与它到转轴距离平方乘积的代数和。其表达式为

$$J_z = \sum m_i r_i^2$$

转动惯量是一个正的标量，其单位为 $\text{kg}\cdot\text{m}^2$。转动惯量是刚体转动惯性大小的度量。其数值与刚体的质量、刚体的形状、转轴的位置以及质量的分布有关。

3. 刚体绕定轴转动定律：刚体受外力矩作用绕定轴转动时，所获得的角加速度与外力矩的大小成正比，与刚体绕该轴的转动惯量成反比，角加速度的转向与外力矩的转向一致，其数学表达式为

$$\sum M_O(\boldsymbol{F}) = J_O\varepsilon$$

此式称为刚体定轴转动的动力学基本方程。

4. 刚体定轴转动微分方程的数学表达式为

$$\sum M_O(\boldsymbol{F}) = J_O\frac{d\omega}{dt} = J_O\frac{d^2\varphi}{dt^2}$$

习　　题

8-1　一圆环与一实心圆盘材料相同、质量相同，它们同时绕质心作定轴转动，某一瞬时有相同的角加速度。问作用在圆环和圆盘上的外力矩是否相同？

8-2　刚体作定轴转动，当角速度很大时，外力矩是否一定很大？当角速度为零时，外力矩是否一定为零？外力矩的转向是否一定和角速度的转向一致？

8-3　如图所示，均质滑轮的质量 $m = 300\text{kg}$，半径 $R = 0.4\text{m}$。图 a 中作用力 $F = 6\text{kN}$，图 b 中物块 A 的重力 $G = 6\text{kN}$。求图 a、图 b 两种情况下，滑轮的角加速度。

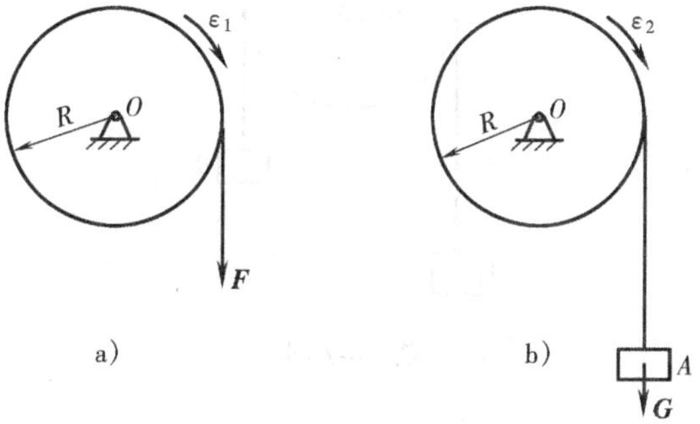

题　8-3 图

8-4　如图所示，均质滑轮的质量 $m = 300\text{kg}$，半径 $R = 0.4\text{m}$，物块 A 的重力 $G = 6\text{kN}$，滑轮的角加速度 $\varepsilon = 6\text{rad/s}^2$。求作用在滑轮上的力矩 M。

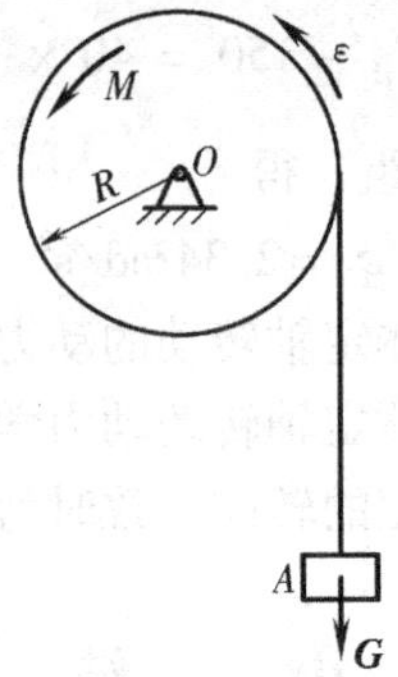

题 8-4 图

8-5 一个重力 $G=1000N$，半径 $R=0.4m$ 的均质滑轮绕通过质心的 O 轴作定轴转动，轮上绕有绳索，下端挂有 $G_A=1000N$ 的物块 A，如图所示。求滑轮的角加速度。

8-6 均质滑轮的质量 $m=30kg$，直径 $d=60cm$，用绳索悬挂质量 $m_A=20kg$ 的物块 A，如图所示。求物块下落时的加速度。

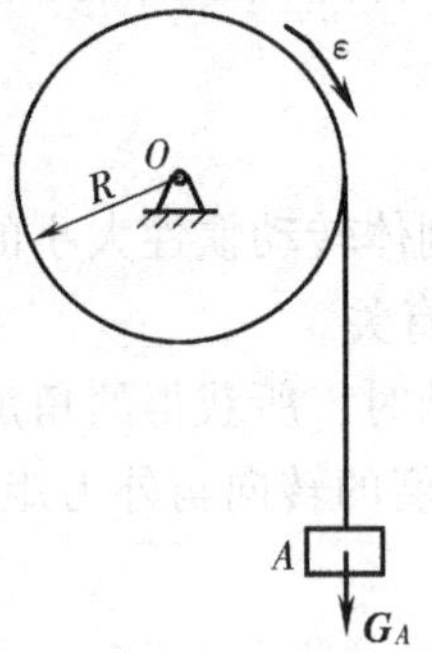

题 8-5 图

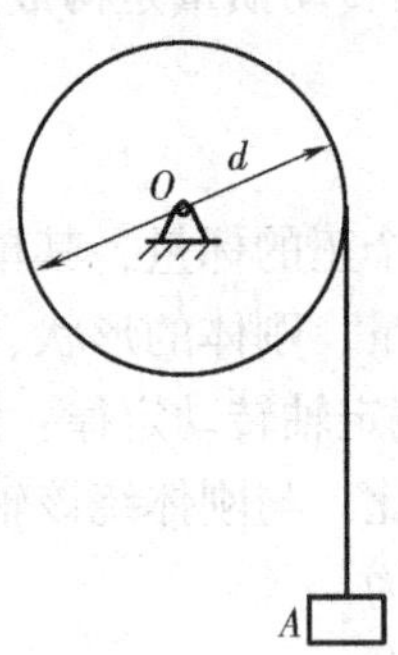

题 8-6 图

8-7 均质滑轮的质量为 10kg，半径为 0.25m。其上作用驱动力矩 $M=10N\cdot m$，如图所示。绳索的两端悬挂重物 A 和 B，其质量分别为 $m_A=20kg$、$m_B=10kg$。不计绳索的质量和各接触处的摩擦，求滑轮的角加速度和重物 B 的加速度。

8-8 如图所示，均质滑轮的重力为 $\boldsymbol{G}$，半径为 R，其上绕有不计质量的绳索，绳索两端挂有物块 A 和 B，已知物块的重力 $G_A=4G$、$G_B=2G$。不计摩擦，求滑轮的角加速度 $\boldsymbol{\varepsilon}$。

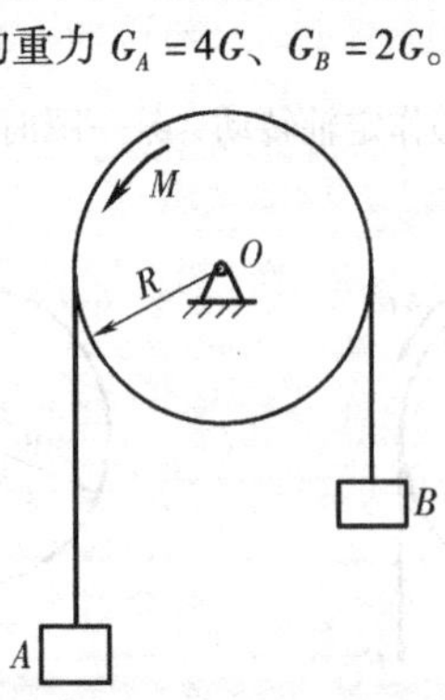

题 8-7 图

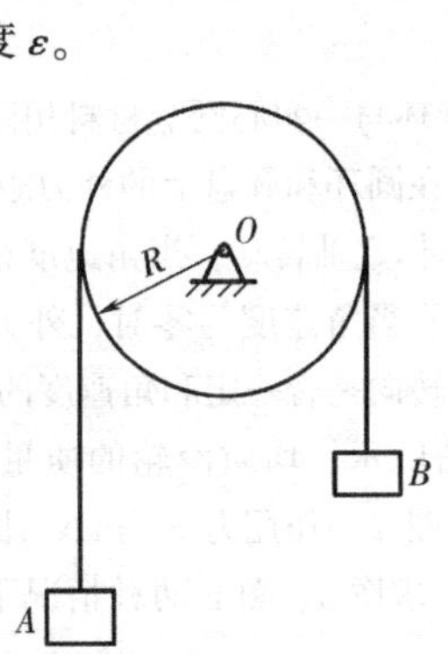

题 8-8 图

8-9　均质细杆 AB 长为 l，重力为 $\boldsymbol{G}$，A 点为固定铰链，AB 与竖直墙面成30°角，如图所示。求当绳 BE 被割断的瞬时，杆 AB 的角加速度。

8-10　均质滑轮的重力 $G=0.6\text{kN}$，半径 $R=0.8\text{m}$，在半径为 R 处绕有绳索，其上挂有 $G_A=2\text{kN}$ 的物块 A，在离转轴 $r=0.5R$ 处绕有绳索，其上挂有 $G_B=1\text{kN}$ 的物块 B，如图所示。求滑轮的角加速度。

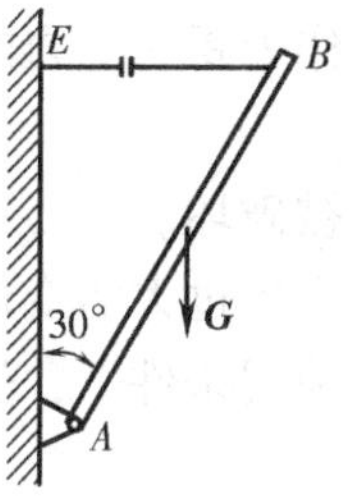

题　8-9 图

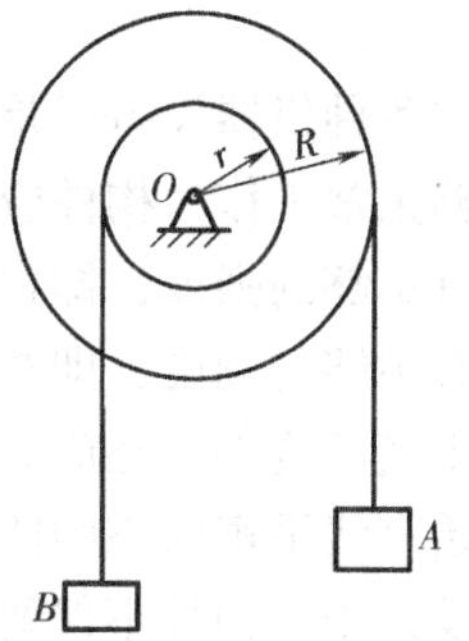

题　8-10 图

8-11　如图所示，均质滑轮对通过质心 O 轴的转动惯量 $J_O=24\text{kg}\cdot\text{m}^2$，半径 $R=0.3\text{m}$，物块 A 的重力 $G_A=1\text{kN}$，物块 B 的重力 $G_B=2\text{kN}$，可在光滑水平面上滑动。求滑轮的角加速度。

8-12　卷扬机如图所示，滑轮 B、卷筒 C 的半径分别为 R 和 r，对各自转轴的转动惯量分别为 J_1 和 J_2，物块 A 的重力为 $\boldsymbol{G}$，在滑轮 C 上作用一主动力矩 M。求物块 A 上升的加速度。

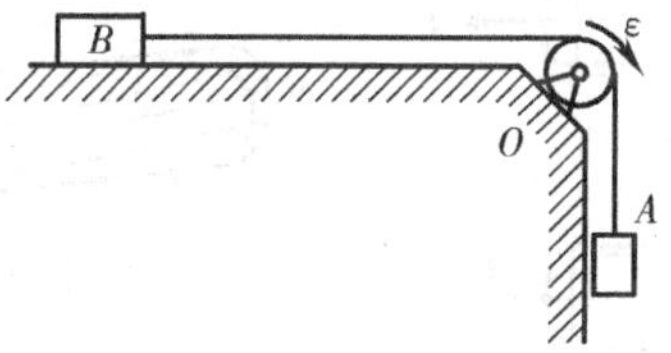

题　8-11 图

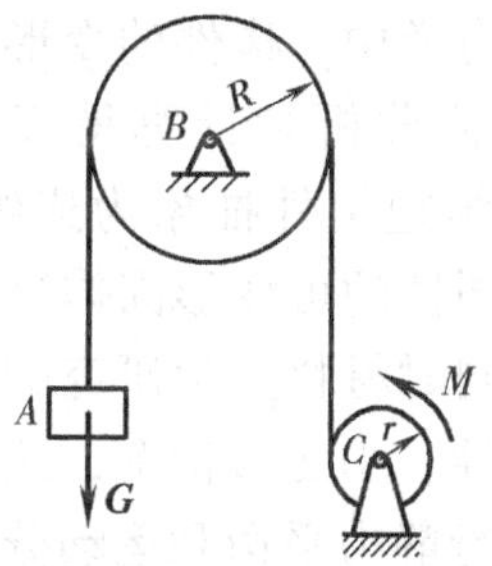

题　8-12 图

8-13　如图所示，外力矩 M 驱动转轴 I，轴系 I 的转动惯量为 $J_1=10\text{kg}\cdot\text{m}^2$，轴 I 经齿轮传动带动轴 Ⅱ，轴系 Ⅱ 的转动惯量为 $J_2=15\text{kg}\cdot\text{m}^2$，相互啮合的两个齿轮 z_1、z_2 的节圆半径分别为 $R_1=10\text{cm}$、$R_2=20\text{cm}$。要求轴 I 的转速在10s内由静止匀加速到 $n=1500\text{r/min}$，求驱动力矩 M。

8-14　如图所示轮系传动，轴 I 为主动轴，其上作用有主动力矩 M_1，轴 Ⅱ 为从动轴，其上作用有阻力矩 M_2，轴 I 经齿轮传动带动轴 Ⅱ。已知轴系 I 的转动惯量为 J_1，轴系 Ⅱ 的转动惯量为 J_2，相互啮合的两个齿轮 z_1、z_2 的节圆半径分别为 R_1、R_2。求轴 I 的角加速度 ε_1。

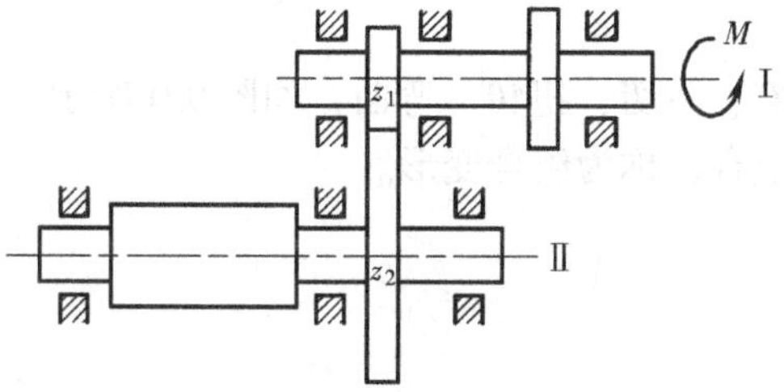

题　8-13 图

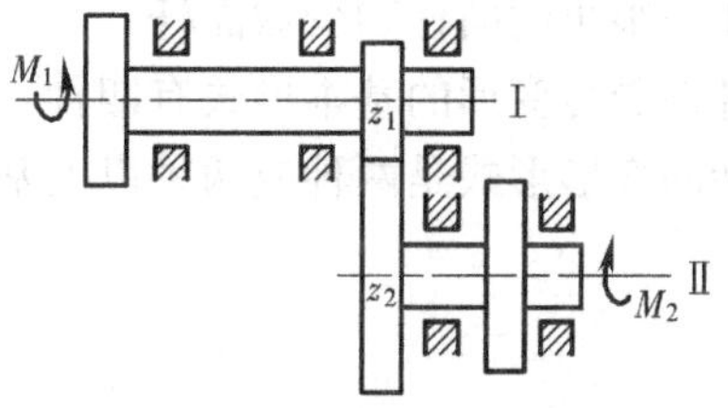

题　8-14 图

第三篇 材料力学

工程中的各种机器设备都是由若干构件组成的。构件在工作中要承受力的作用，为保证机器设备能够正常工作，构件应满足以下要求：

（1）具有足够的强度，即在规定的使用条件下，构件不会被破坏。

（2）具有足够的刚度，即在规定的使用条件下，构件不会产生过大的变形。

（3）对于受压构件，还应具有足够的稳定性，即在规定的使用条件下，受压构件具有足够的保持初始直线平衡状态的能力。

在工程设计中，构件不仅要满足强度、刚度和稳定性的要求，同时还必须符合经济方面的要求。前者往往要求加大构件的横截面尺寸，多用材料，用好材料；后者却要求节省材料，避免大材小用，优材劣用，尽量降低成本，因此安全与经济是一对矛盾。材料力学是研究构件强度、刚度和稳定性的一门学科，它的任务是在满足强度、刚度和稳定性的前提下，为构件选择合适的材料，确定合理的截面形状及尺寸，妥善地解决安全与经济的矛盾，为构件设计提供基本的理论和方法。

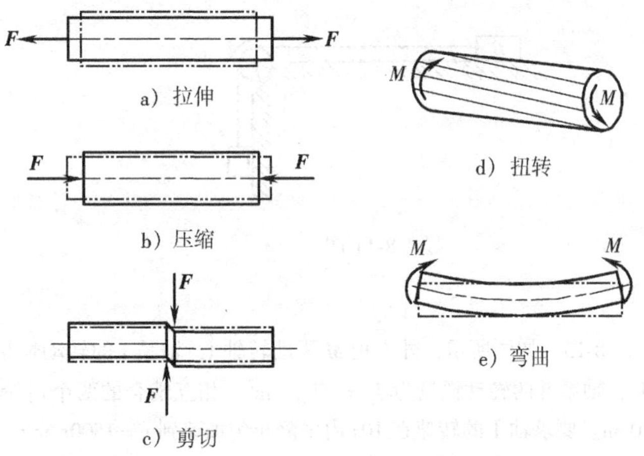

图 9-0

在材料力学中，构件的变形不能忽略。为使分析和计算得以简化，材料力学把构件抽象为连续、均匀、各向同性的可变形固体这一力学模型。同时材料力学研究的问题仅限于弹性、小变形情况，这样在对构件进行静力平衡和运动分析时，就可以按构件变形前的原始尺寸进行计算。

材料力学的研究对象是杆件，即轴向尺寸远大于径向尺寸的构件。力学中，将与构件轴线垂直的截面称为横截面，简称截面。材料力学重点研究的是横截面面积相等，轴线为直线的等直杆。等直杆的计算原理也可以近似地用于曲率很小的曲杆和变截面杆。

杆件受力变形的基本形式有四种：拉伸和压缩、剪切、扭转、弯曲，如图 9-0 所示。其他复杂的变形形式是两种或两种以上基本变形的组合，称为组合变形。

第九章　轴向拉伸与压缩

工程实际中，产生轴向拉伸或压缩变形的构件很多。如图 9-1 所示，简易起重机中的拉杆 AB 产生轴向拉伸变形；如图 9-2 所示，立柱产生轴向压缩变形。

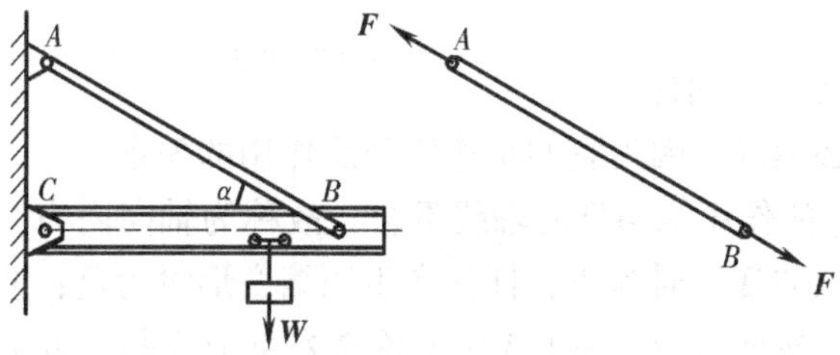

图　9-1

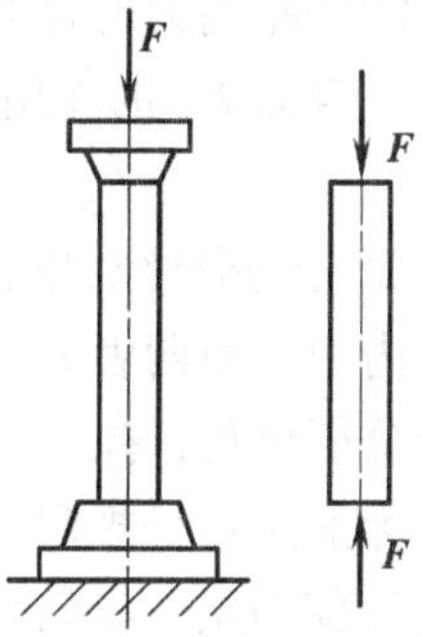

图　9-2

对拉杆 *AB* 和立柱进行受力分析，可以发现它们具有共同的受力特点：构件在外力作用下处于平衡状态，且外力或外力合力的作用线与构件的轴线重合，在这种外力作用下，构件只产生沿轴线方向的伸长（或缩短）、沿直径方向的缩小（或增大），这种变形形式称为轴向拉伸或压缩。以轴向拉伸（或压缩）变形为主要变形形式的构件称为拉（压）杆，简称杆。

本章主要讨论拉（压）杆的轴力、应力、变形和强度计算。

第一节　轴力和轴力图

一、内力的概念

构件受到外力作用产生变形时，其内部各质点间的相对位置就要发生变化，相应地各质点间的相互作用力也会发生变化。这种由于外力作用而引起的构件内部各质点之间相互作用力的改变量，称为“附加内力”，简称内力。这样的内力随着外力的产生而产生，随着外力的增加而增加，不过它的增加是有一定限度的，超过了这个限度，构件就要被破坏。不同的材料有不同的限度，这个限度就是材料的强度。

必须指出，静力学中介绍过的内力与这里所讲的“附加内力”是不同的。材料力学中的内力是构件在外力作用下，其内部各质点之间相互作用力的改变量。

二、截面法、轴力

为了揭示构件在外力作用下所产生的内力，确定内力的大小和方向，通常采用截面法。截面法是材料力学中计算内力的一种最基本的方法。

如图9-3a所示，等直杆在外力 $\boldsymbol{F}$ 的作用下保持平衡状态。现欲求 m-m 截面上的内力，可以假想地用一截面将直杆沿 m-m 截面截开，分成 A、B 两部分。由于杆件原来在外力作用下处于平衡状态，因此截开后的任一部分也必然处于平衡状态。现选 A 部分为研究对象，弃去 B 部分，将 B 部分对 A 部分的作用以内力代替。由于材料是均匀、连续的，所以内力是作用在横截面上的连续的分布力，如图9-3b所示。设该连续分布内力的合力为 $\boldsymbol{F}_N$，则由 A 部分的平衡条件可知，合力 $\boldsymbol{F}_N$ 的作用线沿杆件的轴线，且

$$F_N = F$$

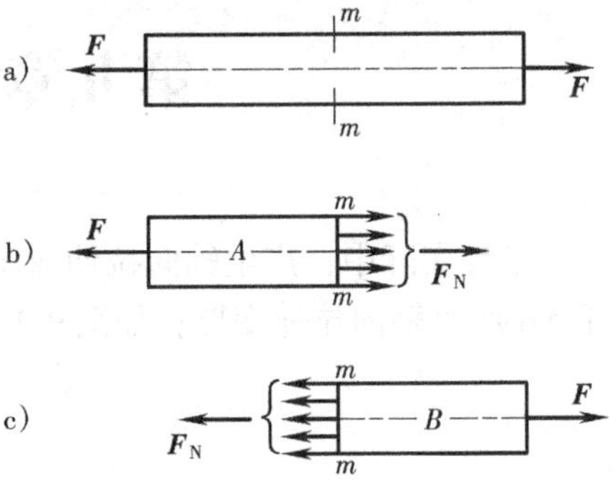

图　9-3

若取 B 部分为研究对象，如图9-3c所示，可求得同样数值的内力，但两者方向相反，这是必然的，因为它们是作用与反作用的关系。

从以上分析可见，拉（压）杆内力 $\boldsymbol{F}_N$ 的作用线与杆的轴线重合，故称为轴向内力，简称轴力。轴力的正负号规定为：杆件产生拉伸变形时为正，杆件产生压缩变形时为负；或轴力指向截面外部为正，指向截面内部为负。按此规定，图9-3中不论选左部分还是右部分为研究对象，其轴力均为正值。

例9-1　一等直杆受力如图9-4a所示，已知 $F_1=15\text{kN}$，$F_2=25\text{kN}$，$F_3=10\text{kN}$。用截面法求1-1截面和2-2截面上的轴力。

解　（1）应用截面法，假想将杆件沿1-1截面截开，分为左右两部分。此时，左部分受力比较简单，故选左部分为研究对象，由平衡条件加上相应的轴力 $\boldsymbol{F}_{N1}$，$\boldsymbol{F}_{N1}$ 指向截面外部，如图9-4b所示。则有

$$F_{N1} = F_1 = 15\text{kN}$$

（2）再次应用截面法，假想将杆件沿2-2截面截开，分为左右两部分。此时，右部分受力比较简单，选右部分为研究对象，由平衡条件加上相应的轴力 $\boldsymbol{F}_{N2}$，$\boldsymbol{F}_{N2}$ 指向截面内部，如图9-4c所示。则有

$$F_{N2} = -F_3 = -10\text{kN}$$

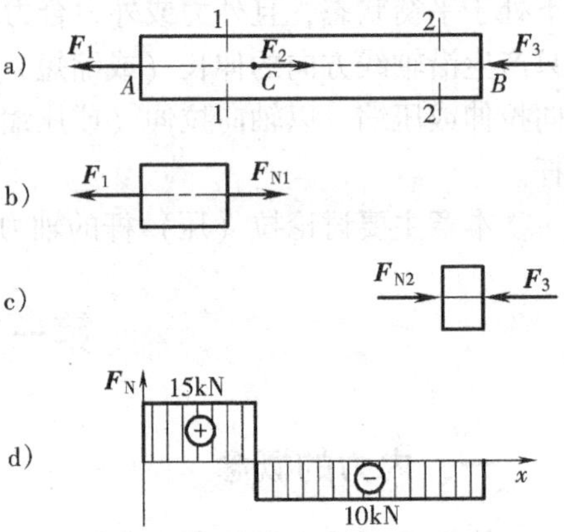

图　9-4

本例中，杆件在 AC 段中所有截面上的轴力都相等，因为这些截面所受到的外力完全相同。同样，CB 段中所有截面上的轴力也都相等。但是 AC 段中的截面与 CB 段中的截面上的轴力却不相等，因为在 C 点作用一已知外力 $\boldsymbol{F}_2$，致使这两段杆件的截面所受到的外力不同，从而引起内力的变化。

由此可见，要求杆件各个截面上的轴力，首先要在相邻两个外力之间任选截面，然后用截面法求出各个截面上的轴力。

三、轴力图

工程实际中，多数拉（压）杆受到的外力比较复杂，因而杆的各部分横截面上的轴力互

不相同。为了表明各个截面上的轴力沿轴线变化的情况，可按选定比例尺，用平行于杆轴线的横坐标表示横截面的位置，用与轴线垂直的纵坐标表示横截面上的轴力，这样绘出的图线，称为轴力图。图 9-4d 即为图 9-4a 所示杆件的轴力图。

从轴力图中，可以清楚地看到杆件在 AC 段中所有截面上的轴力都相等，均为 +15kN，杆件在 CB 段中所有截面上的轴力也都相等，均为 -10kN。即杆件在 AC 段产生拉伸变形，在 CB 段产生压缩变形。

例 9-2　一等直杆受力如图 9-5a 所示，已知 $F_1=40\text{kN}$，$F_2=55\text{kN}$，$F_3=25\text{kN}$，$F_4=20\text{kN}$。试绘制轴力图。

解　本题中等直杆 AE 上作用有多个载荷，先以整个杆件为研究对象，求出 A 端约束反力 $\boldsymbol{F}_{RAx}$；然后分别用截面法求出各段杆横截面上的轴力；最后绘制轴力图。

（1）求约束反力 $\boldsymbol{F}_{RAx}$

选 AE 杆为研究对象，进行受力分析，画受力图，如图 9-5b 所示。因所有外力均在杆的轴线上，故 A 处固定端约束的约束反力只含有水平方向一个未知量 $\boldsymbol{F}_{RAx}$。列平衡方程

$$\sum F_x=0 \qquad -F_{RAx}-F_1+F_2-F_3+F_4=0$$

得

$$F_{RAx}=10\text{kN}$$

（2）用截面法求轴力

在相邻两个外力之间任选截面，得到 1-1 截面，2-2 截面，3-3 截面，4-4 截面。分别求各截面上的轴力。

1-1 截面　假想将杆件沿 1-1 截面截开，分为左右两部分，选左部分为研究对象，如图 9-5c 所示，由平衡条件得 $\boldsymbol{F}_{N1}$ 指向截面外部，即轴力为正

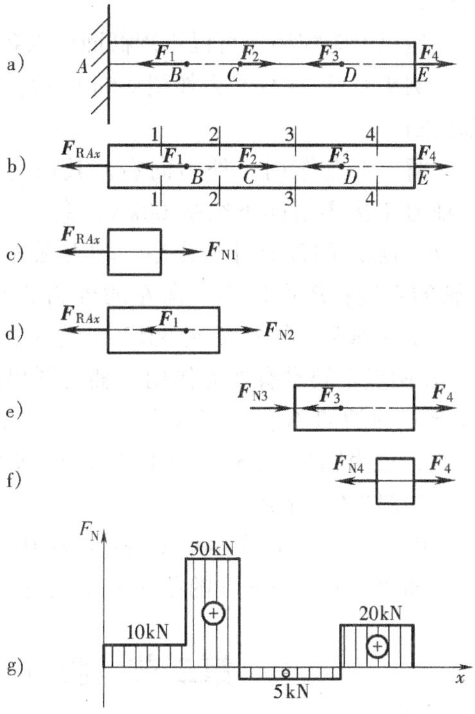

图　9-5

$$F_{N1}=F_{RAx}=10\text{kN}$$

2-2 截面　假想将杆件沿 2-2 截面截开，分为左右两部分，选左部分为研究对象，如图 9-5d 所示，由平衡条件得 $\boldsymbol{F}_{N2}$ 指向截面外部，即轴力为正

$$F_{N2}=F_{RAx}+F_1=50\text{kN}$$

3-3 截面　假想将杆件沿 3-3 截面截开，分为左右两部分，选右部分为研究对象，如图 9-5e 所示，由平衡条件得 $\boldsymbol{F}_{N3}$ 指向截面内部，即轴力为负

$$F_{N3}=-F_3+F_4=-5\text{kN}$$

4-4 截面　假想将杆件沿 4-4 截面截开，分为左右两部分，选右部分为研究对象，如图 9-5f 所示，由平衡条件得 $\boldsymbol{F}_{N4}$ 指向截面外部，即轴力为正

$$F_{N4}=F_4=20\text{kN}$$

（3）绘制轴力图

以平行于杆轴线的 x 轴为横坐标表示横截面的位置，以垂直于 x 轴的 F_N 轴为纵坐标表示相应截面上轴力的大小，按比例尺画出杆件各段横截面上的轴力，即得到轴力图，如图 9-5g 所示。从轴力图中可以清楚地看出轴力随截面位置不同而变化的情况。本例中最大的轴力发生在 BC 段，其值为 50kN。

对照图 9-5b 和 9-5g 可以发现，凡是外力作用的位置都是轴力图发生突变的位置，反之亦然；且轴力图突变的幅度等于外力的大小。由此，总结出轴力图的绘图规律如下：

从左向右画，以外力的作用点为轴力图的突变点，外力向左，轴力图向上突变；外力向右，轴力图向下突变；突变幅度等于外力的大小，两相邻外力之间的轴力图为平行于 x 轴的直线。

运用绘图规律，可以不用截面法求各个截面上的轴力，直接绘制轴力图，且简单方便。

例 9-3　阶梯杆受力如图 9-6a 所示，试绘制轴力图。

解　A 点作用一外力向右，其值为 60kN，故轴力图从零值向下突变 60kN，变为 -60kN；A、B 两点之间没有外力作用，轴力图为平行于 x 轴的直线；B 点作用一向左的外力 35kN，轴力图从 -60kN 向上突变 35kN，变为 -25kN；B、C 两点之间没有外力作用，轴力图仍然为平行于 x 轴的直线；C 点又作用一向左的外力 25kN，轴力图从 -25kN 向上突变 25kN 回到零值，如图 9-6b 所示。

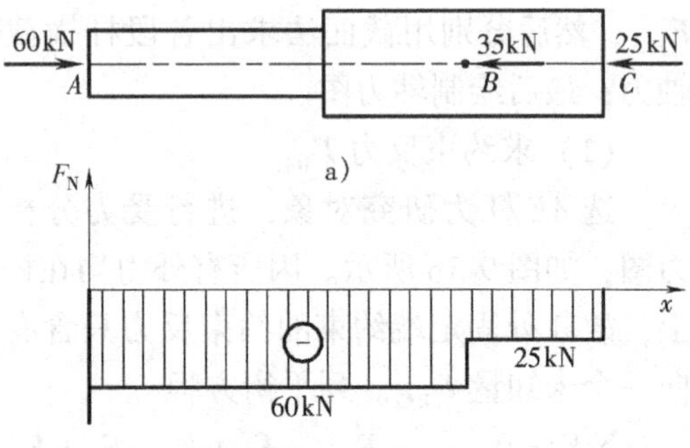

图　9-6

因为杆件处于平衡状态，故轴力图一定是从零值出发回到零值。从图 9-6b 中也可以看出，轴力的大小与杆件的截面尺寸无关。

第二节　拉（压）杆横截面上的应力

一、应力的概念

只知道内力的大小，还不能判断杆件是否会破坏。因为材料相同，横截面面积不等的两根直杆，同时逐渐增加相同的轴向拉力，截面面积小的直杆必定首先被拉断。这说明拉（压）杆的强度不仅与内力大小有关，还与杆件的横截面面积有关。工程上称单位面积上的内力为应力，用应力来分析构件的强度，应力表达了杆件横截面上内力分布的密集程度。

应力分为两种，一种是与截面垂直的应力称为正应力，用符号 $\boldsymbol{\sigma}$ 表示。另一种是与截面相切的应力称为切应力，用符号 τ 表示。在国际单位制中，应力的单位为 N/m^2，称为帕斯卡，简称帕（Pa）。工程上常用的应力单位是兆帕（MPa）或吉帕（GPa），其换算关系为

$$1MPa = 10^6 Pa \qquad 1GPa = 10^9 Pa$$

二、拉（压）杆横截面上的应力计算

实验表明：杆件产生轴向拉伸（或压缩）变形时，其横截面上只存在一种应力即正应力

σ，且在同一横截面上各点的正应力均匀分布，方向垂直于横截面。若以 $\boldsymbol{F}_N$ 表示横截面上的轴力；A 表示横截面的面积，则拉（压）杆横截面上的正应力计算公式为

$$\sigma = \frac{F_N}{A} \tag{9-1}$$

σ 随轴力 F_N 的符号有正负之分，且 σ 为正值时为拉应力，σ 为负值时为压应力。

式（9-1）中，轴力的单位为 N，横截面面积的单位为 mm^2，应力的单位为 MPa。

例 9-4　在例 9-2 中，设杆的直径 $d=25mm$。求等直杆各横截面上的应力。

解　例 9-2 中已经求出各段杆横截面上的轴力，并已绘出轴力图。由式（9-1）可求出各段杆横截面上的应力。

AB 段　$$\sigma_{AB} = \frac{F_{NAB}}{A} = \frac{10\times10^3}{\frac{\pi}{4}\times25^2}\text{MPa} = 20.4\text{MPa}（拉应力）$$

BC 段　$$\sigma_{BC} = \frac{F_{NBC}}{A} = \frac{50\times10^3}{\frac{\pi}{4}\times25^2}\text{MPa} = 102\text{MPa}（拉应力）$$

CD 段　$$\sigma_{CD} = \frac{F_{NCD}}{A} = \frac{-5\times10^3}{\frac{\pi}{4}\times25^2}\text{MPa} = -10.2\text{MPa}（压应力）$$

DE 段　$$\sigma_{DE} = \frac{F_{NDE}}{A} = \frac{20\times10^3}{\frac{\pi}{4}\times25^2}\text{MPa} = 40.8\text{MPa}（拉应力）$$

例 9-5　阶梯形钢杆受力如图 9-7a 所示，已知 $F_1=20kN$，$F_2=30kN$，$F_3=10kN$，AC 段横截面面积为 $400mm^2$，CD 段横截面面积为 $200mm^2$。绘制杆的轴力图，并求各段杆横截面上的应力。

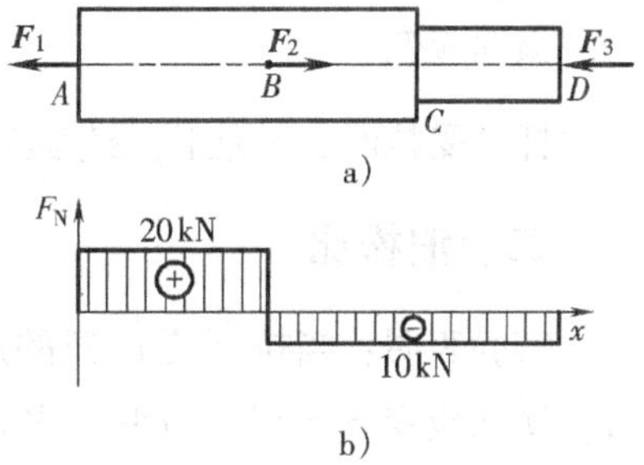

图　9-7

解　（1）绘制轴力图，如图 9-7b 所示。

（2）计算应力

由于杆件为阶梯形，各段横截面尺寸不同。从轴力图中又知杆件各段横截面上的轴力也不相等。为使每一段杆件内部各个截面上的横截面面积都相等，轴力都相同，应将杆分成 AB、BC、CD 三段，分别进行计算。

AB 段　$$\sigma_{AB} = \frac{F_{NAB}}{A_{AB}} = \frac{20\times10^3}{400}\text{MPa} = 50\text{MPa}（拉应力）$$

BC 段　$$\sigma_{BC} = \frac{F_{NBC}}{A_{BC}} = \frac{-10\times10^3}{400}\text{MPa} = -25\text{MPa}（压应力）$$

CD 段　$$\sigma_{CD} = \frac{F_{NCD}}{A_{CD}} = \frac{-10\times10^3}{200}\text{MPa} = -50\text{MPa}（压应力）$$

第三节　拉（压）杆的变形　胡克定律

一、变形、应变的概念

实验表明：拉（压）杆在轴向外力作用下将产生轴向伸长（或轴向缩短）；同时杆的横向尺寸还会有缩小（或增大）。前者称为纵向变形，后者称为横向变形。这两种变形都是绝对变形。

设杆的原长为 l，直径为 d，受到拉伸后长度为 l_1，直径为 d_1，如图 9-8 所示。则绝对变形为

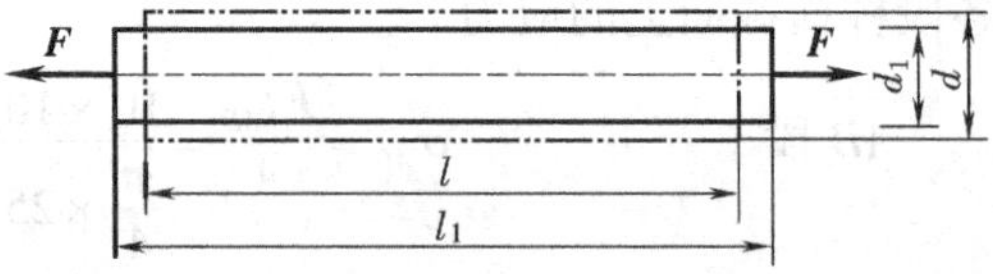

图　9-8

纵向变形　　$\Delta l = l_1 - l$

横向变形　　$\Delta d = d_1 - d$

杆件受拉时，Δl 为正，Δd 为负；杆件受压时，Δl 为负，Δd 为正。绝对变形的单位是 mm。

在相等的轴向拉（压）力作用下，杆件的原始长度不同，其绝对变形的数值也不一样，因此绝对变形不能确切的反映杆件的变形程度。对于轴力为常量的等直杆，由于材料是连续均匀的，其变形处处相等。所以，为了比较变形的程度，工程上常用应变的概念，称单位长度上的变形量为应变（或相对变形），用符号 ε 表示。即

纵向应变
$$\varepsilon = \frac{\Delta l}{l}$$

横向应变
$$\varepsilon' = \frac{\Delta d}{d}$$

杆件受拉时，ε 为正，ε'为负；杆件受压时，ε 为负，ε'为正。ε 为一无量纲的量。

二、泊松比

实验表明：当拉（压）杆的应力不超过材料的比例极限 σ_p（此内容将在下节讨论）时，横向应变 ε'与纵向应变 ε 之间成正比关系，且符号相反，即

$$\varepsilon' = -\mu\varepsilon \tag{9-2}$$

式中　μ——横向变形系数或泊松比，为一无量纲的量，其值随材料而异，由实验测定。一些常用材料的 μ 值见表 9-1。

表 9-1　几种常用材料的 E、μ 值

材　料	弹性模量 E/GPa	泊松比 μ
碳钢	196～216	0.24～0.28
合金钢	186～206	0.25～0.30
灰铸铁	78.5～157	0.23～0.42
铜及其合金	72.6～128	0.31～0.42
铝合金	70	0.33

三、胡克定律

实验表明：当拉（压）杆的应力不超过材料的比例极限 σ_p 时，应力与应变成正比，即

$$\sigma = E\varepsilon \tag{9-3}$$

式（9-3）称为胡克定律，是胡克定律的第一种表达形式。式中比例常数 E 称为弹性模量，其值随材料不同而异，单位与应力单位相同，它表示材料抵抗变形的能力，E 值越大，表示材料抵抗变形的能力越强。各种材料的 E 值均由实验测定，常用材料的 E 值见表9-1。

因为

$$\sigma = \frac{F_N}{A}$$

$$\varepsilon = \frac{\Delta l}{l}$$

故

$$\Delta l = \frac{F_N l}{EA} \tag{9-4}$$

式（9-4）是胡克定律的第二种表达形式。它表明在杆的长度及受力均相同的情况下，EA 值越大，拉（压）杆的变形越小，即 EA 值表示杆件抵抗拉（压）变形能力的大小，故将 EA 称为杆的抗拉（压）刚度。

式（9-4）的使用条件为：

（1）杆件为等截面直杆，即 A 为常量；

（2）杆件内部各个截面上轴力都相等，即 F_N 为常量；

（3）杆件各部分材料相同，即 E 为常量。

上述三个条件必须同时符合才能使用式（9-4），当不符合使用条件时，应该将杆件分段，使每一段符合使用条件，先计算每一段的变形，然后叠加求总变形。

注意：使用式（9-4）时，轴力 F_N 应代入正负号，Δl 随轴力 F_N 的符号有正负之分，Δl 为正表明杆件伸长了，Δl 为负表明杆件缩短了。

例9-6　如图9-9a所示阶梯形钢杆，AC 段横截面面积 $A_1 = 500\text{mm}^2$，CD 段横截面面积 $A_2 = 200\text{mm}^2$，材料的弹性模量 $E = 200\text{GPa}$。求杆的绝对变形。

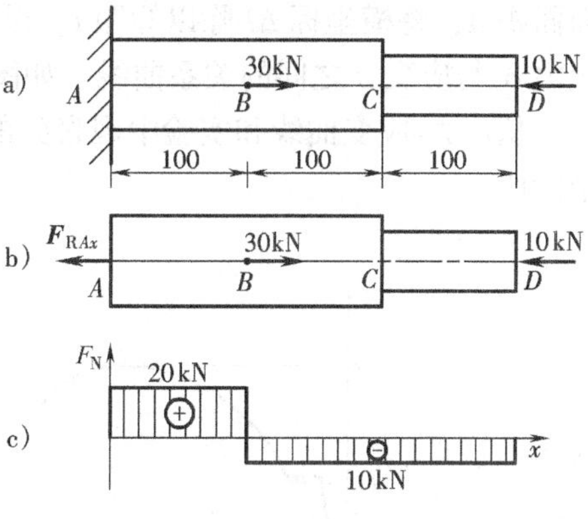

图　9-9

解　（1）计算 A 端的约束反力

选阶梯杆为研究对象，进行受力分析，画受力图，如图9-9b所示。列平衡方程

$$\sum F_x = 0 \qquad -F_{RAx} + 30\text{kN} - 10\text{kN} = 0$$

$$F_{RAx} = 20\text{kN}$$

（2）绘制轴力图，如图9-9c所示。

（3）计算变形

阶梯杆整体不符合式（9-4）的使用条件，将其分为 AB、BC、CD 三段分别计算变形，然后用叠加法求阶梯杆的总变形。

$$\Delta l = \Delta l_{AB} + \Delta l_{BC} + \Delta l_{CD}$$

$$=\frac{F_{NAB}l_{AB}}{EA_1}+\frac{F_{NBC}l_{BC}}{EA_1}+\frac{F_{NCD}l_{CD}}{EA_2}$$

$$=\frac{20\times10^3\times100}{200\times10^3\times500}\text{mm}-\frac{10\times10^3\times100}{200\times10^3\times500}\text{mm}-\frac{10\times10^3\times100}{200\times10^3\times200}\text{mm}$$

$$=-0.015\text{mm}$$

计算结果为负值，说明杆的总长度缩短了 0.015mm，同时也说明杆的绝对变形的确是微小的。

第四节　材料在拉伸和压缩时的力学性能

为了解决构件的强度及变形问题，还需要研究材料的力学性能。材料的力学性能一般通过实验方法来测定，不同的材料具有不同的力学性能，同样的材料在不同的温度和加载方式下也会显示出不同的力学性能。本节主要讨论低碳钢和铸铁这两种材料在常温、静载下的力学性能，常温是指室温，静载是指加力缓慢、平稳。

一、低碳钢在拉伸时的力学性能

材料的力学性能与试件的形状和尺寸有关，为了使不同材料的实验结果能够互相比较，必须将试件按国家规定制成标准试件，如图 9-10 所示。试件中部等截面段的直径为 d，试件中段用来测量变形的长度 l 称为标距。通常取 $l=10d$ 或 $l=5d$，分别称为 10 倍试件或 5 倍试件。

拉伸实验在材料实验机上进行。将试件装夹于实验机上，缓慢加载，直至试件断裂。实验机的自动绘图装置将绘制出 $F-\Delta l$ 曲线，即力-伸长曲线，如图 9-11a 所示。$F-\Delta l$曲线与试件的尺寸有关，为了消除尺寸的影响，获得反映材料力学性能的曲线，将纵坐标 F 除以试件原始横截面面积 A，将横坐标 Δl 除以标距 l，得到试件横截面上的正应力 σ 与应变 ε 之间的关系曲线，如图 9-11b 所示，称为应力-应变曲线，即 σ-ε 曲线。

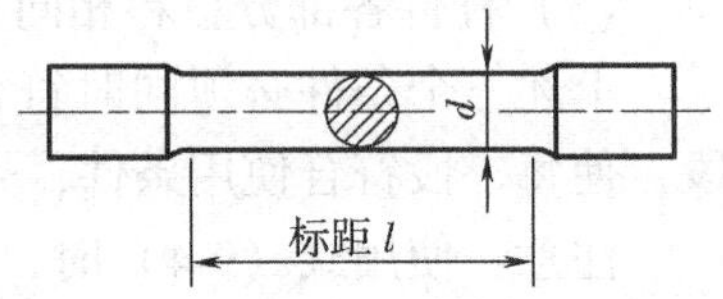

图　9-10

从应力-应变曲线和实验中观察到的现象可以知道，低碳钢的拉伸实验可以分为以下四个阶段。

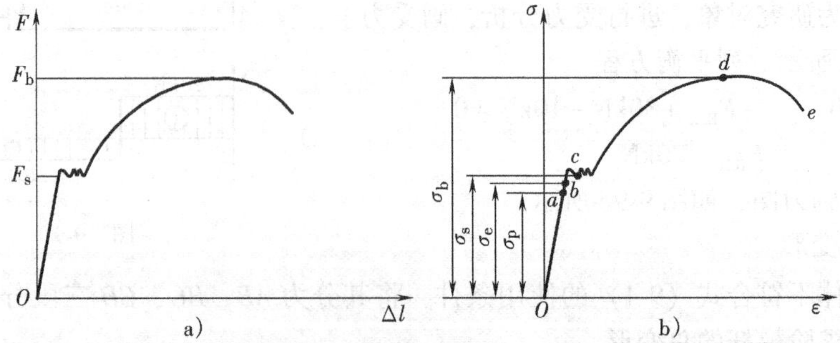

图　9-11

1. 弹性阶段

在图 9-11b 中，Ob 段内材料的变形为弹性变形，即卸载后变形完全自行消失。b 点所对应的应力值称为弹性极限，用符号 σ_e 表示。它是材料只产生弹性变形的最大应力。

在弹性阶段中 oa 段为斜直线，说明在此范围内应力 σ 与应变 ε 成正比，用数学表达式表示为

$$\sigma = E\varepsilon$$

这就是前面介绍的拉伸（或压缩）的胡克定律。其中弹性模量 E 为直线的斜率。

直线 Oa 的最高点 a 所对应的应力称为比例极限，用符号 σ_p 表示。它是应力与应变成正比的最大应力，因此胡克定律只适用于应力不超过比例极限的范围。低碳钢的比例极限在 190～200MPa 左右。

弹性极限与比例极限虽然含义不同，但数值非常接近，所以工程上对二者并不严格区分。

2. 屈服阶段

应力超过 b 点后在应力-应变曲线上形成一段接近水平线的小锯齿形线段。这种应力变化不大而应变显著增加的现象称为屈服或流动。屈服阶段的最低点所对应的应力称为屈服点，用符号 σ_s 表示。低碳钢的屈服点在 240MPa 左右。

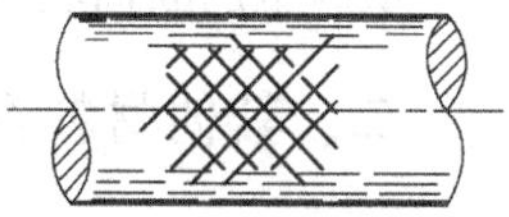

图　9-12

屈服阶段中，在磨光的试件表面出现与轴线大致成 45°倾角的条纹，称为滑移线，如图 9-12 所示。这是由于材料内部晶格发生滑移引起的。

材料屈服时出现显著的塑性变形（卸载后不能消失的变形），影响构件的正常工作，故屈服点 σ_s 是材料的一个重要的强度指标。

3. 强化阶段

过了屈服阶段以后，σ-ε 曲线又开始继续上升。这说明，要使试件继续变形必须加大拉力，即材料又恢复了抵抗变形的能力，这种现象称为材料的强化。从屈服终止到图中的 d 点称为材料的强化阶段。在强化阶段试件明显变细变长，即塑性变形显著增加。d 点是 σ-ε 曲线的最高点，它所对应的应力是材料所能承受的最大应力，称为抗拉强度，用符号 σ_b 表示，它是材料的另一个重要的强度指标。低碳钢的抗拉强度在 400MPa 左右。

4. 局部变形阶段

应力达到 σ_b 以后，试件的变形明显集中于某一局部区域，致使试件在这一区域明显变细，这种现象称为缩颈，如图 9-13 所示。缩颈现象出现以后，继续拉伸所需拉力迅速减小，最后在缩颈处断裂。

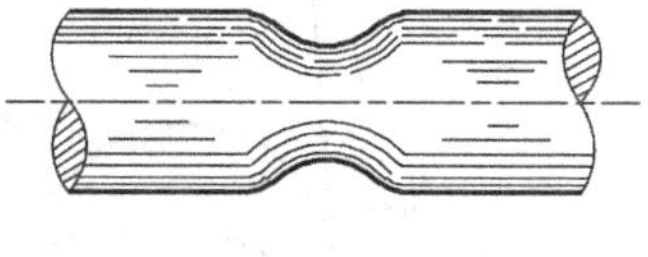

图　9-13

综上所述，通过低碳钢的拉伸实验，可以测得 σ_p、σ_e、σ_s 和 σ_b 四个强度指标及弹性模量 E，其中 σ_s 和 σ_b 是材料的两个重要的强度指标。

试件拉断后，弹性变形消失，塑性变形遗留在试件上。通过拉伸实验可以得到材料的两个塑性指标：

（1）断后伸长率：试件断裂后相对伸长的百分率，用符号 δ 表示。

$$\delta = \frac{l_1 - l}{l} \times 100\% \tag{9-5}$$

式中　l——试件标距的原长；

l_1——拉断后测得的试件标距间的长度。

试件的塑性变形越大，断后伸长率 δ 也越大，因此断后伸长率 δ 是材料的一个重要的塑性指标。低碳钢的断后伸长率很高，其平均值为 20% ~30%，这说明低碳钢的塑性很好。工程中，根据断后伸长率的大小将材料分为两类：$\delta \geqslant 5\%$ 的材料称为塑性材料，如碳钢、黄铜、铝合金等。$\delta < 5\%$ 的材料称为脆性材料，如铸铁、玻璃、陶瓷等。

（2）断面收缩率：试件断裂后横截面面积相对收缩的百分率，用符号 ψ 表示。

$$\psi = \frac{A - A_1}{A} \times 100\% \tag{9-6}$$

式中　A——试件原始横截面面积；

A_1——试件拉断后断口处的最小横截面面积。

低碳钢的断面收缩率的平均值约为 60%。

二、其他材料在拉伸时的力学性能

1. 其他塑性材料在拉伸时的力学性能

工程上常用的塑性材料还有中碳钢、某些高碳钢、合金钢、青铜和黄铜等。实验测定一些塑性材料的 σ-ε 曲线，如图 9-14 所示。由图可见，它们与低碳钢 σ-ε 曲线的共同特点是都存在弹性阶段，不同之处在于有的材料（如黄铜）没有屈服阶段，有的材料（如 T10A）没有缩颈现象。

对于没有屈服阶段的材料，通常以试件产生 0.2% 的塑性应变所对应的应力作为屈服点，称为名义屈服点，用 $\sigma_{0.2}$ 表示，如图 9-15 所示。

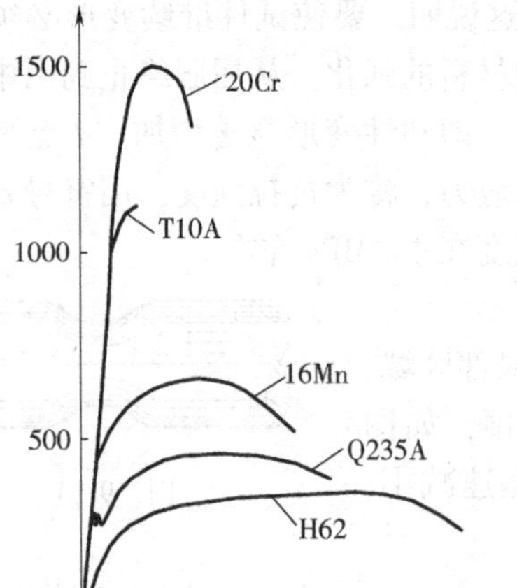

图　9-14

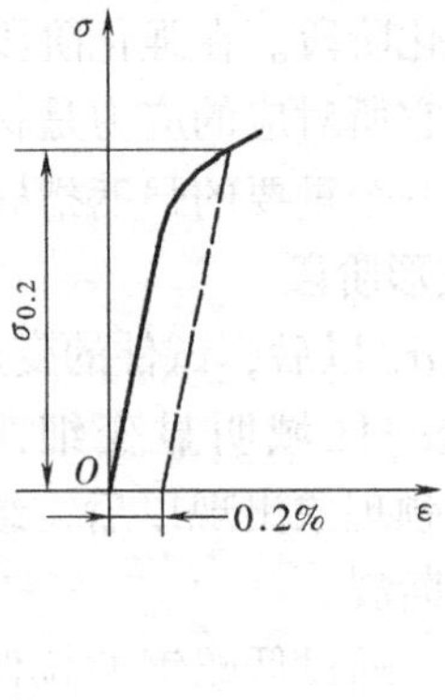

图　9-15

2. 脆性材料在拉伸时的力学性能

脆性材料，如灰铸铁、陶瓷等受到拉伸时，从开始直至断裂变形很小，没有屈服阶段和缩颈现象。灰铸铁的 σ-ε 曲线如图 9-16 所示，它是一条微弯曲线，在较小的应力下即被拉断，拉断时的应变很小，断后伸长率也很小，仅为 0.4% ~0.5%，所以灰铸铁是典型的脆性材料。灰铸铁拉断时的最大应力称为抗拉强度，用 σ_{bL} 表示。因为没有屈服点，故抗拉强度是灰铸铁惟一的强度指标。

由于灰铸铁的 σ-ε 曲线没有明显的直线部分，故应力与应变不再成正比关系。但因为脆性材料在较低的应力下即发生破坏，工程中近似地认为其变形服从胡克定律。

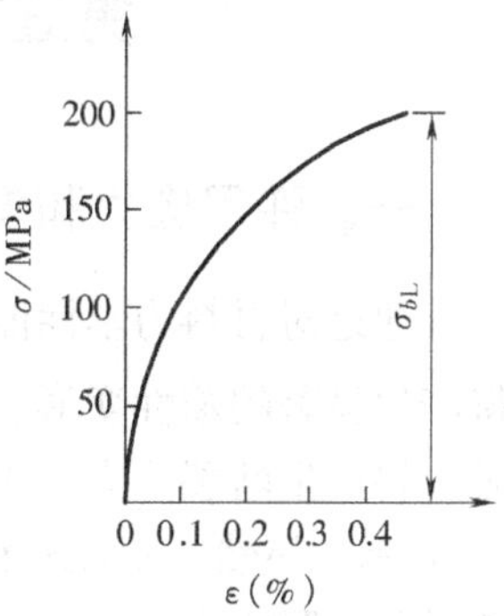

图　9-16

三、材料在压缩时的力学性能

压缩实验所用的试件常为圆柱形，为避免压弯，圆柱的高度约为其直径的 1.5 ~3 倍。

低碳钢压缩时的 σ-ε 曲线如图 9-17 所示，虚线为其拉伸时的 σ-ε 曲线。从图中可以看出，在弹性阶段和屈服阶段二曲线重合，说明低碳钢压缩时的 σ_p、σ_s 和 E 与拉伸时大致相同。进入强化阶段以后，试件越压越扁，横截面面积不断增大，试件先被压成鼓形，最后成为饼状但不会断裂，无法测得抗压强度。

灰铸铁压缩时的 σ-ε 曲线如图 9-18 所示，虚线为其拉伸时的 σ-ε 曲线。从图中可以看出，灰铸铁的抗压强度 σ_{bY} 约是其抗拉强度 σ_{bL} 的 3 ~4 倍。

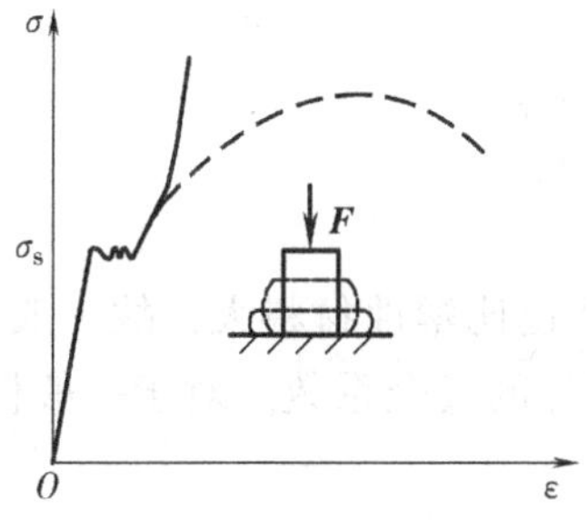

图　9-17

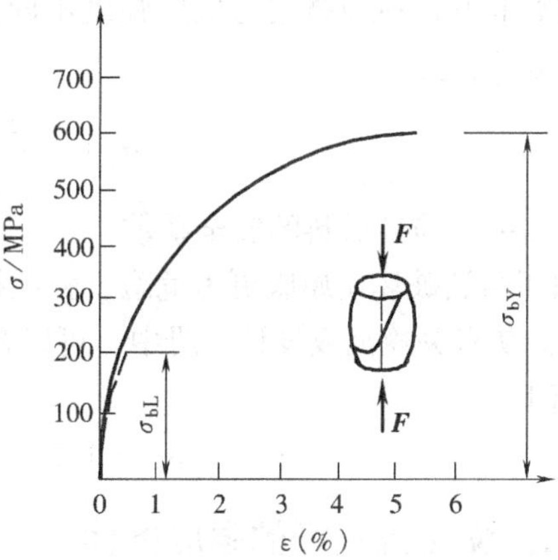

图　9-18

当灰铸铁试件受压时，仍然没有屈服阶段和缩颈现象，试件在较小变形下突然破坏，其断口大致与轴线成 45° ~55°倾角。

从上述实验可以看出，塑性材料抗拉、压能力都很强，塑性较大，抗冲击能力强，因此在工程中，齿轮和轴等重要零件多用低碳钢类塑性材料制造。脆性材料的抗压能力远远高于其抗拉能力，所以像机床床身、机座、轴承座等受压构件多用灰铸铁类脆性材料制造。

第五节　拉（压）杆的强度条件及其应用

一、许用应力和安全系数

通过对材料力学性能的研究知道，对于低碳钢等塑性材料，当应力达到屈服点 σ_s 时，将产生显著的塑性变形。对于灰铸铁等脆性材料，当应力达到抗拉强度 σ_{bL} 或抗压强度 σ_{bY} 时，将产生断裂。力学中，把材料产生较大的塑性变形或断裂时的应力称为极限应力，用 σ^0 表示。显然，塑性材料的极限应力是 σ_s 或 $\sigma_{0.2}$；脆性材料拉伸时的极限应力是 σ_{bL}，压缩时的极限应力是 σ_{bY}。

从安全的角度，考虑到各种因素的影响，构件在工作时的应力不仅不能达到极限应力，还应留有必要的强度储备。一般情况下，将材料的极限应力 σ^0 除以大于 1 的安全系数 n 作为设计时应力的最大允许值，称为许用应力，用 $[\sigma]$ 表示。即

$$[\sigma] = \frac{\sigma^0}{n}$$

塑性材料在拉伸和压缩时屈服点基本相同，故许用拉、压应力相等，均为

$$[\sigma] = \frac{\sigma_s}{n_s} \quad 或 \quad [\sigma] = \frac{\sigma_{0.2}}{n_s}$$

式中　n_s——塑性材料的安全系数。

脆性材料的抗拉强度与抗压强度不同，故许用应力也分为许用拉应力 $[\sigma_L]$ 和许用压应力 $[\sigma_Y]$，且

$$[\sigma_L] = \frac{\sigma_{bL}}{n_b} \qquad [\sigma_Y] = \frac{\sigma_{bY}}{n_b}$$

式中　n_b——脆性材料的安全系数。

由于断裂破坏比屈服更为危险，脆性材料的不均匀性也比塑性材料大，故一般情况下，$n_b > n_s$。从有关规范或设计手册中，可以查到各种不同构件的安全系数。对于一般机械，在静载荷下

$$n_s = 1.2 \sim 2.5 \quad n_b = 2 \sim 3.5$$

二、拉（压）杆的强度条件

杆件在产生轴向拉伸（或压缩）变形时，拉（压）杆横截面上的正应力，由式（9-1）可知为 $\sigma = F_N/A$，这样求得的应力称为工作应力。为了保证拉（压）杆具有足够的强度，要求其最大工作应力不得超过材料的拉伸（或压缩）时的许用应力。即

$$\sigma_{max} = \left|\frac{F_N}{A}\right|_{max} \leqslant [\sigma] \tag{9-7}$$

式（9-7）为拉压杆的强度条件。其中 σ_{max} 是最大工作应力，产生最大工作应力的截面称为危险截面。对于轴力为常量的等直杆，因为 F_N 和 A 都是常数，所以上式变为

$$\sigma = \frac{|F_N|}{A} \leqslant [\sigma] \tag{9-8}$$

三、强度条件的应用

应用拉（压）杆的强度条件可以解决下列三种类型的强度计算问题：

1. 强度校核

已知载荷、杆件的横截面尺寸和材料的许用应力，检验其是否满足强度条件，从而判断杆件是否具有足够的强度。当最大工作应力大于许用应力时，只要不超过许用应力的5%，按照设计规范的规定仍然认为杆件是能够安全工作的。

2. 设计截面尺寸

已知载荷及材料的许用应力，根据强度条件设计杆件的横截面尺寸，此时可将式（9-8）改写成如下形式

$$A \geqslant \frac{|F_N|}{[\sigma]}$$

3. 确定许可载荷

已知杆件的横截面尺寸和材料的许用应力，根据强度条件确定许可载荷，此时可将式（9-8）改写成如下形式

$$|F_N| \leqslant A[\sigma]$$

在应用强度条件求解这三类问题的过程中，要注意以下两点：

（1）无论求解哪种类型的问题，在运算中都会涉及到不同量纲的量，所以统一单位是很重要的。为简便起见，力的单位用N，长度单位用mm，求得应力的单位直接就是MPa，不用再进行换算。

（2）求解材料力学问题的程序可以简单地表达为

$$外力 \rightarrow 内力 \rightarrow 应力 \rightarrow 强度条件$$

上述三类问题都可按此思路求解。

例9-7　如图9-19所示，钢板BC上作用一载荷$F=20\text{kN}$，杆AB的直径$d_1=20\text{mm}$，杆CD的直径$d_2=15\text{mm}$，材料的许用应力$[\sigma]=160\text{MPa}$。校核杆AB、CD的强度。

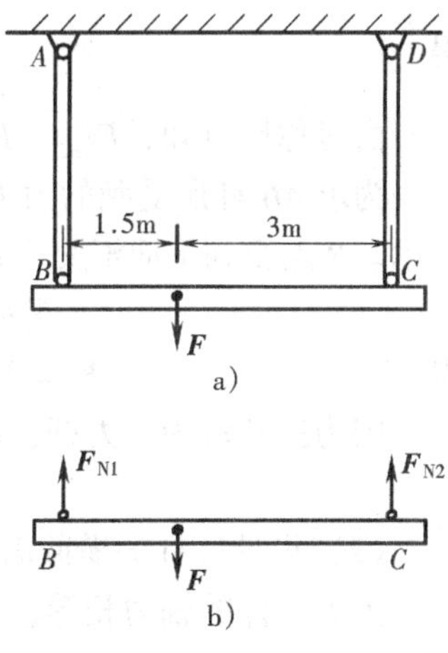

图　9-19

解　（1）计算杆AB、CD的轴力

选钢板BC为研究对象，进行受力分析，画受力图，如图9-19b所示。显然钢板受到平面平行力系作用，列平衡方程

$$\sum M_B(\boldsymbol{F})=0 \qquad -1.5F+4.5F_{N2}=0$$

得

$$F_{N2}=\frac{F}{3}=6.67\text{kN}$$

$$\sum F_y=0 \qquad F_{N1}+F_{N2}-F=0$$

得

$$F_{N1}=\frac{2F}{3}=13.33\text{kN}$$

因为杆AB、CD均为二力杆，故$\boldsymbol{F}_{N1}$、$\boldsymbol{F}_{N2}$即为两杆的轴力。

（2）分别校核杆AB、CD的强度

由式（9-8），对AB杆有

$$\sigma_1 = \frac{|F_{N1}|}{A_1} = \frac{F_{N1}}{\pi d_1^2/4} = \frac{13.33 \times 10^3}{\pi \times 20^2/4}\text{MPa} = 42.43\text{MPa} < [\sigma]$$

对 CD 杆有

$$\sigma_2 = \frac{|F_{N2}|}{A_2} = \frac{F_{N2}}{\pi d_2^2/4} = \frac{6.67 \times 10^3}{\pi \times 15^2/4}\text{MPa} = 37.74\text{MPa} < [\sigma]$$

所以杆 AB、CD 的强度足够。

例 9-8　双杠杆夹紧机构如图 9-20a 所示，在水平力 $\boldsymbol{F}$ 的作用下，产生一对 $F = 20\text{kN}$ 的夹紧力，已知 AB、BC、BD 三杆的材料相同，横截面均为圆形，$[\sigma] = 100\text{MPa}$，$\alpha = 30°$。设计该三杆的直径。

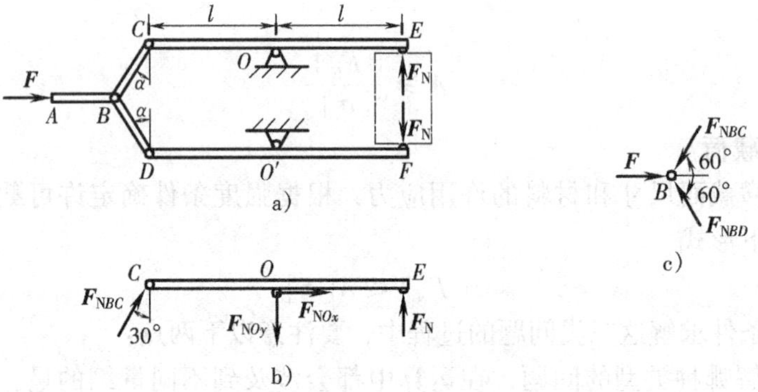

图　9-20

解　(1) 计算各杆的轴力

选杆 COE 为研究对象，进行受力分析，画受力图，如图 9-20b 所示。杆 COE 受到平面任意力系作用，列平衡方程

$$\sum M_O(\boldsymbol{F}) = 0 \qquad F_N - F_{NBC}\cos30° l = 0$$

得
$$F_{NBC} = \frac{F}{\cos30°} = \frac{20}{\cos30°} = 23.1\text{kN}$$

由对称性可知，$F_{NBC} = F_{NBD} = 23.1\text{kN}$

为求 AB 杆所受到的力 $\boldsymbol{F}$，选 B 点为研究对象，进行受力分析，画受力图，如图 9-20c 所示。B 点受到平面汇交力系作用，列平衡方程

$$\sum F_x = 0 \qquad F - F_{NBC}\cos60° - F_{NBD}\cos60° = 0$$

得
$$F = 2F_{NBC}\cos60° = 2 \times 23.1\text{kN}\cos60° = 23.1\text{kN}$$

因为三杆均为二力杆，故 $\boldsymbol{F}$、$\boldsymbol{F}_{NBC}$、$\boldsymbol{F}_{NBD}$ 分别为 AB、BC、BD 三杆的轴力，且

$$F = F_{NBC} = F_{NBD} = 23.1\text{kN}$$

(2) 设计三杆的横截面直径

因为三杆的轴力相等，材料相同，故其横截面直径相等。设所求直径为 d，由强度条件得

$$\sigma = \frac{|F_{NBC}|}{A} = \frac{F_{NBC}}{\pi d^2/4} \leqslant [\sigma]$$

即
$$d \geqslant \sqrt{\frac{4F_{NBC}}{\pi[\sigma]}} = \sqrt{\frac{4 \times 23.1 \times 10^3}{\pi \times 100}}\text{mm} = 17.1\text{mm}$$

最后将直径圆整，取三杆的直径为 $d=18\text{mm}$。

例 9-9　如图 9-21a 所示支架，在节点 B 处受竖直载荷 $\boldsymbol{F}$ 作用，已知 1、2 杆的横截面积均为 $A=100\text{mm}^2$，材料的许用拉应力 $[\sigma_L]=200\text{MPa}$，$[\sigma_Y]=150\text{MPa}$。确定最大许可载荷 F。

解　(1) 计算 1、2 杆的轴力

选 B 点为研究对象，进行受力分析，画受力图，如图 9-21b 所示。B 点受到平面汇交力系作用，列平衡方程

$$\sum F_x=0 \qquad F_{N2}-F_{N1}\cos45°=0$$
$$\sum F_y=0 \qquad F_{N1}\sin45°-F=0$$

解方程得　$F_{N1}=\sqrt{2}F \qquad F_{N2}=F$

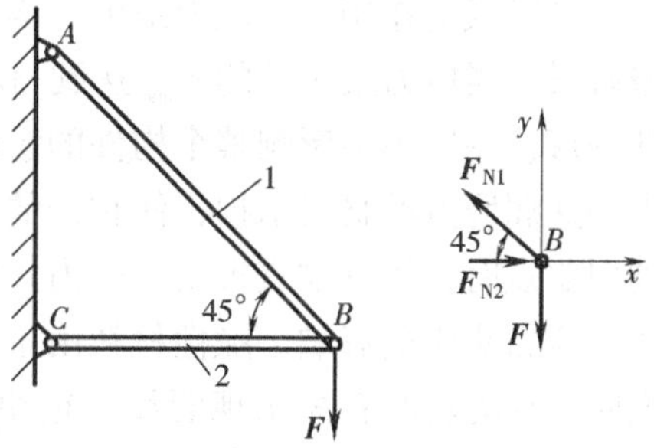

图　9-21

因为杆 1、2 都是二力杆，故 $\boldsymbol{F}_{N1}$ 和 $\boldsymbol{F}_{N2}$ 即为两杆的轴力，且 1 杆产生拉伸变形，2 杆产生压缩变形。

(2) 确定最大许可载荷 F

对于杆 1，其强度条件为

$$\sigma_{max}=\frac{|F_{N1}|}{A}=\frac{\sqrt{2}F}{A}\leqslant[\sigma_L]$$

即

$$F\leqslant\frac{A[\sigma_L]}{\sqrt{2}}=\frac{100\times200}{\sqrt{2}}\text{N}=1.41\times10^4\text{N}=14.1\text{kN}$$

对于杆 2，其强度条件为

$$\sigma_{max}=\frac{|F_{N2}|}{A}=\frac{F}{A}\leqslant[\sigma_Y]$$

即

$$F\leqslant A[\sigma_Y]=100\times150\text{N}=1.5\times10^4\text{N}=15\text{kN}$$

杆 1、2 都必须满足强度条件，支架才能正常工作，故最大许可载荷 $F=14.1\text{kN}$。

第六节　应力集中的概念

一、应力集中

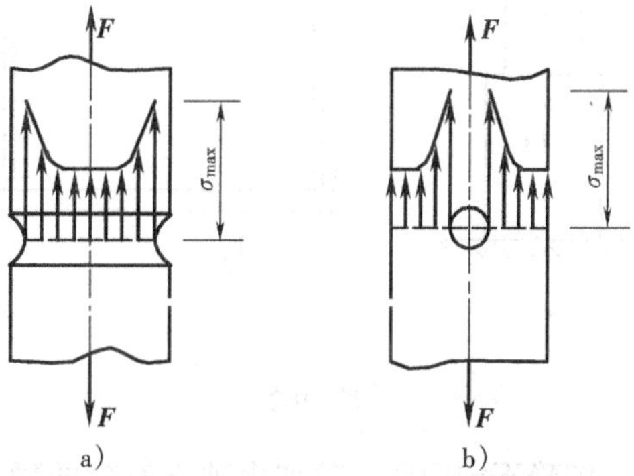

图　9-22

前面研究的都是等直杆，当其产生轴向拉伸（或压缩）变形时，横截面上的应力是均匀分布的。工程实际中，由于结构和工艺等原因，构件的横截面尺寸常常会发生变化，如轴上开有键槽、退刀槽或油孔等。实验分析表明，对于横截面尺寸有骤然改变的构件，当产生轴向拉伸（或压缩）变形时，在截面尺寸有急剧变化的部位，应力并不是均匀分布的。图 9-22a 所示为轴上开有退刀槽处的应力分布情况，图 9-22b 所示为轴上开有油孔处的应力分布情

况。从图中可以看出，截面尺寸变化处的应力显著增大，而距截面尺寸变化较远处的应力又渐趋平均。这种由于截面尺寸的突然变化而产生的应力局部陡增的现象，称为应力集中。

二、应力集中对构件强度的影响

在静载荷作用下，应力集中对构件强度的影响随材料性质的不同而异。塑性材料具有屈服阶段，当应力集中处的σ_{max}达到材料的屈服点时，应力值不再增加，只引起构件的局部塑性变形，一般不会影响整个构件的承载能力。当外力继续增大时，增大的外力就由截面上尚未到达屈服点的材料承担，使它们的应力继续增大到屈服点。当整个截面上各点的应力均达到屈服点时，构件才丧失工作能力。因此，塑性材料制成的构件，在静载荷下工作时可以不考虑应力集中的影响。脆性材料由于没有屈服阶段，当应力集中处的σ_{max}达到材料的抗拉强度时，该处材料首先出现裂纹，很快导致整个构件的破坏。因此，对于脆性材料制成的构件，应力集中造成的危害非常严重，即使在静载荷下工作时也必须考虑应力集中对构件强度的削弱。

当构件承受交变应力或冲击载荷时，不论构件是用塑性材料还是用脆性材料制作，应力集中对其强度都有严重的影响，往往是构件破坏的根源，必须加以考虑。为了减小应力集中对构件强度的影响，对于截面尺寸变化处，应尽量使构件的轮廓平缓光滑过渡。

*第七节 简单拉压静不定问题

在前面讨论的问题中，求解构件的约束反力或内力时，未知力的数目与独立平衡方程的数目相等，只用静力平衡方程就能解出，这类问题称为静定问题，如图 9-23 所示。但在工程实际中，为了提高结构的强度或刚度，往往增加构件的约束，如图 9-24 所示，这时未知力的数目就会多于平衡方程的数目，仅靠静力平衡方程并不能求解出全部未知力，这类问题称为静不定问题。未知量数目与静力平衡方程数目之差，称为静不定次数。图 9-24a、b 所示的两个问题，都是一次静不定问题。

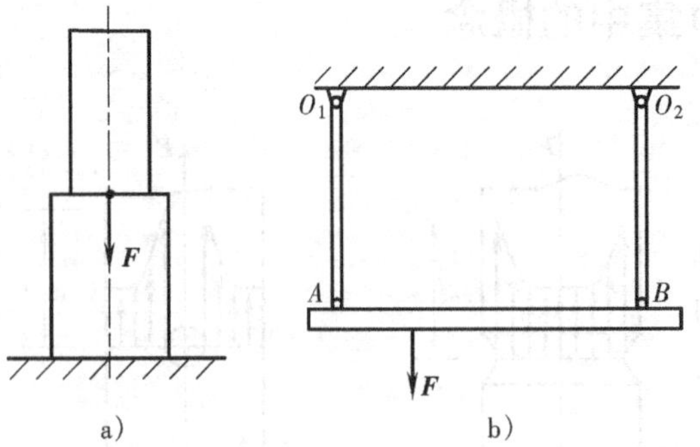

图 9-23

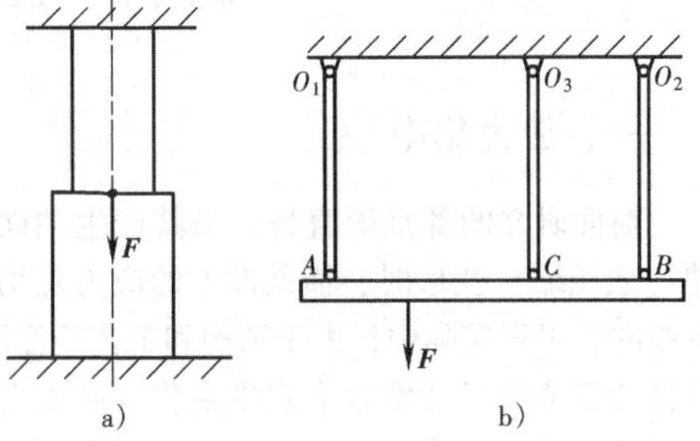

图 9-24

解静不定问题，除列出独立有效的静力平衡方程外，还必须列出含有未知力的补充方程。补充方程是根据构件变形间的几何关系列出的。力学中，将构件变形间的几何关系称为变形协调条件。找到变形协调条件以后，再结合力与变形间的物理关系（胡克定律）就可列出补充方程。因此，寻找变形协调条件是求解静不定问题的关键。

下面具体介绍简单拉（压）静不定问题的解法。

例 9-10　如图 9-25a 所示，两端固定的等直杆 AB，横截面面积 $A=200\text{mm}^2$，在 C 处作用一轴向载荷 $F=30\text{kN}$。不计自重，求杆的应力。

解　为求杆的应力，需先求出杆在各段横截面上的内力，为此应先求出杆所受的外力，即 A、B 两端的约束反力。

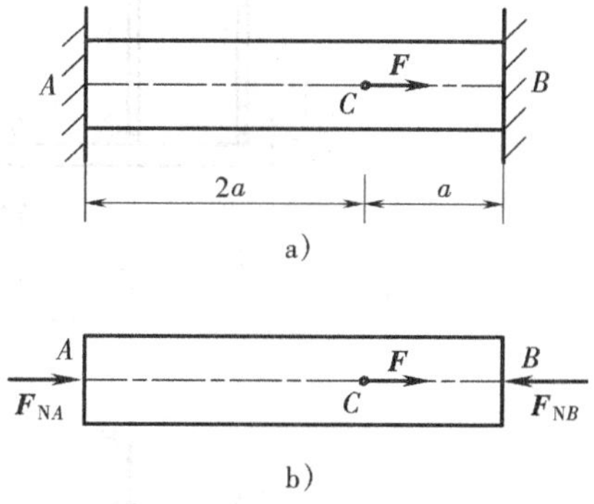

图　9-25

（1）选等直杆为研究对象，进行受力分析，画受力图，如图 9-25b 所示。列静力平衡方程

$$\sum F_x=0 \qquad F-F_{NA}-F_{NB}=0 \tag{a}$$

一个平衡方程不能求解两个未知量，所以本题为一次静不定问题，需补充一个方程。

（2）变形协调条件

杆在 A、B 两点受固定端约束，变形协调条件为 $\Delta l=0$，也就是 AC 段变形量 Δl_1 与 CB 段变形量 Δl_2 之和为零，即

$$\Delta l_1+\Delta l_2=0 \tag{b}$$

（3）列物理方程

用截面法求得 AC 段横截面上的轴力为 F_{NA}（产生拉伸变形），BC 段横截面上的轴力为 $-F_{NB}$（产生压缩变形）。设材料的弹性模量为 E，由胡克定律得

$$\Delta l_1=\frac{F_{NA}l_{AC}}{EA}=\frac{F_{NA}\times 2a}{EA} \tag{c}$$

$$\Delta l_2=-\frac{F_{NB}l_{CB}}{EA}=-\frac{F_{NB}\times a}{EA} \tag{d}$$

（4）列补充方程

分别将式（c）、式（d）代入式（b）得

$$\frac{F_{NA}\times 2a}{EA}-\frac{F_{NB}\times a}{EA}=0$$

即

$$F_{NB}=2F_{NA} \tag{e}$$

（5）求杆的内力

联立（a）、（e）两式求解，得

$$F_{NA}=\frac{F}{3}=10\text{kN}$$

$$F_{NB}=\frac{2F}{3}=20\text{kN}$$

（6）求杆的应力

AC 段　$$\sigma_1=\frac{F_{NA}}{A}=\frac{10\times10^3}{200}\text{MPa}=50\text{MPa}\ （拉应力）$$

CB 段　$$\sigma_2=-\frac{F_{NB}}{A}=-\frac{20\times10^3}{200}\text{MPa}=-100\text{MPa}\ （压应力）$$

例 9-11　如图 9-26a 所示，刚性杆 AB 用三根竖直杆吊成水平位置。设三根杆长度、横

截面面积、弹性模量均相同。在 $F=35\text{kN}$ 的力作用下，求：(1) 各杆的内力；(2) 若 $[\sigma]=80\text{MPa}$，杆件所需的横截面面积 A。

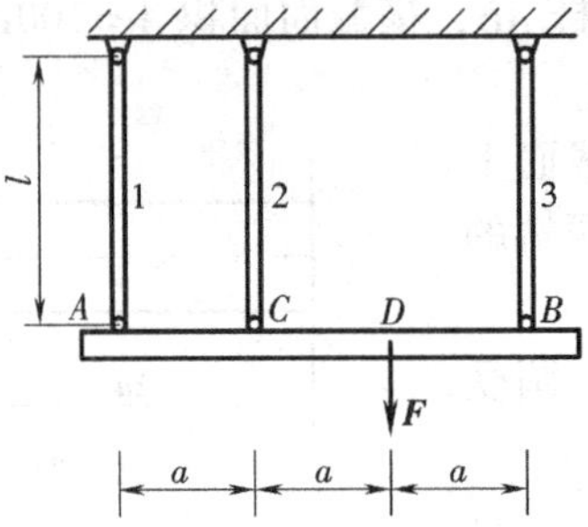

a)

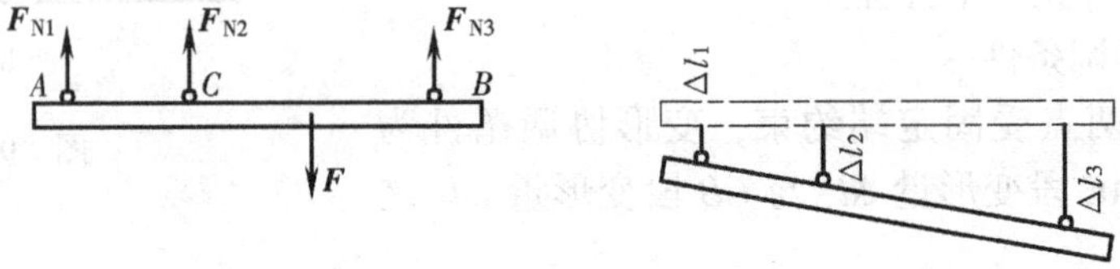

b)　　　　c)

图　9-26

解　(1) 选刚性杆 AB 为研究对象，进行受力分析，画受力图，如图 9-26b 所示。显然杆 AB 受平面平行力系作用，列静力平衡方程

$$\sum F_y=0 \qquad F_{N1}+F_{N2}+F_{N3}-F=0 \tag{a}$$

$$\sum M_C(F)=0 \qquad -F_{N1}a-Fa+F_{N3}\times 2a=0$$

即

$$F_{N3}=\frac{1}{2}(F_{N1}+F) \tag{b}$$

未知量有三个，独立的平衡方程仅有两个，问题为一次静不定。

(2) 变形协调条件

设三杆的绝对变形分别为 Δl_1、Δl_2、Δl_3，且 $\Delta l_1<\Delta l_2<\Delta l_3$。画与受力图相对应的构件变形图，如图 9-26c 所示。图中可以发现变形几何关系即变形协调条件为

$$\Delta l_3-\Delta l_1=3(\Delta l_2-\Delta l_1)$$

即

$$\Delta l_3=3\Delta l_2-2\Delta l_1 \tag{c}$$

(3) 列物理方程

因为 1、2、3 杆均为二力杆，故 $\boldsymbol{F}_{N1}$、$\boldsymbol{F}_{N2}$、$\boldsymbol{F}_{N3}$ 即为三杆的内力。由胡克定律得

$$\Delta l_1=\frac{F_{N1}l}{EA} \tag{d}$$

$$\Delta l_2=\frac{F_{N2}l}{EA} \tag{e}$$

$$\Delta l_3=\frac{F_{N3}l}{EA} \tag{f}$$

(4) 列补充方程

分别将式 (d)、式 (e)、式 (f) 代入式 (c)，得

$$F_{N3} = 3F_{N2} - 2F_{N1} \tag{g}$$

（5）求各杆的内力

将（a）、（b）、（g）三式联立求解，得

$$F_{N1} = \frac{F}{7} = 5\text{kN}$$

$$F_{N2} = \frac{2F}{7} = 10\text{kN}$$

$$F_{N3} = \frac{4F}{7} = 20\text{kN}$$

（6）求杆的横截面面积 A

因为三杆截面面积相同，为使三杆都满足强度条件，应由 $F_{Nmax} = F_{N3}$ 求横截面面积，即

$$\sigma_{max} = \frac{|F_{N3}|}{A} \leqslant [\sigma]$$

$$A \geqslant \frac{|F_{N3}|}{[\sigma]} = \frac{20 \times 10^3}{80}\text{mm}^2 = 250\text{mm}^2$$

取 $A = 250\text{mm}^2$。

本题求解时，也可假设 1 杆伸长量最大，3 杆伸长量最小，画出变形图，找到变形协调条件解题，结果与本例一致，读者可自行完成。同时，因为 AB 是刚性杆，画变形图时一定要注意，AB 杆不能产生弯曲变形。

总结前面例题的解题过程，可以得到求解简单拉（压）静不定问题的解题步骤为：

（1）选研究对象，画受力图。根据平衡条件列静力平衡方程，并确定静不定次数。

（2）研究各构件变形间的几何关系，找到变形协调条件并列出变形协调方程。

（3）根据胡克定律列出物理方程。

（4）将物理方程代入变形协调方程，得到补充方程。将补充方程与静力平衡方程联立，求解全部未知力。

小　结

1. 构件在外力作用下处于平衡状态，且外力或外力合力的作用线与构件的轴线重合，在这种外力作用下，构件只产生沿轴线方向的伸长（或缩短），沿直径方向的缩小（或增大），这种变形形式称为轴向拉伸或压缩。以轴向拉伸（或压缩）变形为主要变形形式的构件称为拉（压）杆，简称杆。

2. 用截面法可以求得杆件产生轴向拉伸（或压缩）变形时其横截面上的内力——轴力，用符号 $\boldsymbol{F}_N$ 表示。轴力的正负号规定为：杆件产生拉伸变形时为正，产生压缩变形时为负；或轴力指向截面外部为正，指向截面内部为负。用规律绘图法可以方便地绘制轴力图。

3. 杆件在产生轴向拉伸（或压缩）变形时，其横截面上只存在一种应力即正应力 $\boldsymbol{\sigma}$，且在同一横截面上各点的正应力均匀分布，方向垂直于横截面。计算公式为

$$\sigma = \frac{F_N}{A}$$

σ 为正值时为拉应力，σ 为负值时为压应力。

4. 胡克定律有两种表达形式：

（1）$\sigma = E\varepsilon$

（2）$\Delta l = \frac{F_N l}{EA}$

5. 常温、静载下的拉伸和压缩实验表明，反映材料强度指标的有比例极限 σ_p、弹性极限 σ_e、屈服点 σ_s（或 $\sigma_{0.2}$）、抗拉强度 σ_{bL} 及抗压强度 σ_{bY}；反映材料刚度指标的是弹性模量 E，反映材料塑性指标的是断后伸长率 δ 和断面收缩率 ψ。依据断后伸长率 δ 的大小，工程中将材料分为两大类：

（1）$\delta \geqslant 5\%$ 的材料称为塑性材料，如碳钢、黄铜、铝合金等。其特点是破坏时有较大的塑性变形，其强度指标有屈服点和抗拉强度。

（2）$\delta < 5\%$ 的材料称为脆性材料，如铸铁、陶瓷、玻璃等。其特点是在很小的变形下即产生破坏，其抗压强度远大于抗拉强度。强度指标是抗拉或抗压强度。

6. 对于轴力为常量的等直杆，强度条件为

$$\sigma = \frac{|F_N|}{A} \leqslant [\sigma]$$

式中　F_N——杆件横截面上的轴力，单位为 N；

A——杆件横截面面积，单位为 mm^2。

应用强度条件可以解决下列三类问题：

（1）强度校核。已知载荷、杆件横截面尺寸和材料的许用应力，检验其是否满足强度条件，从而判断杆件是否具有足够的强度。

（2）设计截面尺寸。已知载荷及材料的许用应力，根据强度条件设计杆件横截面的尺寸，$A \geqslant \frac{F_N}{[\sigma]}$。

（3）确定许可载荷。已知杆件横截面尺寸和材料的许用应力，根据强度条件确定许可载荷，$|F_N| \leqslant A[\sigma]$。

7. 仅靠静力平衡方程不能求解出全部未知力，这样的问题称为静不定问题。未知力数目与静力平衡方程数目之差，称为静不定次数。解静不定问题必须研究变形间的几何关系，建立变形协调方程；然后依据物理关系把变形协调方程变为补充方程；联立补充方程与静力平衡方程求解，则可求出全部未知力。

习　题

9-1　指出图中哪些杆件产生轴向拉伸或压缩变形。

9-2　在分析图 a 所示杆件的内力和变形时，能否用“力的可传性原理”，将轴向载荷移到图 b 所示的位置？

9-3　求下列各杆指定横截面上的轴力，并绘制轴力图。

9-4　绘制图示等直杆的轴力图。如横截面面积 $A = 400mm^2$，求横截面 1-1、2-2、3-3 上的应力。

9-5　阶梯杆如图所示，绘制其轴力图。如 1-1、2-2、3-3 的横截面面积分别为 $A_1 = 400mm^2$，$A_2 = 300mm^2$，$A_3 = 200mm^2$，求各横截面上的应力。

9-6　一根 10 倍拉伸试件直径 $d = 10mm$，其材料的比例极限 $\sigma_p = 200MPa$。当实验机上载荷读数达到 $F = 10kN$ 时，量得工作段的伸长量 $\Delta l = 0.0607mm$，直径的缩小量 $\Delta d = 0.0017mm$。求此时试件横截面上的正

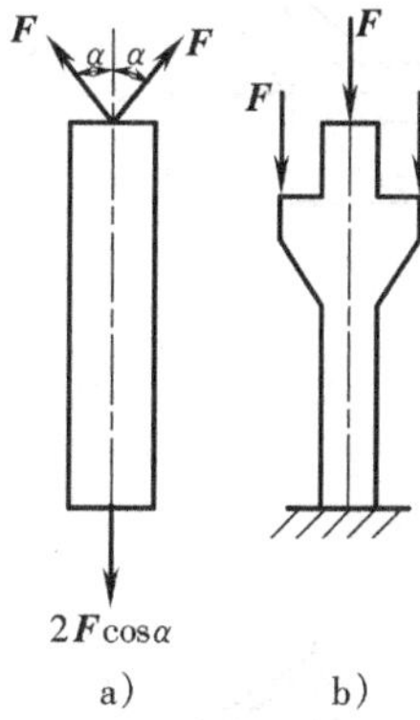

题　9-1 图

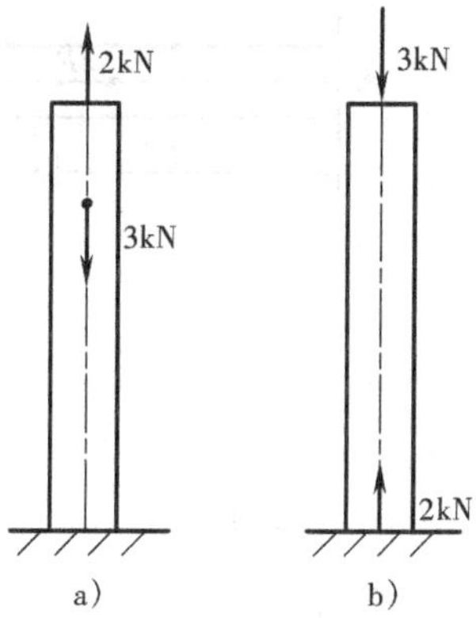

题　9-2 图

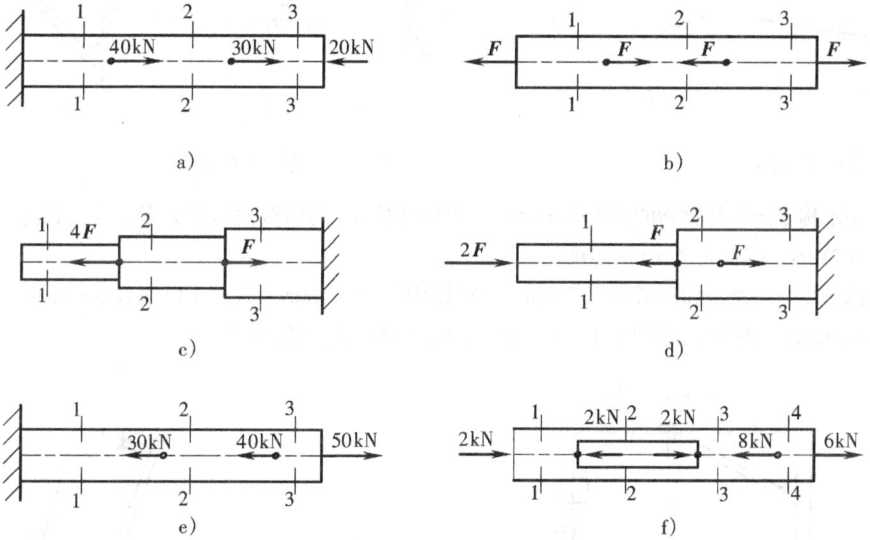

题　9-3 图

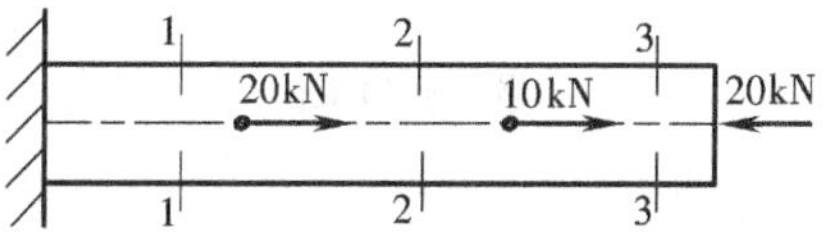

题　9-4 图

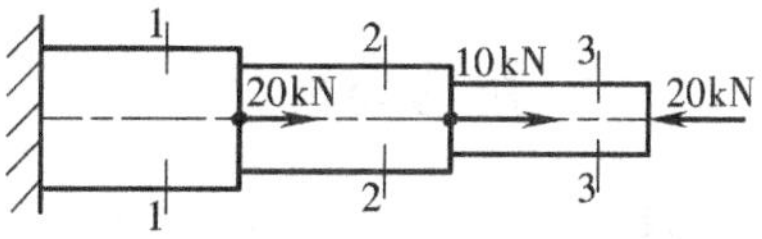

题　9-5 图

应力 σ 及材料的 E、μ 值。

9-7　直杆受力如图所示，横截面面积为 A、A_1，且 $A_1=\frac{1}{2}A$，长度为 l，弹性模量为 E。绘制轴力图，并求：(1) 各段横截面上的应力。(2) 杆件的绝对变形量 Δl。

9-8　三种不同材料的 $\sigma\sim\varepsilon$ 曲线如图所示。问：哪种材料的强度最高？哪种材料的刚度（在弹性阶段）最大？哪种材料的塑性最好？

9-9　现有低碳钢和灰铸铁两种材料，在题 9-9 图中，若用灰铸铁制造杆 1，用低碳钢制造杆 2。你认为是否合理？为什么？

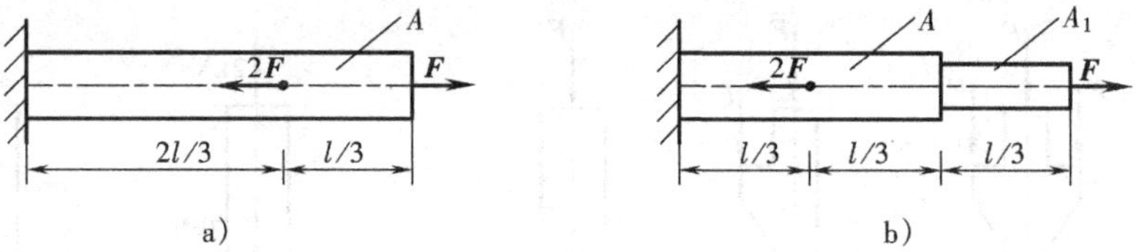

题 9-7 图

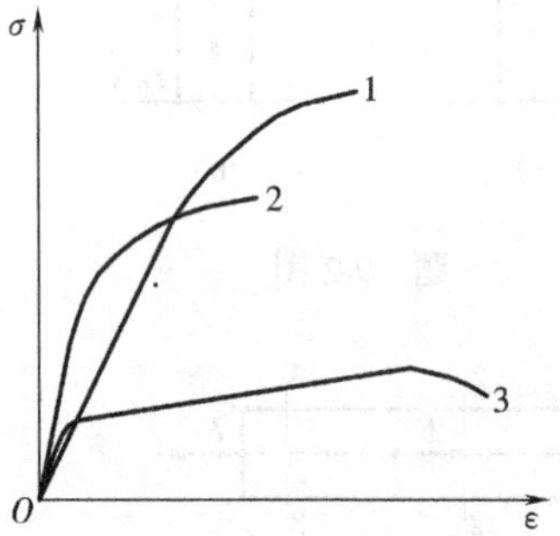

题 9-8 图

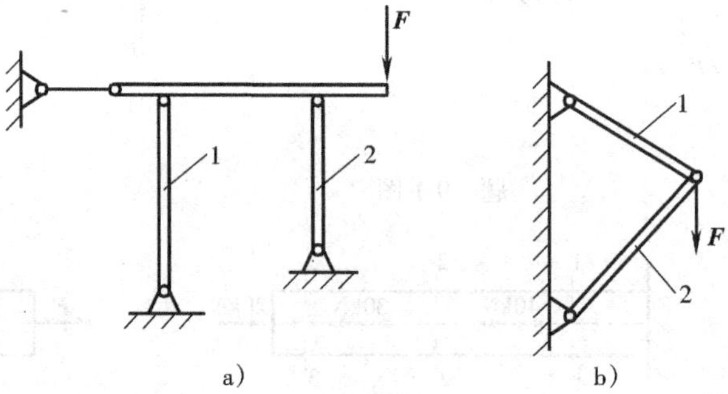

题 9-9 图

9-10 图示构架上悬挂重物的重力 $G=60\text{kN}$，木杆支柱 AB 的横截面为正方形，其边长为 0.2m，许用应力［σ］$=7\text{MPa}$。校核支柱 AB 的强度。

9-11 汽车离合器踏板如图所示。已知踏板受到的压力 $F=400\text{N}$，拉杆 1 的直径 $d=9\text{mm}$，杠杆臂长 $L=330\text{mm}$，$l=56\text{mm}$，拉杆的许用应力［σ］$=50\text{MPa}$。校核拉杆 1 的强度。

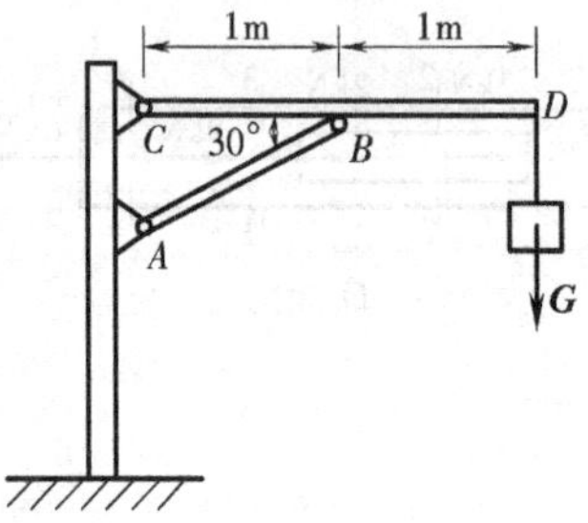

题 9-10 图

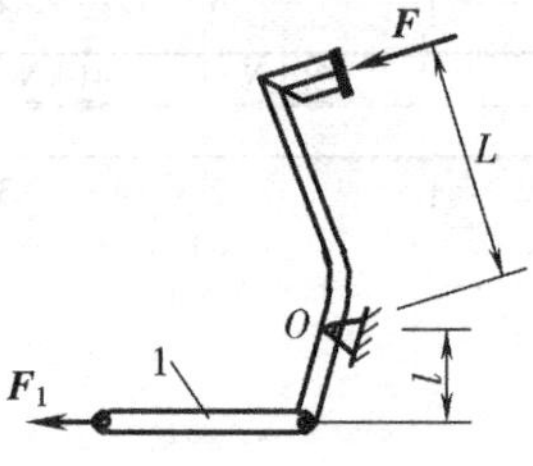

题 9-11 图

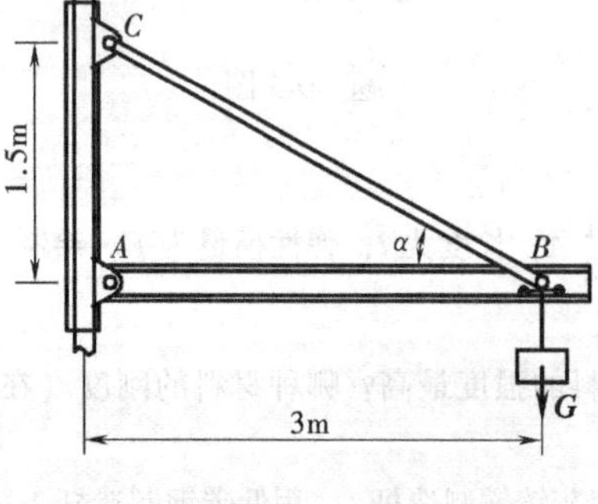

题 9-12 图

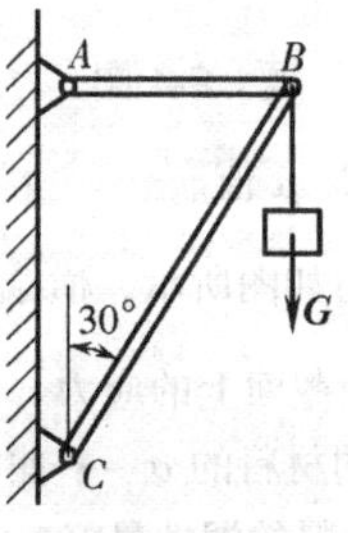

题 9-13 图

9-12　某厂自制一台悬臂吊车，其结构尺寸如图所示。已知起吊重物的重力 $G=20\text{kN}$，杆 BC 的材料为 Q235 钢，许用应力 $[\sigma]=120\text{MPa}$。(1) 设计拉杆 BC 的直径 d；(2) 若把 BC 杆换成等边角钢，确定角钢的号数。

9-13　重力 $G=50\text{kN}$ 的物体挂在支架 ABC 的 B 点，如图所示。若 AB 杆的材料为碳钢，其许用应力 $[\sigma]=120\text{MPa}$；BC 杆的材料为铸铁，其许用应力 $[\sigma_Y]=80\text{MPa}$。确定杆 AB、BC 的横截面面积。

9-14　如图所示一钢木三角架。AB 为木杆，其横截面面积 $A_{AB}=10^4\text{mm}^2$，许用应力 $[\sigma]_{AB}=7\text{MPa}$；$BC$ 为钢杆，其横截面面积 $A_{BC}=600\text{mm}^2$，许用应力 $[\sigma]_{BC}=160\text{MPa}$。求最大许可载荷 F。

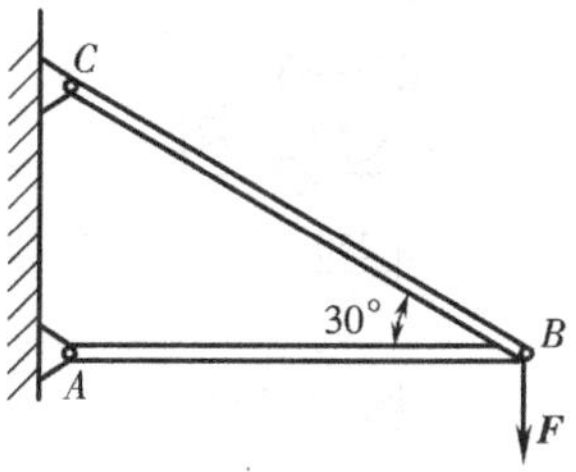

题　9-14 图

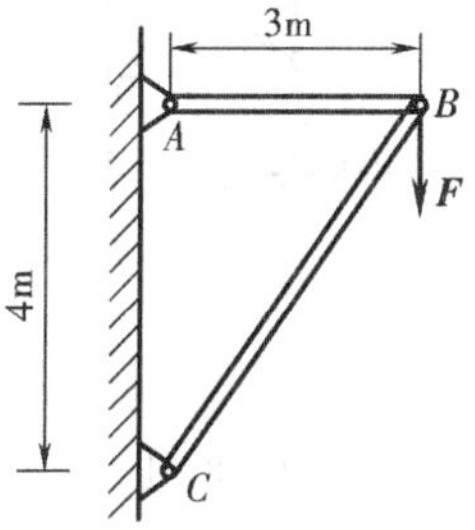

题　9-15 图

9-15　如图所示一钢木三角架，AB 为钢杆，其横截面面积 $A_{AB}=600\text{mm}^2$，许用应力 $[\sigma]_{AB}=140\text{MPa}$；$BC$ 为木杆，其横截面面积 $A_{BC}=3\times10^4\text{mm}^2$，许用应力 $[\sigma]_{BC}=3.5\text{MPa}$。求最大许可载荷 F。

9-16　图示机构中，构件 AB 的变形及重力可以略去不计。杆 1 为钢质圆杆，直径 $d_1=20\text{mm}$，$E_1=200\text{GPa}$；杆 2 为铜质圆杆，直径 $d_2=25\text{mm}$，$E_2=100\text{GPa}$。问：(1) 载荷 F 加在何处，才能使构件 AB 受力以后保持水平？(2) 若 $F=30\text{kN}$，求 1、2 两杆横截面上的正应力。

9-17　如图所示，钢杆 AC、BD 吊起一钢板 AB（重力与变形不计），力 $F=20\text{kN}$，两钢杆的横截面面积 $A=1\text{cm}^2$，$E=200\text{GPa}$。求两钢杆的应力及力 F 的作用点 E 的位移。

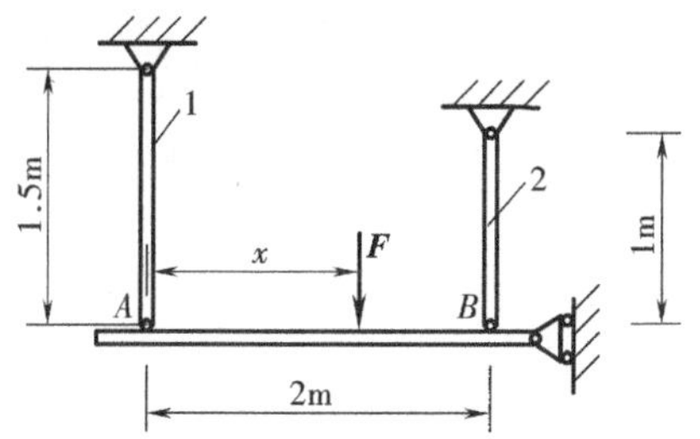

题　9-16 图

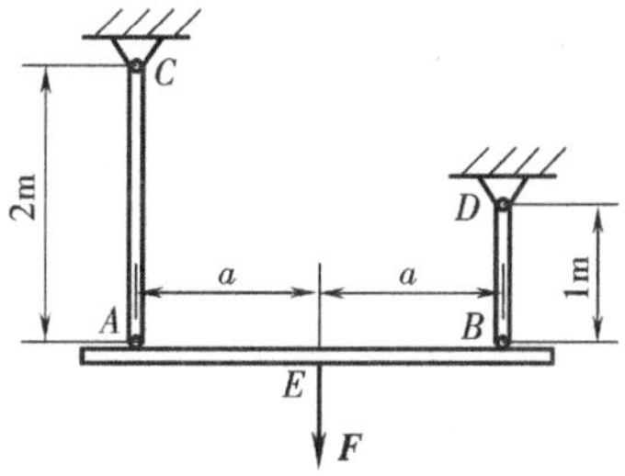

题　9-17 图

9-18*　等截面钢杆 AB，其横截面面积 $A=2\times10^3\text{mm}^2$，在 C 处作用有 $F=100\text{kN}$ 的轴向力，如图所示。不计自重，绘制 AB 杆的轴力图，并求杆内横截面上的应力。

9-19*　木质短柱的四角用四个 40mm×40mm×4mm 的等边角钢加固，如图所示。已知角钢的许用应力 $[\sigma]_{钢}=160\text{MPa}$，弹性模量 $E_{钢}=200\text{GPa}$；木材的许用应力 $[\sigma]_{木}=12\text{MPa}$，弹性模量 $E_{木}=10\text{GPa}$。求最大许可载荷 F。

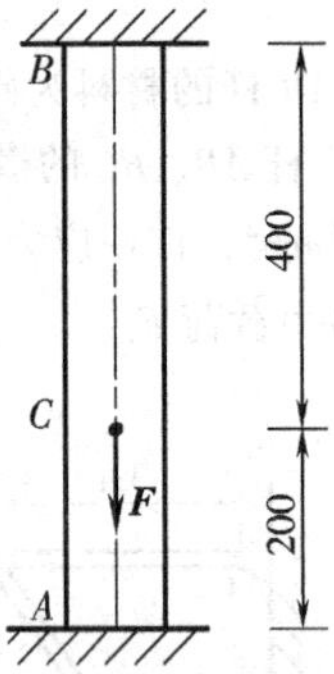

题 9-18 图

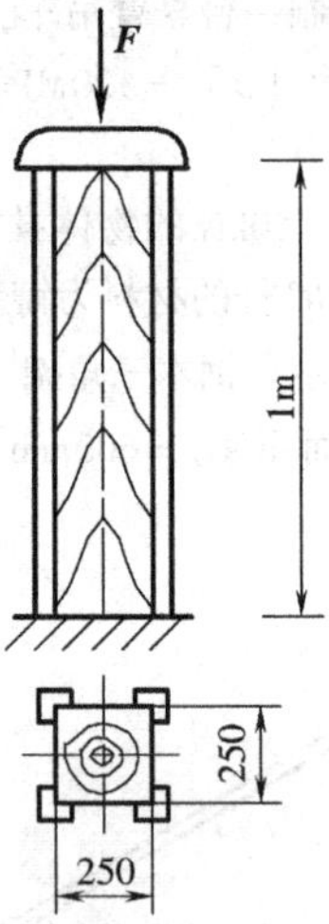

题 9-19 图

第十章　剪切和挤压

工程中，构件之间的联接常采用螺栓、铆钉、键、销钉等作为联接件，它们担负着传递力或运动的任务。图 10-1a 所示为铆钉联接钢板的结构示意图，图 10-1b 所示为此结构中铆钉的受力图。从图中可以看到，钢板受到外力 **F** 作用后又将力传递给铆钉，铆钉的两侧面受到相互平行的分布力作用，这两个分布力的合力大小相等、方向相反、作用线垂直于铆钉的轴线且距离很近，它们将各自推着自己所作用的部分沿着力的分界面 *m-m* 发生相对错动，如图 10-1c 所示。构件的这种变形称为剪切变形。发生相对错动的截面称为剪切面。

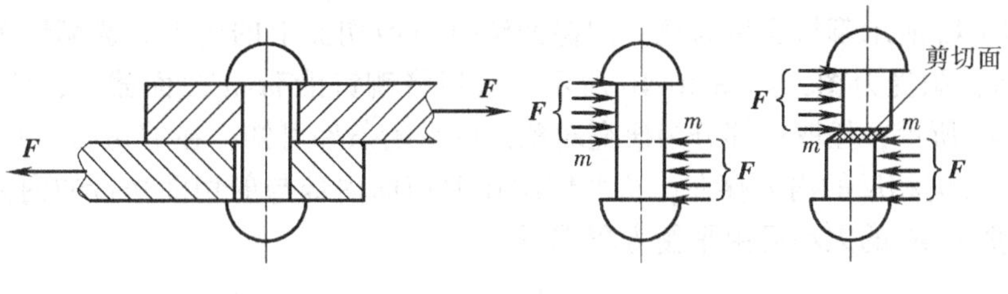

图　10-1

构件在产生剪切变形的同时，伴随着产生挤压变形。当两构件相互接触传递压力时，接触面间相互挤压，从而使较软构件的接触表面产生局部压陷的塑性变形，这种变形称为挤压变形。构件受压的接触面称为挤压面，如图 10-2 所示。

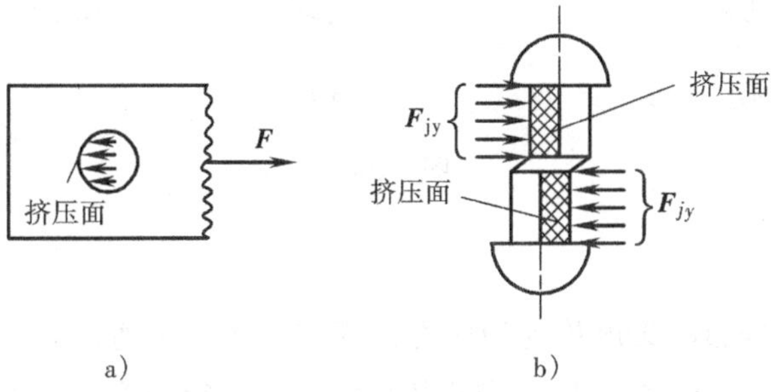

图　10-2

当外力过大时，联接件有可能被剪断，接触表面有可能被压溃。因此，对于联接件应进行剪切和挤压两方面的强度计算。

第一节　剪切实用计算

产生剪切变形的构件，只有一个剪切面的称为单剪，如图 10-3a 所示；有两个剪切面的称为双剪，如图 10-3b 所示。剪切面的数目不同，但剪切实用计算的方法是一样的。分析问题的程序仍然可以简单地表达为

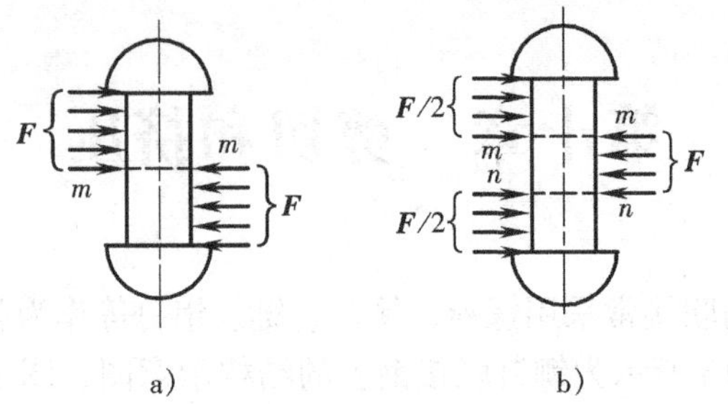

图　10-3

外力 → 内力 → 应力 → 强度条件

一、剪力

现以图 10-4a 所示铆钉联接为例，用截面法分析剪切面上的内力。选铆钉为研究对象，进行受力分析，画受力图，如图 10-4b 所示。假想将铆钉沿 m-m 截面截开，分为上下两部分，如图 10-4c 所示，任取一部分为研究对象，由平衡条件可知，在剪切面内必然有与外力 $\boldsymbol{F}$ 大小相等、方向相反的内力存在，这个作用在剪切面内部与剪切面平行的内力称为剪力，用 $\boldsymbol{F}_Q$表示。剪力 $\boldsymbol{F}_Q$的大小可由平衡方程求得

$$\sum F = 0 \qquad F_Q = F$$

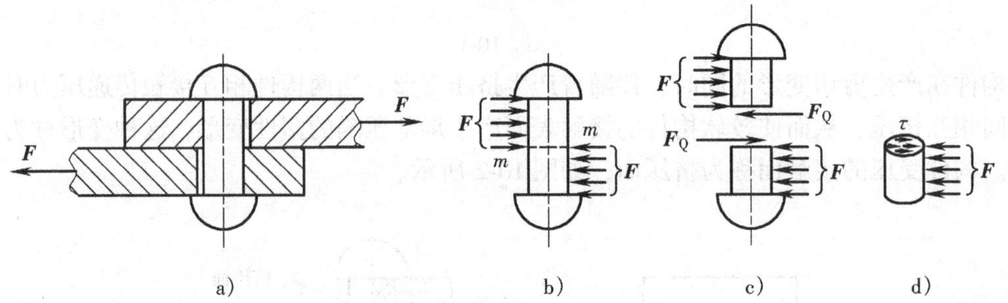

图　10-4

二、切应力

剪切面上内力 $\boldsymbol{F}_Q$分布的集度称为切应力，其方向平行于剪切面与 $\boldsymbol{F}_Q$相同，用符号$\boldsymbol{\tau}$表示，如图 10-4d 所示。切应力的实际分布规律比较复杂，很难确定，工程上通常采用建立在实验基础上的实用计算法，即假定切应力在剪切面上是均匀分布的。故

$$\tau = \frac{F_Q}{A} \tag{10-1}$$

式中　F_Q——剪切面上的剪力，单位为 N；

A——剪切面面积，单位为 mm^2。

三、剪切强度条件

为了保证构件在工作中不被剪断，必须使构件的工作切应力不超过材料的许用切应力，即

$$\tau = \frac{F_Q}{A} \leqslant [\tau] \tag{10-2}$$

式（10-2）称为剪切强度条件。

式中　$[\tau]$——材料的许用切应力，其大小等于材料的抗剪强度 τ_b 除以安全系数 n，即

$$[\tau] = \frac{\tau_b}{n}$$

工程中常用材料的许用切应力，可从有关手册中查取，也可按下列经验公式确定：

塑性材料　　$[\tau] = (0.6 \sim 0.8)[\sigma]$

脆性材料　　$[\tau] = (0.8 \sim 1.0)[\sigma]$

式中　$[\sigma]$——材料拉伸时的许用应力。

与拉伸（或压缩）强度条件一样，剪切强度条件也可以解决剪切变形的三类强度计算问题：强度校核、设计截面尺寸和确定许可载荷。

第二节　挤压实用计算

一、挤压力和挤压应力

如前所述，构件在产生剪切变形的同时，伴随着产生挤压变形。当两构件相互接触传递压力时，接触面相互挤压，作用于接触面上的压力称为挤压力，用 $\boldsymbol{F}_{jy}$ 表示，如图 10-5a 所示，其数值等于接触面所受外力的大小。

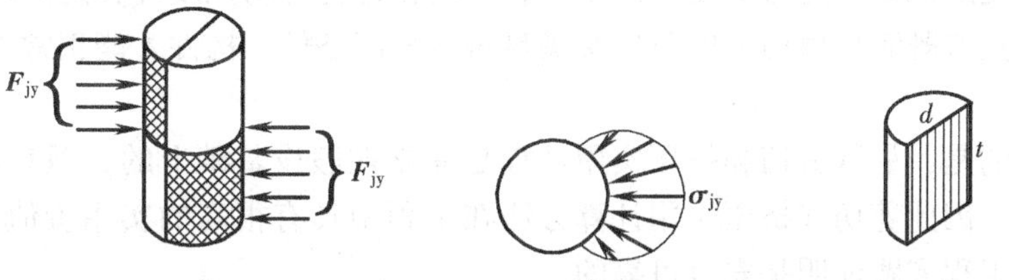

图　10-5

需要说明的是，挤压力是构件之间的相互作用力，是一种外力，它与轴力 $\boldsymbol{F}_N$ 和剪力 $\boldsymbol{F}_Q$ 这些内力在本质上是不同的。

习惯上，称挤压面上的压强称为挤压应力，用 σ_{jy} 表示。挤压应力在挤压面上的分布规律也比较复杂，如图 10-5b 所示。工程上仍然采用实用计算法，即假定挤压应力在挤压面上是均匀分布的，故

$$\sigma_{jy} = \frac{F_{jy}}{A_{jy}} \tag{10-3}$$

式中　F_{jy}——挤压面上的挤压力，单位为 N；

A_{jy}——挤压面面积，单位为 mm^2。

挤压面积的计算要根据接触面的具体情况而定。当挤压面为平面时，例如普通平键联接，挤压面积按实际面积计算；当挤压面为曲面时，如螺栓、铆钉和销钉联接，其挤压面近似为半个圆柱面，挤压面积按圆柱体的正投影计算，如图 10-5c 所示，即

$$A_{jy} = dt$$

式中 d——圆柱体的直径，单位为 mm；

t——挤压面的高度，单位为 mm。

二、挤压强度条件

为了保证构件不产生局部挤压塑性变形，必须使构件的工作挤压应力不超过材料的许用挤压应力，即

$$\sigma_{jy} = \frac{F_{jy}}{A_{jy}} \leqslant [\sigma_{jy}] \tag{10-4}$$

式（10-4）称为挤压强度条件。

式中 $[\sigma_{jy}]$——材料的许用挤压应力，其值由试验测定，设计时可由有关手册中查取。根据实验积累的数据，一般情况下，许用挤压应力 $[\sigma_{jy}]$ 与许用拉应力 $[\sigma]$ 之间存在下述关系：

塑性材料 $[\sigma_{jy}] = (1.5 \sim 2.5)[\sigma]$

脆性材料 $[\sigma_{jy}] = (0.9 \sim 1.5)[\sigma]$

当联接件和被联接件材料不同时，应对材料的许用应力低者进行挤压强度计算，这样才能保证结构安全可靠地工作。

应用挤压强度条件仍然可以解决三类问题，即：强度校核，设计截面尺寸和确定许可载荷。

由于挤压变形总是伴随剪切变形产生的，因此在进行剪切强度计算的同时，也应进行挤压强度计算，只有既满足剪切强度条件又满足挤压强度条件，构件才能正常工作，既不被剪断也不被压溃。

需要说明的是，尽管剪切和挤压实用计算是建立在假设基础上的，但它以实验为依据，以经验为指导，因此剪切和挤压实用计算方法在工程中具有很高的实用价值，被广泛采用，并已被大量的工程实践证明是安全可靠的。

例 10-1 齿轮用平键与传动轴联接，如图 10-6a 所示。已知轴的直径 $d = 50\text{mm}$，键的尺寸 $b \times h \times l = 16\text{mm} \times 10\text{mm} \times 50\text{mm}$，键的许用切应力 $[\tau] = 60\text{MPa}$，许用挤压应力 $[\sigma_{jy}] = 100\text{MPa}$，作用在轴上的外力偶矩 $M = 0.5\text{kN} \cdot \text{m}$。校核键的强度。

解 (1) 求作用在键上的外力 $\boldsymbol{F}$

选轴和键整体为研究对象，进行受力分析，画受力图，如图 10-6b 所示。列平衡方程

$$\sum M_O(\boldsymbol{F}) = 0 \qquad F\frac{d}{2} - M = 0$$

得

$$F = \frac{M}{d/2} = \frac{0.5 \times 10^3}{50/2}\text{kN} = 20\text{kN}$$

(2) 校核键的剪切强度

选键为研究对象，进行受力分析，画受力图，如图 10-6c 所示。用截面法求剪切面上的内力 $\boldsymbol{F}_Q$，如图 10-6d 所示。

$$F_Q = F$$

由剪切强度条件得

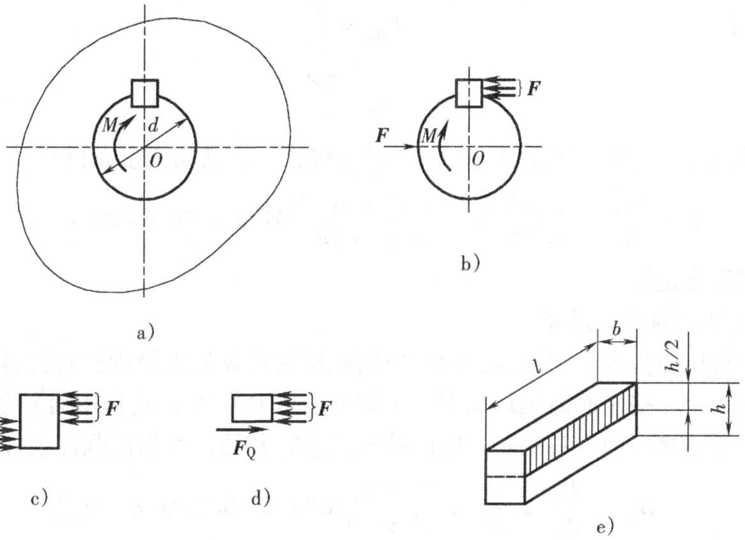

图　10-6

$$\tau = \frac{F_Q}{A} = \frac{F}{bl} = \frac{20 \times 10^3}{16 \times 50}\text{MPa} = 25\text{MPa} < [\tau]$$

故键的剪切强度足够。

(3)校核键的挤压强度

由图 10-6c 可知挤压面有两个,它们的挤压面积相同,所受挤压力也相同,故产生的挤压应力相等。如图 10-6e 所示挤压面为平面,故挤压面积按实际面积计算。由挤压强度条件得

$$\sigma_{jy} = \frac{F_{jy}}{A_{jy}} = \frac{F}{lh/2} = \frac{20 \times 10^3}{50 \times 10/2}\text{MPa} = 80\text{MPa} < [\sigma_{jy}]$$

故键的挤压强度足够。

例 10-2　铆钉联接钢板如图 10-7a 所示,已知作用于钢板上的力 $F = 15\text{kN}$,钢板的厚度 $t = 10\text{mm}$,铆钉的直径 $d = 15\text{mm}$,铆钉的许用切应力 $[\tau] = 60\text{MPa}$,许用挤压应力 $[\sigma_{jy}] = 200\text{MPa}$。校核铆钉的强度。

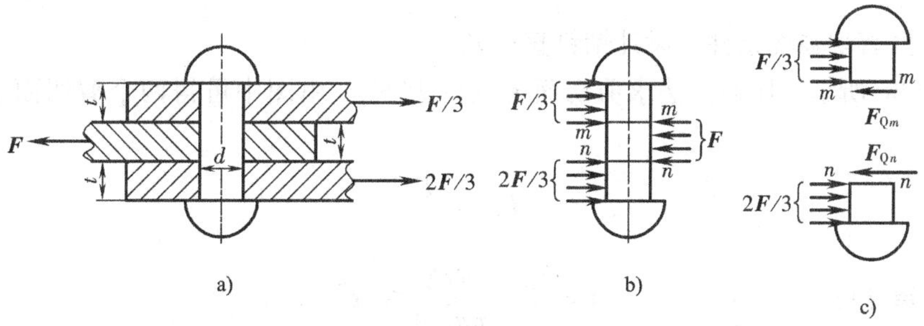

图　10-7

解　(1) 选铆钉为研究对象,进行受力分析,画受力图,如图 10-7b 所示。由图中可知铆钉受双剪,剪切面分别为 m-m 截面和 n-n 截面。

(2) 校核铆钉的剪切强度

如图 10-7c 所示,用截面法求剪切面上的内力 F_Q

对于 m-m 截面 $$F_{Qm}=\frac{F}{3}$$

对于 n-n 截面 $$F_{Qn}=\frac{2F}{3}$$

所以危险截面为 n-n 截面，只需对 n-n 截面进行校核。由剪切强度条件得

$$\tau=\frac{F_{Qn}}{A}=\frac{2F/3}{\pi d^2/4}=\frac{2\times15\times10^3/3}{\pi\times15^2/4}\text{MPa}=56.6\text{MPa}<[\tau]$$

故铆钉的剪切强度足够。

(3) 校核铆钉的挤压强度

分析可知挤压面为半个圆柱面，故挤压面积按圆柱体的正投影进行计算。由图 10-7b 可见，挤压面有三个，挤压面面积均相等，中间的挤压面（力 $\boldsymbol{F}$ 的作用面）所受挤压力最大，故此挤压面为危险挤压面，只需对中间的挤压面进行校核。由挤压强度条件得

$$\sigma_{jy}=\frac{F_{jy}}{A_{jy}}=\frac{F}{dt}=\frac{15\times10^3}{15\times10}\text{MPa}=100\text{MPa}<[\sigma_{jy}]$$

故铆钉的挤压强度足够。

例 10-3　机车挂钩的销钉联接如图 10-8a 所示，已知挂钩的厚度 $t=8$mm，销钉材料的许用切应力$[\tau]=60$MPa，许用挤压应力$[\sigma_{jy}]=200$MPa，机车的牵引力 $F=20$kN。设计销钉的直径。

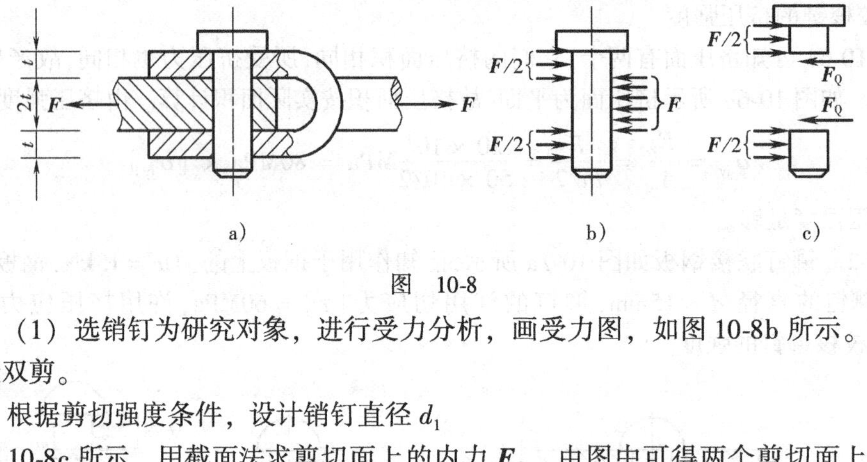

图　10-8

解　(1) 选销钉为研究对象，进行受力分析，画受力图，如图 10-8b 所示。由图中可知销钉受双剪。

(2) 根据剪切强度条件，设计销钉直径 d_1

如图 10-8c 所示，用截面法求剪切面上的内力 $\boldsymbol{F}_Q$，由图中可得两个剪切面上的内力相等，均为

$$F_Q=\frac{F}{2}$$

由剪切强度条件得 $$\tau=\frac{F_Q}{A}=\frac{F/2}{\pi d_1^2/4}\leqslant[\tau]$$

故 $$d_1\geqslant\sqrt{\frac{2F}{\pi[\tau]}}=\sqrt{\frac{2\times20\times10^3}{\pi\times60}}\text{mm}=14.57\text{mm}$$

(3)根据挤压强度条件设计销钉直径 d_2

由图 10-8b 可见，有三个挤压面，分析可得三个挤压面上的挤压应力均相等，故可取任意一个挤压面进行计算，这里取中间的挤压面（力 $\boldsymbol{F}$ 的作用面）进行挤压强度计算。由挤压强度

条件得

$$\sigma_{jy} = \frac{F_{jy}}{A_{jy}} = \frac{F}{d_2 \times 2t} \leqslant [\sigma_{jy}]$$

故
$$d_2 \geqslant \frac{F}{[\sigma_{jy}] \times 2t} = \frac{20 \times 10^3}{200 \times 2 \times 8}\text{mm} = 6.25\text{mm}$$

因为 $d_1 > d_2$，销钉既要满足剪切强度条件又要满足挤压强度条件，故其直径应取大者，将 d_1 圆整取 $d = 15\text{mm}$。

例 10-4　两块钢板用螺栓联接，如图 10-9a 所示，钢板的厚度 $t = 10\text{mm}$，螺栓的直径 $d = 16\text{mm}$，螺栓材料的许用切应力 $[\tau] = 60\text{MPa}$，许用挤压应力 $[\sigma_{jy}] = 180\text{MPa}$。求螺栓所能承受的许可载荷 F。

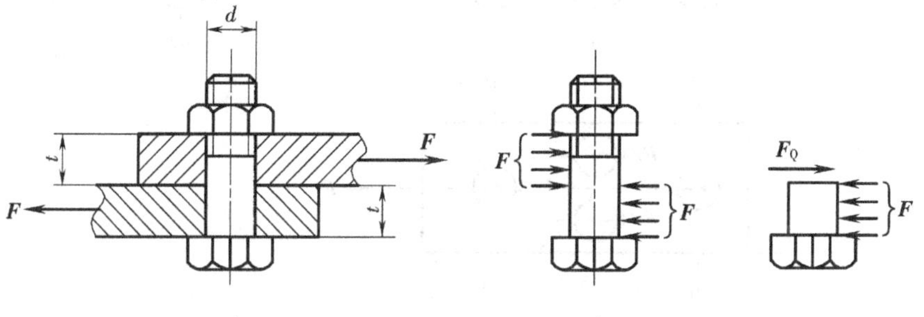

图　10-9

解　(1) 选螺栓为研究对象，进行受力分析，画受力图，如图 10-9b 所示。

(2) 根据剪切强度条件确定许可载荷 F_1

如图 10-9c 所示，用截面法求剪切面上的内力 $\boldsymbol{F}_Q$

$$F_Q = F$$

由剪切强度条件得

$$\tau = \frac{F_Q}{A} = \frac{F_1}{\pi d^2/4} \leqslant [\tau]$$

故
$$F_1 \leqslant \frac{\pi d^2}{4}[\tau] = \frac{\pi \times 16^2}{4} \times 60\text{N} = 12063\text{N} = 12.1\text{kN}$$

(3) 根据挤压强度条件确定许可载荷 F_2

由图 10-9b 可见，有两个挤压面，分析可知两个挤压面上的挤压应力相等，故可任取一个挤压面进行计算，由挤压强度条件得

$$\sigma_{jy} = \frac{F_{jy}}{A_{jy}} = \frac{F_2}{dt} \leqslant [\sigma_{jy}]$$

故
$$F_2 \leqslant [\sigma_{jy}]dt = 180 \times 16 \times 10\text{N} = 28800\text{N} = 28.8\text{kN}$$

因为 $F_1 < F_2$，螺栓既要满足剪切强度条件又要满足挤压强度条件，故许可载荷应取小者，即许可载荷 $F = 12.1\text{kN}$。

在对联接结构的强度计算中，除了要进行剪切、挤压强度计算外，有时还应对被联接件进行拉伸(或压缩)强度计算，因为在联接处被联接件的横截面受到削弱，往往成为危险截面。在受到削弱的截面上存在着应力集中现象，故对这样的截面进行的拉伸(或压缩)强度计算也是

一种实用计算。现举一例加以说明。

例 10-5 两块钢板用四只铆钉联接，如图 10-10a 所示，钢板和铆钉的材料相同，其许用拉应力$[\sigma]=175\text{MPa}$，许用切应力$[\tau]=140\text{MPa}$，许用挤压应力$[\sigma_{jy}]=320\text{MPa}$，铆钉的直径 $d=16\text{mm}$，钢板的厚度 $t=10\text{mm}$，宽度 $b=85\text{mm}$。当拉力 $F=110\text{kN}$ 时，校核铆接各部分的强度（假设各铆钉受力相等）。

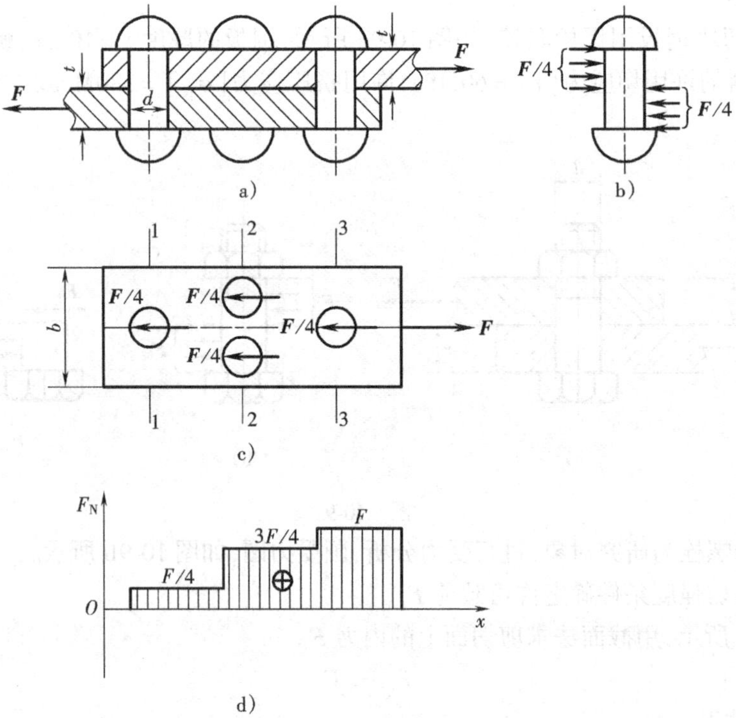

图 10-10

解 （1）分别选铆钉和钢板为研究对象，进行受力分析，画受力图，如图 10-10b、c 所示。分析可知，此联接结构有三种可能的破坏形式：

1）铆钉被剪断；

2）铆钉与钢板的接触面上发生挤压破坏；

3）钢板被拉断。

（2）校核铆钉的剪切强度

因为假定每个铆钉受力相同，所以每个铆钉受力均为$\dfrac{F}{4}$，如图 10-10b 所示。用截面法求得剪切面上的内力 $\boldsymbol{F}_Q$

$$F_Q=\frac{F}{4}$$

由剪切强度条件得

$$\tau=\frac{F_Q}{A}=\frac{F/4}{\pi d^2/4}=\frac{F}{\pi d^2}=\frac{110\times10^3}{\pi\times16^2}\text{MPa}=136.8\text{MPa}<[\tau]$$

故铆钉的剪切强度足够。

（3）校核铆钉和钢板的挤压强度

铆钉和钢板所受的挤压力为

$$F_{jy} = \frac{F}{4}$$

由挤压强度条件得

$$\sigma_{jy} = \frac{F_{jy}}{A_{jy}} = \frac{F/4}{dt} = \frac{110 \times 10^3}{4 \times 16 \times 10}\text{MPa} = 171.9\text{MPa} < [\sigma_{jy}]$$

故铆钉和钢板的挤压强度足够。

（4）校核钢板的拉伸强度

两块钢板的受力情况相同，故可校核其中任意一块，本例中校核上面一块。根据图 10-10c 所示受力图，画出轴力图，如图 10-10d 所示。图中可见，1-1 截面和 3-3 截面的面积相同，但后者轴力较大，故 3-3 截面比 1-1 截面应力大；2-2 截面的轴力较 3-3 截面小，但其截面面积也小，所以此两截面都可能是危险截面，需同时校核。由拉伸强度条件得

2-2 截面　$$\sigma_2 = \frac{F_{N2}}{A_2} = \frac{3F/4}{(b-2d)t} = \frac{3 \times 110 \times 10^3/4}{(85-2 \times 16) \times 10}\text{MPa} = 155.7\text{MPa} < [\sigma]$$

3-3 截面　$$\sigma_3 = \frac{F_{N3}}{A_3} = \frac{F}{(b-d)t} = \frac{110 \times 10^3}{(85-16) \times 10}\text{MPa} = 159.4\text{MPa} < [\sigma]$$

故钢板的拉伸强度足够。

以上所讨论的问题，都是保证联接结构安全可靠工作的问题。但是，工程实际中也会遇到与之相反的问题，即利用剪切破坏的特点来工作。例如，车床传动轴上的保险销，当超载时，保险销被剪断，从而保护车床的重要部件不被损坏。又如冲床冲压工件时，为了冲制所需的零部件必须使材料发生剪切破坏。此类问题所要求的破坏条件为

$$\tau = \frac{F_Q}{A} > \tau_b \tag{10-5}$$

式中　τ_b——材料的抗剪强度，其值由实验测定。

例 10-6　在厚度 $t = 8\text{mm}$ 的钢板上冲裁直径 $d = 25\text{mm}$ 的工件，如图 10-11 所示，已知材料的抗剪强度 $\tau_b = 314\text{MPa}$。问最小冲裁力为多大？冲床所需冲力为多大？

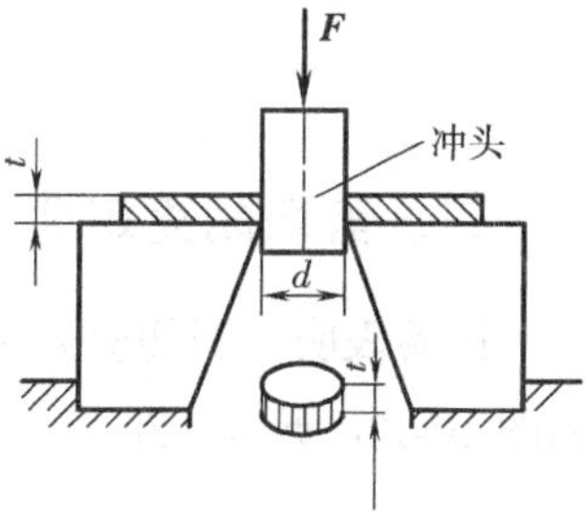

图　10-11

解　冲床冲压工件时，工件产生剪切变形，其剪切面为冲压件圆柱体的外表面，如图 10-11 所示。剪切面面积

$$A = \pi dt$$

剪切面上的内力

$$F_Q = F$$

由式（10-5）得

$$\tau = \frac{F_Q}{A} = \frac{F}{\pi dt} > \tau_b$$

则最小冲裁力　$F_{min} = \pi dt\tau_b = \pi \times 25 \times 8 \times 314\text{N} = 1.97 \times 10^5\text{N} = 197\text{kN}$

为保证冲床工作安全，一般将最小冲裁力加大 30% 计算冲床所需冲力。因此，冲床所

需冲力为

$$F = 1.3F_{min} = 256kN$$

第三节　切应变　剪切胡克定律

一、切应变

剪切变形时，截面沿外力的方向产生相对错动。在构件中取一微立方体，如图 10-12a 所示，将其放大如图 10-12b 所示，剪切变形时，由于截面间的相对错动，使立方体 *abcdefgh* 变成了平行六面体 *abc'd'efg'h'*。线段 *dd'*（或 *cc'*）为面 *dcgh* 相对于面 *abef* 的滑移量，称为绝对剪切变形（与拉、压变形时的绝对变形量 Δl 相当）。单位长度上的剪切变形称为相对剪切变形或切应变，用符号 γ 表示，则

$$\tan\gamma = \frac{dd'}{dx} \approx \gamma(\text{因为变形很小})$$

由图 10-12b 可知，切应变 γ 是直角的改变量，用弧度（rad）来度量。与切应变 γ 相对应，前面第九章所讲的应变 ε 称为线应变。线应变 ε 和切应变 γ 是度量变形程度的两个基本量。

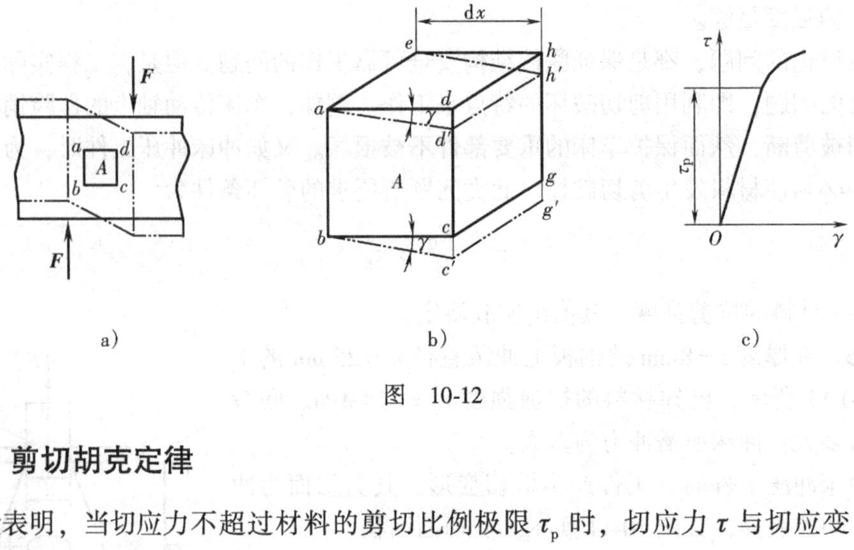

图　10-12

二、剪切胡克定律

试验表明，当切应力不超过材料的剪切比例极限 τ_p 时，切应力 τ 与切应变 γ 成正比，如图 10-12c 所示。即

$$\tau = G\gamma \tag{10-6}$$

式中　G——材料的切变模量，它表示材料抵抗剪切变形的能力，其单位与应力相同。

式（10-6）称为剪切胡克定律。

可以证明，对于各向同性材料，材料的三个弹性常数 E、G、μ 三者之间存在着如下关系：

$$G = \frac{E}{2(1+\mu)} \tag{10-7}$$

可见，三个弹性常数只要知道其中任意两个，则可由上式求得第三个。一般均以拉伸实验测定 E、μ 值，再按式（10-7）计算出 G，而不做剪切实验。

小　结

1. 机械中，构件之间的联接常采用联接件。联接件工作时，其两侧面受到相互平行的分布力作用，这两个分布力的合力大小相等、方向相反、作用线垂直于轴线且距离很近，它们将各自推着自己所作用的部分沿着力的分界面发生相对错动。构件的这种变形称为剪切变形。发生相对错动的截面称为剪切面。

构件在产生剪切变形的同时，伴随着产生挤压变形。当两构件相互接触传递压力时，接触面间相互挤压，从而使较软构件的接触表面产生局部压陷的塑性变形，这种变形称为挤压变形。构件受压的接触面称为挤压面。

2. 剪切实用计算　构件产生剪切变形时，其应力分布比较复杂，工程中采用实用计算的方法，假定切应力在剪切面上均匀分布，即

$$\tau = \frac{F_Q}{A}$$

在此基础上，建立的剪切强度条件为

$$\tau = \frac{F_Q}{A} \leqslant [\tau]$$

3. 挤压实用计算　构件产生挤压变形时，其应力分布也比较复杂，工程中同样采用实用计算的方法，假定挤压应力在挤压面上均匀分布，即

$$\sigma_{jy} = \frac{F_{jy}}{A_{jy}}$$

在此基础上，建立的挤压强度条件为

$$\sigma_{jy} = \frac{F_{jy}}{A_{jy}} \leqslant [\sigma_{jy}]$$

4. 剪切胡克定律　当切应力不超过材料的剪切比例极限 τ_p 时，切应力 τ 与切应变 γ 成正比。即

$$\tau = G\gamma$$

G 称为材料的切变模量。

习　题

10-1　指出图示各联接件的剪切面和挤压面，并计算剪切面和挤压面的面积。

10-2　带传动如图所示，带轮的直径 $D=500\text{mm}$，传动轴的直径 $d=70\text{mm}$，平键的尺寸 $b\times h\times l=20\text{mm}\times 12\text{mm}\times 100\text{mm}$，带的拉力 $F_1=16\text{kN}$，$F_2=8\text{kN}$，平键材料的许用切应力 $[\tau]=80\text{MPa}$，许用挤压应力 $[\sigma_{jy}]=120\text{MPa}$。校核键的强度。

10-3　销钉联接如图所示，$F=18\text{kN}$，$t_1=8\text{mm}$，$t_2=5\text{mm}$，销钉与钢板材料相同，许用切应力 $[\tau]=60\text{MPa}$，许用挤压应力 $[\sigma_{jy}]=200\text{MPa}$，销钉的直径 $d=16\text{mm}$。校核销钉的强度。

10-4　两块木板联接如图所示，已知 $b=100\text{mm}$，外力 $F=50\text{kN}$，木块的许用切应力 $[\tau]=2\text{MPa}$，许用挤压应力 $[\sigma_{jy}]=10\text{MPa}$。求尺寸 a 和 c。

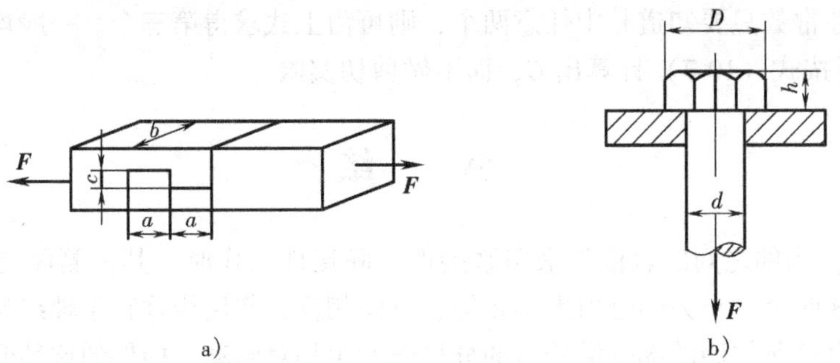

题　10-1 图

10-5　一螺栓将拉杆与厚度为 8mm 的两块钢板相联接，如图所示。如各零件材料相同，其许用拉应力 $[\sigma]=80\text{MPa}$，许用切应力 $[\tau]=60\text{MPa}$，许用挤压应力 $[\sigma_{jy}]=160\text{MPa}$，拉杆的厚度 $t=15\text{mm}$，拉力 $F=120\text{kN}$。设计螺栓的直径 d 及拉杆的宽度 b。

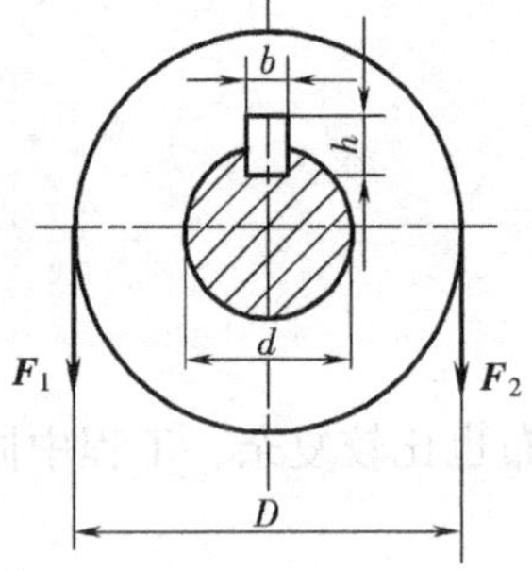

题　10-2 图

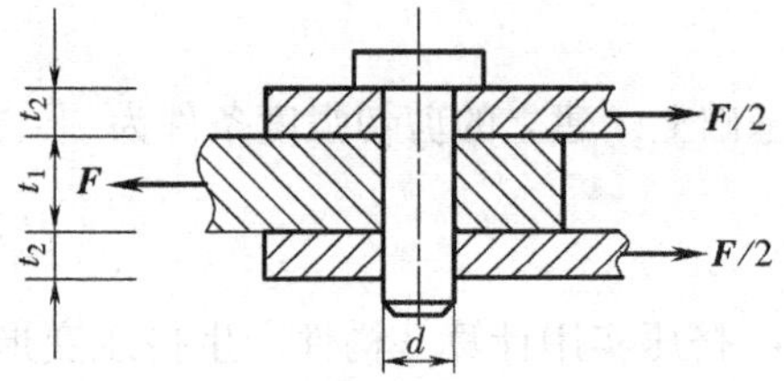

题　10-3 图

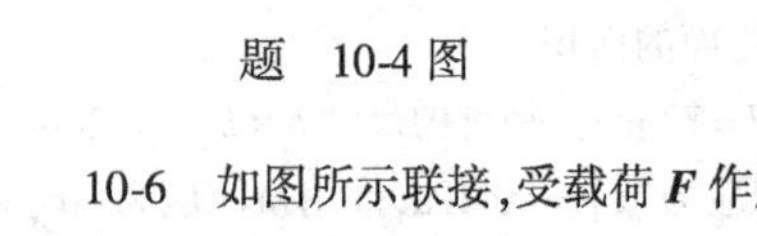

题　10-4 图

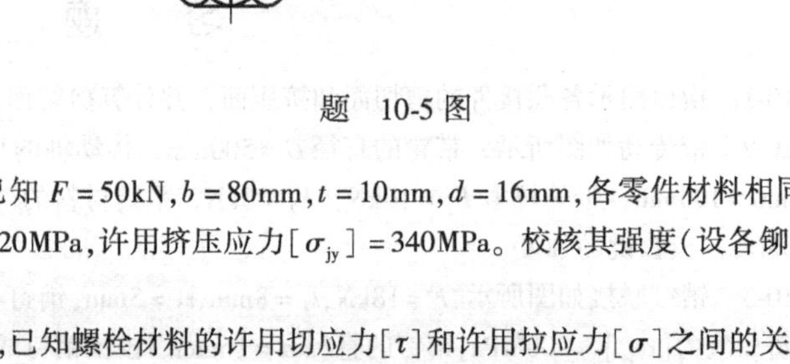

题　10-5 图

10-6　如图所示联接，受载荷 F 作用，已知 $F=50\text{kN}$，$b=80\text{mm}$，$t=10\text{mm}$，$d=16\text{mm}$，各零件材料相同，许用拉应力 $[\sigma]=160\text{MPa}$，许用切应力 $[\tau]=120\text{MPa}$，许用挤压应力 $[\sigma_{jy}]=340\text{MPa}$。校核其强度（设各铆钉受力相等）。

10-7　如图所示，螺栓受到拉力 F 作用，已知螺栓材料的许用切应力 $[\tau]$ 和许用拉应力 $[\sigma]$ 之间的关系为 $[\tau]=0.6[\sigma]$。求螺栓的直径 d 与螺栓头部高度 h 的合理比值。

10-8　在厚度 $t=5\text{mm}$ 的钢板上，冲出一个形状如图所示的孔，钢板的抗剪强度 $\tau_b=300\text{MPa}$。求冲床所需的冲力 F。

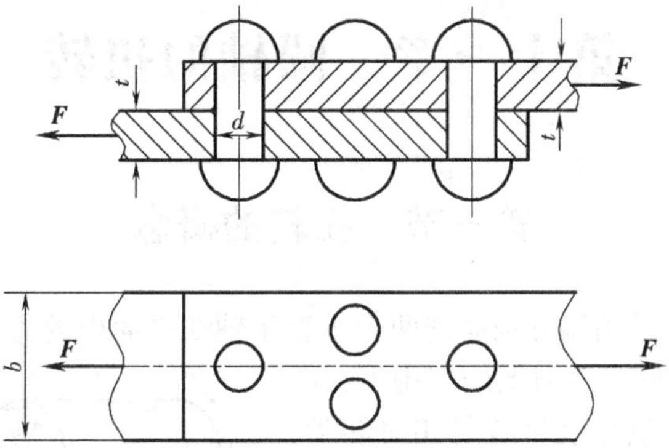

题　10-6 图

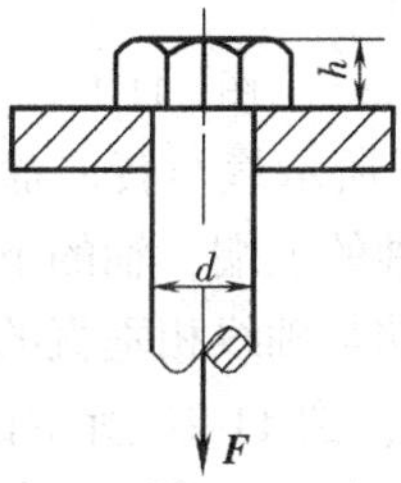

题　10-7 图

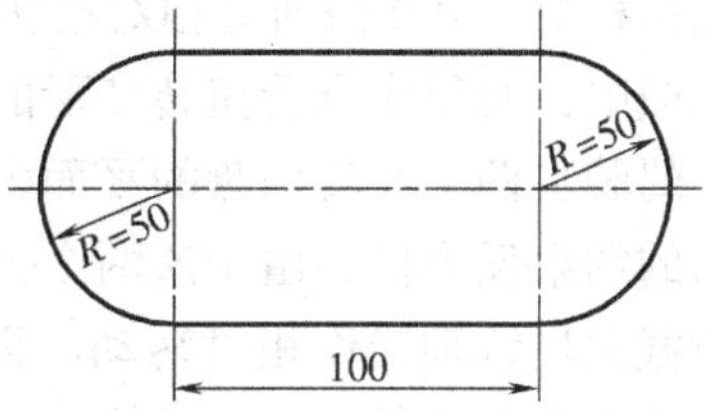

题　10-8 图

第十一章　圆轴的扭转

第一节　扭转的概念

如图 11-1 所示，构件两端分别受到两个垂直于轴线平面内的力偶作用，两力偶矩大小相等，转向相反，在这样一对力偶的作用下，两力偶之间的各横截面均发生绕轴线的相对转动，这种变形称为扭转变形。φ_1、φ_2、φ 分别是 1-1、2-2、n-n 截面相对于 0-0 截面产生的相对角位移，称为各截面相对于 0-0 截面的相对扭转角。

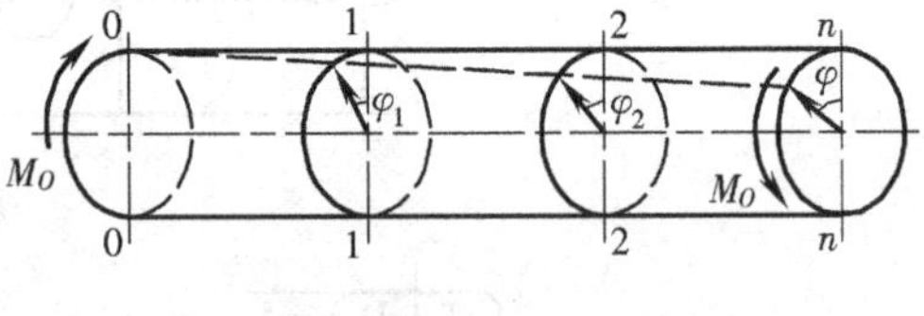

图　11-1

在机械中，有很多承受扭转变形的构件。例如，图 11-2a 所示汽车转向盘的轴，要使汽车转弯，驾驶员两手在转向盘的平面内施加一力偶，作用在轴的上端，轴的下端则产生一个等值反向的约束反力偶，由于这两个力偶分别作用在该轴两端与轴线相垂直的平面内，故该轴的各横截面均绕轴线作相对转动，即产生扭转变形。又如，图 11-2b 所示的轴 AB，其上安装主动轮 A 和从动轮 B，主动轮 A 受主动力偶 M_A 作用，从动轮 B 受到一个等值反向的阻力偶 M_B 作用，在这两个力偶的作用下，轴 AB 也将产生扭转变形。

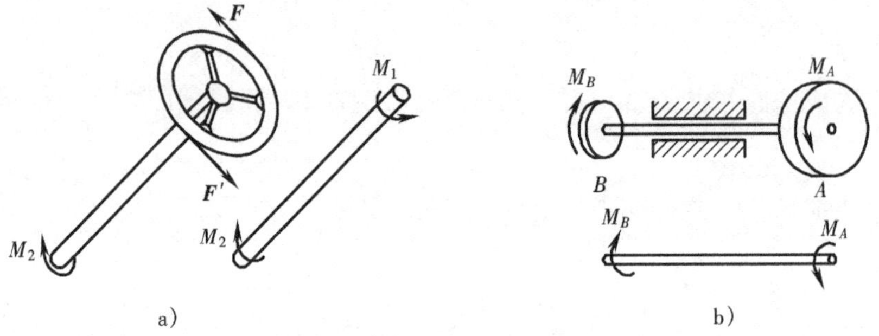

图　11-2

凡是以扭转变形为主要变形形式的构件称为轴。在运动过程中，轴起到传递运动和力的作用，又称为传动轴。机械中的轴，多数是圆形截面或圆环形截面，故常称为圆轴。本章将研究圆轴扭转时的内力、应力、变形及强度、刚度计算等问题。

第二节　外力偶矩　扭矩　扭矩图

一、外力偶矩

计算圆轴扭转时横截面上的内力，必须已知作用在轴上的外力偶矩。工程中，作用在轴上的外力偶矩往往不是直接给出，经常给出轴的转速 n 和传递的功率 P，根据动力学的知识

可推导出外力偶矩 M 的计算公式为

$$M = 9549\,\frac{P}{n} \tag{11-1}$$

式中　M——外力偶矩，单位为 N·m；

P——轴传递的功率，单位为 kW；

n——轴的转速，单位为 r/min。

二、圆轴扭转时横截面上的内力——扭矩

确定了作用在轴上的外力偶矩之后，就可以计算轴的内力。内力的计算仍然采用截面法。例如，图 11-3a 所示的轴 AB，在其两端垂直于轴线的平面内，作用着一对力偶，其力偶矩 M_O 大小相等、转向相反，要求任意横截面 n-n 上的内力。首先假想地用一截面将轴沿 n-n 截面截开，分为左、右两部分。由于轴原来在外力作用下处于平衡状态，截开以后的任一部分也必然处于平衡状态。现选左部分为研究对象，如图 11-3b 所示。由力偶的平衡条件可知，外力是力偶，故作用在横截面 n-n 上的分布内力系也必然构成一内力偶与之平衡，该内力偶作用于横截面 n-n 内，转向与外力偶相反，此内力偶矩称为扭矩，用符号 T 表示。其大小可由平衡方程求得

$$\sum M = 0 \qquad T - M_O = 0$$

即

$$T = M_O$$

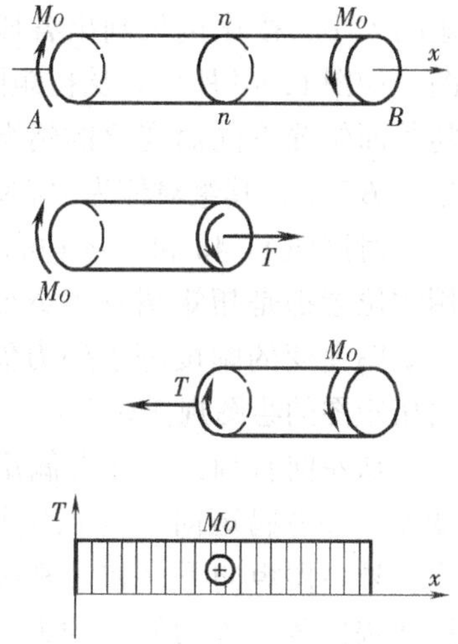

图　11-3

如果选右部分为研究对象，如图 11-3c 所示，可求得同样数值的扭矩，但两者转向相反，这是必然的，因为它们是作用与反作用的关系。扭矩的正负号规定如下：用右手螺旋法判定，即用四指指向表示扭矩的转向，大拇指指向截面外部，扭矩为正，反之为负。按此规定，图 11-3 中不论选左部分还是右部分为研究对象，其扭矩均为正值。

用截面法求圆轴各个截面上的扭矩，像求拉（压）杆各个截面上的轴力一样，首先要在相邻两个外力偶矩之间任选截面，然后用截面法求出各个截面上的扭矩。

三、扭矩图

当轴上有多个外力偶矩作用时，一般情况下各横截面上的扭矩是不同的。为了表示各个横截面上的扭矩沿轴线的变化情况，可仿照轴力图的作法，用横坐标表示横截面的位置，纵坐标表示相应截面上扭矩的大小（按一定比例尺画出），据此画出的图线称为扭矩图，如图 11-3d 所示。扭矩图形象、直观地表示了扭矩沿轴线变化的情况，并能方便地确定最大扭矩的数值及其所在截面。

例 11-1　一圆截面轴在外力偶矩作用下处于平衡状态，如图 11-4a 所示，已知 $M_1 = 100\text{N}\cdot\text{m}$，$M_2 = 300\text{N}\cdot\text{m}$，$M_3 = 200\text{N}\cdot\text{m}$。绘制扭矩图。

解　（1）用截面法求扭矩

在相邻两个外力偶矩之间任选截面，得到 1-1 截面、2-2 截面，分别用截面法求各截面

上的扭矩。

1-1 截面　假想将轴沿 1-1 截面截开，分为左右两部分，选左部分为研究对象，如图 11-4b 所示。由平衡条件得 T_1 箭头向下（在主视图中），用右手螺旋法判定扭矩为正，即

$$T_1 = M_1 = 100\text{N} \cdot \text{m}$$

2-2 截面　假想将轴沿 2-2 截面截开，分为左右两部分，选右部分为研究对象，如图 11-4c 所示。由平衡条件得 T_2 箭头向下（在主视图中），用右手螺旋法判定扭矩为负，即

$$T_2 = M_3 = -200\text{N} \cdot \text{m}$$

（2）绘制扭矩图

以平行于杆轴线的 x 轴为横坐标表示横截面的位置，以垂直于 x 轴的 T 轴为纵坐标表示相应截面上扭矩的大小，按比例尺画出各段轴的扭矩，即得到扭矩图，如图 11-4d 所示。从扭矩图中可以清楚地看出扭矩随截面位置不同而变化的情况。本例中最大的扭矩发生在 BC 段，其绝对值为 200N · m。

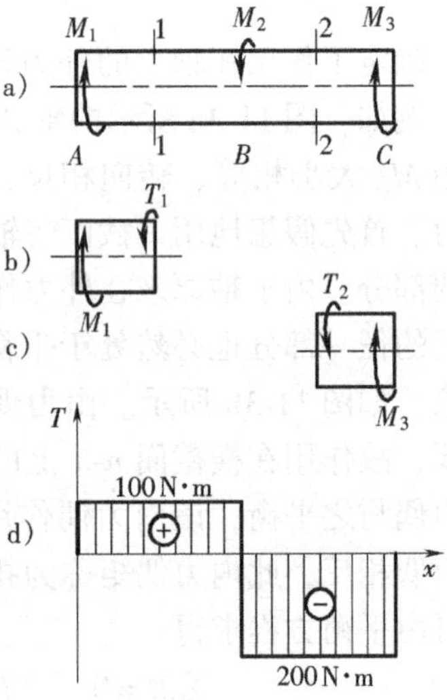

图　11-4

对照图 11-4a 和 11-4d 可以发现，凡是外力偶矩作用的位置都是扭矩图发生突变的位置，反之亦然。且扭矩图突变的幅度等于外力偶矩的大小。由此，总结出扭矩图的绘图规律如下：

从左向右画，以外力偶矩的作用点为扭矩图的突变点，外力偶矩向上（在主视图中），扭矩图向上突变；外力偶矩向下（在主视图中），扭矩图向下突变；突变幅度等于外力偶矩的大小，两相邻外力偶矩之间的扭矩图为平行于 x 轴的直线。

运用绘图规律，可以不用截面法求各个截面上的扭矩，直接绘制扭矩图，且简单方便。

例 11-2　如图 11-5 所示传动轴，$n = 240\text{r/min}$，主动轮 A 的输入功率 $P_A = 20\text{kW}$，三个从动轮的输出功率分别为 $P_B = 12\text{kW}$，$P_C = P_D = 4\text{kW}$。绘制该轴的扭矩图。

解　（1）计算外力偶矩

由式（11-1）得，各轮作用于轴上的外力偶矩分别为

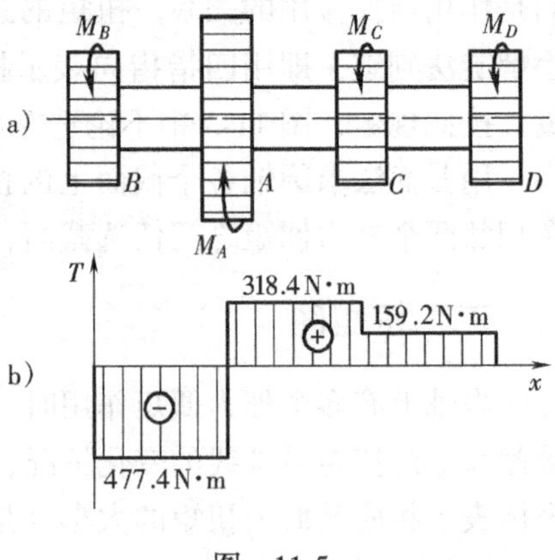

图　11-5

$$M_A = 9549\frac{P_A}{n} = 9549 \times \frac{20}{240}\text{N} \cdot \text{m} = 795.8\text{N} \cdot \text{m}$$

$$M_B = 9549\frac{P_B}{n} = 9549 \times \frac{12}{240}\text{N} \cdot \text{m} = 477.4\text{N} \cdot \text{m}$$

$$M_C = M_D = 9549\frac{P_C}{n} = 9549 \times \frac{4}{240}\text{N} \cdot \text{m} = 159.2\text{N} \cdot \text{m}$$

（2）运用绘图规律绘制扭矩图

B 轮处作用一外力偶矩向下（在主视图中），其值为 477.4N·m，故扭矩图从零值向下突变 477.4N·m，变为 -477.4N·m；B、A 两轮之间没有外力偶作用，扭矩图为平行于 x 轴的直线；A 轮处作用一向上的外力偶矩 795.8N·m，轴力图从 -477.4N·m 向上突变 795.8N·m，变为 318.4N·m；A、C 两轮之间没有外力偶作用，扭矩图仍然为平行于 x 轴的直线；C 轮处又作用一向下的外力偶矩 159.2N·m，轴力图从 318.4N·m 向下突变 159.2N·m，变为 159.2N·m；C、D 两轮之间没有外力偶作用，扭矩图仍然为平行于 x 轴的直线；D 轮处又作用一向下的外力偶矩 159.2N·m，轴力图从 159.2N·m 向下突变 159.2N·m，回到零值，如图 11-5b 所示。

因为传动轴处于平衡状态，故扭矩图一定是从零值出发回到零值。与轴力一样，扭矩的大小与传动轴的截面尺寸无关。

第三节 圆轴扭转时横截面上的应力

一、极惯性矩和抗扭截面系数

极惯性矩用符号 I_p 表示，抗扭截面系数用符号 W_p 表示，它们是仅与截面形状和尺寸有关的参数。其计算公式可用数学方法进行推导。

对于直径为 d 的实心圆截面，截面对圆心 O 的极惯性矩和抗扭截面系数分别为

$$I_p = \frac{\pi d^4}{32} \tag{11-2}$$

$$W_p = \frac{I_p}{d/2} = \frac{\pi d^3}{16} \tag{11-3}$$

对于外径为 D、内径为 d 的空心圆截面，截面对圆心 O 的极惯性矩和抗扭截面系数分别为

$$I_p = \frac{\pi}{32}(D^4 - d^4) = \frac{\pi D^4}{32}(1 - \alpha^4) \tag{11-4}$$

$$W_p = \frac{I_p}{D/2} = \frac{\pi D^3}{16}(1 - \alpha^4) \tag{11-5}$$

式中 α——空心圆截面的内外径之比，$\alpha = d/D$。

极惯性矩 I_p 的单位是 mm^4，抗扭截面系数 W_p 的单位是 mm^3。

二、圆轴扭转时横截面上的应力计算

实验表明：圆轴扭转时相邻截面间的距离不变，轴无纵向伸长和缩短，因而横截面上不存在正应力 $\boldsymbol{\sigma}$，相邻截面间相对转过一个角度，即横截面间发生了扭转式的相对错动，出现了剪切变形，故横截面上存在切应力 $\boldsymbol{\tau}$。

理论推导可得，横截面上任一点扭转切应力 τ_ρ 的计算公式为

$$\tau_\rho = \frac{|T|}{I_p}\rho \tag{11-6}$$

式中 τ_ρ——横截面上任一点的扭转切应力，单位为 MPa；

T——该横截面上的扭矩，单位为 N·mm；

ρ——该点到转动中心 O 的距离，单位为 mm；

I_p——该横截面对转动中心 O 的极惯性矩，单位为 mm^4。

由上面的公式可知，当横截面和该截面上的扭矩确定时，其上任意一点的切应力 τ_ρ 的大小与该点到圆心的距离 ρ 成正比。实心圆截面上的切应力分布规律如图 11-6 所示。由图可见，扭转切应力在横截面上的分布规律，与定轴转动刚体上速度 v 的分布规律相同，即点到转动中心距离越远，切应力越大；点到转动中心距离越近，切应力越小；点在转动中心处，切应力为零；所有到转动中心距离相等的点，其切应力大小均相等。切应力的方向垂直于该点转动半径的方向，且与横截面上扭矩 T 的转向一致。

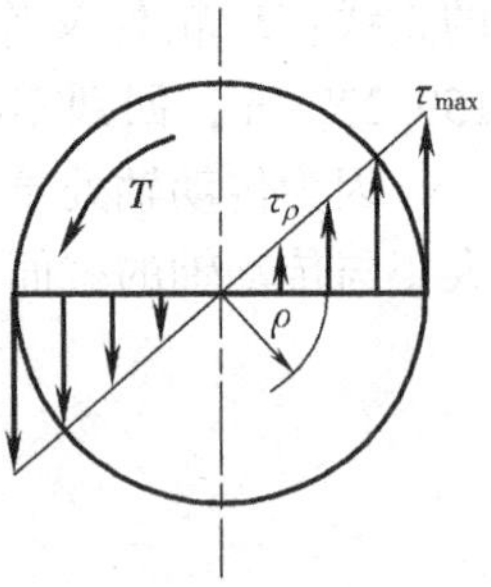

图 11-6

对于圆轴的同一横截面而言，截面边缘上各点到转动中心 O 的距离最大，即 $\rho = \rho_{max} = d/2$，因此在这些点具有最大切应力 τ_{max}，代入式（11-6）得

$$\tau_{max} = \frac{|T|}{I_p}\frac{d}{2} = \frac{|T|}{\dfrac{I_p}{d/2}}$$

又因为
$$W_p = \frac{I_p}{d/2}$$

故
$$\tau_{max} = \frac{|T|}{W_p} \tag{11-7}$$

式中 T——该横截面上的扭矩，单位为 N·mm；

W_p——该横截面的抗扭截面系数，单位为 mm^3。

式（11-7）为圆轴产生扭转变形时其任意一横截面上最大切应力的计算公式。

注意：在本书中所介绍的范围内，切应力不规定正负号，所以横截面上的扭矩 T 取绝对值。

例 11-3 已知圆轴的直径 $d = 50$mm，两端受力偶 $M = 1$kN·m 作用，如图 11-7 所示。A 点为任意横截面上一点，它到转动中心 O 的距离 $\rho_A = 12.5$mm。求 A 点的切应力 τ_A 及横截面上最大切应力 τ_{max}。

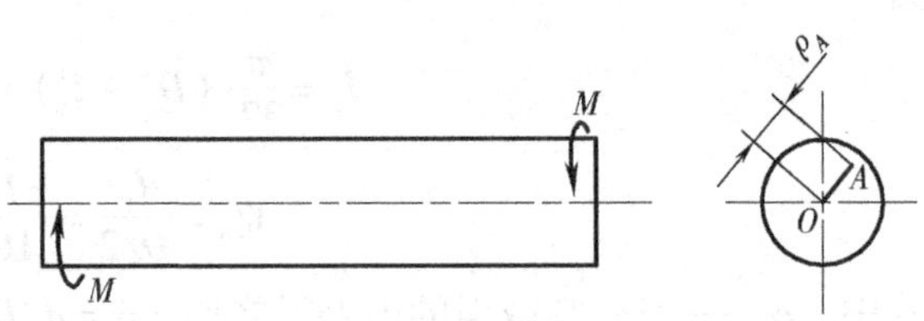

图 11-7

解 （1）求任意横截面上的扭矩 T

$$T = M = 1\text{kN}\cdot\text{m}$$

（2）求横截面对转动中心 O 的极惯性矩 I_p 和抗扭截面系数 W_p

由式（11-2）得
$$I_p = \frac{\pi d^4}{32} = \frac{\pi \times 50^4}{32}\text{mm}^4 = 6.1 \times 10^5\text{mm}^4$$

由式（11-3）得
$$W_p = \frac{\pi d^3}{16} = \frac{\pi \times 50^3}{16}\text{mm}^4 = 2.5 \times 10^4\text{mm}^3$$

（3）求 τ_A 及 τ_{max}

由式（11-6）得
$$\tau_A = \frac{|T|}{I_p}\rho_A = \frac{1 \times 10^6}{6.1 \times 10^5} \times 12.5\text{MPa} = 20.49\text{MPa}$$

由式（11-7）得　$\tau_{max}=\dfrac{|T|}{W_p}=\dfrac{1\times10^6}{2.5\times10^4}MPa=40MPa$

例 11-4　传动轴如图 11-8a 所示。已知 A 轮输入功率 $P_A=15kW$，B、C 轮输出功率分别为 $P_B=9kW$，$P_C=6kW$，轴的转速 $n=200r/min$，轴的直径 $d=30mm$。绘制该轴的扭矩图，并求 1-1 和 2-2 截面上的最大切应力。

解　（1）计算外力偶矩

由式（11-1）得，各轮作用于轴上的外力偶矩分别为

$$M_A=9549\frac{P_A}{n}=9549\times\frac{15}{200}N\cdot m=761.2N\cdot m$$

$$M_B=9549\frac{P_B}{n}=9549\times\frac{9}{200}N\cdot m=429.7N\cdot m$$

$$M_C=9549\frac{P_C}{n}=9549\times\frac{6}{200}N\cdot m=286.5N\cdot m$$

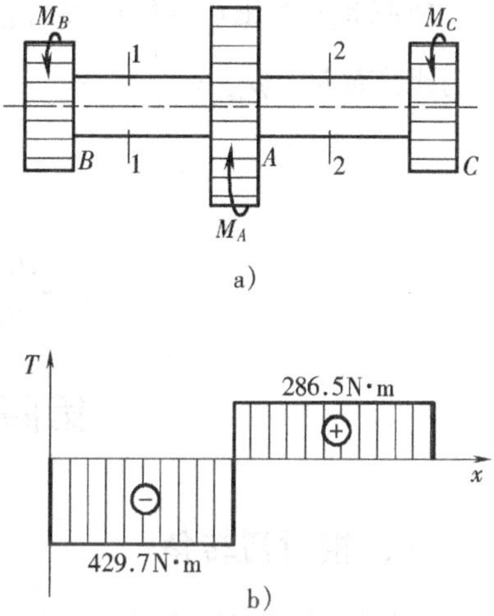

图　11-8

（2）绘制扭矩图，如图 11-8b 所示。从扭矩图中可知，1-1 和 2-2 截面上的扭矩分别为

$$T_1=-429.7N\cdot m \qquad T_2=286.5N\cdot m$$

（3）计算截面的抗扭截面系数 W_p

由式（11-3）得 $W_p=\dfrac{\pi d^3}{16}=\dfrac{\pi\times30^3}{16}mm^3=5.3\times10^3mm^3$

（4）求 1-1 和 2-2 截面上的最大切应力

由式（11-7）得，1-1 截面上的最大切应力为

$$\tau_{max}=\frac{|T_1|}{W_p}=\frac{429.7\times10^3}{5.3\times10^3}MPa=81.1MPa$$

2-2 截面上的最大切应力为

$$\tau_{max}=\frac{|T_2|}{W_p}=\frac{286.5\times10^3}{5.3\times10^3}MPa=54.1MPa$$

例 11-5　圆轴的截面如图 11-9 所示，直径 $d=60mm$，A 点到转动中心的距离 $\rho_A=20mm$，其切应力 $\tau_A=40MPa$，方向如图所示。同一截面上 B、C 两点到转动中心的距离分别为 $\rho_B=25mm$，$\rho_C=15mm$。求：（1）B、C 两点切应力的大小，并图示其方向；（2）该截面上的最大切应力。

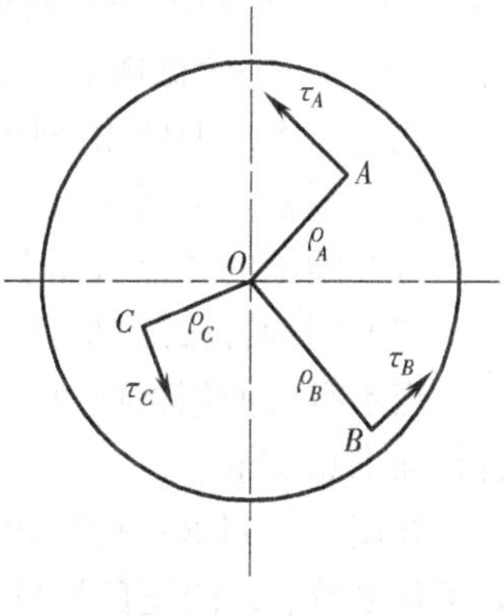

图　11-9

解　（1）求 B、C 两点的切应力 τ_B、τ_C

由式（11-6）得，当横截面尺寸和该截面上的扭矩已经确定时，其上任意一点的切应力与该点到转动中心的距离成正比，即

$$\frac{\tau_A}{\tau_B}=\frac{\rho_A}{\rho_B}$$

则

$$\tau_B=\frac{\rho_B}{\rho_A}\tau_A=\frac{25}{20}\times40MPa=50MPa$$

同理有
$$\frac{\tau_A}{\tau_C}=\frac{\rho_A}{\rho_C}$$

则
$$\tau_C=\frac{\rho_C}{\rho_A}\tau_A=\frac{15}{20}\times 40\text{MPa}=30\text{MPa}$$

由$\boldsymbol{\tau}_A$ 的方向可判断出该截面上的扭矩 T 为逆时针转向，故可画出$\boldsymbol{\tau}_B$、$\boldsymbol{\tau}_C$ 的方向，如图 11-9 所示。

(2) 求该截面上的最大切应力 $\tau_{\max}$

该截面上产生最大切应力 $\tau_{\max}$的点位于截面边缘处，即最外圈圆周上，这些点到转动中心的距离最远，$\rho_{\max}=\dfrac{d}{2}$，且

$$\frac{\tau_A}{\tau_{\max}}=\frac{\rho_A}{\rho_{\max}}$$

则
$$\tau_{\max}=\frac{\rho_{\max}}{\rho_A}\tau_A=\frac{d/2}{\rho_A}\tau_A=\frac{30}{20}\times 40\text{MPa}=60\text{MPa}$$

第四节 圆轴扭转时的变形

一、相对扭转角

计算圆轴的扭转变形，就是计算轴上两截面间的相对扭转角 φ，如图 11-10 所示。

理论推导可得：对于长度为 l，扭矩 T 为常量的等截面圆轴，其两端截面间的相对扭转角为

$$\varphi=\frac{Tl}{GI_p} \tag{11-8}$$

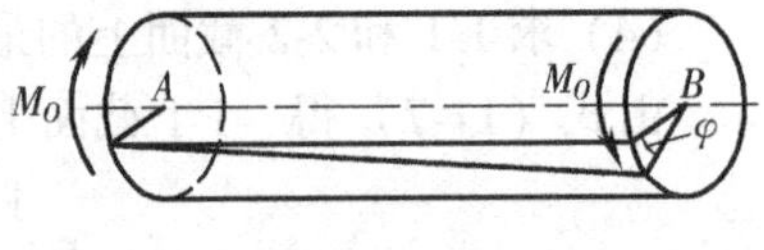

图 11-10

式中 φ——两截面间的相对扭转角，单位为 rad；

T——该段圆轴各个截面上的扭矩，单位为 N · mm；

l——该段圆轴的长度，单位为 mm；

G——材料的切变模量，单位为 MPa；

I_p——各个截面对转动中心 O 的极惯性矩，单位为 mm^4。

式（11-8）的使用条件为

(1) 圆轴为等截面直轴，即 I_p 为常量；

(2) 圆轴的各个截面上扭矩 T 为常量；

(3) 圆轴各段的材料相同，即 G 为常量。

当不符合使用条件时应该将轴分段，使每一段符合使用条件，先计算每一段的变形，然后叠加求总变形。

在用式（11-8）计算相对扭转角 φ 时，扭矩 T 应代入正负号，相对扭转角 φ 随扭矩 T 有正负之分，φ 的正负号只表示扭转方向的不同。

由式（11-8）可以看出，在长度和扭矩一定的情况下，GI_p 值越大，相对扭转角越小，即变形越小。可见 GI_p 反映了圆轴抵抗扭转变形能力的大小，称为圆轴的抗扭刚度。

二、单位长度扭转角

圆轴单位长度上的扭转角，用符号 θ 表示，显然

$$\theta = \frac{\varphi}{l} = \frac{T}{GI_p}$$

式中 θ 的单位为 rad/mm，工程上单位长度扭转角 θ 常用（°）/m 来表示，将上式进行单位换算后有

$$\theta = \frac{T}{GI_p} \times \frac{180}{\pi} \times 10^3 \ (°/\mathrm{m}) \tag{11-9}$$

例 11-6　阶梯轴如图 11-11a 所示，其上作用外力偶矩 $M_1 = 2.5\mathrm{kN \cdot m}$，$M_2 = 4\mathrm{kN \cdot m}$，$M_3 = 1.5\mathrm{kN \cdot m}$，轴材料的切变模量 $G = 80\mathrm{GPa}$。求该轴上截面 D 相对于截面 A 的扭转角 φ_{AD}。

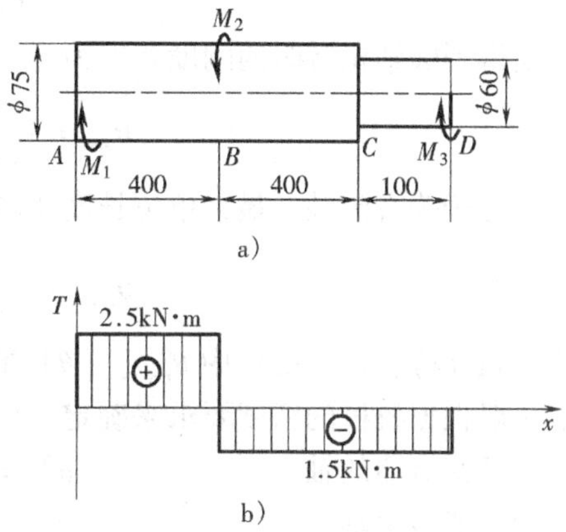

图　11-11

解　(1) 绘制扭矩图，如图 11-11b 所示。由图中可知，AB 段的扭矩 $T_1 = 2.5\mathrm{kN \cdot m}$，$BD$ 段的扭矩 $T_2 = -1.5\mathrm{kN \cdot m}$。

(2) 求相对扭转角 φ_{AD}

该轴整体不符合式（11-8）的使用条件，将轴分为 AB、BC、CD 三段，分别计算变形，然后用叠加法求阶梯轴的总变形。

$$\varphi_{AD} = \varphi_{AB} + \varphi_{BC} + \varphi_{CD} = \frac{T_1 l_{AB}}{GI_{pAB}} + \frac{T_2 l_{BC}}{GI_{pBC}} + \frac{T_2 l_{CD}}{GI_{pCD}}$$

$$= \frac{2.5 \times 10^6 \times 400}{80 \times 10^3 \times \pi/32 \times 75^4}\mathrm{rad} - \frac{1.5 \times 10^6 \times 400}{80 \times 10^3 \times \pi/32 \times 75^4}\mathrm{rad} - \frac{1.5 \times 10^6 \times 410}{80 \times 10^3 \times \pi/32 \times 60^4}\mathrm{rad}$$

$$= 1.4 \times 10^{-4}\mathrm{rad}$$

第五节　圆轴扭转时的强度和刚度计算

一、强度计算

为了保证圆轴在工作时具有足够的强度，要求其最大工作切应力不得超过材料的许用切应力。即

$$\tau_{max} = \left| \frac{T}{W_p} \right|_{max} \leqslant [\tau] \tag{11-10}$$

式（11-10）为圆轴扭转时的强度条件。其中 τ_{max} 是最大工作切应力，产生最大工作切应力的截面称为危险截面。对于等直圆轴，最大切应力产生在最大扭矩所在截面的边缘处，所以上式变为

$$\tau_{max} = \frac{|T_{max}|}{W_p} \leqslant [\tau] \tag{11-11}$$

在静载荷下，材料的扭转许用切应力 $[\tau]$ 和许用拉应力 $[\sigma]$ 之间存在着如下的关系：

塑性材料　　$[\tau]=(0.5\sim0.6)[\sigma]$

脆性材料　　$[\tau]=(0.8\sim1)[\sigma]$

二、刚度计算

圆轴产生扭转变形时，如果其变形过大，就会影响机械加工的精度或产生较大的振动。因此，在轴的设计中，除应考虑强度要求以外，还要限制轴的扭转变形，通常是规定单位长度扭转角的最大值 θ_{max} 不能超过允许值。由式（11-9）可知，单位长度扭转角 θ 为

$$\theta=\frac{T}{GI_p}\times\frac{180}{\pi}\times10^3\ (°/m)$$

于是得到圆轴扭转时的刚度条件为

$$\theta_{max}=\left|\frac{T}{GI_p}\right|_{max}\times\frac{180}{\pi}\times10^3\leqslant[\theta] \tag{11-12}$$

对于等直圆轴，最大单位长度扭转角 θ_{max} 发生在最大扭矩所在截面处，所以上式变为

$$\theta_{max}=\frac{|T_{max}|}{GI_p}\times\frac{180}{\pi}\times10^3\leqslant[\theta] \tag{11-13}$$

式（11-12）、（11-13）中 θ_{max}、$[\theta]$ 的单位均为（°）/m。单位长度许用扭转角 $[\theta]$ 的数值一般根据机械的精度要求来确定，可在有关设计手册中查到，也可参考下列数据确定：

精密机器的轴　　$[\theta]=(0.25°\sim0.5°)/m$

一般传动轴　　$[\theta]=(0.5°\sim1°)/m$

精度较低的轴　　$[\theta]=(1°\sim2.5°)/m$

应用圆轴扭转时的强度条件和刚度条件仍然可以解决三类问题，即校核强度或刚度、设计截面尺寸、确定允许传递的力偶矩或功率。

例 11-7　传动轴受力如图 11-12a 所示。已知 $M_1=1500N\cdot m$，$M_2=500N\cdot m$，$M_3=1000N\cdot m$，轴的直径 $d=70mm$，材料的切变模量 $G=80GPa$，许用切应力 $[\tau]=60MPa$，许用单位长度扭转角 $[\theta]=0.5°/m$。校核轴的强度和刚度。

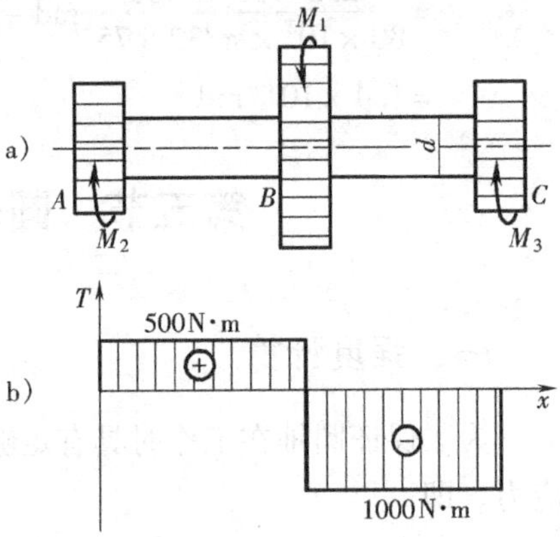

图　11-12

解　（1）绘制扭矩图，如图 11-12b 所示。由扭矩图中可知，BC 段所受扭矩最大，其值为

$$|T_{max}|=1000N\cdot m$$

（2）校核轴的强度

由式（11-11）得

$$\tau_{max}=\frac{|T_{max}|}{W_p}=\frac{1000\times10^3}{\pi\times70^3/16}MPa=14.85MPa<[\tau]$$

（3）校核轴的刚度

由式（11-13）得

$$\theta_{max}=\frac{|T_{max}|}{GI_p}\times\frac{180}{\pi}\times10^3=\frac{1000\times10^3}{80\times10^3\times\pi\times70^4/32}\times\frac{180°}{\pi}\times10^3/m=0.304°/m<[\theta]$$

故轴的强度和刚度均满足要求。

例 11-8　一传动轴受力如图 11-13a 所示，轴的材料为 45 钢，切变模量 $G=80\text{GPa}$，许用切应力 $[\tau]=60\text{MPa}$，许用单位长度扭转角 $[\theta]=1°/\text{m}$。设计轴的直径。

解　(1) 绘制扭矩图，如图 11-13b 所示。由扭矩图中可知，BC 段所受扭矩最大，其值为

$$|T_{\max}|=3000\text{N}\cdot\text{m}$$

(2) 由强度条件设计轴的直径 d_1

由式 (11-11) 得

$$\tau_{\max}=\frac{|T_{\max}|}{W_p}=\frac{|T_{\max}|}{\pi d_1^3/16}\leqslant[\tau]$$

$$\text{则}d_1\geqslant\sqrt[3]{\frac{16|T_{\max}|}{\pi[\tau]}}=\sqrt[3]{\frac{16\times3000\times10^3}{\pi\times60}}\text{mm}=63.4\text{mm}$$

(3) 由刚度条件设计轴的直径 d_2

由式 (11-13) 得

$$\theta_{\max}=\frac{|T_{\max}|}{GI_p}\times\frac{180}{\pi}\times10^3=\frac{|T_{\max}|}{G\pi d_2^4/32}\times\frac{180}{\pi}\times10^3\leqslant[\theta]$$

$$\text{则}\qquad d_2\geqslant\sqrt[4]{\frac{|T_{\max}|\times32\times180\times10^3}{G\pi^2[\theta]}}=\sqrt[4]{\frac{3000\times10^3\times32\times180\times10^3}{80\times10^3\times\pi^2\times1}}\text{mm}=68.4\text{mm}$$

根据以上计算结果，为同时满足强度和刚度要求，取 $d\geqslant68.4\text{mm}$，圆整后得轴的直径 $d=70\text{mm}$。

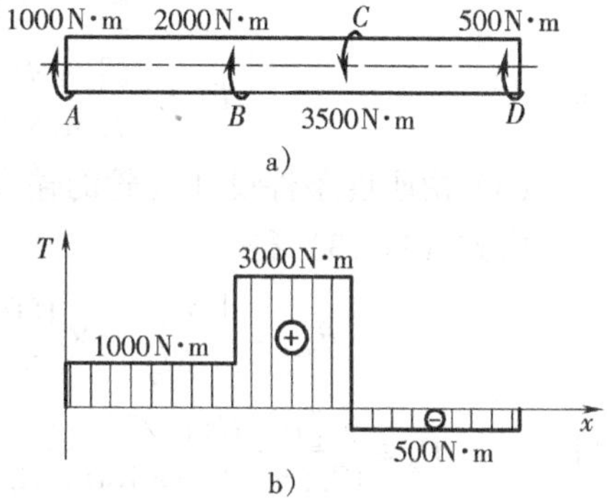

图　11-13

例 11-9　传动轴如图 11-14a 所示，其直径 $d=40\text{mm}$，转速 $n=362.5\text{r/min}$，材料的切变模量 $G=80\text{GPa}$，许用切应力 $[\tau]=60\text{MPa}$，许用单位长度扭转角 $[\theta]=0.5°/\text{m}$，轴上 B 轮为输入功率的主动轮，A 轮和 C 轮为输出功率的从动轮，其中 A 轮输出 $\frac{2}{3}$ 功率，C 轮输出 $\frac{1}{3}$ 功率。求 B 轮的输入功率 P_B。

解　(1) 设 B 轮的输入功率为 $P_B=P$，则 A 轮输出功率为 $P_A=\frac{2}{3}P$，C 轮输出功率 $P_C=\frac{1}{2}P$。由式 (11-1) 得，各轮作用于轴上的外力偶矩分别为

$$M_A=9549\frac{P_A}{n}=9549\times\frac{2P/3}{362.5}=17.56P$$

$$M_B=9549\frac{P_B}{n}=9549\times\frac{P}{362.5}=26.34P$$

$$M_C=9549\frac{P_C}{n}=9549\times\frac{P/3}{362.5}=8.78P$$

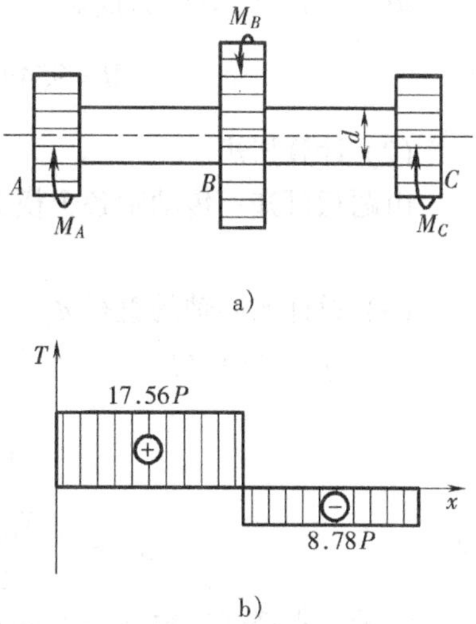

图　11-14

(2) 绘制扭矩图，如图 11-14b 所示。由扭矩图中可知，AB 段所受扭矩最大，其值为

$$|T_{\max}|=17.56P$$

(3) 由强度条件设计 B 轮的输入功率 P_1

由式 (11-11) 得

$$\tau_{max}=\frac{|T_{max}|}{W_p}=\frac{17.56P_1\times10^3}{\pi d^3/16}\leqslant[\tau]$$

则 $$P_1=\frac{[\tau]\ \pi d^3/16}{17.56\times10^3}=\frac{60\times\pi\times40^3/16}{17.56\times10^3}\text{kW}=42.9\text{kW}$$

(4) 由刚度条件设计 B 轮的输入功率 P_2

由式 (11-13) 得

$$\theta_{max}=\frac{|T_{max}|}{GI_p}\times\frac{180}{\pi}\times10^3=\frac{17.56P_2\times10^3}{G\pi d^4/32}\times\frac{180}{\pi}\times10^3\leqslant[\theta]$$

则 $$P_2\leqslant\frac{[\theta]\ G\pi d^4/32\times\pi}{17.56\times10^3\times180\times10^3}=\frac{0.5\times80\times10^3\times\pi\times40^4/32\times\pi}{17.56\times10^3\times180\times10^3}\text{kW}=9.99\text{kW}$$

由以上计算结果，为同时满足强度和刚度要求，最后选定 B 轮的输入功率 $P_B\leqslant9.99\text{kW}$。

例 11-10　实心轴和空心轴通过牙签离合器连接在一起，如图 11-15 所示。已知轴的转速 $n=100\text{r/min}$，传递的功率 $P=10\text{kW}$，材料的许用切应力 $[\tau]=60\text{MPa}$，空心轴的内外径比 $\alpha=0.8$。设计实心轴的直径 d_1 和空心轴的外径 D、内径 d 并比较两者的材料消耗。

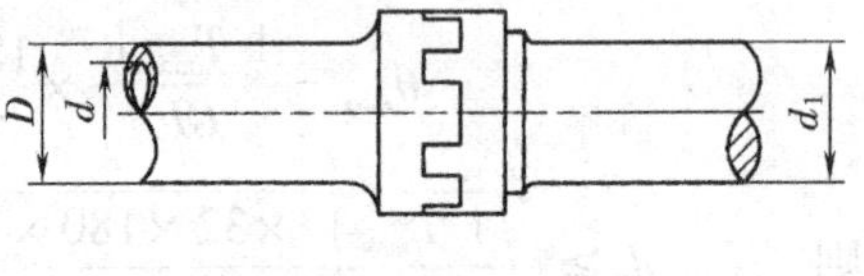

图　11-15

解　(1) 计算外力偶矩

$$M=9549\ \frac{P}{n}=9549\times\frac{10}{100}\text{N}\cdot\text{m}=954.9\text{N}\cdot\text{m}$$

(2) 计算扭矩

由题意可知，传动轴各个横截面上的扭矩均相等，其值为

$$T=M=954.9\text{N}\cdot\text{m}$$

(3) 设计实心轴的直径 d_1

由式 (11-11) 得

$$\tau_{max}=\frac{|T_{max}|}{W_p}=\frac{T}{\pi d_1^3/16}\leqslant[\tau]$$

则 $$d_1\geqslant\sqrt[3]{\frac{16T}{\pi[\tau]}}=\sqrt[3]{\frac{16\times954.9\times10^3}{\pi\times60}}\text{mm}=43.3\text{mm}$$

将轴的直径圆整取 $d_1=44\text{mm}$。

(4) 设计空心轴的外径 D、内径 d

由式 (11-11) 得

$$\tau_{max}=\frac{|T_{max}|}{W_p}=\frac{T}{\pi D^3(1-a^4)/16}\leqslant[\tau]$$

则 $$D\geqslant\sqrt[3]{\frac{16T}{\pi[\tau](1-\alpha^4)}}=\sqrt[3]{\frac{16\times954.9\times10^3}{\pi\times60\times(1-0.8^4)}}\text{mm}=51.6\text{mm}$$

将轴的直径圆整取 $D=52\text{mm}$。此时内径 $d=0.8D=41.6\text{mm}$，圆整取 $d=42\text{mm}$。

（5）比较两者的材料消耗

空心轴和实心轴在相同条件下，材料消耗之比即为截面面积之比

$$\frac{A_{空}}{A_{实}}=\frac{\frac{\pi}{4}(D^2-d^2)}{\frac{\pi}{4}d_1^2}=\frac{D^2-d^2}{d_1^2}=\frac{52^2-42^2}{44^2}=0.486$$

可见，在载荷、材料和强度相同的情况下，空心轴的重量比实心轴轻。上例中，空心轴重量仅为实心轴的48.6%，因此空心轴比实心轴节省材料。这是因为横截面上的切应力沿半径按线性分布，圆心附近的应力很小，材料的力学性能没有得到充分发挥。若把轴心附近的材料移至边缘，使其成为空心轴，就会增加截面的极惯性矩和抗扭截面系数，从而充分发挥材料的力学性能，提高轴的强度。所以，在承受相同的载荷的前提下，以空心轴代替实心轴，能够节约材料，减轻机器自重。但是，空心轴的壁厚不能太薄，太薄会给制造带来困难，增加制造成本，一般取 $\alpha=0.5\sim0.8$。

小　　结

1. 构件两端分别受到两个垂直于轴线平面内的力偶作用，两力偶矩大小相等，转向相反，在这样一对力偶的作用下，两力偶之间的各横截面均发生绕轴线的相对转动，这种变形称为扭转变形。以扭转变形为主要变形形式的构件称为轴。

2. 外力偶矩的计算公式为

$$M=9549\frac{P}{n}$$

3. 圆轴扭转时横截面上的内力为扭矩，扭矩的大小可用截面法求得，扭矩的正负号用右手螺旋法判定，即用四指指向表示扭矩的转向，大拇指指向截面外部，扭矩为正，反之为负。运用绘图规律，可以不用截面法求横截面上的扭矩，直接绘制扭矩图。

4. 对于实心圆截面，截面对圆心的极惯性矩和抗扭截面系数分别为

$$I_p=\frac{\pi d^4}{32}\qquad W_p=\frac{I_p}{d/2}=\frac{\pi d^3}{16}$$

对于空心圆截面，截面对圆心的极惯性矩和抗扭截面系数分别为

$$I_p=\frac{\pi}{32}(D^4-d^4)=\frac{\pi D^4}{32}(1-\alpha^4)\qquad W_p=\frac{I_p}{D/2}=\frac{\pi D^3}{16}(1-\alpha^4)$$

5. 圆轴产生扭转变形时，横截面上任一点扭转切应力的计算公式为

$$\tau_\rho=\frac{|T|}{I_p}\rho$$

扭转切应力的大小与点到转动中心的距离成正比，即点到转动中心距离越远切应力越大，点到转动中心距离越近切应力越小，在转动中心处切应力为零。切应力的方向与该点的半径方向垂直，指向与扭矩 T 的转向一致。

6. 圆轴产生扭转变形时，其任意一横截面上最大切应力的计算公式为

$$\tau_{max}=\frac{|T|}{W_p}$$

7. 圆轴产生扭转变形时，两端面间相对扭转角的计算公式为

$$\varphi = \frac{Tl}{GI_p}$$

8. 等直圆轴扭转时的强度条件为

$$\tau_{max} = \frac{|T_{max}|}{W_p} \leqslant [\tau]$$

9. 等直圆轴扭转时的刚度条件为

$$\theta_{max} = \frac{|T_{max}|}{GI_p} \times \frac{180}{\pi} \times 10^3 \leqslant [\theta]$$

强度条件和刚度条件是两个互相独立的条件。当要求同时满足时，求解出的截面尺寸或许可载荷均有两个不同的值，截面尺寸应取数值较大的，许可载荷应取数值较小的。

习　题

11-1　绘制图示各圆轴的扭矩图。

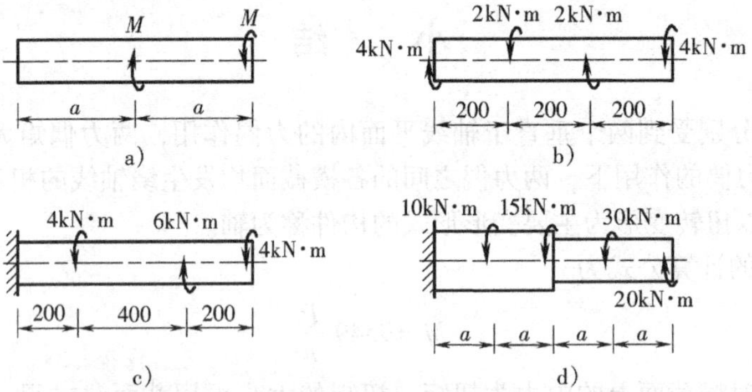

题　11-1 图

11-2　如图所示，传动轴的转速 $n = 300\text{r/min}$，主动轮 B 的输入功率 $P_B = 10\text{kW}$，从动轮 A、C、D 的输出功率分别为 $P_A = 5\text{kW}$，$P_C = 3\text{kW}$，$P_D = 2\text{kW}$。绘制该轴的扭矩图。

11-3　如图所示空心轴的极惯性矩 I_p 和抗扭截面系数 W_p 可否按下式计算？为什么？

$$I_p = I_{p外} - I_{p内} = \frac{\pi D^4}{32} - \frac{\pi d^4}{32}$$

$$W_p = W_{p外} - W_{p内} = \frac{\pi D^3}{32} - \frac{\pi d^3}{32}$$

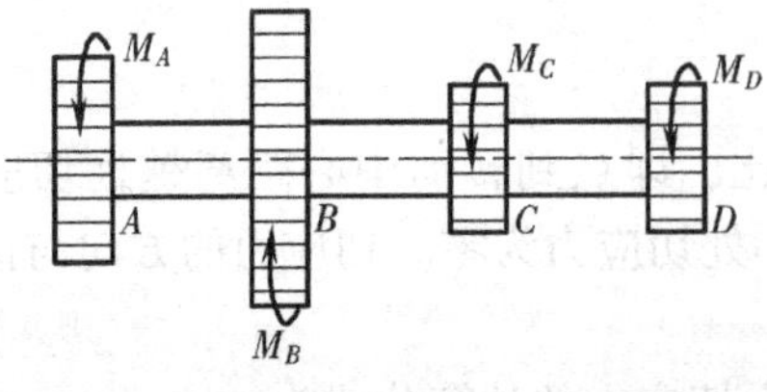

题　11-2 图

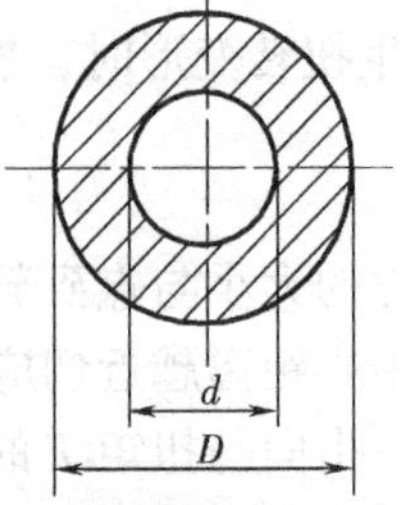

题　11-3 图

11-4　图示圆轴的扭转切应力分布是否正确？为什么？

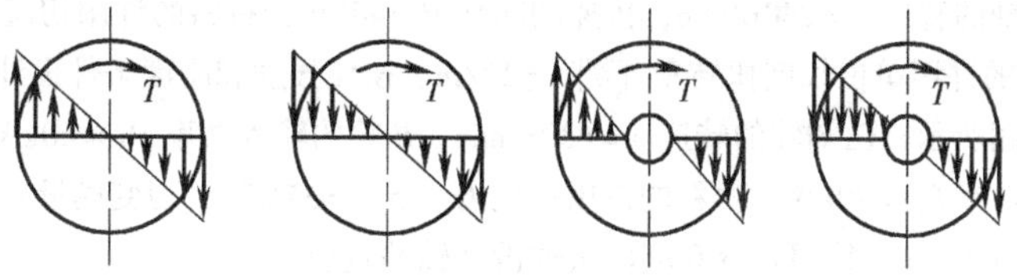

a)　　b)　　c)　　d)

题　11-4 图

11-5　直径 $d=5\text{cm}$ 的实心圆轴，受到扭矩 $T=2.15\text{kN}\cdot\text{m}$ 的作用。求距轴心 1cm 处点的切应力及截面上最大切应力。

11-6　传动轴如图所示，轴的直径 $d=50\text{mm}$，外力偶矩 $M_1=1.5\text{kN}\cdot\text{m}$，$M_2=1\text{kN}\cdot\text{m}$，$M_3=0.5\text{kN}\cdot\text{m}$。求：(1) 1-1 截面和 2-2 截面上的最大切应力；(2) 1-1 截面上半径为 20mm 圆周上各点的切应力；(3) 从强度观点看，三个轮子如何布置比较合理？为什么？

11-7　圆轴产生扭转变形时，同一横截面上 A、B 两点到圆心的距离分别为 $OA=30\text{mm}$，$OB=50\text{mm}$，如图所示。已知 A 点的切应力 $\tau_A=50\text{MPa}$，求 B 点的切应力大小并图示其方向。

11-8　阶梯轴如图所示，已知外力偶矩 $M=2\text{kN}\cdot\text{m}$，$l=750\text{mm}$，AB 段的轴径 $d_1=75\text{mm}$，BC 段的轴径 $d_2=50\text{mm}$，材料的切变模量 $G=80\text{GPa}$。求：(1) 全轴的最大切应力；(2) C 截面相对于 A 截面的相对扭转角 φ_{AC}。

11-9　若直径 d 和长度 l 均相同，但材料不同的两根轴，在相同的扭矩 T 作用下，它们的最大切应力是否相同？轴两端面的相对扭转角是否相同？为什么？

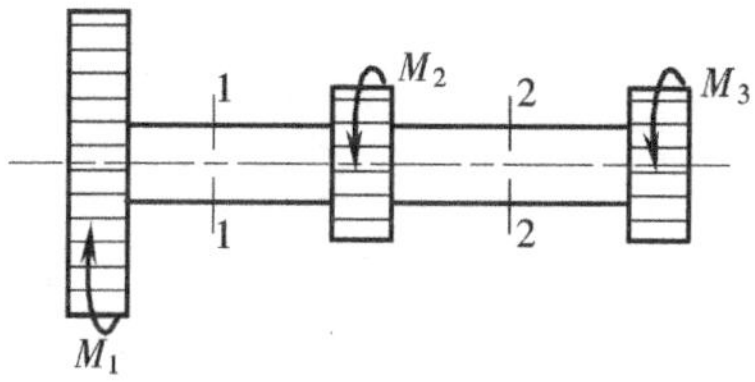

题　11-6 图

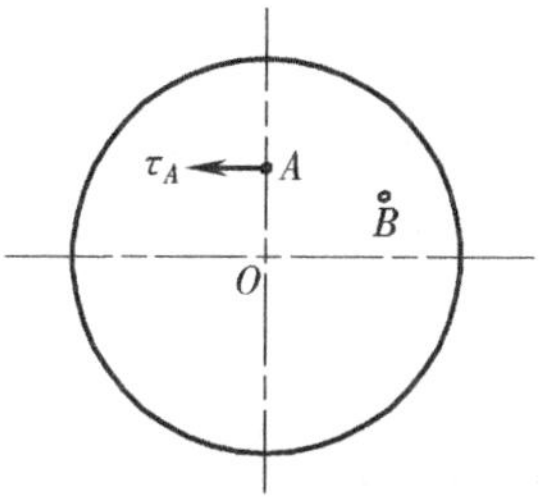

题　11-7 图

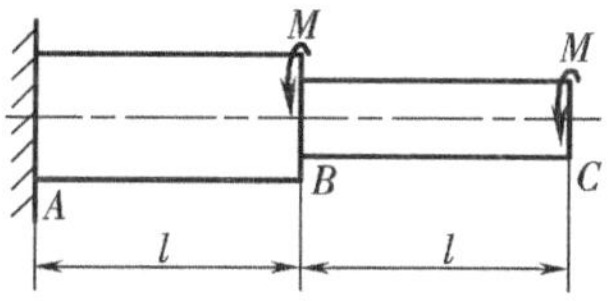

题　11-8 图

11-10　一等截面圆轴，转速 $n=320\text{r/min}$，传递的功率 $P=15\text{kW}$，轴的直径 $d=50\text{mm}$，轴材料的许用切应力 $[\tau]=60\text{MPa}$。校核轴的强度。

11-11　实心轴和空心轴通过牙签离合器连接在一起，如图所示。已知轴的转速 $n=120\text{r/min}$，传递的功率 $P=14\text{kW}$，材料的许用切应力 $[\tau]=60\text{MPa}$，空心轴的内外径比 $\alpha=0.8$。确定实心轴的直径 d_1 和空心轴的外径 D、内径 d 并比较两轴的横截面面积。

11-12　传动轴如图所示，已知轴的直径 $d=50\text{mm}$，转速 $n=250\text{r/min}$，主动轮 B 的输入功率 $P_B=7\text{kW}$，从动轮 A、C、D 的输出功率分别为 $P_A=3\text{kW}$，$P_C=2.5\text{kW}$，$P_D=1.5\text{kW}$，材料的许用切应力 $[\tau]=40\text{MPa}$，切变模量 $G=80\text{GPa}$，轴的许用单位长度扭转角 $[\theta]=1°/\text{m}$。校核轴的强度和刚度。

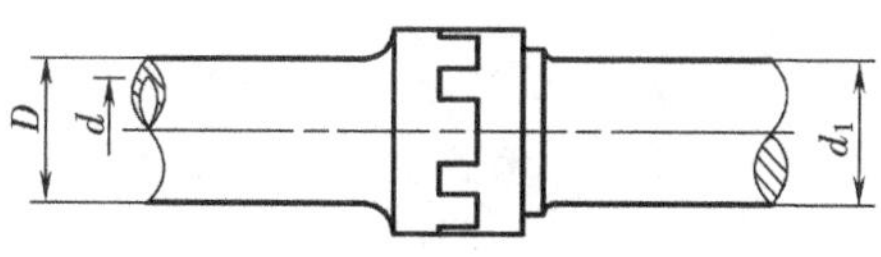

题　11-11 图

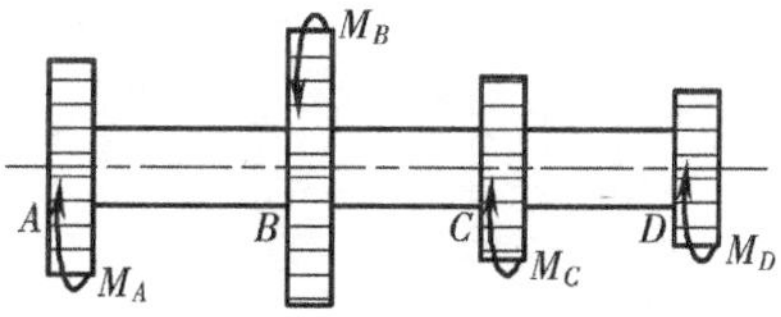

题　11-12 图

11-13　等截面圆轴的转速 $n=240\text{r/min}$，传递的功率 $P=44\text{kW}$，材料的许用切应力 $[\tau]=40\text{MPa}$，切变模量 $G=80\text{GPa}$，轴的许用单位长度扭转角 $[\theta]=1°/\text{m}$。按照强度和刚度条件设计轴的直径。

11-14　传动轴如图所示，已知轴的转速 $n=630\text{r/min}$，B 轮的输入功率 $P_B=60\text{kW}$，A 轮的输出功率 $P_A=40\text{kW}$，C 轮的输出功率 $P_C=20\text{kW}$，材料的许用切应力 $[\tau]=37\text{MPa}$，切变模量 $G=80\text{GPa}$，轴的许用单位长度扭转角 $[\theta]=0.5°/\text{m}$。按照强度和刚度条件设计轴的直径。

11-15　传动轴如图所示，已知轴的直径 $d=40\text{mm}$，转速 $n=500\text{r/min}$，功率 P 由 B 轮输入，A 轮输出功率 $P_A=\frac{2}{3}P$，C 轮输出功率 $P_C=\frac{1}{3}P$，材料的许用切应力 $[\tau]=60\text{MPa}$，切变模量 $G=80\text{GPa}$，轴的许用单位长度扭转角 $[\theta]=0.5°/\text{m}$。按照强度和刚度条件确定 B 轮的输入功率 P。

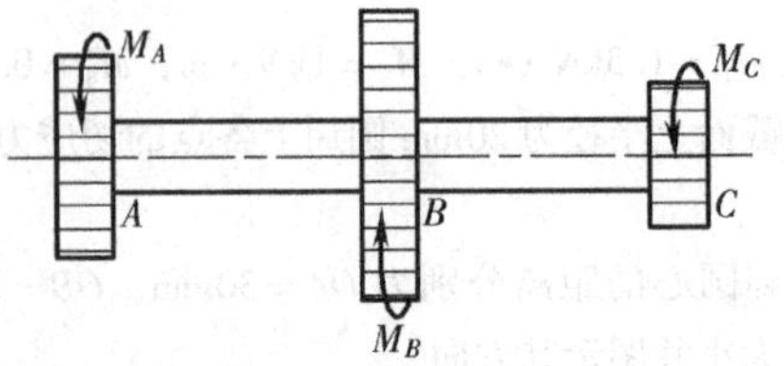

题　11-14 图

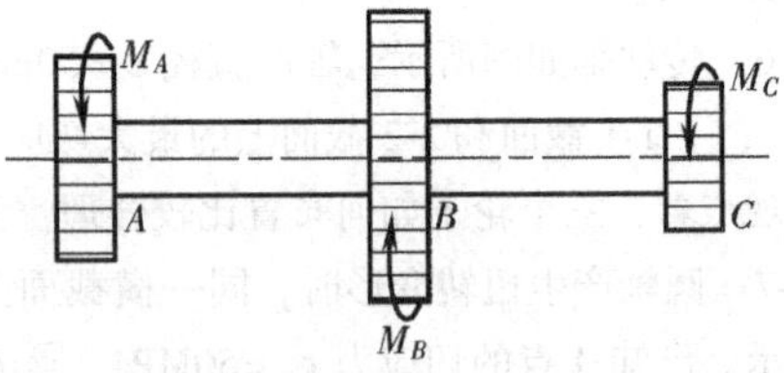

题　11-15 图

第十二章　直梁的弯曲

第一节　平面弯曲的概念　梁的计算简图

一、平面弯曲的概念

工程中常遇到这样一类构件，它们所承受的外力是作用线垂直于轴线的平衡力系（包括力和力偶），在这些外力作用下，构件的轴线由直线变为曲线，这种变形称为弯曲变形。例如，图 12-1a 所示齿轮轴和图 12-2a 所示火车车轮轴，在力 $\boldsymbol{F}$ 的作用下产生弯曲变形，如图 12-1b、图 12-2b 所示。以弯曲变形为主要变形形式的构件称为梁。

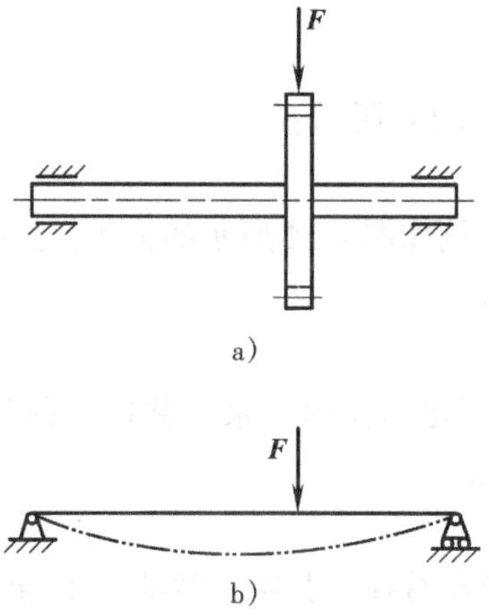

图　12-1

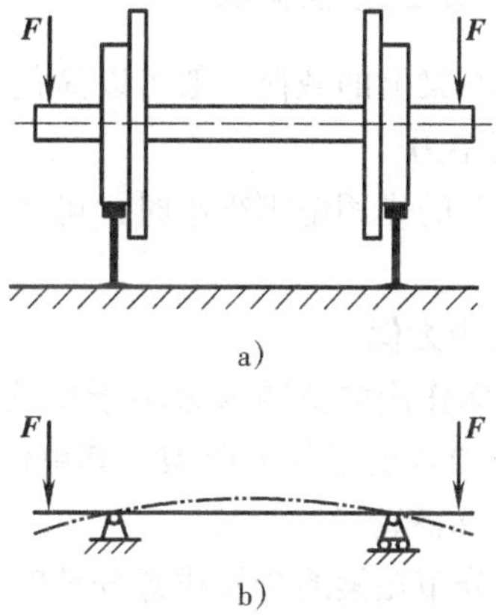

图　12-2

若梁上的外力或外力偶与梁的轴线及变形后的曲线都在同一个平面内，则称这种弯曲为平面弯曲。平面弯曲是弯曲变形中最基本、最常见的情况，本书中只讨论梁的平面弯曲问题。

二、梁的类型

力学中将梁分为两大类，即静定梁和超静定梁。如果梁的全部支座反力均可由静力平衡方程求出，则称这种梁为静定梁，否则称为超静定梁。本书中所涉及的梁均为静定梁。静定梁有三种基本形式：

1. 简支梁

梁的两端支座中，一端能简化为固定铰链支座，另一端能简化为活动铰链支座，这样的梁称为简支梁，例如图 12-1a 所示的齿轮轴，其计算简图如图 12-1b 所示。

2. 外伸梁

梁的支座与简支梁相同，只是梁的一端或两端伸出支座之外，这样的梁称为外伸梁，例如图 12-2a 所示的火车车轮轴，其计算简图如图 12-2b 所示。

3. 悬臂梁

梁的一端为自由端，另一端能简化为固定端约束，这样的梁称为悬臂梁，例如图 12-3a 所示的镗刀杆，其计算简图如图 12-3b 所示。

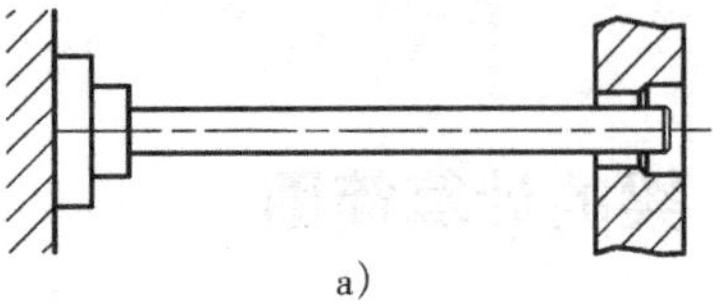

a)

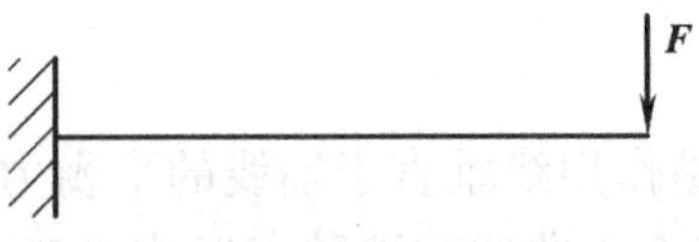

b)

图　12-3

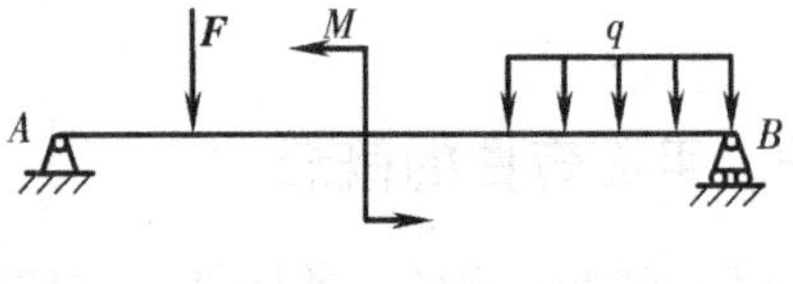

图　12-4

三、梁上的载荷类型

作用在梁上的载荷一般可以简化为三种类型，如图 12-4 所示。

1. 集中力

当载荷的作用范围很小时，可将其简化为集中力。例如图 12-4 所示的力 $\boldsymbol{F}$，其单位为 N 或 kN。

2. 集中力偶

当力偶作用的范围远远小于梁的长度时，可将其简化为作用于某一截面，称为集中力偶。如图 12-4 所示的力偶 M，其单位为 N · m 或 kN · m。

3. 分布载荷

连续分布在梁的全长或部分长度上的载荷，称为分布载荷。其中，载荷大小均匀分布的称为均布载荷。均布载荷的大小用载荷集度 q 度量，q 的单位是 N/m 或 kN/m。

在图 12-4 中，集中力和均布载荷的作用线均垂直于梁的轴线，故将其统称为横向力或横向载荷。

梁上的载荷通常是已知的，而支座反力则需要通过计算求出。当梁在横向力（包括力偶）作用下产生平面弯曲时，梁上的载荷与支座反力组成了平面平行力系，支座反力可用平面平行力系的平衡方程求解。

第二节　梁的内力——剪力和弯矩

一、剪力和弯矩的概念

知道了梁所受到的全部外力（包括外载荷和支座反力）以后，便可以进一步用截面法求梁横截面上的内力。

如图 12-5a 所示的简支梁，已知 $F_1 = 1\text{kN}$，$F_2 = 2\text{kN}$，$l = 5\text{m}$，$a = 1.5\text{m}$，$b = 3\text{m}$。用平面平行力系的平衡方程求得两端支座的约束反力 $F_{NA} = 1.5\text{kN}$，$F_{NB} = 1.5\text{kN}$。现欲求距 A 端

$x=2\mathrm{m}$ 处的横截面 $m\text{-}m$ 上的内力。用截面法假想将梁沿截面 $m\text{-}m$ 截开，分为左右两部分，因为梁原来处于平衡状态，所以截开以后任意一部分也必然处于平衡状态。现取左部分为研究对象，画受力图，如图 12-5b 所示。显然左部分梁在 $\boldsymbol{F}_1$ 和 $\boldsymbol{F}_{NA}$ 的作用下不能保持平衡。为了保持左部分梁的平衡，截面 $m\text{-}m$ 上必然存在两个内力分量：

（1）力 $\boldsymbol{F}_Q$，作用在截面内部与截面相切，其作用线平行于外力，称为剪力。

（2）力偶矩 M，其作用面垂直于横截面，称为弯矩。

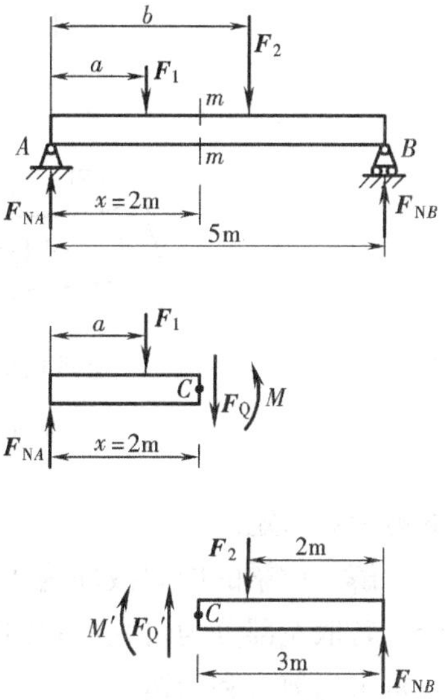

图　12-5

二、剪力和弯矩的求法

剪力 $\boldsymbol{F}_Q$ 和弯矩 M 的大小和方向可根据平面平行力系的平衡方程确定。

由 $\sum F_y=0 \qquad F_{NA}-F_1-F_Q=0$

得 $\qquad F_Q=F_{NA}-F_1=1.5\mathrm{kN}-1\mathrm{kN}=0.5\mathrm{kN}$

由 $\sum M_C(\boldsymbol{F})=0$

$$-F_{NA}x+F_1(x-a)+M=0$$

得 $M=F_{NA}x-P_1(x-a)$

$=1.5\times2\mathrm{kN\cdot m}-1\times(2-1.5)\mathrm{kN\cdot m}$

$=2.5\mathrm{kN\cdot m}$

如果取右部分梁为研究对象，如图 12-5c 所示，则 $m\text{-}m$ 截面上的剪力和弯矩以 $\boldsymbol{F}_Q'$ 和 M' 表示，可以求得 $F_Q'=F_Q=0.5\mathrm{kN}$，$M'=M=2.5\mathrm{kN\cdot m}$，即它们大小相等，方向相反，因为它们是作用与反作用的关系。

由上面的例子可以总结出计算梁的内力——剪力 $\boldsymbol{F}_Q$ 和弯矩 M 的具体方法：

梁内任意一截面上的剪力等于截面任意一侧（左或右）梁上所有外力的代数和，外力的正负号规定为：截面左侧向上的外力或右侧向下的外力为正，反之为负，即“左上右下，外力为正”；梁内任意一截面上的弯矩等于截面任意一侧（左或右）梁上所有外力对截面形心力矩的代数和，力矩的正负号规定为：截面左侧外力对截面形心的力矩为顺时针转向或截面右侧外力对截面形心的力矩为逆时针转向时为正，反之为负，即“左顺右逆，力矩为正”。

按照上述方法，无论选左部分还是选右部分为研究对象，计算出同一截面上的剪力和弯矩，不仅大小相等而且具有相同的正负号。在上面的例子中可以得到，$m\text{-}m$ 截面上的剪力和弯矩均为正值，其值分别为

$$F_Q=0.5\mathrm{kN}$$

$$M=2.5\mathrm{kN\cdot m}$$

根据上述计算方法得出的剪力 $\boldsymbol{F}_Q$ 和弯矩 M 的正负号，只与该截面的变形情况有关。对于剪力，以该截面（如 $m\text{-}m$ 截面）为界，如左段相对于右段向上滑移，则剪力为正，如图 12-6a 所示；反之为负，如图 12-6b 所示。

对于弯矩，若梁在该截面（如 $n\text{-}n$ 截面）处弯成上凹下凸的形式，如图 12-7a 所示，则弯矩为正；反之为负，如图 12-7b 所示。

例 12-1　悬臂梁 AB 受力如图 12-8a 所示，已知 $F=1\mathrm{kN}$，$a=1\mathrm{m}$。求梁 AB 中间截面上

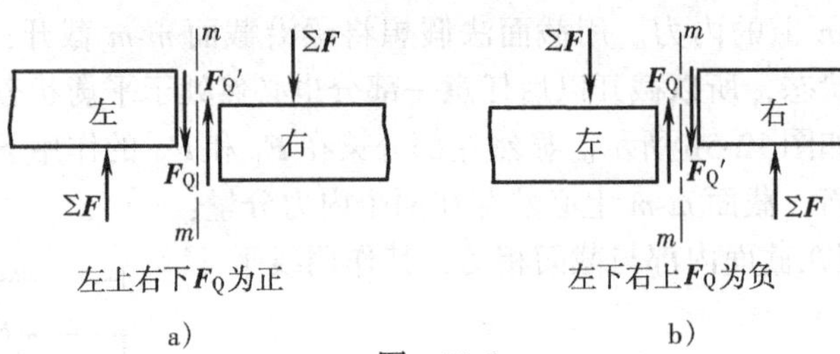

图　12-6

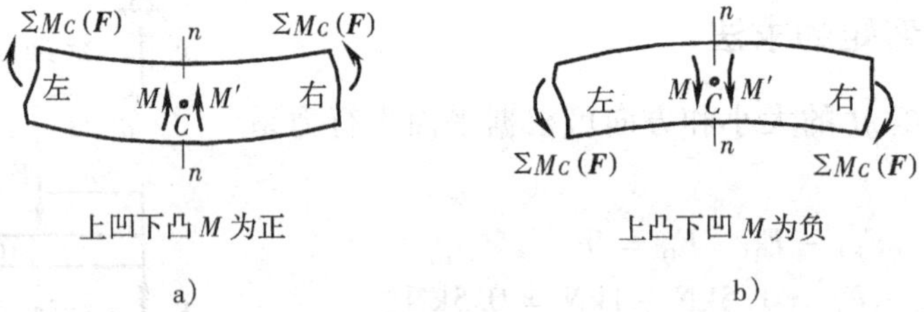

图　12-7

的剪力和弯矩。

解　设梁的中间截面为 1-1 截面，用截面法假想沿 1-1 截面截开，将梁分为左右两部分，若取左部分为研究对象则应首先求出固定端处的约束反力；而取右部分为研究对象则可直接求出剪力和弯矩。

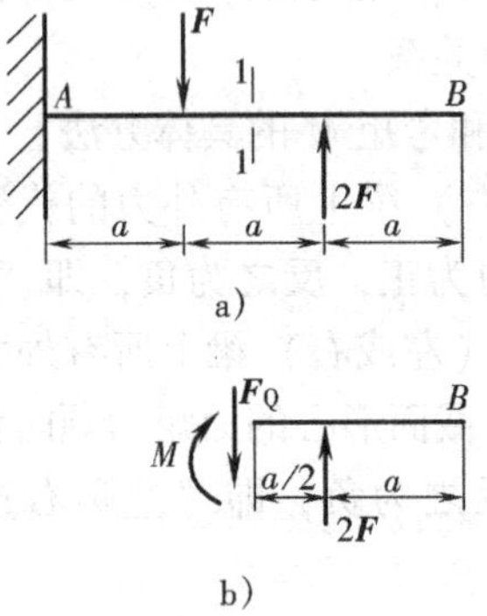

图　12-8

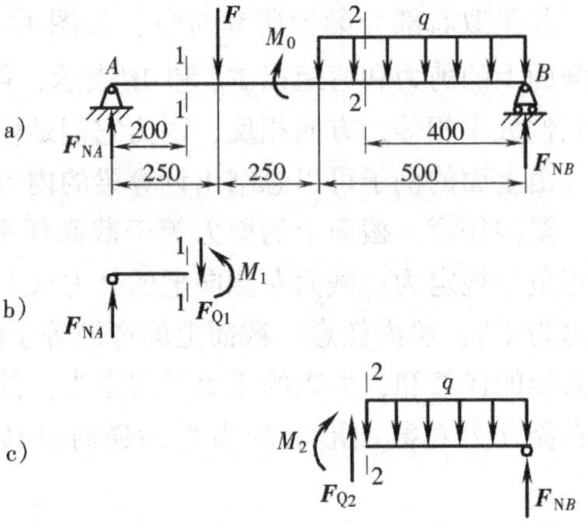

图　12-9

现取右部分梁为研究对象，画受力图，如图 12-8b 所示。则 1-1 截面上的剪力和弯矩分别为

$$F_Q = -2F = -2\text{kN}$$

$$M = 2F\frac{a}{2} = Fa = 1\text{kN} \cdot \text{m}$$

例 12-2　如图 12-9a 所示，简支梁 AB 上作用有集中力 $F = 1\text{kN}$，集中力偶 $M_0 = 1\text{kN} \cdot \text{m}$，均布载荷 $q = 4\text{kN/m}$。求 1-1 截面和 2-2 截面上的剪力和弯矩。

解　（1）求两支座的约束反力

选简支梁 AB 为研究对象，列平面平行力系的平衡方程

$$\sum M_B(F)=0 \qquad -F_{NA}\times 1+F\times 0.75-M_0+q\times 0.5\times 0.25=0$$

得
$$F_{NA}=0.25\text{kN}$$

$$\sum F_y=0 \qquad F_{NA}-F-q\times 0.5+F_{NB}=0$$

得
$$F_{NB}=2.75\text{kN}$$

（2）求 1-1 和 2-2 截面上的剪力和弯矩

用截面法假想沿 1-1 截面截开，将梁分为左右两部分，显然左部分的受力比较简单，故选左部分梁为研究对象，画受力图，如图 12-9b 所示。则 1-1 截面上的剪力和弯矩分别为

$$F_{Q1}=F_{NA}=0.25\text{kN}$$

$$M_1=F_{NA}\times 0.2\text{m}=0.25\text{kN}\times 0.2\text{m}=0.05\text{kN}\cdot\text{m}$$

同理，用截面法假想沿 2-2 截面截开，将梁分为左右两部分，此时右部分的受力比较简单，故选右部分梁为研究对象，画受力图，如图 12-9c 所示。则 2-2 截面上的剪力和弯矩分别为

$$F_{Q2}=q\times 0.4\text{m}-F_{NB}=4\text{kN/m}\times 0.4\text{m}-2.75\text{kN}=-1.15\text{kN}$$

$$\begin{aligned}M_2&=F_{NB}\times 0.4\text{m}-q\times 0.4\text{m}\times 0.2\text{m}\\&=2.75\text{kN}\times 0.4\text{m}-4\text{kN/m}\times 0.4\text{m}\times 0.2\text{m}\\&=0.78\text{kN}\cdot\text{m}\end{aligned}$$

第三节　剪力图和弯矩图

一般情况下，在梁的不同截面上，剪力 F_Q 和弯矩 M 的数值并不相同，它们随截面位置的变化而变化。如果用梁的轴线作为 x 轴，坐标 x 表示横截面的位置，则剪力 F_Q 和弯矩 M 可表示为 x 的函数

$$F_Q=F_Q(x) \qquad M=M(x)$$

上面两式表示剪力 F_Q 和弯矩 M 随截面位置变化而变化的规律，分别称为剪力方程和弯矩方程。

为了清楚地看出梁的各个截面上剪力 F_Q 和弯矩 M 的大小、正负以及最大值所在截面的位置，把剪力方程和弯矩方程用函数图像表示出来，分别称为剪力图和弯矩图。

绘制剪力图和弯矩图的基本方法是首先求出梁的支座反力，然后以力和力偶的作用点为分界点，将梁分成几段，分别列出各段的剪力方程和弯矩方程。用横坐标 x 表示横截面的位置，纵坐标表示相应各个横截面上的剪力和弯矩，按方程绘图。下面分几种情况具体举例说明。

一、梁上有集中力作用时的剪力图和弯矩图

例 12-3　简支梁 AB 如图 12-10a 所示，在 C 点作用一集中力 $\boldsymbol{F}$。绘制梁的剪力图和弯矩图。

解　（1）求支座反力 $\boldsymbol{F}_{NA}$ 和 $\boldsymbol{F}_{NB}$

选整个梁为研究对象，列平面平行力系的平衡方程

$$\sum M_B(\boldsymbol{F})=0 \qquad -F_{NA}l+Fb=0$$

得
$$F_{NA}=\frac{Fb}{l}$$

$$\sum F_y=0 \qquad F_{NA}-F+F_{NB}=0$$

得
$$F_{NB}=\frac{Fa}{l}$$

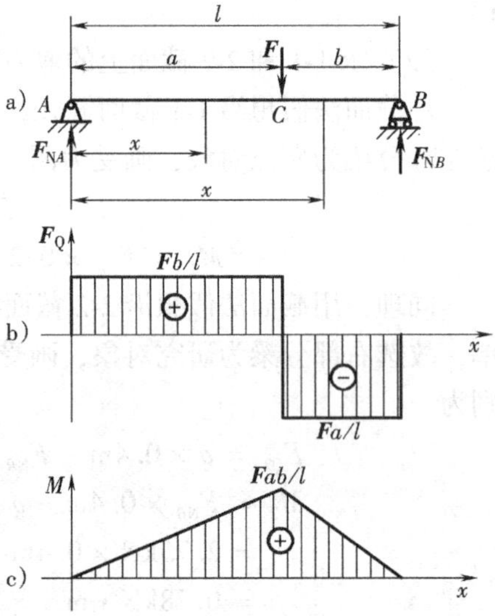

图　12-10

(2) 列剪力方程和弯矩方程

因为梁在 A、C、B 三点受到集中力作用，故以此三点为分界点将梁分为两段，即 AC 段和 CB 段，分别列出剪力方程和弯矩方程。

AC 段　在 AC 段任取一横截面，设其到 A 端的距离为 x，用截面法假想沿此截面截开，选左部分梁为研究对象，则剪力方程和弯矩方程分别为

$$F_Q=F_{NA}=\frac{Fb}{l}\quad(0<x<a)\qquad\text{(a)}$$

$$M=F_{NA}x=\frac{Fb}{l}x\quad(0\leqslant x\leqslant a)\qquad\text{(b)}$$

CB 段　在 CB 段任取一横截面，设其到 A 端的距离为 x，仍然用截面法假想沿此截面截开，选右部分梁为研究对象，则剪力方程和弯矩方程分别为

$$F_Q=-F_{NB}=-\frac{Fa}{l}\quad(a<x<l)\qquad\text{(c)}$$

$$M=F_{NB}(l-x)=\frac{Fa}{l}(l-x)\quad(a\leqslant x\leqslant l)\qquad\text{(d)}$$

(3) 绘制剪力图和弯矩图

由式 (a) 和式 (c) 可知，AC 段和 BC 段的剪力均为常数，所以剪力图是两段平行于 x 轴的直线，AC 段的剪力为正，故剪力图在 x 轴的上方，其纵坐标为$\frac{Fb}{l}$，CB 段的剪力为负，故剪力图在 x 轴的下方，其纵坐标为 $-\frac{Fa}{l}$，如图 12-10b 所示。

由式 (b) 和式 (d) 可知，AC 段和 BC 段的弯矩均为 x 的一次方程，所以弯矩图是两段斜直线，斜直线的端点可由式 (b) 和式 (d) 确定为

AC 段　　$x=0\quad M=0;\quad x=a\quad M=\frac{Fab}{l}$

CB 段　　$x=a\quad M=\frac{Fab}{l};\quad x=l\quad M=0$

按比例描出上述各点后，以直线相连，便得弯矩图，如图 12-10c 所示。

(4) 结果分析

由剪力图可以看出，在集中力 $\boldsymbol{F}$ 的作用点 C 处，剪力图发生突变，从$\frac{Fb}{l}$变为 $-\frac{Fa}{l}$，突变幅度为 $\boldsymbol{F}$ 的大小，突变方向与集中力 $\boldsymbol{F}$ 的方向相同即向下突变。同时，还可以看出在集中力 $\boldsymbol{F}_{NA}$ 和 $\boldsymbol{F}_{NB}$ 的作用点 A、B 两处，剪力图也发生突变，突变幅度分别为 $\boldsymbol{F}_{NA}$ 和 $\boldsymbol{F}_{NB}$ 的大

小，突变方向与集中力 F_{NA}和 F_{NB}的方向相同即向上突变。

由弯矩图可以看出，*AC* 段斜直线的斜率即为 *AC* 段剪力图中剪力的数值，因为斜率为正所以斜直线向上倾斜；*CB* 段斜直线的斜率即为 *CB* 段剪力图中剪力的数值，因为斜率为负所以斜直线向下倾斜。在集中力 F 的作用点 C 处，具有最大弯矩值，$M_{max}=\frac{Fab}{l}$。

由以上分析得到梁上有集中力作用时，剪力图和弯矩图的绘图规律：

（1）从左向右画，以集中力的作用点为剪力图的突变点，集中力向上，剪力图向上突变；集中力向下，剪力图向下突变；突变幅度等于集中力的大小，两相邻集中力之间的剪力图为一平行于 x 轴的直线。

（2）剪力图为平行于 x 轴的直线时，其对应区间的弯矩图为斜直线，斜直线的斜率等于对应的剪力图的剪力值。剪力图为 x 轴的上平行线时斜率为正，弯矩图向上倾斜，剪力图为 x 轴的下平行线时斜率为负，弯矩图向下倾斜。

二、梁上有集中力偶作用时的剪力图和弯矩图

例 12-4　简支梁 *AB* 如图 12-11a 所示，在 C 点作用一集中力偶 M_0。绘制梁的剪力图和弯矩图。

解　（1）求支座反力 F_{NA}和 F_{NB}

选整个梁为研究对象，分析可知 F_{NA}与 F_{NB}大小相等，方向相反组成一对力偶，列平面力偶系的平衡方程

$$\sum M=0 \qquad F_{NA}l-M_0=0$$

得

$$F_{NA}=F_{NB}=\frac{M_0}{l}$$

（2）列剪力方程和弯矩方程

因为梁在 A、B、C 三点分别受到集中力和集中力偶作用，故以此三点为分界点将梁分为两段，即 *AC* 段和 *CB* 段，分别列出剪力方程和弯矩方程。

AC 段　在 *AC* 段任取一横截面，设其到 A 端的距离为 x，用截面法假想沿此截面截开，选左部分梁为研究对象，其剪力方程和弯矩方程分别为

$$F_Q=-F_{NA}=-\frac{M_0}{l} \qquad (0<x\leqslant a) \qquad \text{(a)}$$

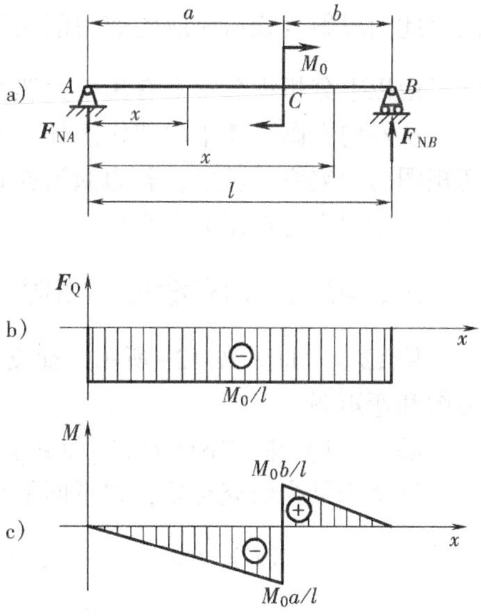

图　12-11

$$M=-F_{NA}x=-\frac{M_0}{l}x \qquad (0\leqslant x<a) \qquad \text{(b)}$$

CB 段　在 *CB* 段任取一横截面，设其到 A 端的距离为 x，仍然用截面法假想沿此截面截开，选右部分梁为研究对象，其剪力方程和弯矩方程分别为

$$F_Q=-F_{NB}=-\frac{M_0}{l} \qquad (a\leqslant x<l) \qquad \text{(c)}$$

$$M=F_{NB}(l-x)=\frac{M_0}{l}(l-x) \qquad (a<x\leqslant l) \qquad \text{(d)}$$

(3) 绘制剪力图和弯矩图

由式（a）和式（c）可知，AC 段和 BC 段的剪力相等为一常数，所以剪力图是一段平行于 x 轴的直线，剪力为负，故剪力图在 x 轴的下方，其纵坐标为 $-\dfrac{M_0}{l}$，如图 12-11b 所示。

由式（b）和式（d）可知，AC 段和 BC 段的弯矩均为 x 的一次方程，所以弯矩图是两段斜直线，斜直线的端点可由式（b）和式（d）确定为

$$AC\text{段}\qquad x=0\quad M=0;\quad x=a\quad M=-\frac{M_0a}{l}$$

$$CB\text{段}\qquad x=a\quad M=\frac{M_0b}{l};\quad x=l\quad M=0$$

按比例描出上述各点后，以直线相连，便得弯矩图，如图 12-11c 所示。

(4) 结果分析

由剪力图和弯矩图可以看出，在集中力偶 M_0 的作用点 C 处，剪力图没有发生突变，弯矩图有突变，从 $-\dfrac{M_0a}{l}$ 变为 $\dfrac{M_0b}{l}$，突变幅度为 M_0 的大小，突变方向为向上突变，这是因为 M_0 是顺时针转向。同时还可以看出，弯矩图中两段斜直线相互平行，都是向下倾斜，这是因为此两段斜直线所对应的剪力值相等，从而两段斜直线的斜率相等，均为 $-\dfrac{M_0}{l}$。

由以上分析得到梁上有集中力偶作用时，剪力图和弯矩图的绘图规律：

从左向右画，集中力偶作用处，剪力图不变，弯矩图有突变，若力偶为顺时针转向，则弯矩图向上突变；反之，若力偶为逆时针转向，则弯矩图向下突变，即“顺上逆下”，突变幅度等于集中力偶矩的大小。

三、梁上有均布载荷作用时的剪力图和弯矩图

例 12-5　如图 12-12a 所示，简支梁 AB 受到载荷集度为 q 的均布载荷作用。绘制梁的剪力图和弯矩图。

解　(1) 求支座反力 $\boldsymbol{F}_{NA}$ 和 $\boldsymbol{F}_{NB}$

选整个梁为研究对象，列平面平行力系的平衡方程

$$\sum M_B(\boldsymbol{F})=0\qquad -F_{NA}l+ql\frac{l}{2}=0$$

得
$$F_{NA}=\frac{ql}{2}$$

$$\sum F_y=0\qquad F_{NA}-ql+F_{NB}=0$$

得
$$F_{NB}=\frac{ql}{2}$$

(2) 列剪力方程和弯矩方程

在梁 AB 上任取一横截面，设其到 A 端的距离为 x，用截面法假想沿此截面截开，选左部分梁为研究对象，其剪力方程和弯矩方程分别为

$$F_Q=F_{NA}-qx=\frac{ql}{2}-qx\qquad(0<x<l)\qquad(a)$$

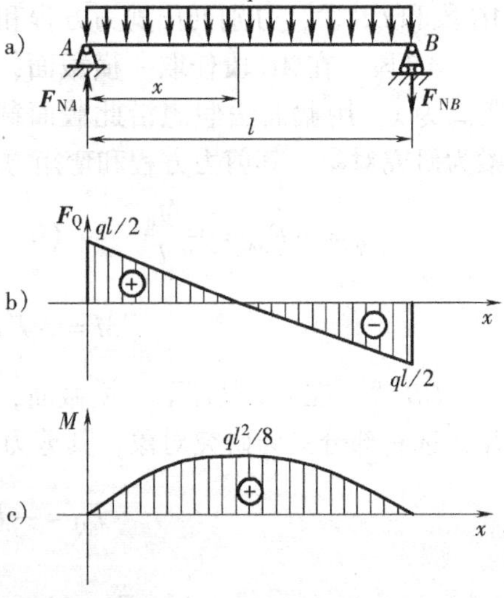

图　12-12

$$M = F_{NA}x - qx\frac{x}{2} = \frac{ql}{2}x - \frac{qx^2}{2} \qquad (0 \leqslant x \leqslant l) \qquad \text{(b)}$$

（3）绘制剪力图和弯矩图

由式（a）可知，剪力图是一段斜直线，斜直线的两端点为

$$x=0 \quad F_Q = \frac{ql}{2} \qquad x=l \quad F_Q = -\frac{ql}{2}$$

描出上述两点后，以直线相连，便得剪力图，如图12-12b所示。

由式（b）可知，弯矩图为一段抛物线，其上三点坐标为

$$x=0 \quad M=0$$

$$x=\frac{l}{2} \quad M=\frac{ql^2}{8}$$

$$x=l \quad M=0$$

根据此三点坐标值，按比例描点、连线，得弯矩图，如图12-12c所示。

（4）结果分析

由剪力图和弯矩图可以看出，梁上有均布载荷作用处，剪力图为斜直线，斜直线的斜率即为均布载荷的载荷集度 q；弯矩图为一段抛物线，且在剪力为零的点具有最大弯矩值。

由此得到梁上有均布载荷作用时剪力图和弯矩图的绘图规律：

（1）从左向右画，均布载荷作用处剪力图为斜直线。均布载荷向下时，直线向下倾斜，斜直线的斜率等于均布载荷的载荷集度。

（2）剪力图为斜直线时，对应区间的弯矩图为抛物线。剪力图下斜，弯矩图上凸下凹；反之，剪力图上斜，弯矩图上凹下凸。

（3）剪力图 $F_Q=0$ 的点，具有最大弯矩值。抛物线起始点至最大值点之间的弯矩变化值，等于对应区间的剪力图图形的面积。

第四节　剪力图和弯矩图的规律绘图法

上一节总结了梁上有集中力、集中力偶和均布载荷作用时剪力图和弯矩图的绘图规律。综合运用这三个规律，可以不用列出剪力方程和弯矩方程，直接绘制出梁上既有集中力、集中力偶又有均布载荷作用时的剪力图和弯矩图，并且还可以根据绘图规律检查所绘制图的正确与否，下面具体举例加以说明。

例12-6　一简支梁 AB 受力如图12-13a所示，其中 $F_1=4\text{kN}$，$F_2=2\text{kN}$，其他尺寸如图。绘制梁的剪力图和弯矩图。

解　（1）求支座反力 $\boldsymbol{F}_{NA}$ 和 $\boldsymbol{F}_{NB}$

选整个梁为研究对象，由平衡方程求得 $F_{NA}=3.5\text{kN}$，$F_{NB}=2.5\text{kN}$。

（2）绘制剪力图

根据梁上有集中力作用时剪力图的绘图规律，A 点作用一向上的集中力 $\boldsymbol{F}_{NA}$，故剪力图从零值向上突变 $F_{NA}=3.5\text{kN}$；A、C 两点之间没有集中力作用，所以其剪力图为平行于 x 轴的直线；C 点作用一向下的集中力 $\boldsymbol{F}_1$，故剪力图从3.5kN向下突变 $F_1=4\text{kN}$，变为 -0.5kN；C、D 两点之间没有集中力作用，所以其剪力图又为平行于 x 轴的直线；D 点作用

一向下的集中力 F_2，故剪力图从 -0.5kN 向下突变 $F_2=2$kN，变为 -2.5kN；D、B 两点之间没有集中力作用，所以其剪力图仍为平行于 x 轴的直线；B 点作用一向上的集中力 F_{NB}，故剪力图从 -2.5kN 向上突变 $F_{NB}=2.5$kN 回到零值，如图 12-13b 所示。

(3) 绘制弯矩图

根据梁上有集中力作用时弯矩图的绘图规律，AC 段的弯矩图为从零值开始向上倾斜的一段斜直线，斜直线的斜率等于 AC 段的剪力值 3.5kN，因为 AC 段长 1m，故 C 点的弯矩值为 3.5×1kN·m = 3.5kN·m；CD 段的剪力值为 -0.5kN，所以 CD 段的弯矩图为从 3.5kN·m 开始向下倾斜的一段斜直线，D 点的弯矩值为 3.5kN·m -0.5×2kN·m = 2.5kN·m；DB 段的剪力值为 -2.5kN，所以 DB 段的弯矩图为从 2.5kN·m 开始向下倾斜的一段斜直线，B 点的弯矩值为 2.5kN·m -2.5×1kN·m = 0，如图 12-13c 所示。

注意：正确的剪力图和弯矩图一定是从零值出发又回到零值。

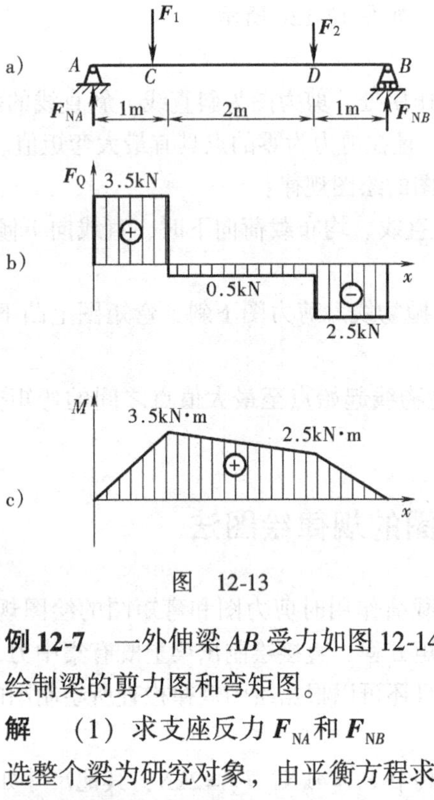

图 12-13

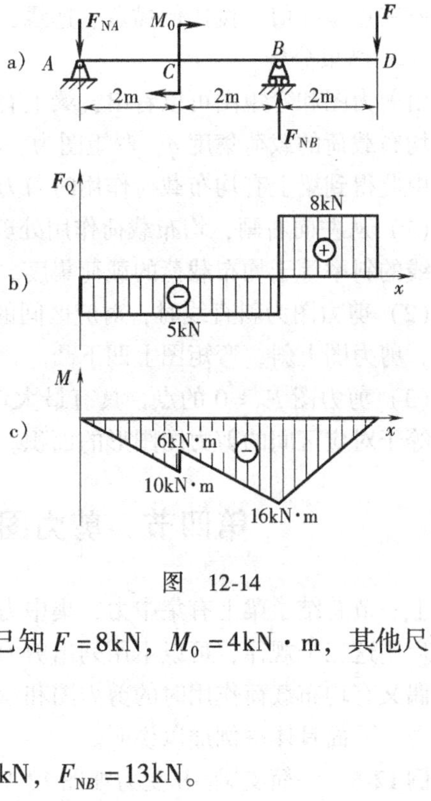

图 12-14

例 12-7 一外伸梁 AB 受力如图 12-14a 所示，已知 $F=8$kN，$M_0=4$kN·m，其他尺寸如图。绘制梁的剪力图和弯矩图。

解 (1) 求支座反力 F_{NA} 和 F_{NB}

选整个梁为研究对象，由平衡方程求得 $F_{NA}=5$kN，$F_{NB}=13$kN。

(2) 绘制剪力图

根据梁上有集中力和集中力偶作用时剪力图的绘图规律，A 点作用一向下的集中力 F_{NA}，故剪力图从零值向下突变 5kN，变为 -5kN；A、C 两点之间的剪力图为平行于 x 轴的直线；C 点作用一集中力偶 M_0，剪力图不发生变化仍为平行于 x 轴的直线；B 点作用一向上的集中力 F_{NB}，故剪力图从 -5kN 向上突变 $F_{NB}=13$kN，变为 8kN；B、D 两点之间的剪力图仍为平行于 x 轴的直线；D 点作用一向下的集中力 F，故剪力图从 8kN 向下突变 $F=8$kN 回到零值，如图 12-14b 所示。

(3) 绘制弯矩图

根据梁上有集中力和集中力偶作用时弯矩图的绘图规律，AC 段的弯矩图为从零值开始向下倾斜的一段斜直线，C 点的弯矩值为 $-5\times2\text{kN}\cdot\text{m}=-10\text{kN}\cdot\text{m}$；$C$ 点作用一集中力偶 M_0，故弯矩图有突变，因为 M_0 为顺时针转向，所以弯矩图应向上突变，从 $-10\text{kN}\cdot\text{m}$ 向上突变 $4\text{kN}\cdot\text{m}$，变为 $-6\text{kN}\cdot\text{m}$；CB 段的弯矩图为从 $-6\text{kN}\cdot\text{m}$ 开始向下倾斜的一段斜直线，B 点的弯矩值为 $-6\text{kN}\cdot\text{m}-5\times2\text{kN}\cdot\text{m}=-16\text{kN}\cdot\text{m}$；$BD$ 段的弯矩图为从 $-16\text{kN}\cdot\text{m}$ 开始向上倾斜的一段斜直线，D 点的弯矩值为 $-16\text{kN}\cdot\text{m}+8\times2\text{kN}\cdot\text{m}=0$，如图 12-14c 所示。

需要说明的是，AC 和 CB 两段的弯矩图是两条平行线，因为它们的斜率相等均为 -5kN。

例 12-8　一悬臂梁受力如图 12-15a 所示，已知 $F=6\text{kN}$，$q=2\text{kN/m}$，其他尺寸如图。绘制梁的剪力图和弯矩图。

解　（1）求固定端的约束反力 $\boldsymbol{F}_{NA}$ 和 M_A

选整个梁为研究对象，由平衡方程求得 $F_{NA}=10\text{kN}$，$M_A=18\text{kN}\cdot\text{m}$。

（2）绘制剪力图

将前面三个绘图规律综合运用，A 点作用有向上的集中力 $\boldsymbol{F}_{NA}$ 和逆时针转向的集中力偶 M_A 作用，集中力偶不影响剪力图，故剪力图只在集中力 $\boldsymbol{F}_{NA}$ 的作用下从零值向上突变 10kN；A、B 两点之间的剪力图为平行于 x 轴的直线；B 点作用一向下的集中力 $\boldsymbol{F}$，剪力图从 10kN 向下突变 $F=6\text{kN}$，变为 4kN；B、C 两点之间的剪力图仍为平行于 x 轴的直线；CD 段作用有向下的均布载荷 $q=2\text{kN/m}$，所以剪力图为从 4kN 开始向下倾斜的斜直线，斜直线的斜率为 -2kN/m，故 D 点的剪力值为 $4\text{kN}-2\times2\text{kN}=0$，如图 12-15b 所示。

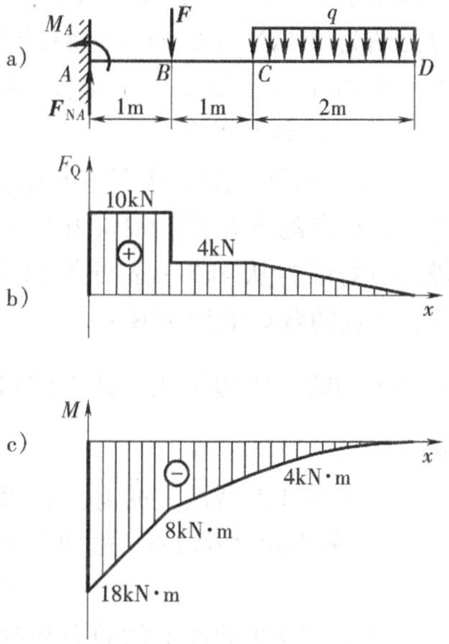

图　12-15

（3）绘制弯矩图

A 点作用一逆时针转向的集中力偶 $M_A=18\text{kN}\cdot\text{m}$，所以 A 点的弯矩图从零值向下突变 $18\text{kN}\cdot\text{m}$，变为 $-18\text{kN}\cdot\text{m}$；$AB$ 段的弯矩图为从 $-18\text{kN}\cdot\text{m}$ 开始向上倾斜的一段斜直线，B 点的弯矩值为 $-18\text{kN}\cdot\text{m}+10\times1\text{kN}\cdot\text{m}=-8\text{kN}\cdot\text{m}$；$BC$ 段的弯矩图为从 $-8\text{kN}\cdot\text{m}$ 开始向上倾斜的一段斜直线，C 点的弯矩值为 $-8\text{kN}\cdot\text{m}+4\times1\text{kN}\cdot\text{m}=-4\text{kN}\cdot\text{m}$；$CD$ 段作用有均布载荷，剪力图为向下倾斜的斜直线，故弯矩图为从 $-4\text{kN}\cdot\text{m}$ 开始上凸下凹的一段抛物线，D 点剪力为零，所以 D 点具有最大弯矩，其值为 C 点的弯矩值加上 CD 段所对应的剪力图图形的面积，即 $-4\text{kN}\cdot\text{m}+4\times2\times\frac{1}{2}\text{kN}\cdot\text{m}=0$，如图 12-15c 所示。

必须注意，尽管 AB 段和 BC 段的弯矩图都是向右上倾斜的斜直线，但它们并不平行，因为它们的斜率不等。

通过以上各例可以看出，运用绘图规律绘制剪力图和弯矩图简单、方便。利用剪力图和弯矩图，可以不用截面法直接计算梁上任意横截面上的剪力和弯矩。

例 12-9　一外伸梁 AB 受力如图 12-16a 所示，已知 $F=6\text{kN}$，均布载荷的载荷集度 $q=$

2kN/m，其他尺寸如图。绘制梁的剪力图和弯矩图，并求距 A 端 1m 的 1-1 截面和距 D 端 1m 的 2-2 截面上的剪力、弯矩值。

解　(1) 求支座反力 F_{NA} 和 F_{NB}

选整个梁为研究对象，由平衡方程求得 $F_{NA}=2\text{kN}$，$F_{NB}=8\text{kN}$。

(2) 绘制剪力图

A 点的剪力图从零值向上突变 2kN；A、C 两点之间的剪力图为平行于 x 轴的直线；C 点的剪力图从 2kN 向下突变 6kN，变为 -4kN；C、B 两点之间的剪力图为平行于 x 轴的直线；B 点的剪力图从 -4kN 向上突变 8kN，变为 4kN；B、D 两点之间的剪力图为从 4kN 开始向下倾斜的斜直线，D 点的剪力值为 $4\text{kN}-2\times2\text{kN}=0$，如图 12-15b 所示。

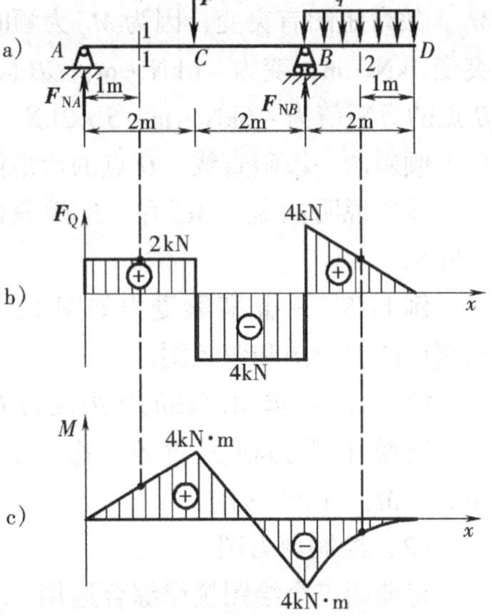

图　12-16

(3) 绘制弯矩图

AC 段的弯矩图为从零值开始向上倾斜的一段斜直线，C 点的弯矩值为 $2\times2\text{kN}\cdot\text{m}=4\text{kN}\cdot\text{m}$；$CB$ 段的弯矩图为从 $4\text{kN}\cdot\text{m}$ 开始向下倾斜的一段斜直线，B 点的弯矩值为 $4\text{kN}\cdot\text{m}-4\times2\text{kN}\cdot\text{m}=-4\text{kN}\cdot\text{m}$；$BD$ 段的弯矩图为从 $-4\text{kN}\cdot\text{m}$ 开始上凸下凹的一段抛物线，D 点的弯矩值为 $-4\text{kN}\cdot\text{m}+4\times2\times\frac{1}{2}\text{kN}\cdot\text{m}=0$，如图 12-16c 所示。

(4) 求 1-1 截面上的剪力和弯矩

1-1 截面距 A 端 1m，由剪力图和弯矩图可以求出 1-1 截面上的剪力和弯矩分别为

$$F_{Q1}=2\text{kN}\qquad M_1=2\text{kN}\cdot\text{m}$$

(5) 求 2-2 截面上的剪力和弯矩

2-2 截面距 D 端 1m，由剪力图和弯矩图可以求出 2-2 截面上的剪力和弯矩分别为

$$F_{Q2}=2\text{kN}\qquad M_2=-4\text{kN}\cdot\text{m}+(4+2)\times1\times\frac{1}{2}\text{kN}\cdot\text{m}=-1\text{kN}\cdot\text{m}$$

第五节　纯弯曲时梁横截面上的应力

一、轴惯性矩和抗弯截面系数

轴惯性矩和抗弯截面系数是与截面形状、尺寸和轴的位置有关的参数，表示截面的一种几何性质。

1. 矩形截面

如图 12-17 所示，一矩形截面高为 h、宽为 b，其对过形心的水平轴 z 的惯性矩用符号 I_z 表示，抗弯截面系数用符号 W_z 表示，数学推导可得

$$I_z=\frac{bh^3}{12}\tag{12-1}$$

$$W_z = \frac{I_z}{y_{max}} = \frac{I_z}{\frac{h}{2}} = \frac{bh^2}{6} \tag{12-2}$$

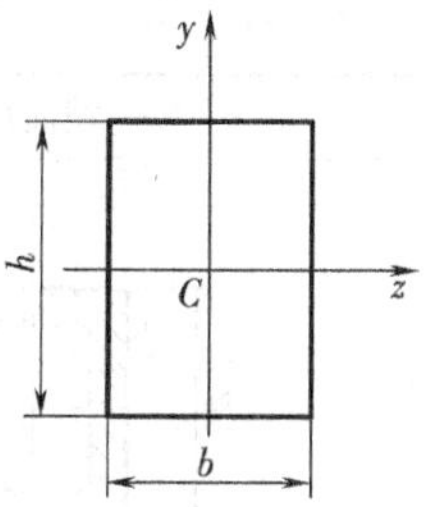

图　12-17

同理，截面对于过形心的竖直轴 y 的惯性矩 I_y 和抗弯截面系数 W_y 分别为

$$I_y = \frac{hb^3}{12} \qquad W_y = \frac{hb^2}{6}$$

2. 圆形截面

如图 12-18 所示，一圆形截面直径为 d，其对过形心的水平轴 z 和竖直轴 y 的惯性矩相等，抗弯截面系数也相等，分别为

$$I_z = I_y = \frac{\pi d^4}{64} \tag{12-3}$$

$$W_z = W_y = \frac{\pi d^3}{32} \tag{12-4}$$

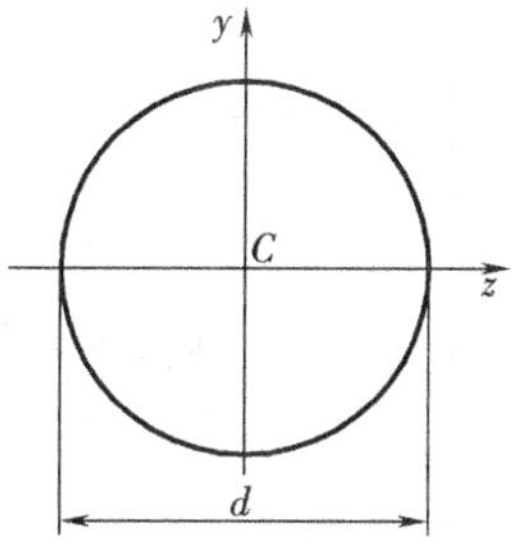

图　12-18

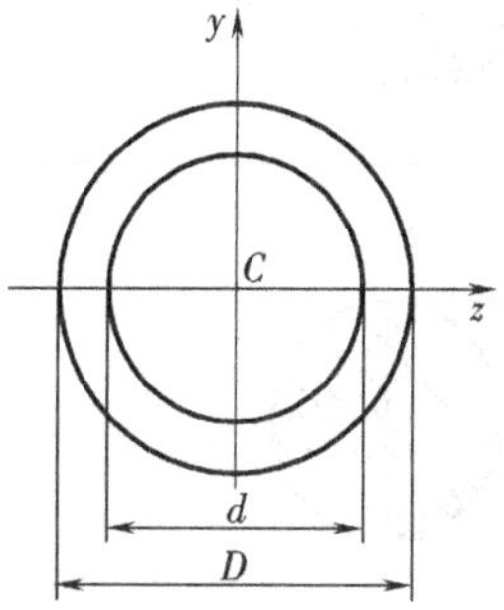

图　12-19

对于外径为 D、内径为 d 的空心圆截面，如图 12-19 所示，截面对水平轴 z 和竖直轴 y 的惯性矩和抗弯截面系数分别为

$$I_z = I_y = \frac{\pi}{64}(D^4 - d^4) = \frac{\pi D^4}{64}(1 - \alpha^4) \tag{12-5}$$

$$W_z = W_y = \frac{\pi D^3}{32}(1 - \alpha^4) \tag{12-6}$$

式中　α——空心圆截面的内外径之比，$\alpha = d/D$。

轴惯性矩的单位为 mm^4，抗弯截面系数的单位为 mm^3。

梁的一些常见截面的轴惯性矩和抗弯截面系数的计算公式见表 12-1 所示。各种型钢的轴惯性矩和抗弯截面系数可查附录的型钢规格表。

表　12-1

截面形状	惯性矩	抗弯截面系数
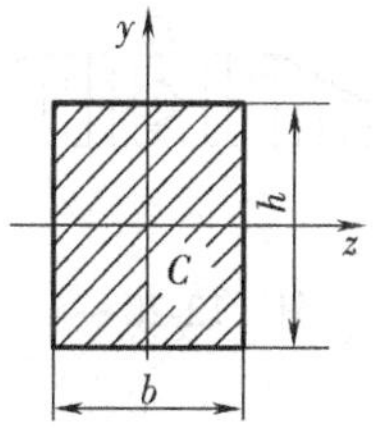	$I_z = \frac{bh^3}{12}$ $I_y = \frac{hb^3}{12}$	$W_z = \frac{bh^2}{6}$ $W_y = \frac{hb^2}{6}$

（续）

截面形状	惯性矩	抗弯截面系数
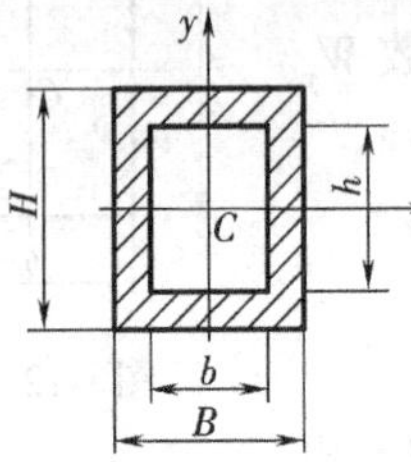	$I_z=\dfrac{BH^3-bh^3}{12}$ $I_y=\dfrac{HB^3-hb^3}{12}$	$W_z=\dfrac{BH^3-bh^3}{6H}$ $W_y=\dfrac{HB^3-hb^3}{6B}$
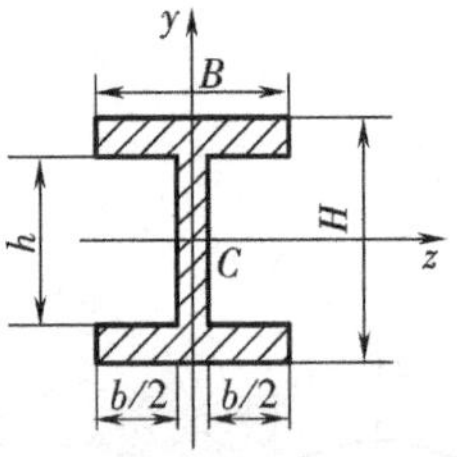	$I_z=\dfrac{BH^3-bh^3}{12}$	$W_z=\dfrac{BH^3-bh^3}{6H}$
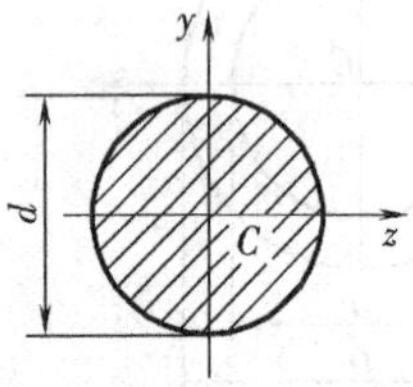	$I_z=I_y=\dfrac{\pi d^4}{64}$	$W_z=W_y=\dfrac{\pi d^3}{32}$
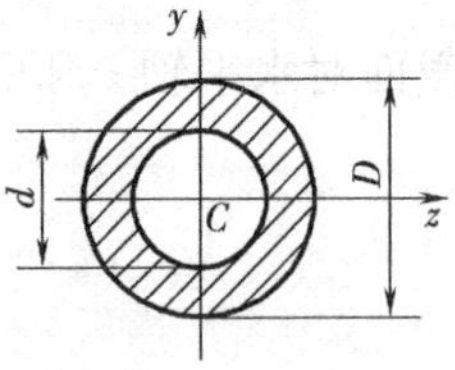	$I_z=I_y=\dfrac{\pi D^4}{64}(1-\alpha^4)$	$W_z=W_y=\dfrac{\pi D^3}{32}(1-\alpha^4)$

二、纯弯曲的概念

所谓纯弯曲是指梁在产生弯曲变形时，其横截面上只有弯矩而没有剪力。与纯弯曲变形相对应，如果梁的横截面上既有剪力又有弯矩，则称这种变形为横力弯曲。例如，图 12-20a 所示的简支梁，其剪力图和弯矩图分别如图 12-20b、c 所示。图中可以看出，在 *CD* 段，梁的各横截面上的剪力都等于零，而弯矩并不为零，故 *CD* 段产生了纯弯曲变形。至于 *AC* 段和 *DB* 段，由于梁的各横截面上既有剪力又有弯矩，所以它们所产生的弯曲为横力弯曲。

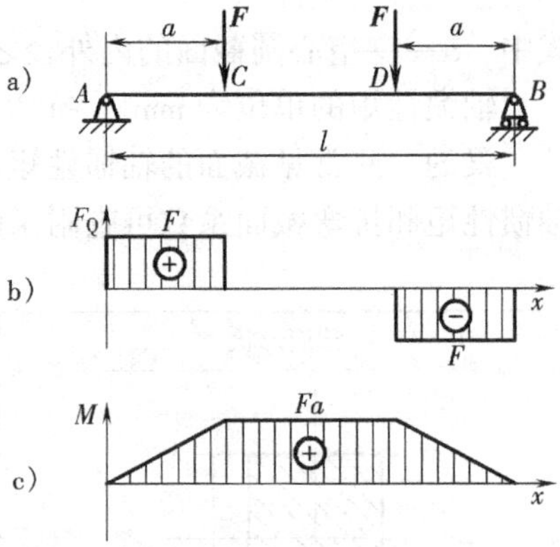

图　12-20

三、纯弯曲时梁横截面上的应力计算

1. 实验现象与推论

取一矩形等截面直梁，实验前，在梁的侧面画上纵向线 a-a、b-b，横向线 m-m、n-n，如图 12-21a 所示。然后，在材料实验机上加载，使其产生纯弯曲变形，如图 12-21b 所示。这时可以观察到：纵向线 a-a、b-b 变为弧线，且 a-a 缩短，b-b 伸长；横向线 m-m、n-n 仍为直线，且仍与变形后的弧线$\overset{\frown}{aa}$、$\overset{\frown}{bb}$垂直，只是相对转过了一个角度；原来的矩形截面变成上宽下窄的扇形截面。

根据以上的实验现象，可以作出如下推断：

(1) 假设梁是由无数层纵向纤维组成的，产生弯曲变形之后，内凹一侧的纤维层发生不同程度的缩短，外凸一侧的纤维层发生不同程度的伸长，中间必有一层纤维既不伸长也不缩短，保持其原来长度，这一层纤维称为中性层，如图 12-21c 所示。中性层与横截面的交线称为中性轴，梁弯曲时各横截面均绕中性轴旋转。理论上可以证明，中性轴必然通过横截面的形心。

(2) 由于横截面与纵向线始终保持垂直，说明横截面间无相对错动，即无剪切变形，因此横截面上无切应力。

(3) 由于横截面间相对转过了一个角度，使纵向纤维产生了伸长与缩短，所以在横截面上存在正应力。

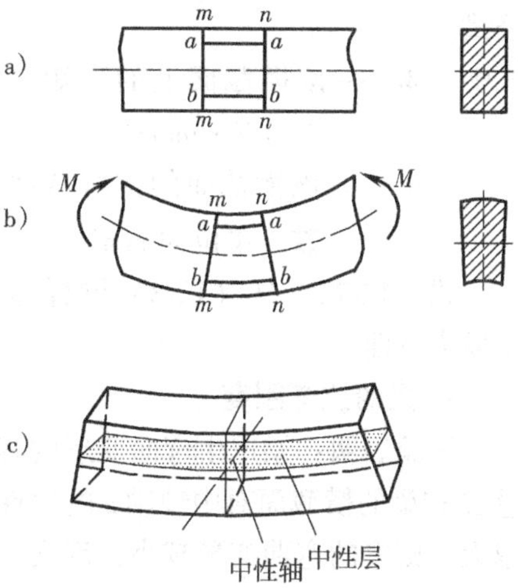

图　12-21

2. 弯曲正应力的计算公式

理论推导可得梁产生纯弯曲变形时，其横截面上任意一点弯曲正应力的计算公式为

$$\sigma = \frac{|M|}{I_z}y \tag{12-7}$$

式中　M——该横截面上的弯矩，单位为 N · mm；

y——该点到中性轴的距离，单位为 mm；

I_z——该横截面对中性轴 z 的惯性矩，单位为 mm^4。

具体应用该公式时，M 应代入绝对值，所产生的正应力是拉应力还是压应力由梁的变形形式直观判定。当截面上的弯矩为正值时，梁的变形形式为上凹下凸，中性轴以上的各点产生压应力，中性轴以下的各点产生拉应力；反之，当截面上的弯矩为负值时，则与上述相反，如图 12-22 所示。

由式 (12-7) 可知，当横截面和该横截面上的弯矩确定时，该横截面上任意一点处的正应力 σ 的大小与该点到中性轴的距离 y 成正比。弯曲正应力在截面上的分布规律如图 12-22 所示。从图中可以看出，点到中性轴的距离越远，正应力越大；点到中性轴的距离越近，正应力越小；点在中性轴上，正应力为零。最大正应力 σ_{max} 发生在截面上下边缘处，即

$$\sigma_{\max} = \frac{|M|}{I_z} y_{\max} = \frac{|M|}{\dfrac{I_z}{y_{\max}}}$$

因为 $W_z = \dfrac{I_z}{y_{\max}}$，故

$$\sigma_{\max} = \frac{|M|}{W_z} \qquad (12\text{-}8)$$

式（12-8）为梁产生纯弯曲变形时，其任意一横截面上最大正应力的计算公式。

式中　M——该横截面上的弯矩，单位为 N·mm；

W_z——该横截面的抗弯截面系数，单位为 mm^3。

式（12-7）、式（12-8）同样适用于横力弯曲。

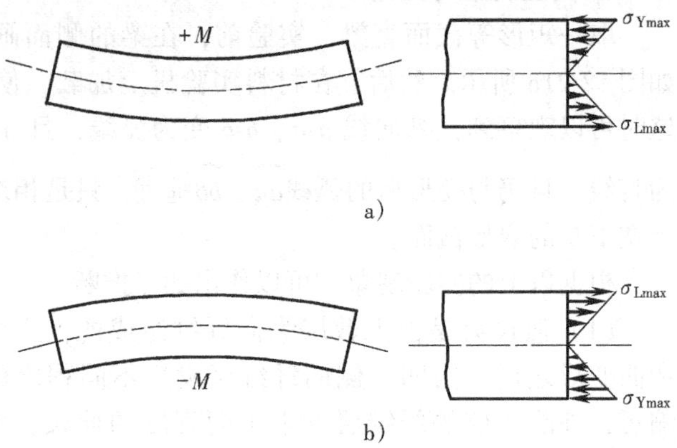

图　12-22

3. 梁的抗弯刚度

实验表明：梁产生弯曲变形的程度与其横截面上的弯矩 M 成正比，与梁材料的弹性模量 E 和梁的横截面对中性轴 z 的惯性矩 I_z 的乘积成反比。在弯矩一定的情况下，EI_z 的乘积越大，则梁的弯曲变形越小，反之，EI_z 的乘积越小，梁的弯曲变形越大。所以 EI_z 的乘积表明梁抵抗弯曲变形能力的大小，称为梁的抗弯刚度。

例 12-10　一外伸梁 AB 受力如图 12-23a 所示，已知均布载荷的载荷集度 $q = 4kN/m$，集中力 $F = 2kN$，集中力偶 $M_0 = 6kN \cdot m$，1-1 截面距 A 端 0.5m，2-2 截面距 A 端 1.5m，梁的各部分尺寸和截面尺寸如图所示。求 1-1 截面和 2-2 截面上 a 点的弯曲正应力。

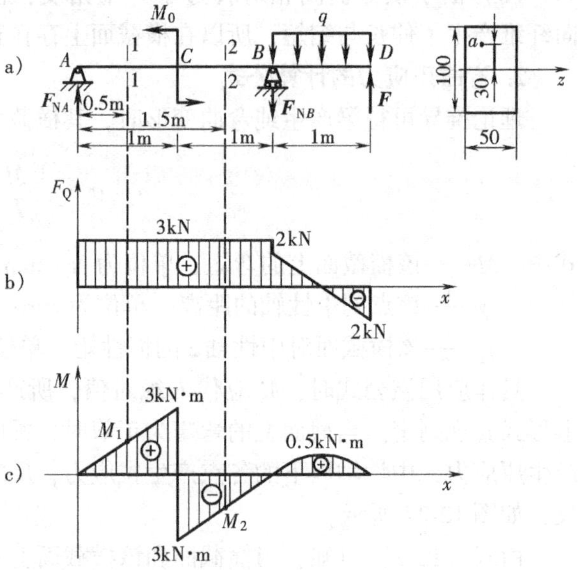

图　12-23

解　(1) 求支座反力 F_{NA} 和 F_{NB}

选整个梁为研究对象，由平衡方程求得 $F_{NA} = 3kN$，$F_{NB} = 1kN$。

(2) 绘制剪力图，如图 12-23b 所示。

(3) 绘制弯矩图，如图 12-23c 所示。

(4) 求 1-1 截面和 2-2 截面上的弯矩

1-1 截面　$M_1 = 3kN \times 0.5m = 1.5kN \cdot m$

2-2 截面　$M_2 = -3kN \cdot m + 3kN \times 0.5m = -1.5kN \cdot m$

(5) 求 1-1 截面上 a 点的弯曲正应力 σ_1

$$\sigma_1 = \frac{|M_1|}{I_z}y_1 = \frac{|M_1|}{bh^3/12}y_1 = \frac{1.5 \times 10^6}{50 \times 100^3/12} \times 30\text{MPa} = 10.8\text{MPa}$$

因为1-1截面上的弯矩为正值，且 a 点位于中性轴的上方，故 a 点的应力为压应力。

（6）求2-2截面上 a 点的弯曲正应力 σ_2

$$\sigma_2 = \frac{|M_2|}{I_z}y_2 = \frac{|M_2|}{bh^3/12}y_2 = \frac{1.5 \times 10^6}{50 \times 100^3/12} \times 30\text{MPa} = 10.8\text{MPa}$$

因为2-2截面上的弯矩为负值，且 a 点位于中性轴的上方，故 a 点的应力为拉应力。

例 12-11　如图12-24所示，梁的截面为矩形，中性轴为 z，当梁产生纯弯曲变形时，A 点产生拉应力 $\sigma_A = 60\text{MPa}$，且 A 点到中性轴的距离 $y_1 = 30\text{mm}$，同一截面上 B、C 两点到中性轴的距离分别为 $y_2 = 40\text{mm}$，$y_3 = 20\text{mm}$。求：（1）B、C 两点正应力的大小并判断是拉应力还是压应力；（2）该截面上的最大拉应力。

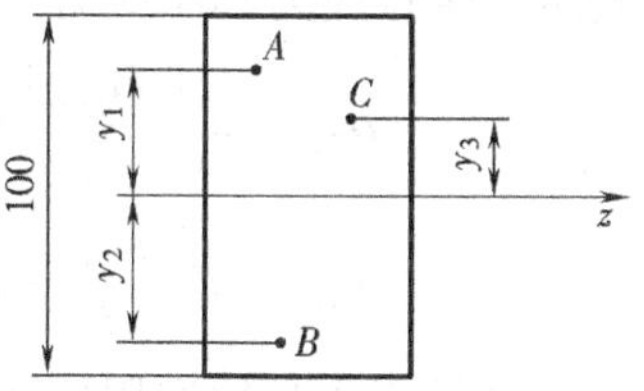

图　12-24

解　（1）由式（12-7）可知，当横截面和该横截面上的弯矩确定时，其上任意一点处的正应力 σ 的大小与该点到中性轴的距离 y 成正比，即

$$\frac{\sigma_A}{\sigma_B} = \frac{y_1}{y_2}$$

则
$$\sigma_B = \frac{y_2}{y_1}\sigma_A = \frac{40}{30} \times 60\text{MPa} = 80\text{MPa}$$

因为 A、B 两点分布在中性轴的两侧，所以其应力符号应该相反，A 点为拉应力，故 B 点为压应力。

同理有

$$\frac{\sigma_A}{\sigma_C} = \frac{y_1}{y_3}$$

则
$$\sigma_C = \frac{y_3}{y_1}\sigma_A = \frac{20}{30} \times 60\text{MPa} = 40\text{MPa}$$

因为 A、C 两点同在中性轴的上方，其应力符号应该相同，即 C 点为拉应力。

（2）该截面上产生最大拉应力的点应位于中性轴的上方，在截面的边缘处，这些点到中性轴的距离最远，$y_{\max} = 50\text{mm}$，则

$$\frac{\sigma_A}{\sigma_{\max}} = \frac{y_1}{y_{\max}}$$

即
$$\sigma_{\max} = \frac{y_{\max}}{y_1}\sigma_A = \frac{50}{30} \times 60\text{MPa} = 100\text{MPa}$$

第六节　梁弯曲时的强度计算

一般情况下，弯矩是沿梁的轴线变化的，即不同的截面上有不同的弯矩值。由式（12-7）可知，对于等截面直梁，最大弯曲正应力为

$$\sigma_{\max} = \frac{|M_{\max}|}{I_z}y_{\max}$$

产生最大正应力的截面称为危险截面，在危险截面上具有最大应力的点称为危险点。梁弯曲时的强度条件是危险截面上危险点的应力（即最大弯曲正应力）不得超过材料的许用弯曲正应力，即

$$\sigma_{max} \leqslant [\sigma]$$

对于低碳钢一类的塑性材料，其许用拉应力和压应力相等，为了使危险截面上最大拉应力和最大压应力同时接近许用应力，通常将梁的横截面做成关于中性轴对称的形状，例如工字形、圆形、矩形等。所以强度条件为

$$\sigma_{max} = \frac{|M_{max}|}{W_z} \leqslant [\sigma] \tag{12-9}$$

对于铸铁一类的脆性材料，其许用拉应力小于许用压应力，为充分利用材料，常将梁的横截面做成关于中性轴不对称的形状，例如T形截面，如图12-25所示。设y_{Lmax}和y_{Ymax}分别表示产生拉应力和压应力一侧的边缘点到中性轴的距离，则强度条件为

$$\sigma_{Lmax} = \frac{|M_{max}|}{I_z} y_{Lmax} \leqslant [\sigma_L] \tag{12-10a}$$

$$\sigma_{Ymax} = \frac{|M_{max}|}{I_z} y_{Ymax} \leqslant [\sigma_Y] \tag{12-10b}$$

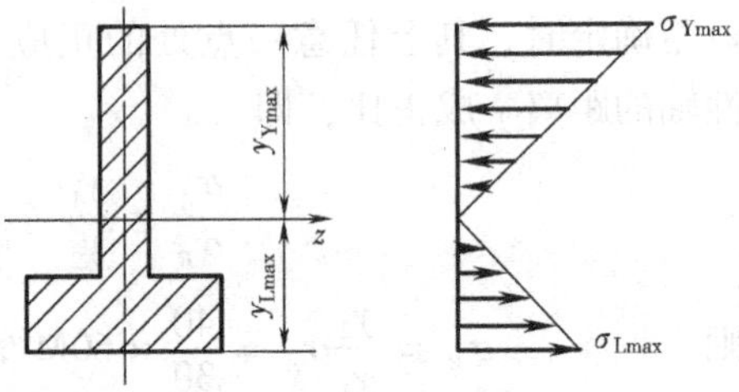

图　12-25

材料弯曲时的许用应力，可近似地用轴向拉伸（或压缩）的许用应力来代替，或从有关设计手册中查取。

梁弯曲时的强度条件，仍然可以解决强度校核、设计截面尺寸、确定许可载荷这三类问题，现举例说明。

例12-12　如图12-26a所示，一材料为铸铁的T形截面悬臂梁，已知$F = 4.5\text{kN}$，截面对于中性轴z的惯性矩$I_z = 1.35 \times 10^7 \text{mm}^4$，材料的许用应力$[\sigma_L] = 40\text{MPa}$，$[\sigma_Y] = 80\text{MPa}$。梁的自重不计，校核梁的强度。

解　（1）选悬臂梁为研究对象，由平衡方程求得约束反力$F_{NA} = 4.5\text{kN}$，$M_A = 4.5\text{kN} \cdot \text{m}$。

（2）绘制剪力图，如图12-26b所示。

（3）绘制弯矩图，如图12-26c所示。

（4）校核梁的强度

由弯矩图中可知，最大弯矩发生在A截面处，即A截面为危险截面，其弯矩值为

$$M_{max} = -4.5\text{kN} \cdot \text{m}$$

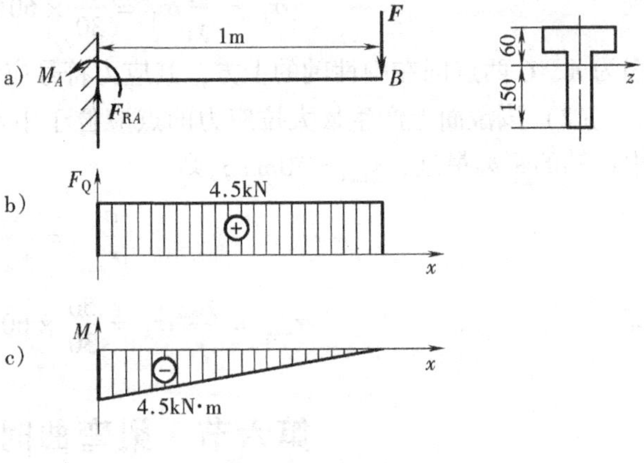

图　12-26

因为最大弯矩为负值，所以梁产生上凸下凹的变形形式，中性轴以上的边缘点产生最大拉应力，中性轴以下的边缘点产生最大压应力，由式（12-10）得

$$\sigma_{Lmax} = \frac{|M_{max}|}{I_z} y_{Lmax} = \frac{4.5 \times 10^6}{1.35 \times 10^7} \times 60\text{MPa} = 20\text{MPa} < [\sigma_L]$$

$$\sigma_{Y\max} = \frac{|M_{\max}|}{I_z} y_{Y\max} = \frac{4.5 \times 10^6}{1.35 \times 10^7} \times 150\text{MPa} = 50\text{MPa} < [\sigma_Y]$$

所以此铸铁悬臂梁的强度足够。

例 12-13　如图 12-27a 所示，简支梁受均布载荷 q 作用，已知 $l=2\text{m}$，$[\sigma]=140\text{MPa}$，$q=2\text{kN/m}$。按以下两个方案设计轴的截面尺寸，并比较重量。(1) 实心圆截面梁；(2) 空心圆截面梁，$\alpha=0.8$。

解　(1) 选简支梁为研究对象，由平衡方程求得约束反力 $F_{NA}=F_{NB}=\frac{1}{2}ql$。

(2) 绘制剪力图，如图 12-27b 所示。

(3) 绘制弯矩图，如图 12-27c 所示。

(4) 按照强度条件设计截面直径

由弯矩图可知危险截面在梁的中点处，其上弯矩为

$$M_{\max} = \frac{1}{8}ql^2 = \frac{1}{8} \times 2 \times 2^2 \text{kN} \cdot \text{m} = 1\text{kN} \cdot \text{m}$$

对于实心截面梁，设其直径为 d_1，由式 (12-9) 得

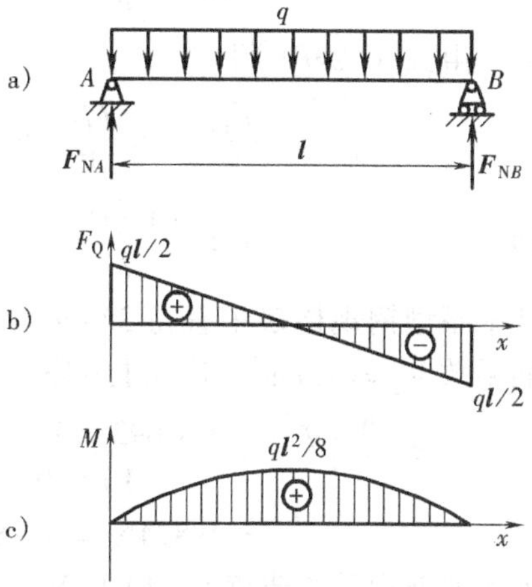

图　12-27

$$\sigma_{\max} = \frac{|M_{\max}|}{W_z} = \frac{|M_{\max}|}{\pi d_1^{\ 3}/32} \leqslant [\sigma]$$

即
$$d_1 \geqslant \sqrt[3]{\frac{32M_{\max}}{\pi[\sigma]}} = \sqrt[3]{\frac{32 \times 1 \times 10^6}{\pi \times 140}}\text{mm} = 41.75\text{mm}$$

取
$$d_1 = 42\text{mm}$$

对于空心截面梁，设其外径为 D，内径为 d，由式 (12-9) 得

$$\sigma_{\max} = \frac{|M_{\max}|}{W_z} = \frac{|M_{\max}|}{\pi D^3(1-\alpha^4)/32} \leqslant [\sigma]$$

即
$$D \geqslant \sqrt[3]{\frac{32M_{\max}}{\pi(1-\alpha^4)[\sigma]}} = \sqrt[3]{\frac{32 \times 1 \times 10^6}{\pi \times (1-0.8^4) \times 140}}\text{mm} = 49.76\text{mm}$$

取 $D=50\text{mm}$，则 $d=0.8D=40\text{mm}$

(5) 比较重量

空心轴和实心轴在材料、长度相同的条件下，重量之比即为横截面面积之比

$$\frac{A_{空}}{A_{实}} = \frac{\frac{\pi}{4}(D^2-d^2)}{\frac{\pi}{4}d_1^{\ 2}} = \frac{D^2-d^2}{d_1^{\ 2}} = \frac{50^2-40^2}{42^2} = 0.510$$

上述结果表明，空心截面梁的重量比实心截面梁小很多，因此在满足强度要求的前提下，采用空心截面梁不仅可以节省材料，而且可以大大减轻结构重量。

例 12-14　如图 12-28 所示，简支梁的中点作用有集中力 $\boldsymbol{F}$，梁的跨度 $l=10\text{m}$，其横截面为 32a 号工字钢，梁材料的许用应力 $[\sigma]=180\text{MPa}$。求梁所能承受的载荷 F。

解　(1) 选简支梁为研究对象，由平衡方程求得约束反力 $F_{NA}=F_{NB}=\frac{F}{2}$。

（2）绘制剪力图，如图 12-28b 所示。

（3）绘制弯矩图，如图 12-28c 所示。

（4）按照强度条件设计许可载荷 F。

由弯矩图可知，危险截面在梁的中点（即 $\boldsymbol{F}$ 的作用点），其弯矩为

$$M_{\max} = \frac{1}{4}Fl$$

由式（12-9）得

$$\sigma_{\max} = \frac{|M_{\max}|}{W_z} = \frac{Fl/4}{W_z} \leqslant [\sigma]$$

即
$$F \leqslant \frac{4W_z[\sigma]}{l}$$

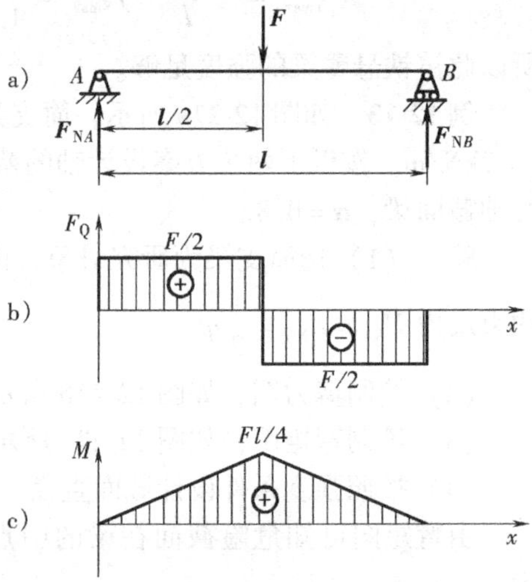

图　12-28

从附录型钢规格表中查得 32a 号工字钢的抗弯截面系数 $W_z = 692\text{cm}^3$，代入上式得

$$F \leqslant \frac{4W_z[\sigma]}{l} = \frac{4 \times 692 \times 10^3 \times 180}{10 \times 10^3}\text{N}$$
$$= 49824\text{N} = 49.8\text{kN}$$

即梁所能承受的载荷 $F = 49.8\text{kN}$。

第七节　梁的弯曲变形和刚度计算

在工程实际中，梁不仅要有足够的强度，还要具有足够的刚度，即梁的变形不能超过规定的许可范围，否则就会影响其正常工作。例如，车床中的齿轮轴，如果弯曲变形过大，就会造成齿轮啮合不良，轴与轴承配合不好，使传动不平稳，并加速齿轮与轴承的磨损；造纸机上的轧辊，若弯曲变形过大，生产出来的纸张就会薄厚不均，成为废品。因此，研究梁的变形问题，对梁进行刚度计算是非常重要的。

一、挠曲线、挠度和转角

1. 挠曲线

如图 12-29 所示，梁受到外力作用后，其轴线由原来的直线变成了一条连续、光滑的曲线，此曲线称为挠曲线。因为是在材料的弹性范围内研究梁的变形问题，所以挠曲线又称为弹性曲线。

如图 12-29 所示的悬臂梁，若选 A 点为坐标原点，变形前梁的轴线 AB 为 x 轴，与 x 垂直、竖直向上的轴为 y 轴，则梁变形后的挠曲线 AB' 可以用数学表达式表示为

$$y = f(x)$$

此式称为挠曲线方程。梁的挠曲线方程可用高等数学方法求出，各种简单载荷作用下，梁的挠曲线方程见表 12-2。

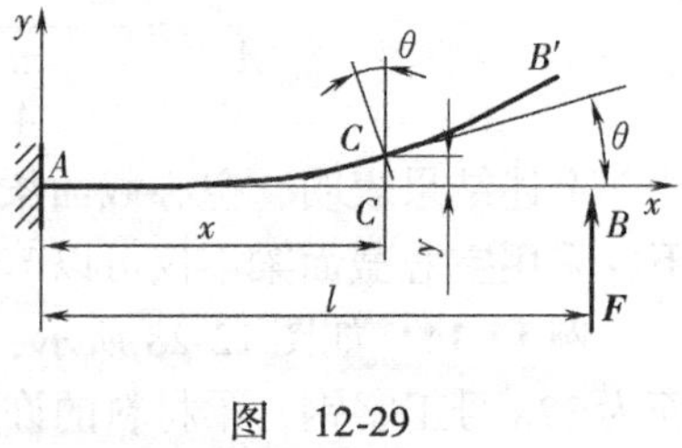

图　12-29

2. 挠度

如图 12-29 所示，梁弯曲时，梁内任意截面的形心 C 沿 y 轴方向产生的线位移，称为该截面的挠度，用 y 表示。通常规定向上的挠度为正，反之为负。挠度的单位为 mm。

实际上，梁内任意截面的形心 C 既有沿 y 轴方向的线位移，又有沿 x 轴方向的线位移，但在小变形条件下，沿 x 轴方向的线位移很小，可以略去不计。

3. 转角

如图 12-29 所示梁弯曲时，各个横截面将绕着自己的中性轴转动产生角位移，此角位移称为该截面的转角，用 θ 表示。因为变形前后横截面始终垂直于梁的轴线，所以，截面转角 θ 等于挠曲线在该处的切线与 x 轴之间的夹角。转角的正负号规定为：从 x 轴开始逆时针转至挠曲线切线方向（即横截面绕中性轴逆时针方向旋转）时，截面的转角为正，反之为负。转角的单位为弧度（rad）。

挠度和转角是衡量梁的弯曲变形程度的两个基本量，其值可通过挠曲线方程求出。简单载荷作用下梁的挠度和转角的计算公式见表 12-2，计算时可直接应用。

表 12-2　简单载荷作用下梁的变形

序号	梁的简图	挠曲线方程	端截面转角	最大挠度
1	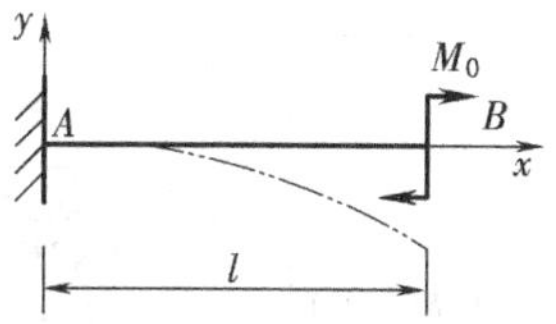	$y=-\dfrac{M_0x^2}{2EI_z}$	$\theta_B=-\dfrac{M_0l}{EI_z}$	$y_B=-\dfrac{M_0l^2}{2EI_z}$
2	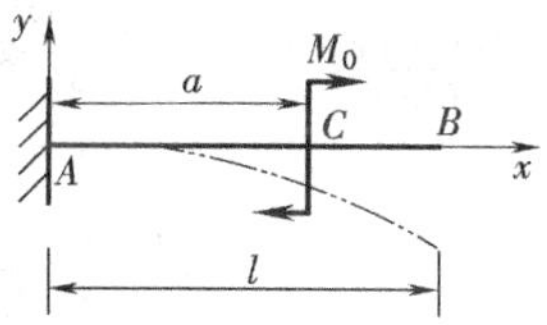	$y=-\dfrac{M_0x^2}{2EI_z}\quad 0\leqslant x\leqslant a$ $y=-\dfrac{M_0a}{EI_z}\left(x-\dfrac{a}{2}\right)\quad a<x\leqslant l$	$\theta_B=-\dfrac{M_0a}{EI_z}$	$y_B=-\dfrac{M_0a}{EI_z}\left(l-\dfrac{a}{2}\right)$
3	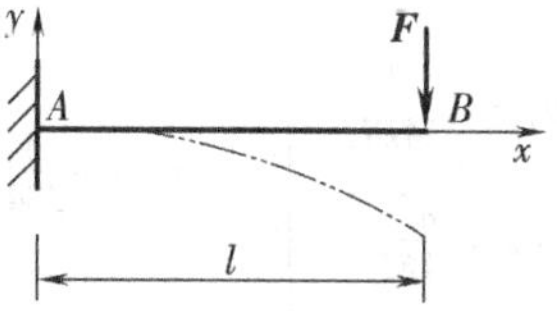	$y=-\dfrac{Fx^2}{6EI_z}(3l-x)$	$\theta_B=-\dfrac{Fl^2}{2EI_z}$	$y_B=-\dfrac{Fl^3}{3EI_z}$
4	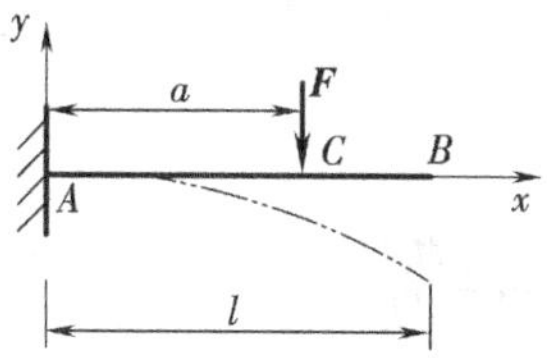	$y=-\dfrac{Fx^2}{6EI_z}(3a-x)\quad 0\leqslant x\leqslant a$ $y=-\dfrac{Fa^2}{6EI_z}(3x-a)\quad a<x\leqslant l$	$\theta_B=-\dfrac{Fa^2}{2EI_z}$	$y_B=-\dfrac{Fa^2}{6EI_z}(3l-a)$
5	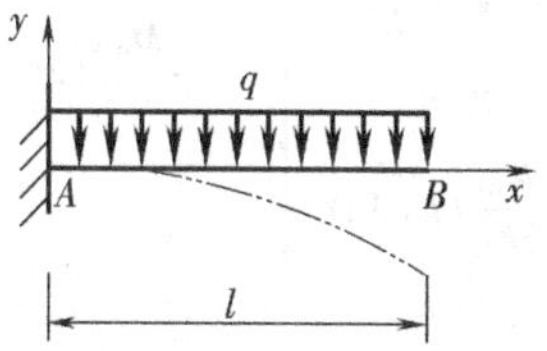	$y=-\dfrac{qx^2}{24EI_z}(x^2-4lx+6l^2)$	$\theta_B=-\dfrac{ql^3}{6EI_z}$	$y_B=-\dfrac{ql^4}{8EI_z}$

（续）

序号	梁的简图	挠曲线方程	端截面转角	最大挠度
6	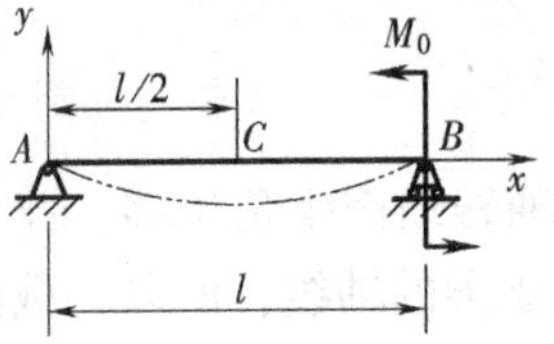	$y=-\frac{M_0x}{6EI_zl}(l^2-x^2)$	$\theta_A=-\frac{M_0l}{6EI_z}$ $\theta_B=\frac{M_0l}{3EI_z}$	$y_{max}=-\frac{M_0l^2}{9\sqrt{3}EI_z}$ $\left(在\ x=\frac{l}{\sqrt{3}}处\right)$ $y_C=-\frac{M_0l^2}{16EI_z}$
7	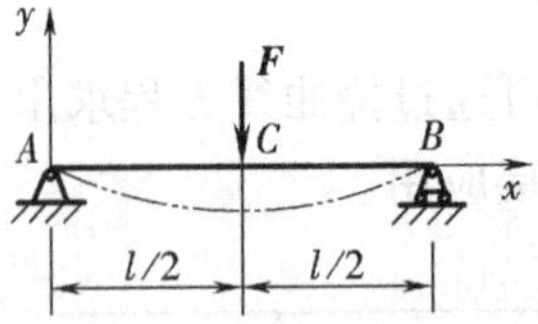	$y=-\frac{Fx}{48EI_z}(3l^2-4x^2)$ $0\leqslant x\leqslant\frac{l}{2}$	$\theta_A=-\frac{Fl^2}{16EI_z}$ $\theta_B=\frac{Fl^2}{16EI_z}$	$y_C=-\frac{Fl^3}{48EI_z}$
8	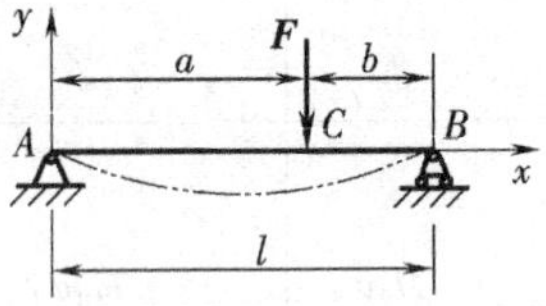	$y=-\frac{Fbx}{6EI_zl}(l^2-x^2-b^2)$ $0\leqslant x\leqslant a$ $y=-\frac{Fa(l-x)}{6EI_zl}(x^2+a^2-2lx)$ $a<x\leqslant l$	$\theta_A=-\frac{Fab(l+b)}{6EI_zl}$ $\theta_B=\frac{Fab(l+a)}{6EI_zl}$	$y_{max}=$ $-\frac{Fb\sqrt{(l^2-b^2)^3}}{9\sqrt{3}EI_zl}$ $(a>b,在\ x=$ $\sqrt{\frac{l^2-b^2}{3}}处)$ $y_{\frac{l}{2}}=$ $-\frac{Fb(3l^2-4b^2)}{48EI_z}$
9	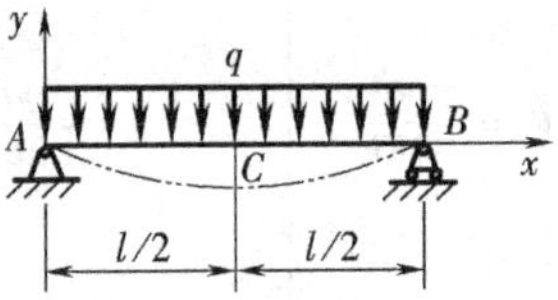	$y=-\frac{qx}{24EI_z}(l^3-2lx^2+x^3)$	$\theta_A=-\frac{ql^3}{24EI_z}$ $\theta_B=\frac{ql^3}{24EI_z}$	$y_C=-\frac{5ql^4}{384EI_z}$
10	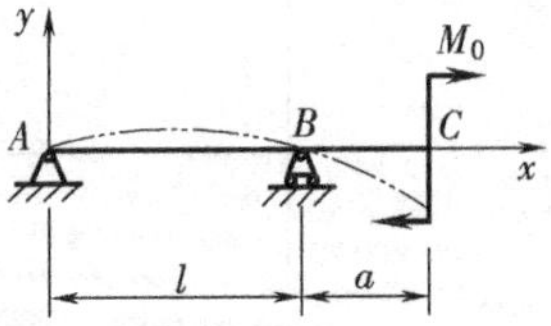	$y=-\frac{M_0x}{6EI_zl}(x^2-l^2)$ $0\leqslant x\leqslant l$ $y=-\frac{M_0}{6EI_z}(3x^2-4xl+l^2)$ $l<x\leqslant(l+a)$	$\theta_A=\frac{M_0l}{6EI_z}$ $\theta_B=-\frac{M_0l}{3EI_z}$ $\theta_C=$ $-\frac{M_0l}{3EI_z}(l+3a)$	$y_C=$ $-\frac{M_0a}{6EI_z}(2l+3a)$

（续）

序号	梁的简图	挠曲线方程	端截面转角	最大挠度
11	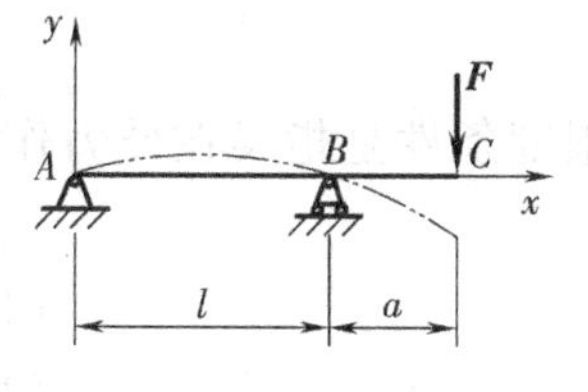	$y=-\frac{Fax}{6EI_z l}(l^2-x^2)$ $0\leqslant x\leqslant l$ $y=-\frac{F(x-l)}{6EI_z}\times$ $[a(3x-l)-(x-l)^2]$ $l<x\leqslant(l+a)$	$\theta_A=\frac{Fal}{6EI_z}$ $\theta_B=-\frac{Fal}{3EI_z}$ $\theta_C=$ $-\frac{Fa}{6EI_z}(2l+3a)$	$y_C=-\frac{Fa^2}{3EI_z}(l+a)$
12	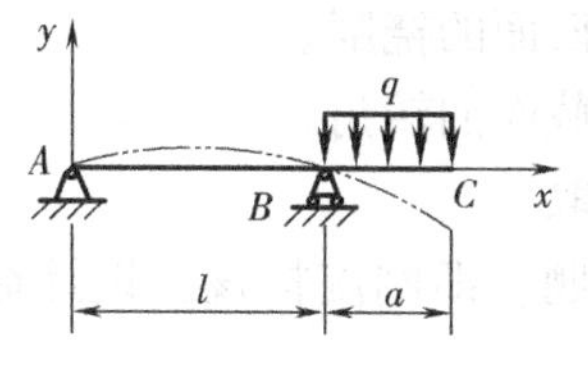	$y=\frac{qa^2x}{12EI_z l}(l^2-x^2)$ $0\leqslant x\leqslant l$ $y=-\frac{q(x-l)}{24EI_z}\times$ $[2a^2(3x-l)+(x-l)^2(x-l-4a)]$ $l<x\leqslant(l+a)$	$\theta_A=\frac{qa^2l}{12EI_z}$ $\theta_B=-\frac{qa^2l}{6EI_z}$ $\theta_C=$ $-\frac{qa^2}{6EI_z}(l+a)$	$y_C=$ $-\frac{qa^3}{24EI_z}(3a+4l)$

二、用叠加法计算梁的变形

当梁上有几个载荷共同作用时，某一横截面的挠度或转角等于各个载荷单独作用时该截面的挠度或转角的代数和，这就是叠加法的基本原理，简称叠加原理。叠加法求梁的变形在工程上具有广泛的应用，现举例说明。

例 12-15　如图 12-30a 所示悬臂梁，同时受到集中力 $\boldsymbol{F}$ 和集中力偶 $M_0=Fa$ 的作用，梁的抗弯刚度 EI_z 为常数。用叠加法求 B 截面的挠度和转角。

解　梁上作用有集中力 $\boldsymbol{F}$ 和集中力偶 M_0 两个外载荷，根据叠加原理可分别计算两个外载荷单独作用时，B 截面的挠度和转角，然后叠加求得两载荷同时作用时，B 截面的挠度和转角。

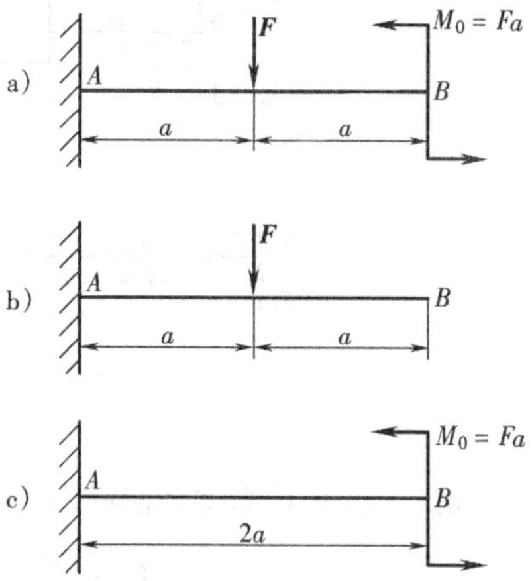

图　12-30

集中力 $\boldsymbol{F}$ 单独作用时，如图 12-30b 所示，由表 12-2 得 B 截面的挠度和转角分别为

$$y_1=-\frac{Fa^2}{6EI_z}(3\times 2a-a)=-\frac{5Fa^3}{6EI_z}$$

$$\theta_1=-\frac{Fa^2}{2EI_z}$$

集中力偶 M_0 单独作用时，如图 12-30c 所示，由表 12-2 得 B 截面的挠度和转角分别为

$$y_2=\frac{M_0\times(2a)^2}{2EI_z}=\frac{2Fa^3}{EI_z}$$

$$\theta_2=\frac{M_0\times 2a}{EI_z}=\frac{2Fa^2}{EI_z}$$

集中力 $\boldsymbol{F}$ 和集中力偶 M_0 同时作用时，B 截面的挠度和转角分别为

$$y_B=y_1+y_2=-\frac{5Fa^3}{6EI_z}+\frac{2Fa^3}{EI_z}=\frac{7Fa^3}{6EI_z}$$

$$\theta_B = \theta_1 + \theta_2 = -\frac{Fa^2}{2EI_z} + \frac{2Fa^2}{EI_z} = \frac{3Fa^2}{6EI_z}$$

三、梁的刚度计算

计算梁的变形，主要目的在于对梁进行刚度计算。梁的刚度条件是指梁在外力作用下，其最大挠度不超过许用挠度，最大转角不超过许用转角，即

$$|y_{\max}| \leqslant [y] \tag{12-11}$$

$$|\theta_{\max}| \leqslant [\theta] \tag{12-12}$$

式中 $|y_{\max}|$——梁的最大挠度或按照设计要求指定的某个截面的挠度。

$|\theta_{\max}|$——梁的最大转角或按照设计要求指定的某个截面的转角。

$[y]$、$[\theta]$——梁的许用挠度与转角，可从有关手册中查取。

与梁的强度条件一样，刚度条件也可以用来解决三类问题，即刚度校核、设计截面尺寸、确定许可载荷。

例 12-16 如图 12-31a 所示磨床主轴，可简化为等截面的外伸梁，如图 12-31b 所示。磨削阻力 $F_1 = 500\text{N}$，带的拉力 $F_2 = 3700\text{N}$，弹性模量 $E = 210\text{GPa}$，许用挠度 $[y] = 0.08\text{mm}$，许用转角 $[\theta] = 0.01\text{rad}$，轴的直径 $d = 90\text{mm}$，其他尺寸如图所示。试校核截面 C 的挠度和截面 A 的转角。

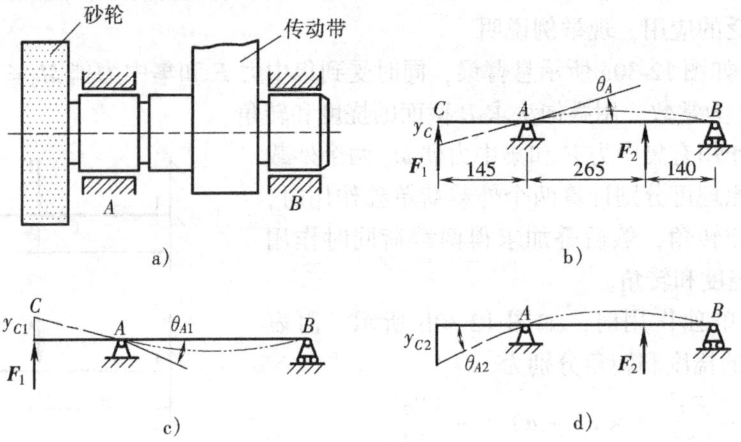

图 12-31

解 （1）计算主轴横截面的惯性矩

$$I_z = \frac{\pi D^4}{64} = \frac{\pi \times 90^4}{64}\text{mm}^4 = 3.22 \times 10^6 \text{mm}^4$$

（2）$\boldsymbol{F}_1$ 单独作用时，如图 12-31c 所示，由表 12-2 得截面 C 的挠度和截面 A 的转角分别为

$$y_{C1} = \frac{F_1 a^2 (l + a)}{3EI_z} = \frac{500 \times 145^2 \times (405 + 145)}{3 \times 210 \times 10^3 \times 3.22 \times 10^6}\text{mm} = 2.85 \times 10^{-3}\text{mm}$$

$$\theta_{A1} = -\frac{F_1 la}{3EI_z} = -\frac{500 \times 405 \times 145}{3 \times 210 \times 10^3 \times 3.22 \times 10^6}\text{rad} = -1.45 \times 10^{-5}\text{rad}$$

（3）$\boldsymbol{F}_2$ 单独作用时，如图 12-31d 所示，由表 12-2 得截面 A 的转角为

$$\theta_{A2}=\frac{F_2ab(l+b)}{6EI_zl}=\frac{3700\times265\times140\times(405+140)}{6\times210\times10^3\times3.22\times10^6\times405}\text{rad}=4.55\times10^{-5}\text{rad}$$

由于 $\boldsymbol{F}_2$ 单独作用时梁 AC 段不受力。变形后仍为直线，故在小变形情况下截面 C 的挠度为

$$y_{C2}=-\theta_{A2}\times145\text{mm}=-4.55\times10^{-5}\times145\text{mm}=-6.60\times10^{-3}\text{mm}$$

（4）由叠加原理得 $\boldsymbol{F}_1$ 和 $\boldsymbol{F}_2$ 同时作用时，截面 C 的挠度和截面 A 的转角分别为

$$y_C=y_{C1}+y_{C2}=2.85\times10^{-3}\text{mm}-6.60\times10^{-3}\text{mm}=-3.75\times10^{-3}\text{mm}$$

$$\theta_A=\theta_{A1}+\theta_{A2}=-1.45\times10^{-5}\text{rad}+4.55\times10^{-5}\text{rad}=3.1\times10^{-5}\text{rad}$$

（5）校核截面 C 的挠度和截面 A 的转角

$$|y_C|=3.75\times10^{-3}\text{mm}<[y]$$

$$|\theta_A|=3.1\times10^{-5}\text{rad}<[\theta]$$

故主轴刚度满足要求。

例 12-17　图 12-32a 所示为一钢制圆轴，左端受力为 $F=20\text{kN}$，$a=1\text{m}$，$l=2\text{m}$，材料的弹性模量 $E=210\text{GPa}$，轴承 B 处的允许转角 $[\theta]=0.5°$。按照刚度条件设计轴的直径 d。

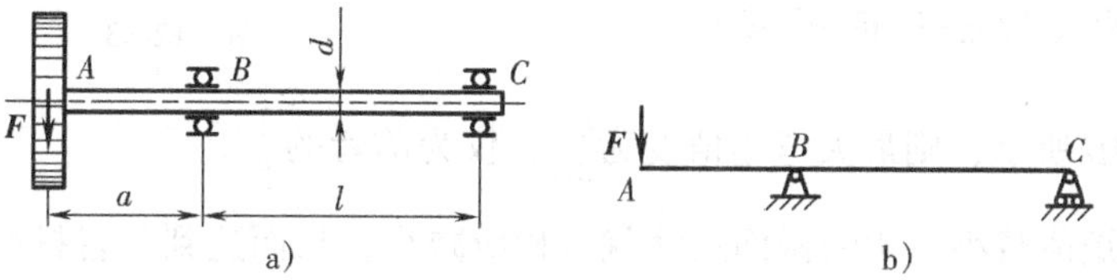

图　12-32

解　圆轴的计算简图如图 12-32b 所示，由表 12-2 得截面 B 的转角为

$$\theta_B=-\frac{Fal}{3EI_z}$$

根据刚度条件有

$$|\theta_B|\leqslant[\theta]$$

考虑到单位换算得

$$\frac{Fal}{3EI_z}\times\frac{180}{\pi}=\frac{Fal\times180}{3E\times\pi^2d^4/64}\leqslant[\theta]$$

即　　$$d\geqslant\sqrt[4]{\frac{64Fal\times180}{3E\pi^2[\theta]}}=\sqrt[4]{\frac{64\times20\times10^3\times1\times10^3\times2\times10^3\times180}{3\times210\times10^3\times\pi^2\times0.5}}\text{mm}=110\text{mm}$$

第八节　梁的合理设计

梁的合理设计，是使梁在消耗材料较少的前提下，获得较高的承载能力，从而使梁的结构满足既安全又经济的要求。

一、从弯曲强度方面考虑

从等截面梁的弯曲正应力强度条件

$$\sigma_{max}=\frac{|M_{max}|}{W_z}\leqslant[\sigma]$$

可以看出，为了降低σ_{max}提高梁的承载能力，可以采取如下两条途径：

1. 合理安排梁的支承和载荷，降低最大弯矩值

最大弯矩值不仅取决于载荷的大小，而且取决于载荷在梁上的分布形式和梁的支承位置。

例如，图 12-33a 所示承受集中力的简支梁，梁的最大弯矩产生在中间截面，其值为$\frac{Fl}{4}$，如果将梁改成图 12-33b 所示的受力形式，这时最大弯矩变为$\frac{Fl}{8}$，仅为前者的一半。又如，图 12-34a 所示承受均布载荷的简支梁，最大弯矩值为$\frac{ql^2}{8}$，若把两支座各自向里移动 $0.2l$，如图 12-34b 所示，则最大弯矩值变为$\frac{ql^2}{40}$，仅为前者的$\frac{1}{5}$。

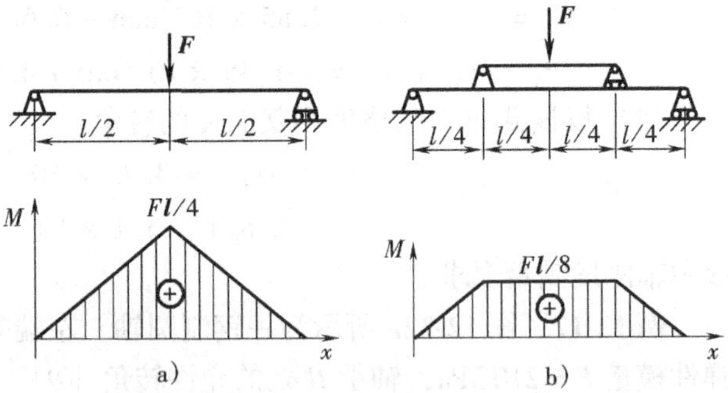

图　12-33

梁的最大弯矩值减小，梁的截面尺寸就可相应减小，从而达到节省材料、减轻自重的目的，满足经济性的要求。

2. 选用合理的截面形状，充分发挥材料的力学性能

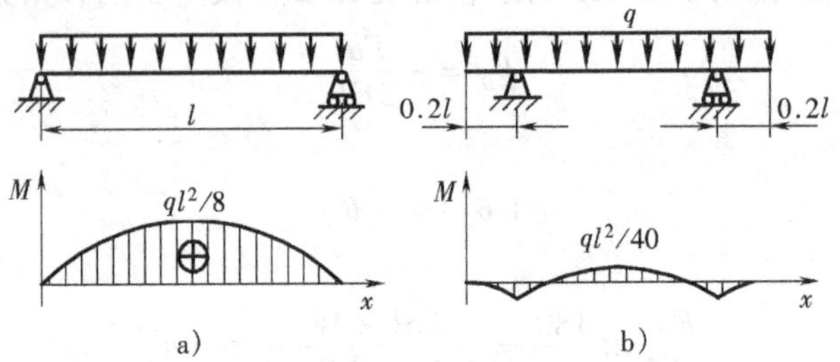

图　12-34

选用合理的截面形状，在同样大小的截面面积下，使 W_z 增加，从而降低σ_{max}值，提高梁的承载能力。例如，图 12-35 所示同一矩形截面竖放与平放时 W_z 值不同，设 $h=2b$，则

竖放时　　$W_{1z}=\frac{bh^2}{6}$

平放时　　$W_{2z}=\frac{hb^2}{6}$

$$\frac{W_{1z}}{W_{2z}}=\frac{h}{b}=2$$

即竖放时的 W_z 值是平放时的两倍，也就是同一矩形截面梁竖放时的承载能

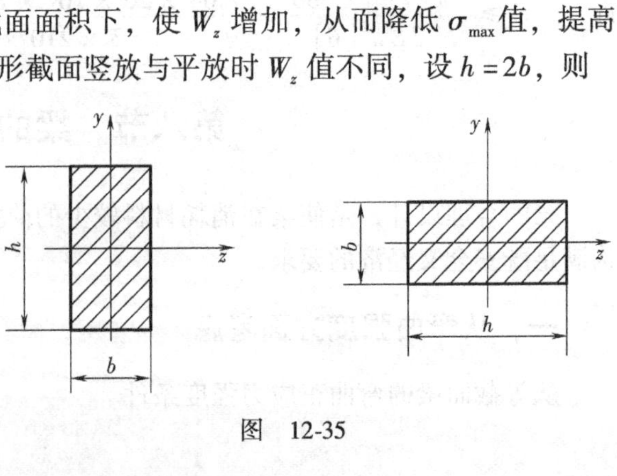

图　12-35

力是平放时的两倍。因此，在选择梁的截面形状时应该使最小的横截面面积获得尽可能大的抗弯截面系数。若用比值$\frac{W_z}{A}$来衡量，则此比值越大，截面形状就越经济合理。工程中，常见截面形状的$\frac{W_z}{A}$数值见表 12-3。

表　12-3

截面形状	面积 A/cm^2	抗弯截面系数 W_z/cm^3	W_z/A
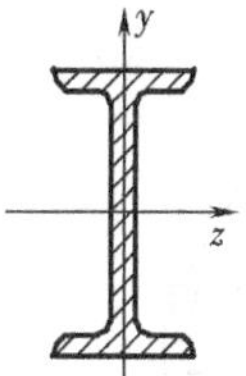 No 32A		692.2	10.32
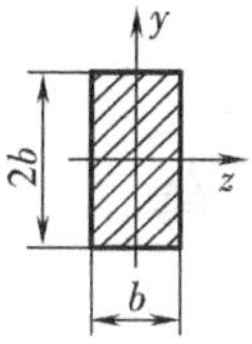	67.05	129.4	1.93
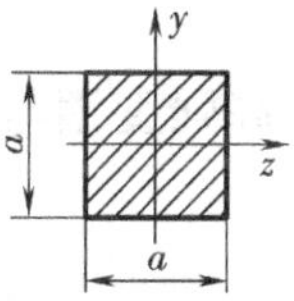		91.6	1.37
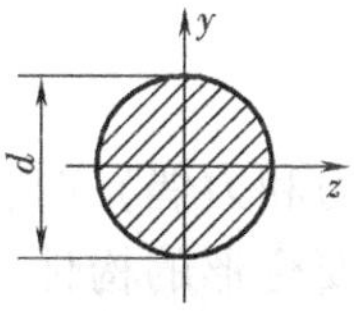		77.4	1.15

从表中数据可以看出工字型优于矩形，矩形优于正方形，正方形又优于圆形。这是因为离中性轴越远的点所承受的应力越大，所以应使大部分材料分布在距中性轴较远处，从而充分发挥材料的力学性能，工字形截面符合这个原则，所以其承载能力较强，矩形截面竖放优于平放也是这个道理。

此外，在分析梁的合理截面形状时，还应考虑到材料性质的影响。对于塑性材料，因其许用拉应力与许用压应力相等，故截面应设计成关于中性轴对称的，如工字形、矩形和圆形等，这样截面边缘处的σ_{Lmax}与σ_{Ymax}相同，可同时接近许用应力；但对于脆性材料如铸铁，由于其许用压应力［σ_{Y}］高于许用拉应力［σ_{L}］，则应采用关于中性轴不对称的截面，并使中性轴偏向于受拉一侧，如图 12-36 所示的 T 字形截面，同时应尽可能满足

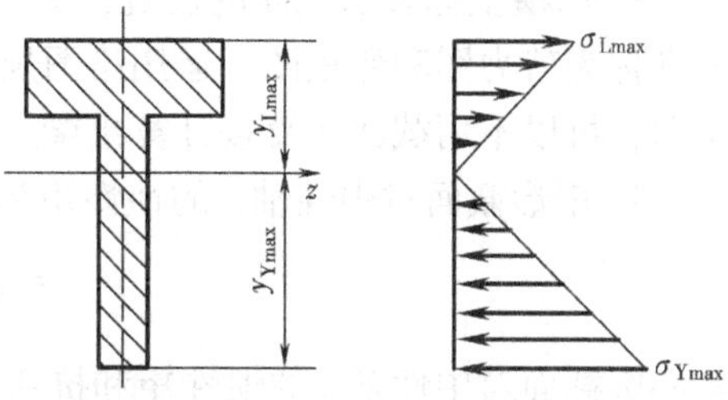

图　12-36

$$\frac{y_{\text{Lmax}}}{y_{\text{Ymax}}} = \frac{[\sigma_{\text{L}}]}{[\sigma_{\text{Y}}]}$$

这样，可使 σ_{Lmax} 与 σ_{Ymax} 同时接近各自的许用应力，充分发挥材料的力学性能。

二、从弯曲刚度方面考虑

为了提高梁的抗弯刚度，除了采取上述措施之外，工程上还常常采用减小梁的跨度或增加支座的方法。例如，在图 12-37a 所示传动轴的中间部位增加支承，在图 12-37b 所示的镗刀杆的悬臂端安装尾座，车削细长轴时采用跟刀架等。

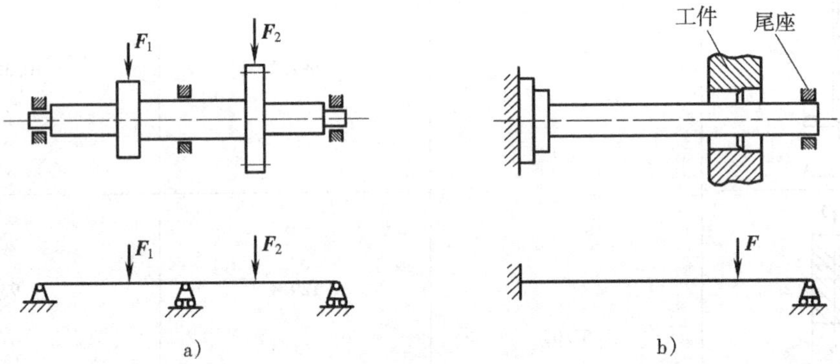

图　12-37

应当注意，梁的变形虽然与材料的弹性模量 E 有关，但就钢材而言，高强度钢与普通碳钢的 E 值相差很小，所以采用高强度钢并不能有效提高梁的抗弯刚度。

小　　结

1. 当构件所承受的外力是作用线垂直于构件轴线的平衡力系（包括力和力偶）时，构件的轴线将由直线变为曲线，这种变形称为弯曲变形。以弯曲变形为主要变形的构件称为梁。

2. 梁产生弯曲变形时，其横截面存在着两个内力分量：作用在截面内部与截面相切，作用线平行于外力的内力 $\boldsymbol{F}_{\text{Q}}$，称为剪力；作用面垂直于横截面的内力偶矩 M，称为弯矩。计算剪力和弯矩的基本方法仍然是截面法。

3. 以横坐标表示截面的位置，纵坐标表示相应截面上剪力和弯矩的大小，画出的图像分别称为剪力图和弯矩图。运用绘图规律绘制剪力图和弯矩图简单、方便。利用剪力图和弯矩图，可以不用截面法直接计算出梁上任意截面上的剪力和弯矩。

4. 矩形截面对中性轴 z 的惯性矩和抗弯截面系数分别为

$$I_z = \frac{bh^3}{12} \quad W_z = \frac{bh^2}{6}$$

实心圆截面对中性轴 z 的惯性矩和抗弯截面系数分别为

$$I_z = \frac{\pi d^4}{64} \quad W_z = \frac{\pi d^3}{32}$$

5. 梁产生弯曲变形时，其横截面上任意一点弯曲正应力的计算公式为

$$\sigma = \frac{|M|}{I_z}y$$

任意一截面上的最大正应力的计算公式为

$$\sigma_{max} = \frac{|M|}{W_z} \quad 或 \quad \sigma_{max} = \frac{|M|}{I_z}y_{max}$$

正应力的正负号根据梁的变形形式直观判定。

6. 对于塑性材料，通常将梁的横截面设计成关于中性轴对称的形状，其强度条件为

$$\sigma_{max} = \frac{|M_{max}|}{W_z} \leqslant [\sigma]$$

对于脆性材料，通常将梁的横截面设计成关于中性轴不对称的形状，其强度条件为

$$\sigma_{Lmax} = \frac{|M_{max}|}{I_z}y_{Lmax} \leqslant [\sigma_L]$$

$$\sigma_{Ymax} = \frac{|M_{max}|}{I_z}y_{Ymax} \leqslant [\sigma_Y]$$

7. 梁的弯曲变形主要是计算挠度和转角。单一载荷作用时，可直接查表；多个载荷作用时可采用叠加法，计算时要注意挠度和转角的正负号。

8. 梁的刚度条件为

$$|y_{max}| \leqslant [y]$$

$$|\theta_{max}| \leqslant [\theta]$$

9. 提高梁的抗弯强度和刚度的主要措施有：合理安排梁的支承和载荷，降低最大弯矩值；选用合理的截面形状，充分发挥材料的力学性能；此外，工程上还常常采用减小梁的跨度或增加支座的方法。

习　题

12-1　已知 $F=10\text{kN}$，$M_0=10\text{kN}\cdot\text{m}$，$q=5\text{kN/m}$，$a=1\text{m}$。求图示各梁中间截面上的剪力和弯矩。

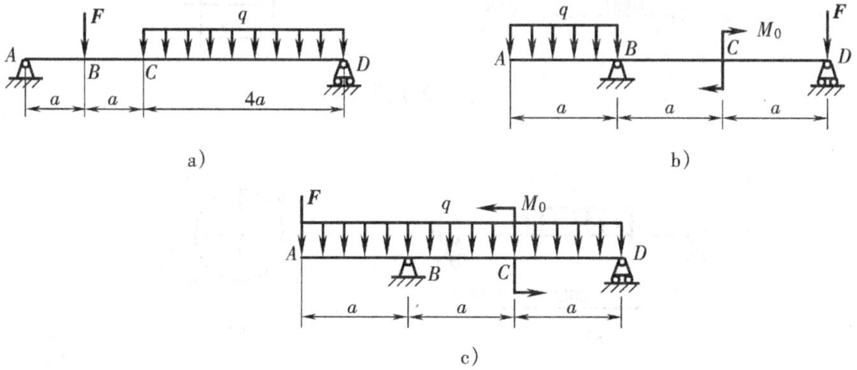

题　12-1 图

12-2　绘出图示各梁的剪力图和弯矩图。

12-3　简支梁受力如图所示，其横截面为矩形。求 1-1 截面上 a 点和 b 点的弯曲正应力。

12-4　简支梁受均布载荷作用如图所示，已知均布载荷的载荷集度 $q=20\text{kN/m}$，梁的横截面为圆形。求 1-1 截面上 a 点和 b 点的弯曲正应力。

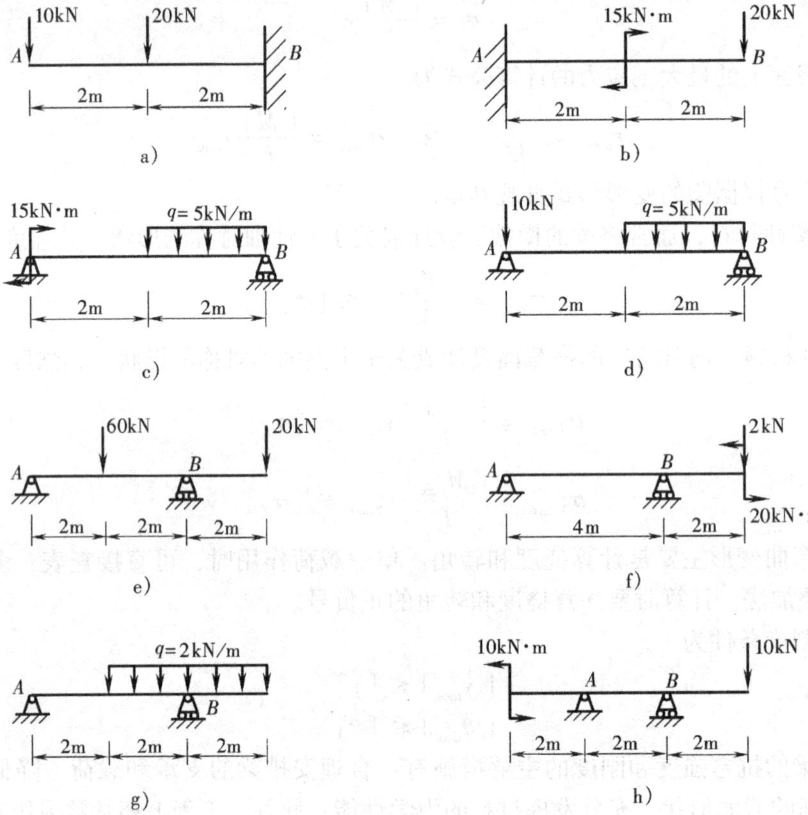

题　12-2 图

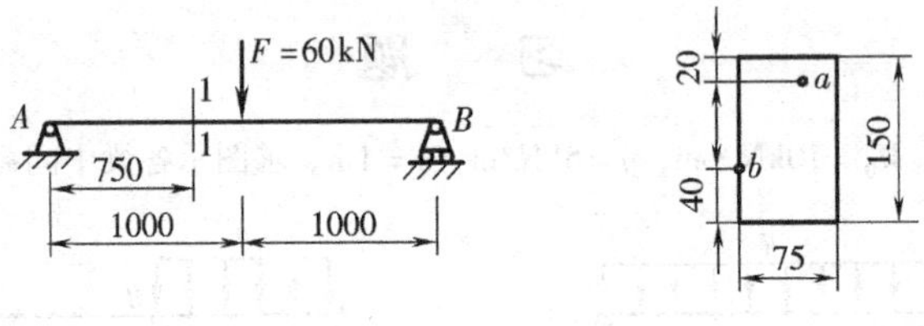

题　12-3 图

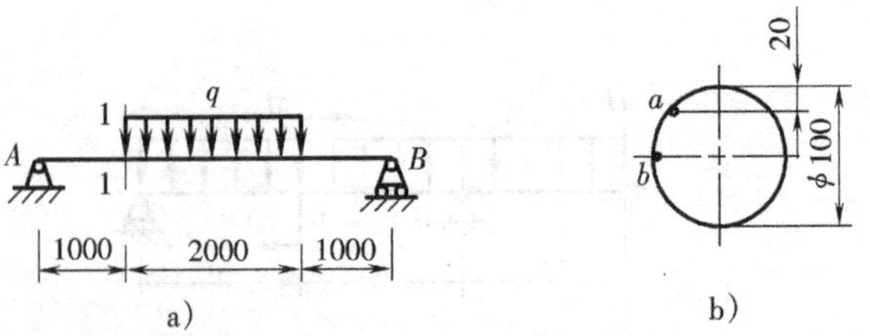

题　12-4 图

12-5　如图所示梁的横截面为 T 字形，中性轴为 z，已知：A 点的拉应力 $\sigma_A = 40\text{MPa}$，其到中性轴的距离 $y_1 = 10\text{mm}$，同一截面上 B、C 两点到中性轴的距离分别为 $y_2 = 8\text{mm}$，$y_3 = 30\text{mm}$。求：（1）B、C 两点的正应力的大小，并判断是拉应力还是压应力；（2）该截面上的最大拉应力。

12-6　悬臂梁的横截面为矩形，截面尺寸如图。已知 $F = 16\text{kN}$，求：（1）1-1 截面上 a、b、c、d 各点的正应力的大小，并判断是拉应力还是压应力；（2）梁的最大正应力；（3）若将梁的截面转过 90°，则最大

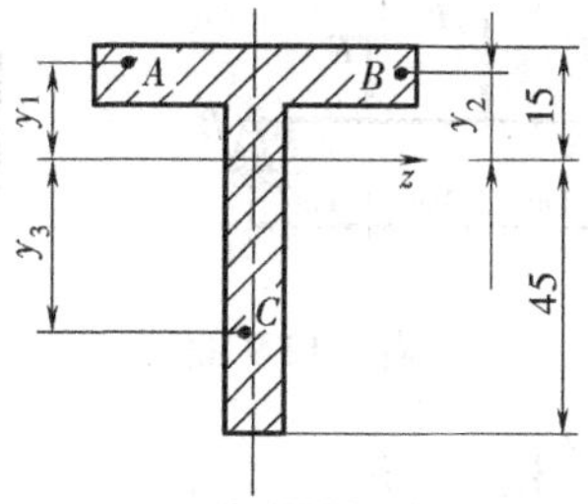

题　12-5 图

正应力变为多少？

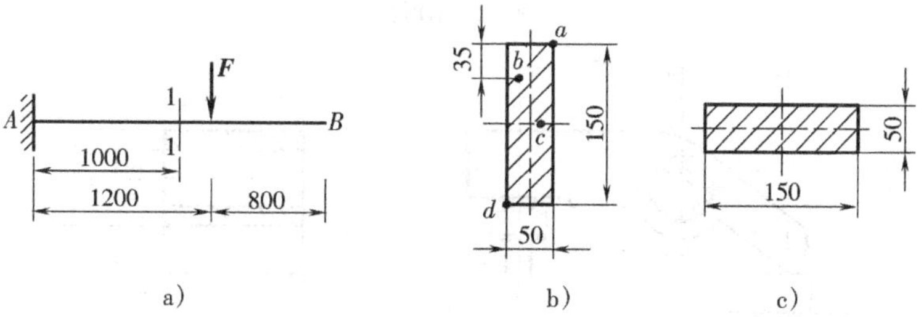

题　12-6 图

12-7　如图所示外伸梁的截面形状为倒 T 字形，已知截面对中性轴的惯性矩 $I_z=1.46\times10^8\text{mm}^4$，$F=30\text{kN}$，其他尺寸如图。求梁内最大拉应力和最大压应力，并画出危险截面上的正应力分布图。

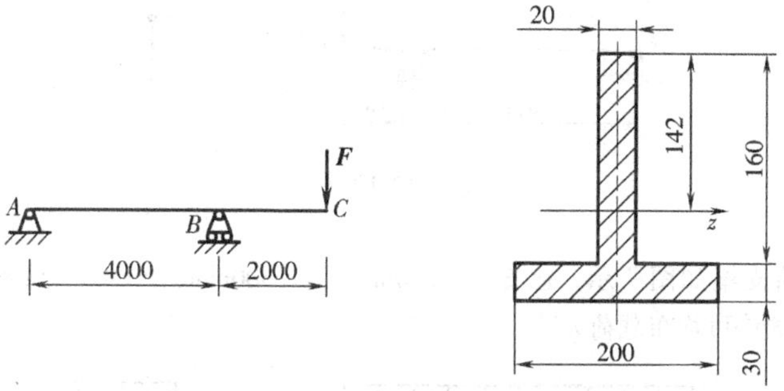

题　12-7 图

12-8　矩形截面悬臂梁如图所示，已知 $l=4\text{m}$，$b=300\text{mm}$，$h=430\text{mm}$，载荷集度 $q=10\text{kN/m}$，材料的许用应力 $[\sigma]=10\text{MPa}$。校核此梁的强度。

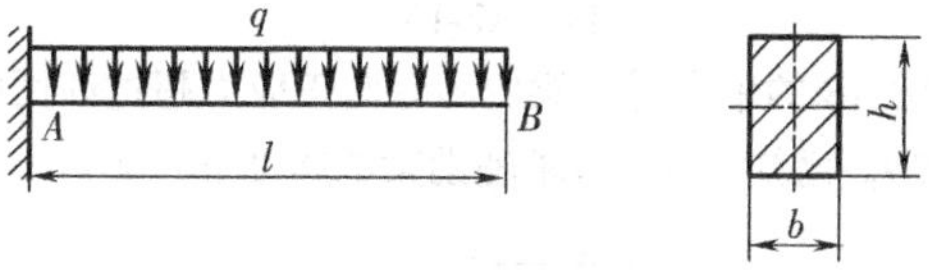

题　12-8 图

12-9　矩形截面简支梁如图所示，已知 $F=2\text{kN}$，横截面的高宽比 $h/b=3$，材料的许用应力 $[\sigma]=10\text{MPa}$。设计截面尺寸。

12-10　No20a 工字钢的支承和受力情况如图，材料的许用应力 $[\sigma]=160\text{MPa}$。求许可载荷 F。

12-11　压板的尺寸及受力如图，已知 $F=15.4\text{kN}$，材料的许用应力 $[\sigma]=210\text{MPa}$。校核压板的强度。

12-12　工字形截面外伸梁如图所示，已知 $F=20\text{kN}$，材料的许用应力 $[\sigma]=160\text{MPa}$。选择工字钢型

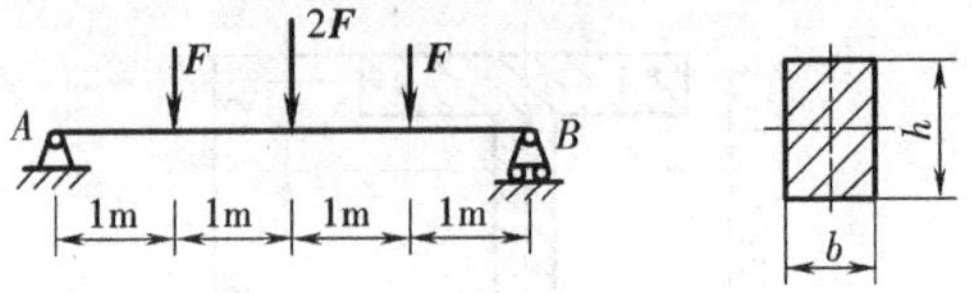

题　12-9 图

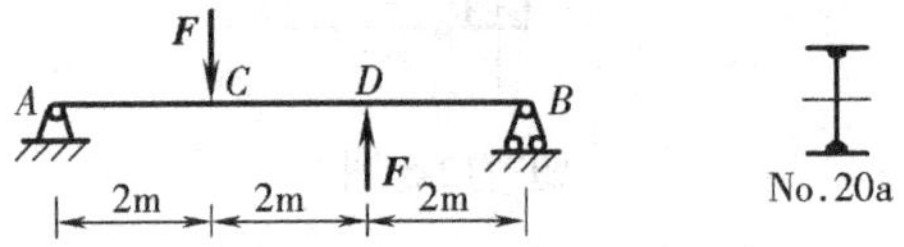

题　12-10 图

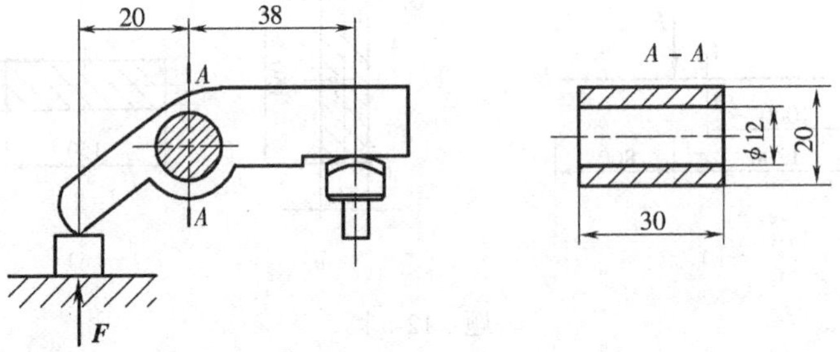

题　12-11 图

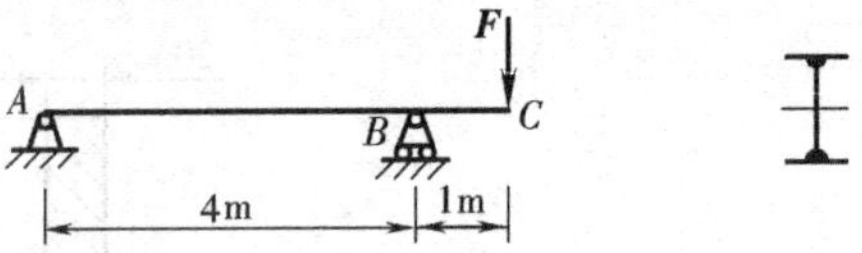

题　12-12 图

号。

12-13　矩形截面简支梁如图所示，已知 $b=200\text{mm}$，$h=300\text{mm}$，$l=4\text{m}$，材料的许用应力 $[\sigma]=10\text{MPa}$。求梁所能承受的许可均布载荷 q。

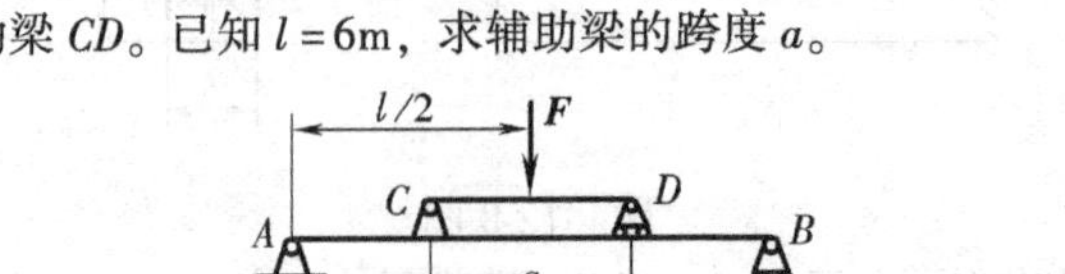

题　12-13 图

12-14　当力 $\boldsymbol{F}$ 直接作用在梁 AB 的中点时，梁内的弯曲正应力超过许用应力的 30%，为消除此过载现象，配置了如图所示的辅助梁 CD。已知 $l=6\text{m}$，求辅助梁的跨度 a。

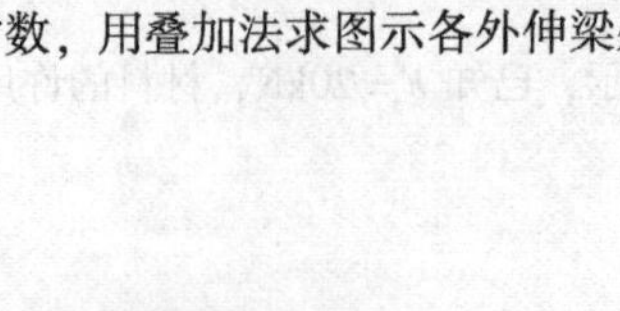

题　12-14 图

12-15　梁的抗弯刚度 EI_z 为已知常数，用叠加法求图示各梁截面 C 的挠度和截面 B 的转角。

12-16　梁的抗弯刚度 EI_z 为已知常数，用叠加法求图示各外伸梁外伸端的挠度和转角。

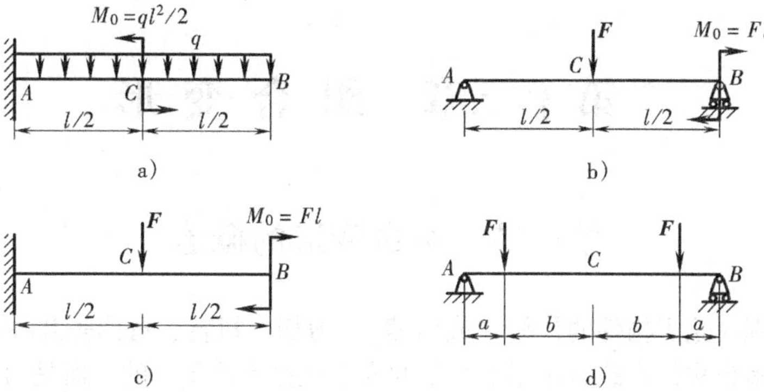

题　12-15 图

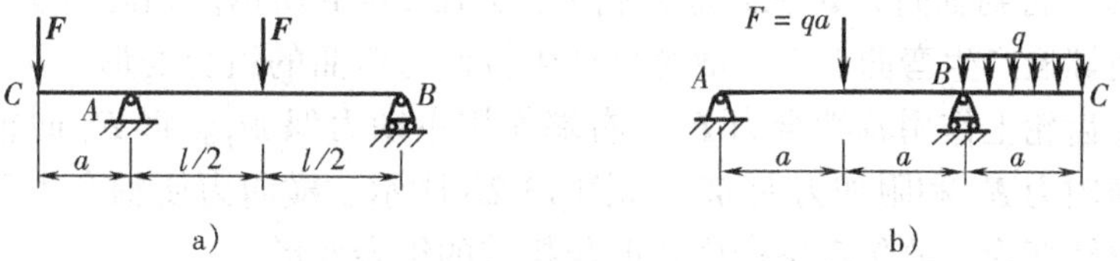

题　12-16 图

12-17　简支梁的横截面为圆形，其尺寸及受力情况如图，已知 $F=3.5\text{kN}$，$q=1.035\text{N/m}$，$l=1\text{m}$，$d=130\text{mm}$，材料的弹性模量 $E=200\text{GPa}$，梁的许用挠度 $[y]=0.35\text{mm}$。校核梁的刚度。

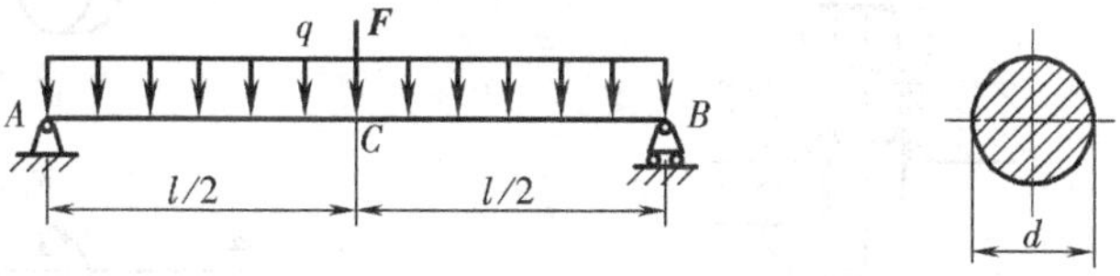

题　12-17 图

12-18　工字形截面简支梁如图所示，已知 $F=22\text{kN}$，$l=4\text{m}$，材料的许用应力 $[\sigma]=160\text{MPa}$，许用挠度 $[y]=10\text{mm}$。确定工字钢的型号。

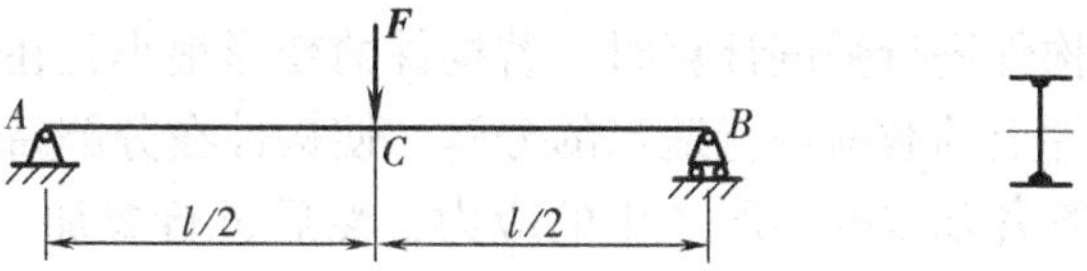

题　12-18 图

*第十三章　组合变形

第一节　组合变形的概念

前面几章分别讨论了构件的拉伸（或压缩）、剪切、扭转、弯曲等几种基本变形。但在工程实际中，大多数构件在载荷作用下产生的变形往往不是单一的，而是两种或两种以上基本变形的组合，称为组合变形。例如，图 13-1a 所示的钩头螺栓，受到偏心力 $\boldsymbol{F}$ 的作用，将力 $\boldsymbol{F}$ 向轴线平移，得到轴向力 $\boldsymbol{F}$ 和附加力偶 M，如图 13-1b 所示。轴向力使螺栓产生拉伸变形，附加力偶使螺栓产生弯曲变形，故螺栓产生拉伸与弯曲的组合变形。又如，图 13-2a 所示的传动轴，在齿轮上作用着啮合力 $\boldsymbol{F}_n$，右端作用主动力偶 M_1。将 $\boldsymbol{F}_n$ 向轴线平移，得到作用于轴上的横向力 $\boldsymbol{F}_n$ 和附加力偶 M，如图 13-2b 所示。横向力使轴产生弯曲变形，附加力偶使轴产生扭转变形，故传动轴产生弯曲与扭转的组合变形。

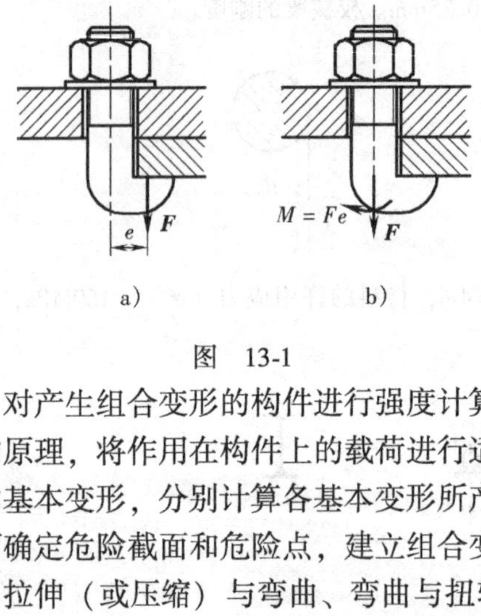

图　13-1

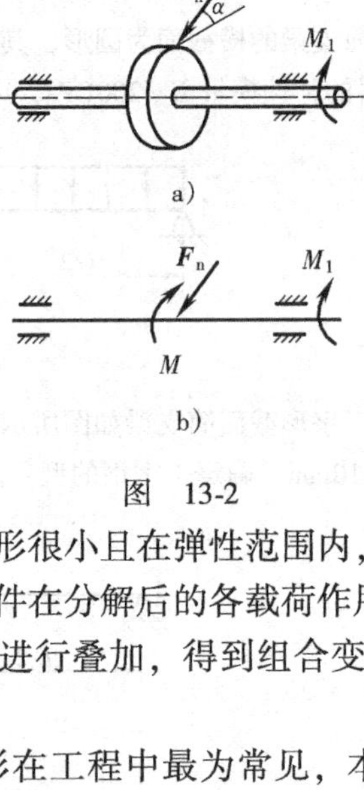

图　13-2

对产生组合变形的构件进行强度计算时，若构件的变形很小且在弹性范围内，则可应用叠加原理，将作用在构件上的载荷进行适当的分解，使构件在分解后的各载荷作用下产生单一的基本变形，分别计算各基本变形所产生的应力，然后进行叠加，得到组合变形的应力，从而确定危险截面和危险点，建立组合变形的强度条件。

拉伸（或压缩）与弯曲、弯曲与扭转这两种组合变形在工程中最为常见，本章将讨论这两种组合变形的强度计算。

第二节　拉伸（或压缩）与弯曲的组合变形

构件在力的作用下产生拉伸（或压缩）与弯曲的组合变形可分为两种情况，分别叙述如下：

一、构件同时受到轴向力和横向力的作用

所谓轴向力是指作用在构件轴线方向上的力，如图 13-3c 中的 $\boldsymbol{F}_x$；所谓横向力是指垂

直于构件轴线方向的力，如图13-3d中的$\boldsymbol{F}_y$。显然，构件在轴向力的作用下，产生轴向拉伸（或压缩）变形；在横向力的作用下，产生弯曲变形。若在轴向力和横向力共同作用下，构件就会产生拉伸（或压缩）与弯曲的组合变形。现以图13-3a所示的矩形截面梁为例，来说明拉伸（或压缩）与弯曲组合变形的强度计算方法。

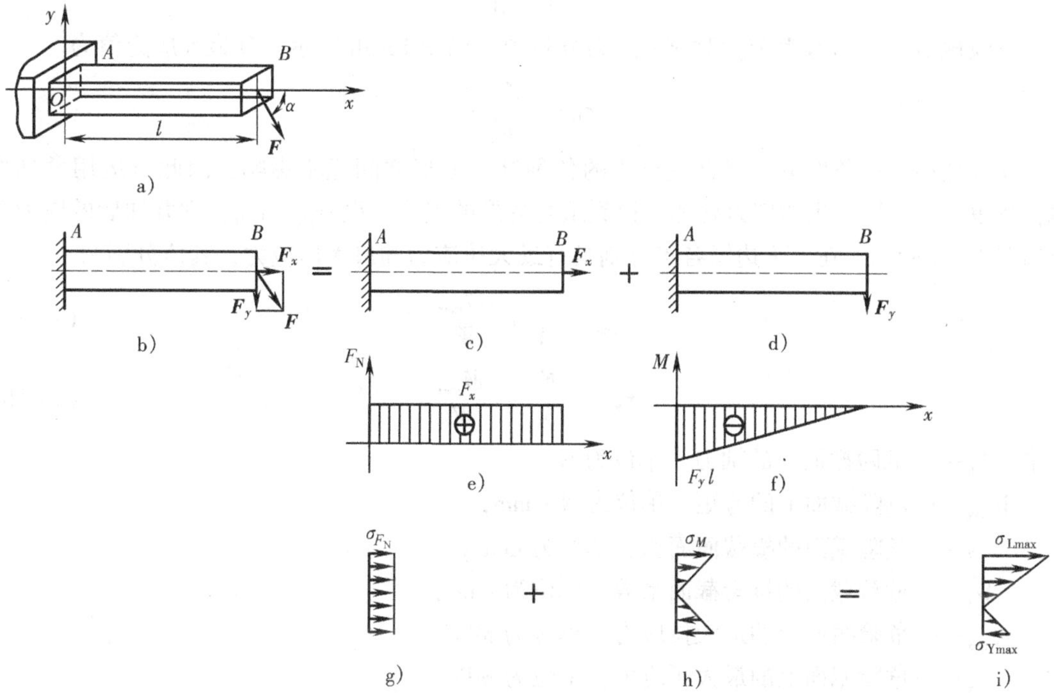

图　13-3

如图13-3a所示，在悬臂梁的自由端B作用一集中力$\boldsymbol{F}$，力$\boldsymbol{F}$位于梁的纵向对称面Oxy内，并与梁的轴线成α角。

1. 外力分析

如图13-3b所示，将力$\boldsymbol{F}$沿x轴和y轴方向分解为两个分力$\boldsymbol{F}_x$和$\boldsymbol{F}_y$，其值分别为

$$F_x = F\cos\alpha$$

$$F_y = F\sin\alpha$$

在轴向力$\boldsymbol{F}_x$作用下，梁产生轴向拉伸变形，其受力如图13-3c所示；在横向力$\boldsymbol{F}_y$作用下，梁产生弯曲变形，其受力如图13-3d所示。故在集中力$\boldsymbol{F}$的作用下，梁产生拉伸与弯曲的组合变形。

2. 内力分析

根据图13-3c绘制梁的轴力图，如图13-3e所示。从图中可以看出，梁各横截面上的轴力均相同，其值为

$$F_N = F_x = F\cos\alpha$$

根据图13-3d绘制梁的弯矩图，如图13-3f所示。从图中可以看出，梁的固定端A截面具有最大弯矩，其值为

$$|M_{max}| = |M_A| = F_y l = Fl\sin\alpha$$

据此，可以确定 A 截面为危险截面。

3. 应力分析

危险截面 A 上与轴力 F_N 对应的应力分布图，如图 13-3g 所示。其应力值为

$$\sigma_{F_N}=\frac{F_N}{A}$$

危险截面 A 上与弯矩 M_{max} 对应的应力分布图，如图 13-3h 所示。其最大应力值为

$$\sigma_M=\frac{|M_{max}|}{W_z}$$

在弹性小变形条件下，组合变形中的各种基本变形之间互不影响，因此可运用叠加原理，将单一变形所产生的应力叠加，得到组合变形的应力。设 $\sigma_{F_N}<\sigma_M$，则叠加后的应力分布如图 13-3i 所示。在上下边缘各点分别具有最大拉应力和最大压应力，其值分别为

$$\sigma_{Lmax}=\frac{F_N}{A}+\frac{|M_{max}|}{W_z} \tag{13-1a}$$

$$\sigma_{Ymax}=\frac{F_N}{A}-\frac{|M_{max}|}{W_z} \tag{13-1b}$$

式中 F_N——危险截面上的轴力，单位为 N；

M_{max}——危险截面上的弯矩，单位为 N · mm；

A——危险截面的横截面面积，单位为 mm^2；

W_z——危险截面的抗弯截面系数，单位为 mm^3；

σ_{Lmax}——危险截面上的最大拉应力，单位为 MPa；

σ_{Ymax}——危险截面上的最大压应力，单位为 MPa。

4. 强度条件

由式（13-1a、b）可见，危险截面的上、下边缘各点分别具有最大拉应力和最大压应力，是危险点，故强度条件为

$$\sigma_{Lmax}=\frac{F_N}{A}+\frac{|M_{max}|}{W_z}\leqslant[\sigma_L] \tag{13-2a}$$

$$|\sigma_{Ymax}|=\left|\frac{F_N}{A}-\frac{|M_{max}|}{W_z}\right|\leqslant[\sigma_Y] \tag{13-2b}$$

式中 $[\sigma_L]$、$[\sigma_Y]$——材料的许用拉应力和许用压应力。

应用式（13-2a、b）进行拉伸（或压缩）与弯曲组合变形的强度计算时，应针对每一种单一变形，画出其应力分布图，然后用叠加法画出组合变形的应力分布图，从而确定危险点的应力，不要生搬硬套公式。因为在不同的组合变形中，构件受力不同，危险截面及其应力分布会相应地发生变化。同时，应区分如下两种情况：

（1）对于低碳钢类的塑性材料，因其许用拉、压应力相等，故只需计算构件危险截面上应力绝对值最大处的强度。

（2）对于铸铁类的脆性材料，因其许用拉、压应力不等，故应分别计算构件危险截面上最大拉应力和最大压应力处的强度。

例 13-1 起重机架如图 13-4a 所示，AB 梁由 20a 号工字钢制成，其中点作用有集中力 $F=30kN$，材料的许用应力 $[\sigma]=120MPa$。试校核 AB 梁的强度。

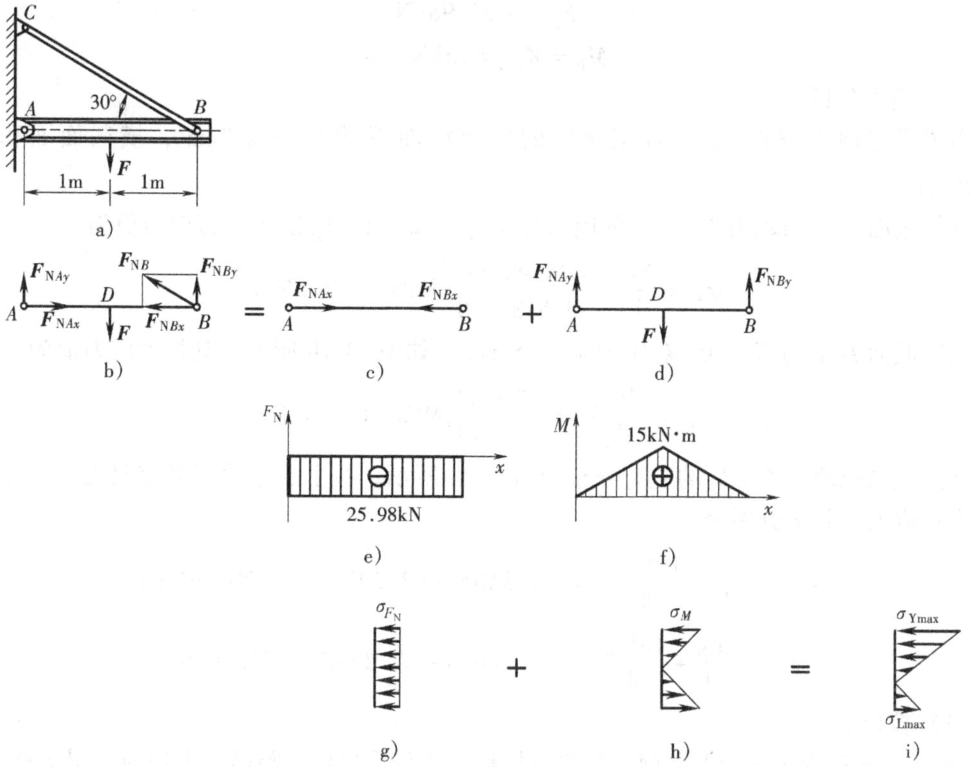

图　13-4

解　(1) 外力分析

选 AB 梁为研究对象，进行受力分析，画受力图，如图 13-4b 所示。列平衡方程

$$\sum M_A(\boldsymbol{F})=0 \qquad F_{NB}\times 2\sin 30°-F\times 1=0$$

得

$$F_{NB}=F=30\text{kN}$$

将 $\boldsymbol{F}_{NB}$分解为 $\boldsymbol{F}_{NBx}$和 $\boldsymbol{F}_{NBy}$，得

$$F_{NBx}=F_{NB}\cos 30°=25.98\text{kN}$$

$$F_{NBy}=F_{NB}\sin 30°=15\text{kN}$$

再列平衡方程

$$\sum F_x=0 \qquad F_{NAx}-F_{NBx}=0$$

得

$$F_{NAx}=F_{NBx}=25.98\text{kN}$$

$$\sum F_y=0 \qquad F_{NAy}-F+F_{NBy}=0$$

得

$$F_{NAy}=F-F_{NBy}=15\text{kN}$$

由此可知，AB 梁在轴向压力 $\boldsymbol{F}_{NAx}$、$\boldsymbol{F}_{NBx}$作用下，产生轴向压缩变形，其受力如图 13-4c 所示；在横向力 $\boldsymbol{F}_{NAy}$、$\boldsymbol{F}$、$\boldsymbol{F}_{NBy}$作用下，产生弯曲变形，其受力如图 13-4d 所示。因此 AB 梁产生压缩与弯曲的组合变形。

(2) 内力分析

根据图 13-4c、d 绘制 AB 梁的轴力图和弯矩图，如图 13-4e、f 所示。据此，可以确定 AB 梁的中间截面 D 是危险截面，其轴力和弯矩值分别为

$$F_N = -25.98\text{kN}$$
$$M_D = M_{max} = 15\text{kN}\cdot\text{m}$$

（3）应力分析

由附录型钢表查得，20a 号工字钢的抗弯截面系数 $W_z = 237\text{cm}^3$，横截面面积 $A = 35.578\text{cm}^2$。

危险截面 D 上与轴力 $\boldsymbol{F}_N$ 对应的应力分布图，如图 13-4g 所示。其应力值为

$$\sigma_{F_N} = \frac{F_N}{A} = \frac{-25.98\times10^3}{35.578\times10^2}\text{MPa} = -7.3\text{MPa}$$

危险截面 D 上与弯矩 M_D 对应的应力分布图，如图 13-4h 所示。其最大应力值为

$$\sigma_M = \frac{|M_{max}|}{W_z} = \frac{15\times10^6}{237\times10^3}\text{MPa} = 63.29\text{MPa}$$

运用叠加原理，叠加后的应力分布如图 13-4i 所示。在上、下边缘各点具有最大压应力和最大拉应力，其值分别为

$$\sigma_{\text{Ymax}} = \frac{F_N}{A} - \frac{|M_{max}|}{W_z} = -7.3\text{MPa} - 63.29\text{MPa} = -70.59\text{MPa}$$
$$\sigma_{\text{Lmax}} = \frac{F_N}{A} + \frac{|M_{max}|}{W_z} = -7.3\text{MPa} + 63.29\text{MPa} = 55.99\text{MPa}$$

（4）校核强度

AB 梁的材料为 20a 号工字钢，是塑性材料，故只需校核危险截面上绝对值最大的应力，本例中为最大压应力。

$$|\sigma_{\text{Ymax}}| = \left|\frac{F_N}{A} - \frac{|M_{max}|}{W_z}\right| = 70.59\text{MPa} < [\sigma]$$

所以，AB 梁的强度足够。

二、偏心拉伸（或压缩）

当外力的作用线平行于构件的轴线，但不通过构件横截面的形心时，将会产生偏心拉伸（或压缩）。前面所述图 13-1a 所示的钩头螺栓，在力 $\boldsymbol{F}$ 的作用下将产生偏心拉伸变形。

现以图 13-5a 所示矩形截面立柱为例，来说明偏心拉伸（或压缩）的强度计算方法。

1. 外力分析

设力 $\boldsymbol{F}$ 作用在梁的纵向对称面 Oxy 内，e 为力 $\boldsymbol{F}$ 的作用线到横截面形心 C 间的距离，称为偏心距。根据力的平移定理，将力 $\boldsymbol{F}$ 平移到截面的形心 C，得到轴向拉力 $\boldsymbol{F}$ 和附加力偶 $M_0 = Fe$，如图 13-5b 所示。轴向拉力 $\boldsymbol{F}$ 使立柱产生拉伸变形，如图 13-5c 所示；力偶 M_0 使立柱产生弯曲变形，如图 13-5d 所示。故偏心拉伸实际上仍然是拉伸与弯曲的组合变形。

2. 内力、应力分析

由图 13-5c 可知，立柱各个横截面上的轴力均相等，且 $F_N = F$。与轴力 F_N 对应的应力分布图，如图 13-5e 所示，其应力值为

$$\sigma_{F_N} = \frac{F_N}{A}$$

由图 13-5d 可知，立柱各个横截面上的弯矩也都相等，且 $M = M_0 = Fe$。与弯矩 M 对应

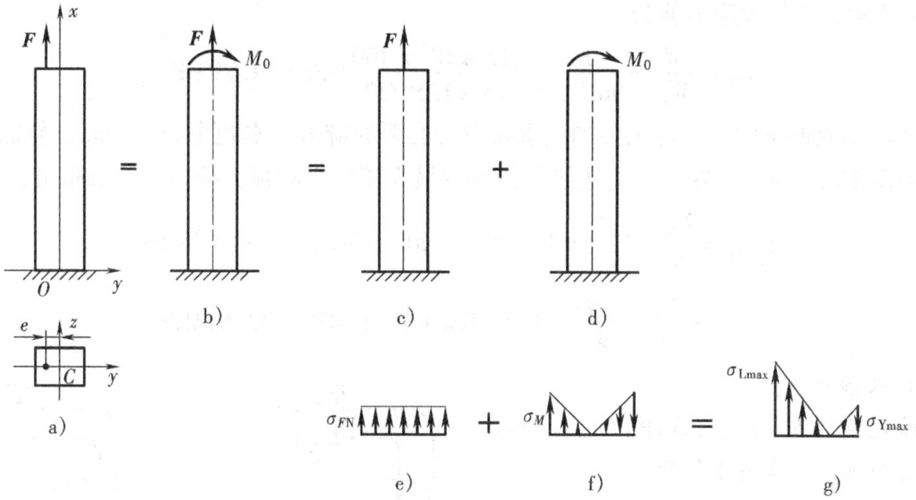

图　13-5

的应力分布图，如图 13-5f 所示，其最大应力值为

$$\sigma_M = \frac{|M|}{W_z}$$

在弹性小变形条件下，可用叠加法求得组合变形的应力。设 $\sigma_{F_N} < \sigma_M$，则叠加后的应力分布如图 13-5g 所示。在左、右边缘各点具有最大拉应力和最大压应力，其值分别为

$$\sigma_{\text{Lmax}} = \frac{F_N}{A} + \frac{|M|}{W_z}$$

$$\sigma_{\text{Ymax}} = \frac{F_N}{A} - \frac{|M|}{W_z}$$

偏心拉伸（或压缩）的强度条件同式（13-2a、b）。

必须指出，对于偏心受压杆件必须是短而粗的才能应用式（13-2a、b）进行强度计算，因为细长杆件在受压的情况下，存在着失稳问题，对此将在第十四章中进行讨论。

例 13-2　一钻床如图 13-6a 所示，钻孔时受到压力 $F = 15\text{kN}$。已知立柱的横截面为圆形，其直径 $d = 125\text{mm}$，偏心距 $e = 400\text{mm}$，立柱的材料为铸铁，其许用拉应力 $[\sigma_L] = 35\text{MPa}$，许用压应力 $[\sigma_Y] = 120\text{MPa}$。校核立柱的强度。

解　(1) 外力分析

根据力的平移定理，将力 $\boldsymbol{F}$ 平移到立柱的轴线上，得到轴向拉力 $\boldsymbol{F}$ 和附加力偶 $M_0 = Fe$，如图 13-6b 所示。显然，轴向拉力 $\boldsymbol{F}$ 使立柱产生拉伸变形，力偶 M_0 使立柱产生弯曲变形，故立柱产生拉伸与弯曲的组合变形。

(2) 内力、应力分析

分析可知，立柱各个横截面上的轴力均相等，且 $F_N = F$。与轴力 F_N 对应的应力分布图，如图 13-6c 所示，其应力值为

$$\sigma_{F_N} = \frac{F_N}{A} = \frac{F_N}{\pi d^2/4} = \frac{15 \times 10^3}{\pi \times 125^2/4}\text{MPa} = 1.22\text{MPa}$$

立柱各个横截面上的弯矩也都相等，且 $M = M_0 = Fe$。与弯矩 M 对应的应力分布图，如

图 13-6d 所示，其最大应力值为

$$\sigma_M = \frac{|M|}{W_z} = \frac{Fe}{\pi d^3/32} = \frac{15\times10^3\times400}{\pi\times125^3/32}\text{MPa} = 31.29\text{MPa}$$

在弹性小变形条件下，可用叠加法求得组合变形的应力。本题中 $\sigma_{F_N} < \sigma_M$，叠加后的应力分布如图 13-6e 所示，在左、右边缘各点具有最大压应力和最大拉应力，其值分别为

$$\sigma_{Y\max} = \frac{F_N}{A} - \frac{|M|}{W_z} = 1.22\text{MPa} - 31.29\text{MPa} = -30.07\text{MPa}$$

$$\sigma_{L\max} = \frac{F_N}{A} + \frac{|M|}{W_z} = 1.22\text{MPa} + 31.29\text{MPa} = 32.51\text{MPa}$$

(3) 校核强度

铸铁是脆性材料，其许用拉应力和许用压应力不等，故应分别校核。

$$\sigma_{L\max} = \frac{F_N}{A} + \frac{|M|}{W_z} = 32.51\text{MPa} < [\sigma_L]$$

$$|\sigma_{Y\max}| = \left|\frac{F_N}{A} - \frac{|M|}{W_z}\right| = 30.07\text{MPa} < [\sigma_Y]$$

所以，立柱的强度足够。

式（13-2a、b）为强度计算公式，它仍然可以解决材料力学中的三类问题，即强度校核、设计截面尺寸、确定许可载荷。

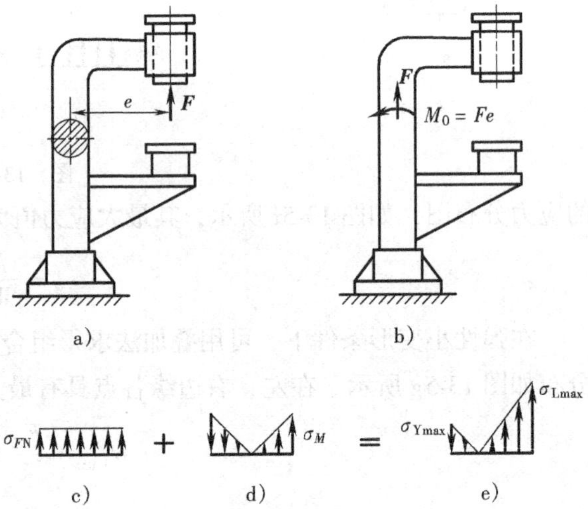

图 13-6

例 13-3 起重机架如图 13-7a 所示，AB 梁由两根槽钢组成，B 点作用一集中力 $F = 35\text{kN}$，材料的许用应力 $[\sigma] = 140\text{MPa}$，确定槽钢的型号。

解 (1) 外力分析

选 AB 梁为研究对象，进行受力分析，画受力图，如图 13-7b 所示。列平衡方程

$$\sum M_A(\boldsymbol{F}) = 0 \qquad F_{NC}\times3\sin30^\circ - F\times4 = 0$$

得

$$F_{NC} = \frac{8}{3}F = 93.33\text{kN}$$

将 $\boldsymbol{F}_{NC}$ 分解为 $\boldsymbol{F}_{NCx}$ 和 $\boldsymbol{F}_{NCy}$，得

$$F_{NCx} = F_{NC}\cos30^\circ = 80.83\text{kN}$$

$$F_{NCy} = F_{NC}\sin30^\circ = 46.67\text{kN}$$

再列平衡方程

$$\sum F_x = 0 \qquad -F_{NAx} + F_{NCx} = 0$$

得

$$F_{NAx} = F_{NCx} = 80.83\text{kN}$$

$$\sum F_y = 0 \qquad -F_{NAy} + F_{NCy} - F = 0$$

得

$$F_{NAy} = F_{NCy} - F = 11.67\text{kN}$$

由此可知，AB 梁在轴向拉力 $\boldsymbol{F}_{NAx}$、$\boldsymbol{F}_{NCx}$ 作用下，产生轴向拉伸变形，其受力如图 13-7c 所示；在横向力 $\boldsymbol{F}_{NAy}$、$\boldsymbol{F}_{NCy}$、$\boldsymbol{F}$ 作用下，产生弯曲变形，其受力如图 13-7d 所示。因此 AB

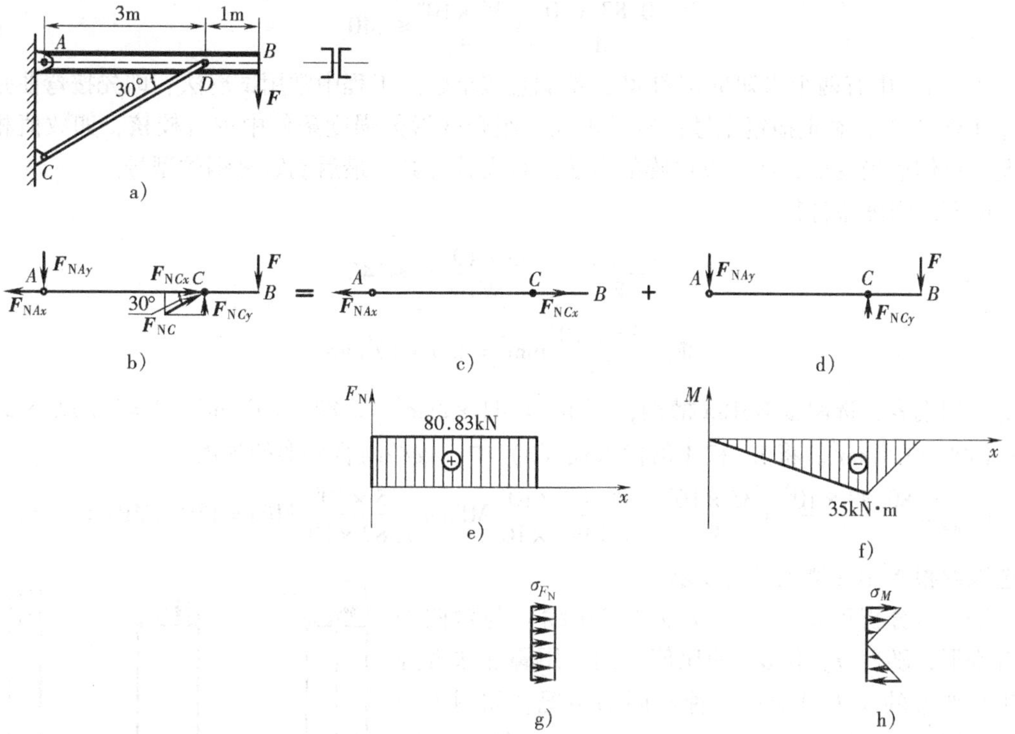

图　13-7

梁产生拉伸与弯曲的组合变形。

（2）内力分析

根据图 13-7c、d 绘制 AB 梁的轴力图和弯矩图，如图 13-7e、f 所示。据此，可以确定 AB 梁的截面 C 是危险截面，其轴力和弯矩值分别为

$$F_N = 80.83\text{kN}$$
$$M_C = M_{max} = -35\text{kN}\cdot\text{m}$$

（3）应力分析

危险截面 C 上与轴力 $\boldsymbol{F}_N$ 对应的应力分布图，如图 13-7g 所示。其应力值为

$$\sigma_{F_N} = \frac{F_N}{A}$$

危险截面 C 上与弯矩 M_C 对应的应力分布图，如图 13-7h 所示。其最大应力值为

$$\sigma_M = \frac{|M_{max}|}{W_z}$$

分析可知，危险截面 C 的上边缘各点产生绝对值最大的应力，即最大拉应力，其值为

$$\sigma_{Lmax} = \frac{F_N}{A} + \frac{|M_{max}|}{W_z}$$

（4）根据强度条件确定槽钢的型号

槽钢为塑性材料，只需对绝对值最大的应力进行强度计算，故强度计算公式为

$$\sigma_{Lmax} = \frac{F_N}{A} + \frac{|M_{max}|}{W_z} \leqslant [\sigma]$$

即
$$\frac{80.83\times10^3}{A}+\frac{35\times10^6}{W_z}\leqslant140 \tag{a}$$

式（a）中有两个未知量 A 和 W_z，不能直接求解。工程中常用试凑法，即先按弯曲强度条件计算出 W_z，确定槽钢型号；然后再代入组合变形的强度条件中进行校核，如数值相差较大，再作适当变更，如此以试凑的方法进行设计计算，最后确定槽钢的型号。

由弯曲强度条件得
$$\frac{|M_{max}|}{W_z}=\frac{35\times10^6}{W_z}=\leqslant140$$

即
$$W_z\geqslant\frac{35\times10^6}{140}\text{mm}^3=2.5\times10^5\text{mm}^3$$

查附录型钢表，选两根 No18a 槽钢，其 $W_z=141\times2\text{cm}^3=2.82\times10^5\text{mm}^3$，$A=25.699\times2\text{cm}^2=5.1398\times10^3\text{mm}^2$。将 W_z 和 A 值代入式（a）中，校核组合变形的强度
$$\sigma_{Lmax}=\frac{80.83\times10^3}{A}+\frac{35\times10^6}{W_z}=\frac{80.83\times10^3}{5.1398\times10^3}\text{MPa}+\frac{35\times10^6}{2.82\times10^5}\text{MPa}=139.8\text{MPa}<[\sigma]$$

故选取两根 No18a 槽钢满足要求。

进一步分析可知，对于拉伸（或压缩）与弯曲的组合变形，随着 σ_{F_N} 和 σ_M 的比值不同，用叠加法叠加后组合变形的应力可能有三种不同的情况，如图 13-8 所示。图 13-8a 中的横截面上既有拉应力又有压应力；图 13-8b 中横截面的一个边缘上的应力恰好为零；图 13-8c 中的横截面上只有一种正应力。设计拉伸（或压缩）与弯曲组合变形的构件，对于脆性材料，应尽可能使横截面上只产生压应力。

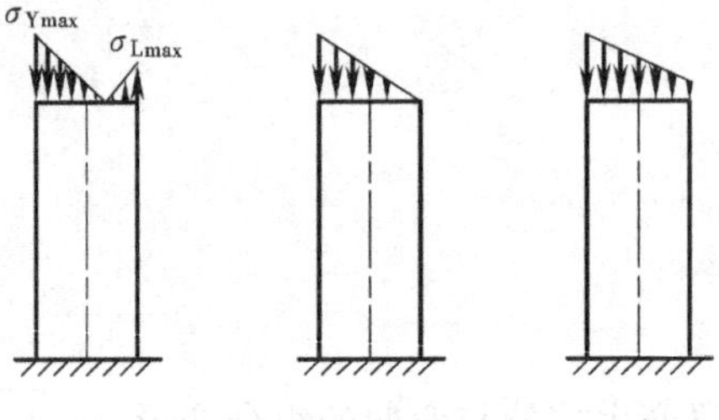

图 13-8

第三节　弯曲与扭转的组合变形

机械中的传动轴，大多产生弯曲与扭转的组合变形，简称弯扭组合变形。当弯曲变形较小时，可将弯曲变形略去不计，只对轴进行扭转强度条件计算；当弯曲变形较大时，便不能忽略弯曲变形的影响，必须按弯曲与扭转的组合变形进行强度计算。现以图 13-9 所示圆形截面轴为例，来说明弯曲与扭转组合变形的强度计算方法。

如图 13-9a 所示，一圆形截面轴 AB，左端 A 为固定端约束，自由端 B 处作用有集中力 $\boldsymbol{F}$ 和集中力偶 M_0。

1. 外力分析

轴 AB 的计算简图如图 13-9b 所示。力 $\boldsymbol{F}$ 与轴线垂直相交，使轴产生弯曲变形，如图 13-9c 所示；力偶 M_0 使轴产生扭转变形，如图 13-9d 所示。所以，圆轴 AB 产生弯曲与扭转的组合变形。

2. 内力分析

根据图 13-9c 绘制轴的弯矩图，如图 13-9e 所示；根据图 13-9d 绘制轴的扭矩图，如图 13-9f 所示。由图可见，圆轴各横截面上的扭矩相同，弯矩不同，固定端 A 截面上的弯矩最

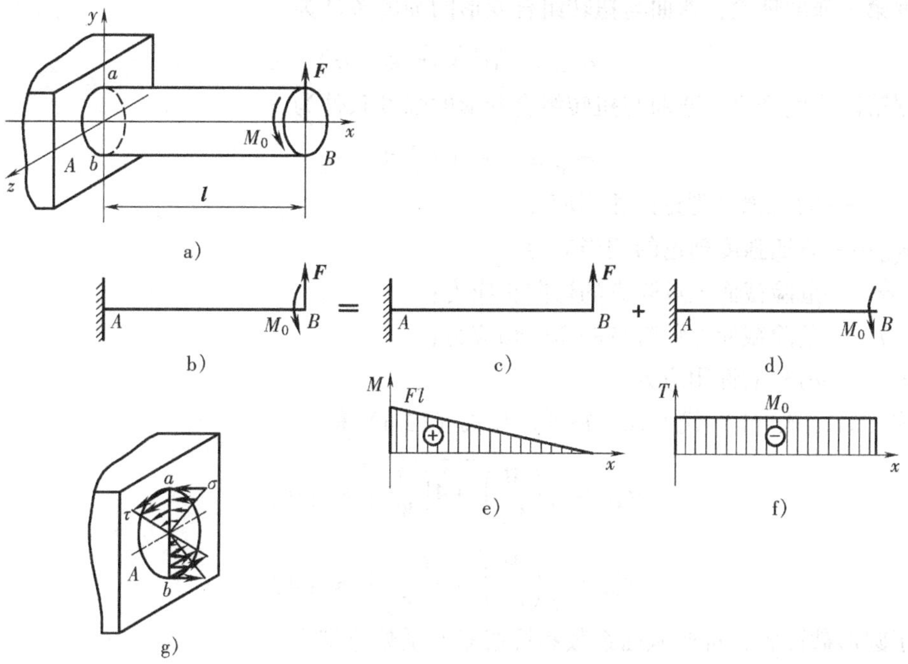

图　13-9

大，所以 A 截面为危险截面，其上弯矩值和扭矩值分别为

$$M = Fl$$

$$T = M_0$$

3. 应力分析

在横截面 A 上，同时存在着弯矩和扭矩，相应的在该截面上存在弯曲正应力和扭转切应力。其应力分布如图 13-9g 所示，由图可见，危险截面上的扭转切应力是线性分布的，最大切应力在最外圈圆周上，其值为

$$\tau = \frac{|T|}{W_{\mathrm{p}}} \tag{a}$$

弯曲正应力也是线性分布的，最大正应力在距中性轴最远的 a、b 两点，其值为

$$\sigma = \frac{|M|}{W_z} \tag{b}$$

故在 A 截面上的 a、b 两点，扭转切应力 τ 和弯曲正应力 σ 同时达到最大值，所以 a、b 两点为危险点。

4. 强度条件

如图 13-9g 所示，圆轴危险截面上的危险点 a、b 处同时存在扭转切应力 τ 和弯曲正应力 σ，由于 τ 和 σ 的方向不同，使得危险点的应力状态比较复杂，对其进行强度计算时，既不能采用应力的简单叠加，也不能按弯曲强度条件和扭转强度条件分别校核，而必须考虑它们的综合作用。人们通过长期的生产实践和科学实验，提出了四种不同的强度理论，根据这些强度理论可以得出四种不同的强度条件。目前，对于低碳钢类的塑性材料，工程上普遍采用第三或第四强度理论。

根据第三强度理论，弯曲与扭转组合变形的强度条件为

$$\sigma_{xd3}=\sqrt{\sigma^2+4\tau^2}\leqslant[\sigma] \tag{13-3}$$

根据第四强度理论，弯曲与扭转组合变形的强度条件为

$$\sigma_{xd4}=\sqrt{\sigma^2+3\tau^2}\leqslant[\sigma] \tag{13-4}$$

式中　σ_{xd3}——第三强度理论的相当应力；

σ_{xd4}——第四强度理论的相当应力；

σ——危险截面上危险点的弯曲正应力；

τ——危险截面上危险点的扭转切应力；

$[\sigma]$——材料的许用应力。

将式（a）、式（b）代入式（13-3）和式（13-4）得

$$\sigma_{xd3}=\sqrt{\left(\frac{M}{W_z}\right)^2+4\left(\frac{T}{W_p}\right)^2}\leqslant[\sigma] \tag{c}$$

$$\sigma_{xd4}=\sqrt{\left(\frac{M}{W_z}\right)^2+3\left(\frac{T}{W_p}\right)^2}\leqslant[\sigma] \tag{d}$$

对于圆形截面轴，抗弯截面系数和抗扭截面系数分别为

$$W_z=\frac{\pi d^3}{32}\qquad W_p=\frac{\pi d^3}{16}=2W_z$$

将 $W_p=2W_z$ 代入式（c）、式（d），得到用内力表达的第三、第四强度理论的强度条件分别为

$$\sigma_{xd3}=\frac{\sqrt{M^2+T^2}}{W_z}\leqslant[\sigma] \tag{13-5}$$

$$\sigma_{xd4}=\frac{\sqrt{M^2+0.75T^2}}{W_z}\leqslant[\sigma] \tag{13-6}$$

式中　M——危险截面上的弯矩，单位为 N · mm；

T——危险截面上的扭矩，单位为 N · mm；

W_z——危险截面的抗弯截面系数，单位为 mm^3。

应用式（13-5）、式（13-6）时，应注意以下两点：

（1）公式只适用于圆形截面轴产生弯扭组合变形时的强度计算，对于非圆形截面的弯扭组合变形必须用式（13-3）或式（13-4）进行强度计算。

（2）M 和 T 必须是同一截面（危险截面）上的弯矩和扭矩。

例 13-4　如图 13-10a 所示，电动机带动轴 AB 转动，在轴的中点安装一带轮，已知带轮的重力 $G=3\text{kN}$，直径 $D=500\text{mm}$，带的紧边拉力 $F_1=6\text{kN}$，松边拉力 $F_2=4\text{kN}$，$l=1.2\text{m}$。若轴的许用应力 $[\sigma]=80\text{MPa}$，试按第三强度理论设计轴的直径 d。

解　（1）外力分析

将带的紧边拉力 $\boldsymbol{F}_1$、松边拉力 $\boldsymbol{F}_2$ 分别向带轮的轴线平移，简化后得到一个作用于轴中点的横向力 $\boldsymbol{F}_R$ 和附加力偶 M_C，轴的计算简图如图 13-10b 所示。其中

$$F_R=G+F_1+F_2=3\text{kN}+6\text{kN}+4\text{kN}=13\text{kN}$$

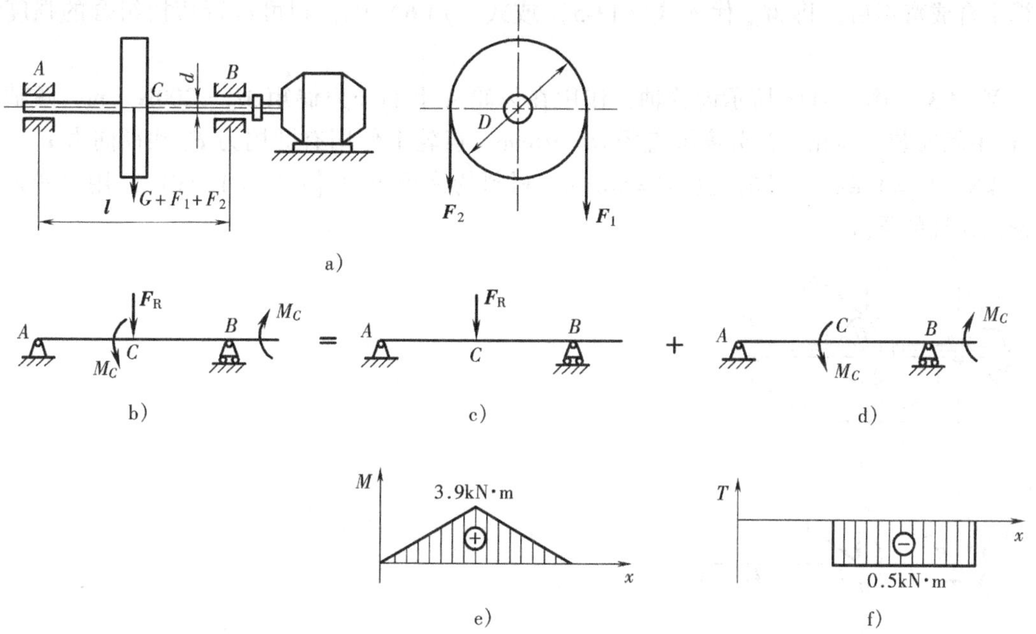

图　13-10

$$M_C = F_1\frac{D}{2} - F_2\frac{D}{2} = (6-4)\times 0.25\text{kN}\cdot\text{m} = 0.5\text{kN}\cdot\text{m}$$

显然，在横向力 $\boldsymbol{F}_R$ 的作用下，轴产生弯曲变形，如图 13-10c 所示；在力偶 M_C 的作用下，轴产生扭转变形，如图 13-10d 所示。所以，轴产生弯曲与扭转的组合变形。

（2）内力分析

根据图 13-10c 绘制轴的弯矩图，如图 13-10e 所示；根据图 13-10d 绘制轴的扭矩图，如图 13-10f 所示。由图可见，轴 CB 段各横截面上的扭矩相同，弯矩不同，AB 的中点 C 截面上的弯矩最大，所以 C 截面为危险截面，其上弯矩值和扭矩值分别为

$$M = \frac{F_R l}{4} = \frac{13\times 1.2}{4}\text{kN}\cdot\text{m} = 3.9\text{kN}\cdot\text{m}$$

$$T = M_C = -0.5\text{kN}\cdot\text{m}$$

（3）按第三强度理论确定轴的直径 d

由式（13-5）得

$$\sigma_{xd3} = \frac{\sqrt{M^2+T^2}}{W_z} = \frac{\sqrt{M^2+T^2}}{\pi d^3/32} \leqslant [\sigma]$$

则有　$$d \geqslant \sqrt[3]{\frac{32\sqrt{M^2+T^2}}{\pi[\sigma]}} = \sqrt[3]{\frac{32\sqrt{(3.9\times 10^6)^2+(-0.5\times 10^6)^2}}{\pi\times 80}}\text{mm} = 79.4\text{mm}$$

取轴的直径为 $d = 80$mm。

有时，作用在轴上的横向力很多且方向各不相同，这时可将每一个横向力向水平和竖直两个方向进行分解，分别画出构件在水平和竖直平面内的弯矩图，再按下式计算危险截面上的合成弯矩 $M_{合}$

$$M_{合} = \sqrt{M_{水平}^2 + M_{竖直}^2}$$

计算出合成弯矩后，将 $M_{合}$ 代入式（13-5）或式（13-6）中，即可进行弯扭组合的强度计算。

例 13-5 图 13-11a 所示齿轮轴，作用在齿轮 A 上的外力偶矩 $M_0=200\text{N}\cdot\text{m}$，两轴承 B、C 中间安装一齿轮，其分度圆直径 $D=80\text{mm}$，齿轮上作用有圆周力 $\boldsymbol{F}_t$ 和径向力 $\boldsymbol{F}_r$，且 $F_t=5\text{kN}$，$F_r=1.8\text{kN}$，轴的直径 $d=50\text{mm}$，材料的许用应力 $[\sigma]=100\text{MPa}$。用第四强度理论校核轴的强度。

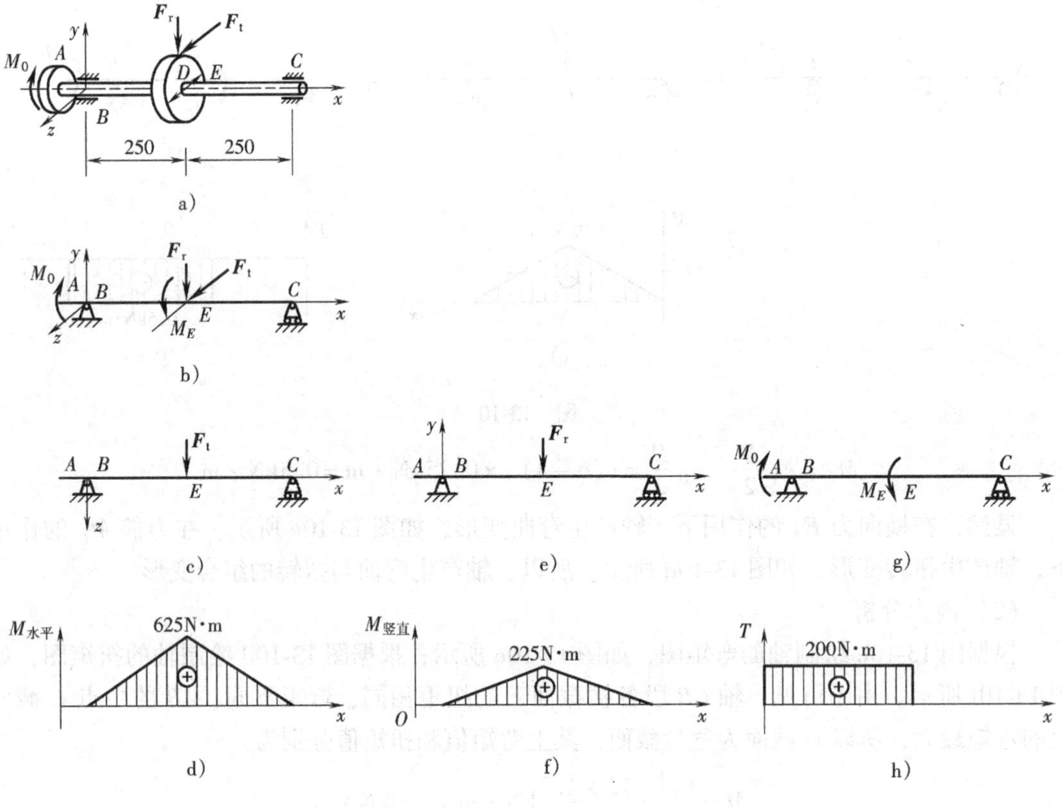

图 13-11

解 （1）外力分析

将圆周力 $\boldsymbol{F}_t$ 和径向力 $\boldsymbol{F}_r$ 向齿轮的转动中心平移，简化后得到两个作用于 E 点的横向力 $\boldsymbol{F}_t$、$\boldsymbol{F}_r$ 和一附加力偶 M_E，轴的计算简图如图 13-11b 所示。其中

$$M_E=F_t\frac{D}{2}=5\times\frac{80}{2}\text{kN}\cdot\text{mm}=200\text{kN}\cdot\text{mm}=200\text{N}\cdot\text{m}$$

显然，在横向力 $\boldsymbol{F}_t$ 的作用下，轴在水平面 Bxz 内产生弯曲变形，如图 13-11c 所示；在横向力 $\boldsymbol{F}_r$ 的作用下，轴在竖直面 Bxy 内产生弯曲变形，如图 13-11e 所示；在附加力偶 M_E 的作用下，轴产生扭转变形，如图 13-11g 所示。故轴产生弯曲与扭转的组合变形。

（2）内力分析

根据图 13-11c 绘制轴在水平面内的弯矩图，如图 13-11d 所示；根据图 13-11e 绘制轴在竖直面内的弯矩图，如图 13-11f 所示；根据图 13-11g 绘制轴的扭矩图，如图 13-11h 所示。图中可见，齿轮的作用点 E 截面处的扭矩 T、水平面内的弯矩 $M_{水平}$ 和竖直平面内的弯矩

$M_{竖直}$均具有最大值，故E截面为危险截面，其上弯矩值和扭矩值分别为

$$M_{水平}=625\text{N}\cdot\text{m}$$
$$M_{竖直}=225\text{N}\cdot\text{m}$$
$$T=M_E=200\text{N}\cdot\text{m}$$

（3）校核强度

危险截面E处的合成弯矩值$M_合$为

$$M_合=\sqrt{M_{水平}{}^2+M_{竖直}{}^2}=\sqrt{625^2+225^2}\text{N}\cdot\text{m}=664.3\text{N}\cdot\text{m}$$

将$M_合$及T值代入式（13-6）得

$$\sigma_{xd4}=\frac{\sqrt{M_合^2+0.75T^2}}{W_z}$$
$$=\frac{\sqrt{(664.3\times10^3)^2+0.75\times(200\times10^3)^2}}{\pi\times50^3/32}\text{MPa}=55.9\text{MPa}\leqslant[\sigma]$$

所以，轴的强度满足要求。

小　　结

1. 构件在载荷作用下产生两种或两种以上的基本变形，称为组合变形。工程中常见的组合变形形式有两种，一是拉伸（或压缩）与弯曲的组合变形，二是弯曲与扭转的组合变形。

2. 在弹性小变形条件下，构件产生拉伸（或压缩）与弯曲的组合变形时，可用叠加法计算其危险截面的应力，故拉伸（或压缩）与弯曲组合变形的强度条件为

$$\sigma_{Lmax}=\frac{F_N}{A}+\frac{|M_{max}|}{W_z}\leqslant[\sigma_L]$$
$$|\sigma_{Ymax}|=\left|\frac{F_N}{A}-\frac{|M_{max}|}{W_z}\right|\leqslant[\sigma_Y]$$

3. 弯曲与扭转的组合变形，简称弯扭组合变形。弯扭组合变形的危险点是复杂应力状态，计算组合变形的应力时，不能进行简单的叠加，工程上经常采用第三或第四强度理论建立的强度条件，有两组计算公式，第一组用应力表示

$$\sigma_{xd3}=\sqrt{\sigma^2+4\tau^2}\leqslant[\sigma]$$
$$\sigma_{xd4}=\sqrt{\sigma^2+3\tau^2}\leqslant[\sigma]$$

第二组用内力表示

$$\sigma_{xd3}=\frac{\sqrt{M^2+T^2}}{W_z}\leqslant[\sigma]$$

$$\sigma_{xd4}=\frac{\sqrt{M^2+0.75T^2}}{W_z}\leqslant[\sigma]$$

其中第二组只适用于圆形截面轴。

习　题

13-1　简支梁 AB 受力如图所示，其横截面为 100 mm × 100 mm 的正方形，已知 $F=2\text{kN}$，$\alpha=45°$。求梁内最大拉应力和最大压应力。

13-2　如图所示，在正方形截面短柱的中间开一切槽，使横截面面积减少为原来的一半。求最大正应力是原来的几倍？

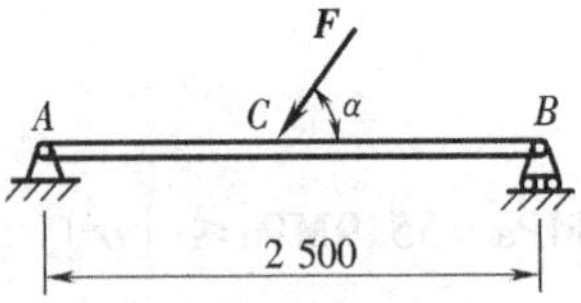

题　13-1 图

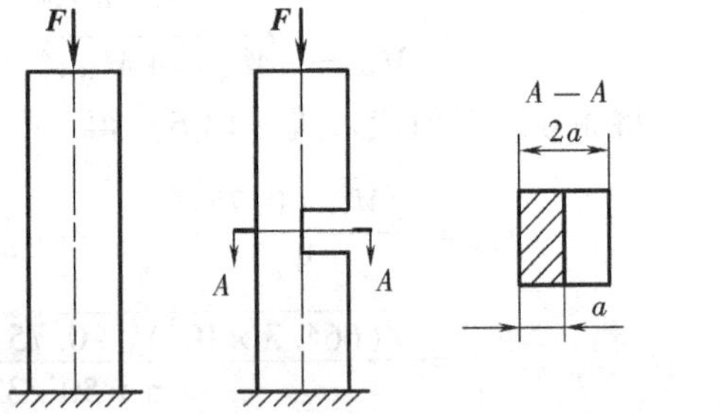

题　13-2 图

13-3　一起重机架如图所示，最大起重量 $F=10\text{kN}$，横梁 AB 为 No16 号工字钢，许用应力 $[\sigma]=140\text{MPa}$。校核梁 AB 的强度。

13-4　钩头螺栓联接如图所示，已知螺纹内径 $d=10\text{mm}$，偏心距 $e=10\text{mm}$，载荷 $F=1\text{kN}$，许用应力 $[\sigma]=140\text{MPa}$，校核螺栓杆的强度。

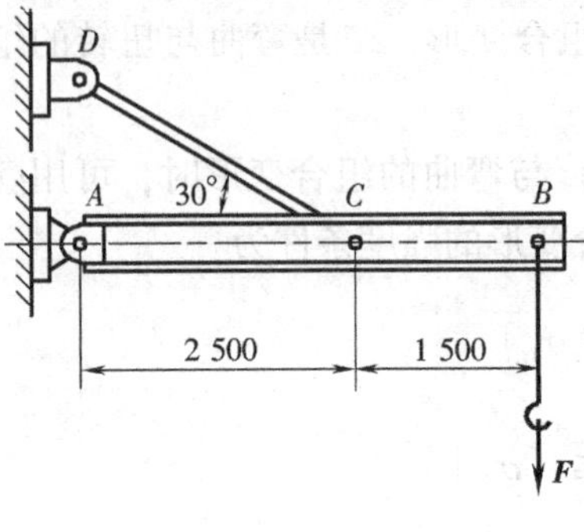

题　13-3 图

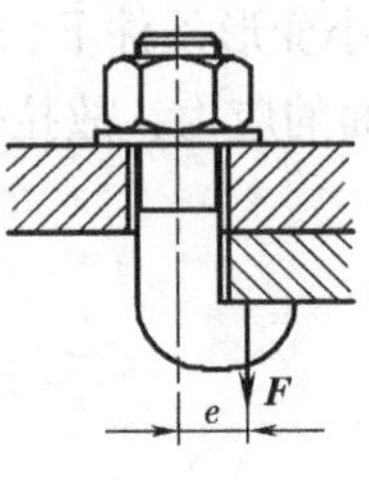

题　13-4 图

13-5　一压力机如图所示，机架由铸铁制成，$[\sigma_L]=35\text{MPa}$，$[\sigma_Y]=140\text{MPa}$，最大压力 $F=1400\text{kN}$，立柱的横截面尺寸如图，$h=700\text{mm}$，$y_C=200\text{mm}$，横截面面积 $A=1.8\times10^5\text{mm}^2$，截面对 z 轴的惯性矩 $I_z=8.0\times10^9\text{mm}^4$，校核立柱的强度。

13-6　一矩形截面钢杆如图所示，用应变片测得杆件上下表面的应变分别为 $\varepsilon_a=1\times10^{-3}$，$\varepsilon_b=0.4\times10^{-3}$，材料的弹性模量 $E=210\text{GPa}$。(1) 试绘制钢杆横截面上的正应力分布图；(2) 求拉力 F 和偏心距 e 的数值。

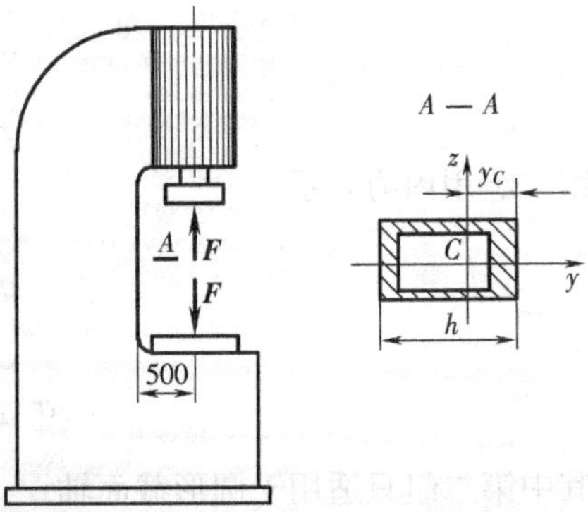

题　13-5 图

13-7　如图所示，一传动轴由电动机带动，轴长 $l=1.2\text{m}$，中间安装一带轮，带轮的重力 $G=5\text{kN}$，半径 $R=0.6\text{m}$，带的紧边拉力 $F_1=6\text{kN}$，松边拉力 $F_2=3\text{kN}$，轴的直径 $d=100\text{mm}$，材料的许用应力 $[\sigma]=50\text{MPa}$。用第三强度理论校核轴的强度。

13-8　一传动轴如图所示，中间安装一齿轮，齿轮的分度圆直径 $D=400\text{mm}$，作用于齿轮上的圆周力 $F_t=75\text{kN}$，径向力

$F_r = 27kN$，轴的跨度 $l = 600mm$，材料的许用应力 $[\sigma] = 140MPa$。试用第三强度理论设计轴的直径 d。

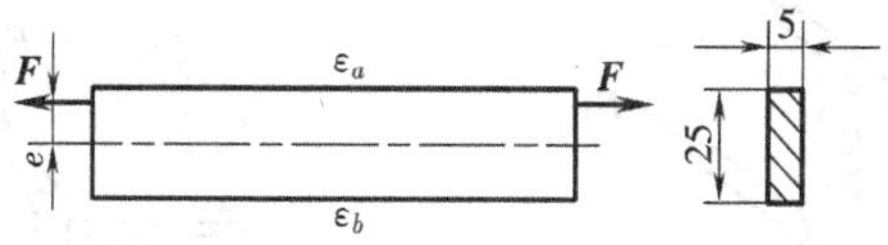

题　13-6 图

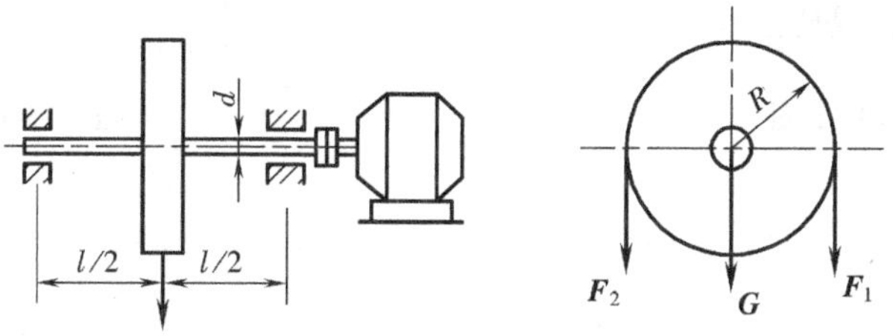

题　13-7 图

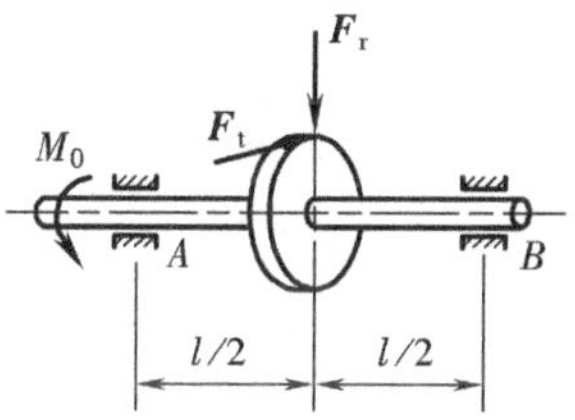

题　13-8 图

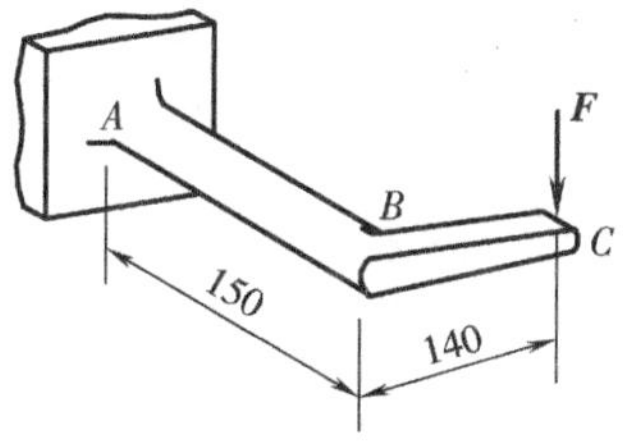

题　13-9 图

13-9　一拐轴如图所示，竖直载荷 $F = 20kN$，材料的许用应力 $[\sigma] = 160MPa$。用第三强度理论设计轴 AB 的直径 d。

13-10　一传动轴的外伸臂如图所示，已知传动轴的转速 $n = 110r/min$，传递的功率 $P = 11.77kW$，带轮的重力 $G = 2kN$，直径 $D = 1m$，带的紧边拉力等于松边拉力的三倍，材料的许用应力 $[\sigma] = 70MPa$。用第三强度理论计算许可外伸臂的长度 l。

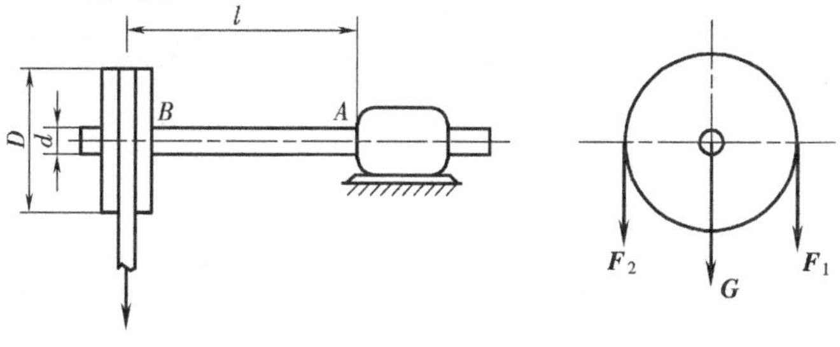

题　13-10 图

13-11　传动轴 AB 如图所示，其上安装两个直径 $D = 600mm$ 的带轮 C 和 D，带的紧边拉力 $F_1 = 4kN$，松边拉力 $F_2 = 2.5kN$，轴的直径 $d = 60mm$，材料的许用应力 $[\sigma] = 120MPa$。用第三强度理论校核轴的强度。

13-12　如图所示传动轴 AB 上装有带轮和齿轮，已知带轮的直径 $D_1 = 160mm$，带的紧边拉力 $F_1 = 5kN$，松边拉力 $F_2 = 2kN$，齿轮的分度圆直径 $D_2 = 100mm$，其上作用有圆周力 $F_t = 4.8kN$，径向力 $F_r = 1.75kN$，轴的直径 $d = 38mm$，材料的许用应力 $[\sigma] = 120MPa$。用第四强度理论校核轴的强度。

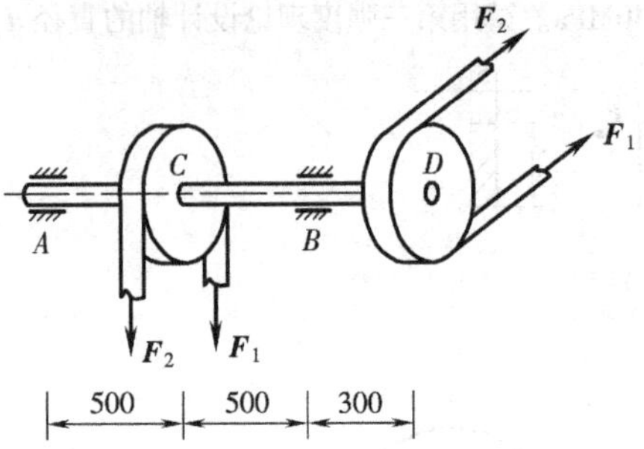

题　13-11 图

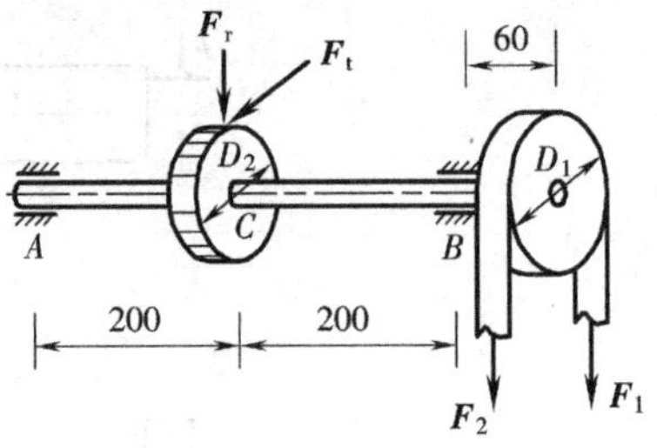

题　13-12 图

第十四章　压杆的稳定

第一节　压杆稳定的概念及失稳分析

一、压杆稳定的概念

前面研究受压直杆时，认为它的破坏主要取决于强度，为保证构件安全可靠地工作，要求其工作应力小于许用应力。实际上，这个结论只对短粗的压杆才是正确的，若用于细长杆将导致错误的结论。例如，一根宽 30mm，厚 2mm，长 400mm 的条形钢板，其材料的许用应力为 $[\sigma]=120\text{MPa}$，按轴向压缩强度条件，其承载能力为

$$F \leqslant A[\sigma]=30\times2\times120\text{N}=7.2\times10^3\text{N}=7.2\text{kN}$$

但实验发现，压力 $\boldsymbol{F}$ 达到 70N 时，它已经开始弯曲，如图 14-1 所示。若压力继续增大，则变形程度急剧增加直至折断，此时压力 F 远小于 7.2kN，产生破坏的原因是它不能保持原来的直线平衡状态。可见，细长压杆的承载能力不取决于它的压缩强度条件，而取决于它保持直线平衡状态的能力。压杆保持其原有直线平衡状态的能力，称为压杆的稳定性；反之，压杆丧失其原有直线平衡状态而破坏的现象，称为压杆的失稳。

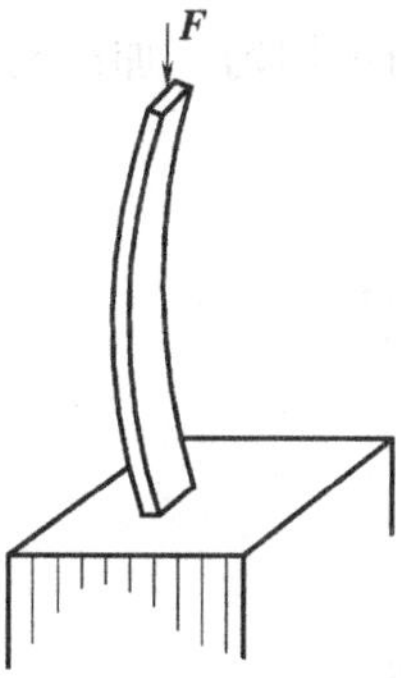

图　14-1

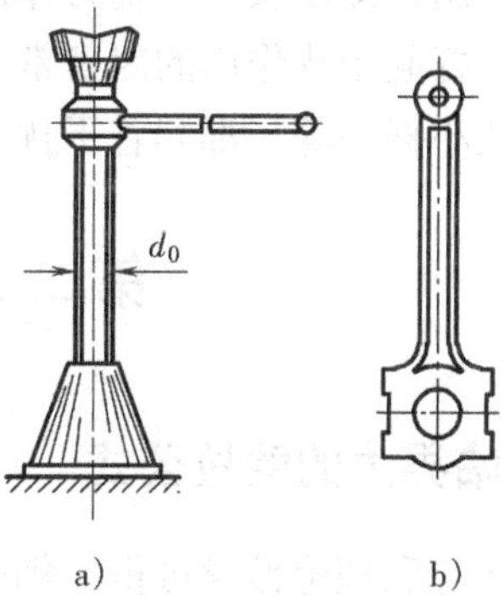

a)　b)

图　14-2

机械中有许多细长压杆，例如，图 14-2a 所示螺旋千斤顶的螺杆，图 14-2b 所示内燃机的连杆等，都必须具有足够的稳定性，才能安全可靠地工作。

由于细长压杆的破坏主要是由于失稳引起的，所以对细长压杆必须进行稳定性计算。

二、压杆失稳分析

为了研究细长压杆的失稳过程，可做如下实验。如图 14-3a 所示，取一细长直杆，在两端施加较小的轴向压力 $\boldsymbol{F}$，压杆处于直线平衡状态。此时，若施加一微小干扰力 $\boldsymbol{F}_Q$，压杆将处于微弯状态，如图 14-3b 所示。将干扰力 $\boldsymbol{F}_Q$ 除去，可以看到压杆左右摆动，且摆动幅度越来越小，最后回复到原来的直线平衡状态，如图 14-3c 所示。这种情况称为压杆的直线平衡状态是稳定的。将压力 F 的数值逐渐增加，当 F 值较大时，压杆在微小干扰力作用下

微弯后，即使除去干扰力 $\boldsymbol{F}_Q$，也不再回复到原来的直线平衡状态，而是处于微弯平衡状态，如图 14-3d 所示。这种情况称为压杆的直线平衡状态是不稳定的。继续增加压力 $\boldsymbol{F}$，压杆的弯曲变形程度将急剧增加，直至折断。

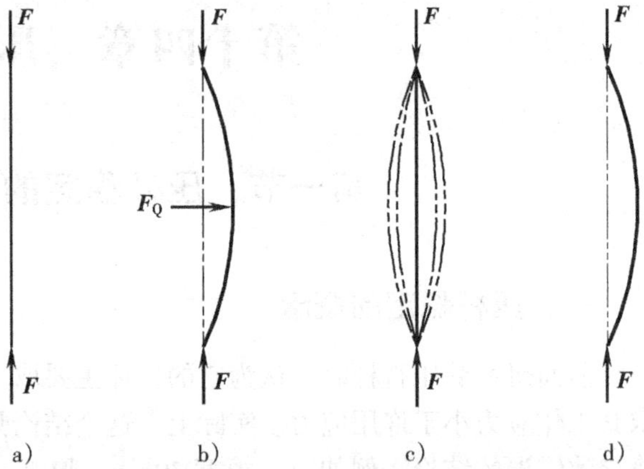

图　14-3

由此可见，对于细长压杆，其直线平衡状态是否稳定，与轴向压力 F 的大小有关。当压力 F 值较小时，压杆的直线平衡状态是稳定的；当压力 F 值较大时，压杆的直线平衡状态是不稳定的；当压力为某一数值 F_{lj} 时，压杆处于稳定的直线平衡状态和不稳定的直线平衡状态之间，这一状态称为临界状态。压杆处于临界状态的压力值，称为压杆的临界压力，简称临界力，用符号 F_{lj} 表示。临界力是压杆即将失稳时的压力，当 $0 \leqslant F < F_{lj}$ 时，压杆处于稳定的直线平衡状态，当 $F > F_{lj}$ 时，压杆就会失稳。临界力的大小表示压杆稳定性的强弱，临界力越大，则压杆的稳定性越强，越不易失稳；反之，压杆的稳定性越弱，越容易失稳。因此研究压杆的稳定性，关键在于确定临界力的大小。

应该指出，即使没有干扰力作用，当轴向压力 $F > F_{lj}$ 时，压杆也可能出现失稳现象，这是由于对压杆起干扰作用的因素常常是不可避免的，如材料的不均匀、加载的偏心或周围环境引起的微小振动等，都起着干扰力的作用。

第二节　临界力和临界应力

一、临界力的欧拉公式

科学实验和理论推导可得，细长压杆临界力的计算公式为

$$F_{lj} = \frac{\pi^2 EI}{(\mu l)^2} \tag{14-1}$$

式中　E——压杆材料的弹性模量，单位为 MPa；

I——压杆横截面对中性轴的惯性矩，单位为 mm^4；

μ——与支承情况有关的长度系数，其值见表 14-1；

l——压杆的长度，单位为 mm。

式（14-1）称为临界力的欧拉公式，其中 EI 为压杆的抗弯刚度。欧拉公式表明：

（1）压杆的临界力 F_{lj} 与其抗弯刚度 EI 成正比，EI 值越大，压杆抵抗弯曲变形的能力越强，临界力 F_{lj} 越大。

（2）压杆的临界力 F_{lj} 与压杆长度 l 的平方成反比，l 越大，压杆抵抗弯曲变形的能力越弱，临界力 F_{lj} 越小。

（3）压杆的临界力 F_{lj} 与压杆的支承情况有关，压杆两端的支承越牢固，压杆抵抗弯曲变形的能力越强，临界力 F_{lj} 越大。从表 14-1 中可见，两端固定的压杆，其长度系数 $\mu=0.5$，一端固定、一端自由的压杆，其长度系数 $\mu=2$，在其他条件均相同的情况下，前者的临界力为后者的 16 倍。这是因为前者的支承牢固，约束能力强，故 F_{lj} 值大。

表 14-1　细长压杆的长度系数

支承情况	两端铰支	一端固定一端铰支	两端固定	一端固定一端自由
简图				
长度系数 μ	1	0.7	0.5	2

二、临界应力的欧拉公式

压杆处于临界状态时，横截面上的平均应力称为压杆的临界应力，用 σ_{lj} 表示。若用 A 表示压杆的横截面面积，则

$$\sigma_{lj}=\frac{F_{lj}}{A}=\frac{\pi^2 EI}{(\mu l)^2 A}$$

令

$$i=\sqrt{\frac{I}{A}} \tag{14-2}$$

则有

$$\sigma_{lj}=\frac{\pi^2 E}{\left(\frac{\mu l}{i}\right)^2}$$

又令

$$\lambda=\frac{\mu l}{i} \tag{14-3}$$

则压杆的临界应力的计算公式为

$$\sigma_{lj}=\frac{\pi^2 E}{\lambda^2} \tag{14-4}$$

式中　i——压杆横截面的惯性半径，单位为 mm；

　　λ——压杆的柔度，无量纲。

柔度综合反映了压杆的长度、支承情况、横截面形状和尺寸等因素对临界应力的影响。压杆越细长、支承情况越不牢固、横截面尺寸越小则柔度越大，临界应力越小。

式（14-4）称为临界应力的欧拉公式。公式表明，对于一定材料制成的压杆，$\pi^2 E$ 是常数，σ_{lj} 与 λ^2 成反比。因此，柔度越大，则临界应力越小，压杆越容易失稳。所以柔度 λ 是压杆稳定性计算中的一个重要的物理量。

三、欧拉公式的适用范围

欧拉公式是在材料服从胡克定律的条件下得出的，所以其适用范围是临界应力小于等于比例极限，即

$$\sigma_{lj}=\frac{\pi^2 E}{\lambda^2}\leqslant\sigma_p$$

将上面的条件用柔度表示，即

$$\lambda\geqslant\sqrt{\frac{\pi^2 E}{\sigma_p}}$$

令 $\lambda_p=\sqrt{\frac{\pi^2 E}{\sigma_p}}$，则欧拉公式的适用范围为

$$\lambda\geqslant\lambda_p=\sqrt{\frac{\pi^2 E}{\sigma_p}} \tag{14-5}$$

式中 λ_p 为临界应力等于材料比例极限时的柔度，是允许应用欧拉公式的最小柔度值。对于一定的材料，λ_p 为一常数。例如 Q235 钢，其弹性模量 $E=200\text{GPa}$，比例极限 $\sigma_p=200\text{MPa}$，则 λ_p 值为

$$\lambda_p=\sqrt{\frac{\pi^2 E}{\sigma_p}}=\sqrt{\frac{\pi^2\times200\times10^3}{200}}\approx100$$

这就是说，对于 Q235 钢制成的压杆，只有当其柔度 $\lambda\geqslant100$ 时，才能应用欧拉公式。

$\lambda\geqslant\lambda_p$ 的压杆称为大柔度杆或细长杆，其临界力或临界应力可用欧拉公式计算。几种常用材料的 λ_p 值见表 14-2。

表 14-2　几种常用材料的 λ_p 值

材料	a/MPa	b/MPa	λ_p	λ_s
Q235 钢、10 钢、25 钢	310	1.24	100	60
35 钢	469	2.62		
45、55 钢	589	3.82		
铸铁	338.7	1.483	80	—
木材	29.3	0.194	110	40

四、中、小柔度杆临界应力的计算

工程中有许多压杆，柔度往往都小于 λ_p。由前面的分析可知，压杆的柔度越小，其稳定性越强，越不易失稳。实验表明，当柔度 λ 小到某一程度 λ_s 时，压杆就不会失稳，其承载能力由轴向压缩强度条件决定。$\lambda\leqslant\lambda_s$ 的压杆称为小柔度杆或短粗杆，几种常用材料的 λ_s 值见表 14-2。

小柔度杆的临界应力按其制作材料不同分为两种情况：

对于塑性材料　　$\sigma_{lj}=\sigma_s$

对于脆性材料　　$\sigma_{lj}=\sigma_{by}$

工程中还有一类压杆，其柔度介于大柔度杆和小柔度杆之间，即 $\lambda_s<\lambda<\lambda_p$，这类压杆

称为中柔度杆。中柔度杆也会发生失稳现象，但其临界应力已超过比例极限，不能用欧拉公式计算。中柔度杆临界应力的计算，通常采用建立在实验基础上的经验公式，经验公式有直线公式和抛物线公式等。其中，直线公式比较简单，应用方便，其形式为

$$\sigma_{lj} = a - b\lambda \tag{14-6}$$

式中　a、b——与材料性质有关的常数，单位为 MPa。一些常用材料的 a、b 值见表 14-2。

综合上述分析，将各类压杆的临界应力计算公式归纳如下：

（1）对于大柔度杆（$\lambda \geqslant \lambda_p$），用欧拉公式计算

$$\sigma_{lj} = \frac{\pi^2 E}{\lambda^2}$$

（2）对于中柔度杆（$\lambda_s < \lambda < \lambda_p$），用经验公式计算

$$\sigma_{lj} = a - b\lambda$$

（3）对于小柔度杆（$\lambda \leqslant \lambda_s$），材料为塑性材料时，$\sigma_{lj} = \sigma_s$；材料为脆性材料时，$\sigma_{lj} = \sigma_{by}$。

例 14-1　如图 14-4 所示，用 Q235 钢制成的三根压杆，两端均为铰链支承，横截面为圆形，直径 $d = 50\text{mm}$，长度分别为 $l_1 = 2\text{m}$，$l_2 = 1\text{m}$，$l_3 = 0.5\text{m}$，材料的弹性模量 $E = 200\text{GPa}$，屈服点 $\sigma_s = 235\text{MPa}$。求三根压杆的临界应力和临界力。

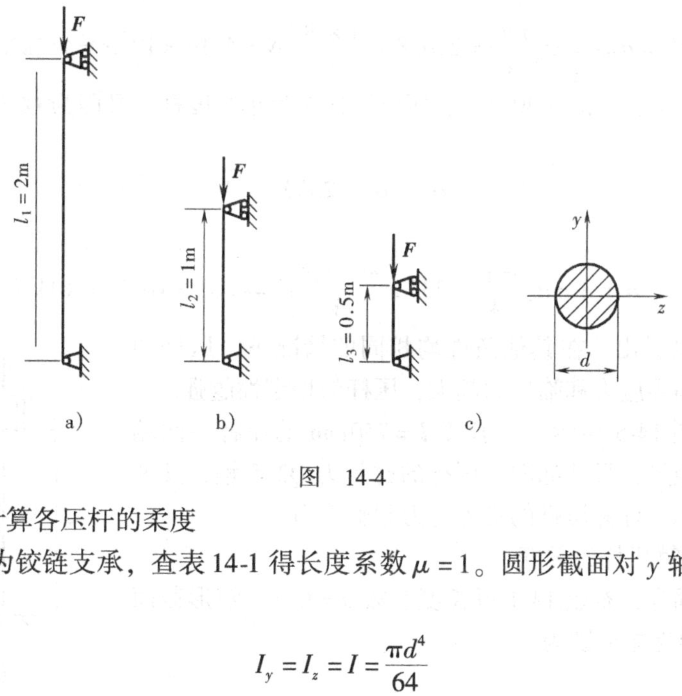

图　14-4

解　（1）计算各压杆的柔度

因压杆两端为铰链支承，查表 14-1 得长度系数 $\mu = 1$。圆形截面对 y 轴和 z 轴的惯性矩相等，均为

$$I_y = I_z = I = \frac{\pi d^4}{64}$$

故圆形截面的惯性半径为

$$i = \sqrt{\frac{I}{A}} = \sqrt{\frac{\pi d^4/64}{\pi d^2/4}} = \sqrt{\frac{d^2}{16}} = \frac{d}{4} = \frac{50}{4}\text{mm} = 12.5\text{mm}$$

由式（14-3）得，各压杆的柔度分别为

$$\lambda_1 = \frac{\mu l_1}{i} = \frac{1 \times 2000}{12.5} = 160$$

$$\lambda_2=\frac{\mu l_2}{i}=\frac{1\times1000}{12.5}=80$$

$$\lambda_3=\frac{\mu l_3}{i}=\frac{1\times500}{12.5}=40$$

（2）计算各压杆的临界应力和临界力

查表 14-2，对于 Q235 钢 $\lambda_p=100$，$\lambda_s=60$。

对于压杆 1，其柔度 $\lambda_1=160>\lambda_p$，所以压杆 1 为大柔度杆，临界应力用欧拉公式计算。

$$\sigma_{lj}=\frac{\pi^2E}{\lambda_1^2}=\frac{\pi^2\times200\times10^3}{160^2}\text{MPa}=77.1\text{MPa}$$

临界力为

$$F_{lj}=\sigma_{lj}A=\sigma_{lj}\frac{\pi d^2}{4}=77.1\times\frac{\pi\times50^2}{4}\text{N}=1.51\times10^5\text{N}=151\text{kN}$$

对于压杆 2，其柔度 $\lambda_2=80$，$\lambda_s<\lambda_2<\lambda_p$，所以压杆 2 为中柔度杆，临界应力用经验公式计算。查表 14-2，对于 Q235 钢 $a=310\text{MPa}$，$b=1.24\text{MPa}$，故临界应力为

$$\sigma_{lj}=a-b\lambda=310\text{MPa}-1.24\times80\text{MPa}=210.8\text{MPa}$$

临界力为

$$F_{lj}=\sigma_{lj}A=\sigma_{lj}\frac{\pi d^2}{4}=210.8\times\frac{\pi\times50^2}{4}\text{N}=4.14\times10^5\text{N}=414\text{kN}$$

对于压杆 3，其柔度 $\lambda_3=40<\lambda_s$，所以压杆 3 为小柔度杆。又因为 Q235 钢为塑性材料，故其临界应力为

$$\sigma_{lj}=\sigma_s=235\text{MPa}$$

临界力为

$$F_{lj}=\sigma_sA=\sigma_s\frac{\pi d^2}{4}=235\times\frac{\pi\times50^2}{4}\text{N}=4.61\times10^5\text{N}=461\text{kN}$$

由本例题可以看出，在其他条件均相同的情况下，压杆的长度越小，则其临界应力和临界力越大，压杆的稳定性越强。

例 14-2　如图 14-5 所示，一长度 $l=750\text{mm}$ 的压杆，两端固定，横截面为矩形，尺寸如图。压杆的材料为 Q235 钢，其弹性模量 $E=200\text{GPa}$。计算压杆的临界应力和临界力。

解　（1）计算压杆的柔度

因压杆两端固定，查表 14-1 得长度系数 $\mu=0.5$。矩形截面对 y 轴和 z 轴的惯性矩分别为

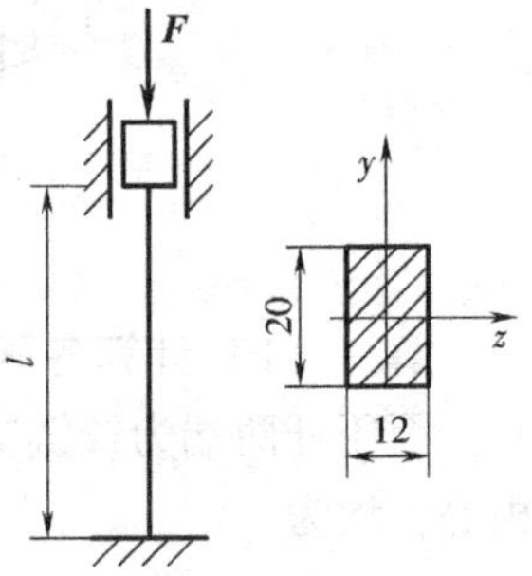

图　14-5

$$I_y=\frac{hb^3}{12}=\frac{20\times12^3}{12}\text{mm}^4=2880\text{mm}^4$$

$$I_z=\frac{bh^3}{12}=\frac{12\times20^3}{12}\text{mm}^4=8000\text{mm}^4$$

所以 $I_y<I_z$，因此压杆的横截面必定绕着 y 轴转动而失稳，将 I_y 代入式（14-2）中，得到截面对 y 轴的惯性半径为

$$i_y = \sqrt{\frac{I_y}{A}} = \sqrt{\frac{2880}{20 \times 12}}\text{mm} = 3.46\text{mm}$$

由式（14-3）得，压杆的柔度为

$$\lambda = \frac{\mu l}{i_y} = \frac{0.5 \times 750}{3.46} = 108.4$$

（2）计算临界应力和临界力

查表 14-2，对于 Q235 钢 $\lambda_p = 100$，则 $\lambda > \lambda_p$，故临界应力用欧拉公式计算。

$$\sigma_{lj} = \frac{\pi^2 E}{\lambda^2} = \frac{\pi^2 \times 200 \times 10^3}{108.4^2}\text{MPa} = 167.99\text{MPa}$$

临界力为

$$F_{lj} = \sigma_{lj} A = 167.99 \times 20 \times 12\text{N} = 4.03 \times 10^4\text{N} = 40.3\text{kN}$$

例 14-3 在例题 14-2 中，将压杆的截面形状变为圆形，并使此圆形截面与原矩形截面面积相等，如图 14-6 所示。其他条件不变，再求压杆的临界应力和临界力。

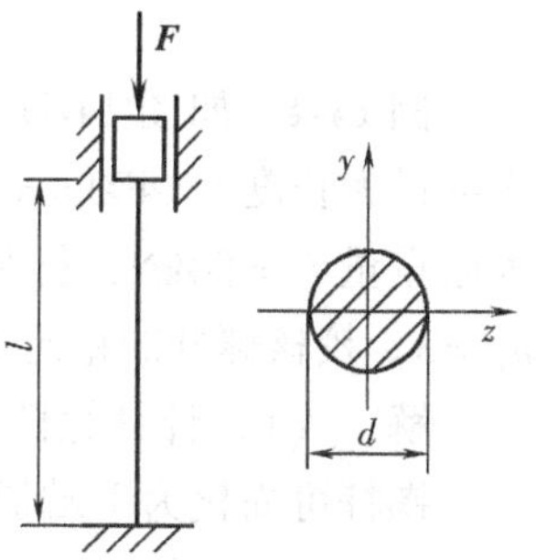

图 14-6

解 （1）计算压杆的柔度

因为圆形截面与原矩形截面面积相等，故圆形截面的直径 d 为

$$d = \sqrt{\frac{4A}{\pi}} = \sqrt{\frac{4 \times 20 \times 12}{\pi}}\text{mm} = 17.48\text{mm}$$

由例题 14-1 得，圆形截面的惯性半径为

$$i = \sqrt{\frac{I}{A}} = \frac{d}{4} = \frac{17.48}{4}\text{mm} = 4.37\text{mm}$$

由式（14-3）得，压杆的柔度为

$$\lambda = \frac{\mu l}{i} = \frac{0.5 \times 750}{4.37} = 85.8$$

（2）计算临界应力和临界力

查表 14-2，对于 Q235 钢 $\lambda_p = 100$，$\lambda_s = 60$，则 $\lambda_s < \lambda < \lambda_p$，压杆为中柔度杆，故临界应力用经验公式计算。查表 14-2，对于 Q235 钢 $a = 310\text{MPa}$，$b = 1.24\text{MPa}$，故临界应力为

$$\sigma_{lj} = a - b\lambda = 310\text{MPa} - 1.24 \times 85.8\text{MPa} = 203.6\text{MPa}$$

临界力为

$$F_{lj} = \sigma_{lj} A = 203.6 \times 20 \times 12\text{N} = 4.89 \times 10^4\text{N} = 48.9\text{kN}$$

比较例题 14-2 和例题 14-3 可知，在其他条件均相同的情况下，圆形截面压杆比矩形截面压杆的临界力大，稳定性强。其原因请读者思考。

第三节 压杆的稳定性计算

为了使压杆工作时具有足够的稳定性，不但要求其工作应力小于临界应力，而且需要有一定的安全储备。在工程设计中，常常根据强度条件和结构的要求，初步确定压杆的截面形状和尺寸，然后再校核其稳定性，通常采用安全系数法进行校核。

压杆的临界应力与工作应力之比，称为压杆的工作安全系数 n，它必须大于规定的稳定安全系数 n_w。故压杆的稳定性条件为

$$n=\frac{\sigma_{lj}}{\sigma}\geqslant n_w \tag{14-7}$$

或

$$n=\frac{F_{lj}}{F}\geqslant n_w \tag{14-8}$$

稳定安全系数 n_w，一般比强度安全系数规定得高些。这是因为压杆常常存在材料不均匀、加载偏心和支座缺陷等不利因素，这些因素对压杆稳定性的影响，比对强度的影响更为严重。n_w 的数值可在有关手册中查取，静载荷条件下，可采用如下数值：

钢类 $n_w=1.8\sim3.0$

铸铁 $n_w=4.5\sim5.5$

木材 $n_w=2.5\sim3.5$

例 14-4 如图 14-7a 所示千斤顶的螺杆，其旋出的最大长度 $l=400\text{mm}$，螺纹内径 $d_0=40\text{mm}$，最大起重量 $F=80\text{kN}$，材料为 45 钢，稳定安全系数 $n_w=3$。校核螺杆的稳定性。

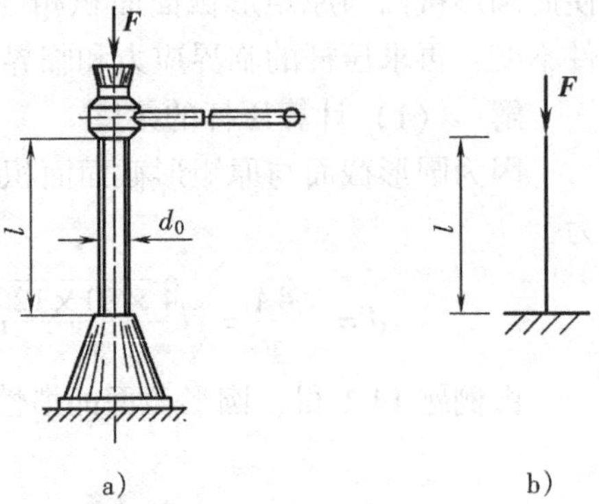

图 14-7

解 (1) 计算螺杆的柔度

螺杆可简化为下端固定、上端自由的压杆，如图 14-7b 所示。查表 14-1 得长度系数 $\mu=2$。圆形截面的惯性半径为

$$i=\sqrt{\frac{I}{A}}=\frac{d_0}{4}=\frac{40}{4}\text{mm}=10\text{mm}$$

螺杆的柔度为

$$\lambda=\frac{\mu l}{i}=\frac{2\times400}{10}=80$$

(2) 计算临界应力、校核螺杆的稳定性

查表 14-2，对于 45 钢 $\lambda_p=100$，$\lambda_s=60$，则 $\lambda_s<\lambda<\lambda_p$，所以螺杆为中柔度杆，临界应力用经验公式计算。查表 14-2，对于 45 钢 $a=589\text{MPa}$，$b=3.82\text{MPa}$，故临界应力为

$$\sigma_{lj}=a-b\lambda=589\text{MPa}-3.82\times80\text{MPa}=283.4\text{MPa}$$

螺杆的工作应力为

$$\sigma=\frac{F}{A}=\frac{F}{\pi d_0^2/4}=\frac{80\times10^3}{\pi\times40^2/4}\text{MPa}=63.7\text{MPa}$$

由式 (14-7) 得

$$n=\frac{\sigma_{lj}}{\sigma}=\frac{283.4}{63.7}=4.45\geqslant n_w$$

故千斤顶螺杆的稳定性足够。

例 14-5 如图 14-8 所示，连杆 AB 上作用一轴向压力 $F=80\text{kN}$，其材料为 Q235 钢，弹性模量 $E=200\text{GPa}$，杆长 $l=2\text{m}$，横截面为矩形，$b=25\text{mm}$，$h=75\text{mm}$，稳定安全系数 $n_w=2$。校核连杆的稳定性。

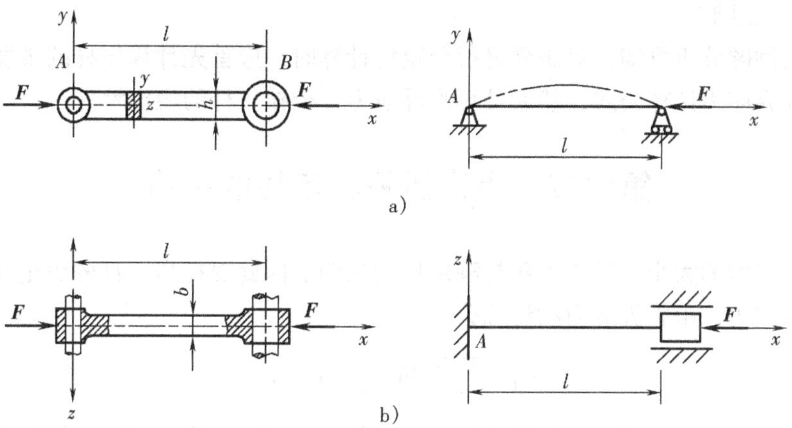

图　14-8

解　（1）计算连杆的柔度

连杆在 Axy 平面内和 Axz 平面内支承情况不同，截面惯性矩不同，故应分别计算柔度。

连杆在 Axy 平面内可简化两端铰链支承的压杆，如图 14-8a 所示。查表 14-1 得长度系数 $\mu=1$。连杆在此平面内失稳时，z 为中性轴，此时惯性半径为

$$i_1=\sqrt{\frac{I_z}{A}}=\sqrt{\frac{bh^3/12}{bh}}=\sqrt{\frac{h^2}{12}}=\sqrt{\frac{75^2}{12}}\text{mm}=21.65\text{mm}$$

所以，连杆在 Axy 平面内的柔度为

$$\lambda_1=\frac{\mu l}{i_1}=\frac{1\times2000}{21.65}=92.4$$

连杆在 Axz 平面内可简化两端固定的压杆，如图 14-8b 所示。查表 14-1 得长度系数 $\mu=0.5$。连杆在此平面内失稳时，y 为中性轴，此时惯性半径为

$$i_2=\sqrt{\frac{I_y}{A}}=\sqrt{\frac{hb^3/12}{bh}}=\sqrt{\frac{b^2}{12}}=\sqrt{\frac{25^2}{12}}\text{mm}=7.22\text{mm}$$

所以，连杆在 Axz 平面内的柔度为

$$\lambda_2=\frac{\mu l}{i_2}=\frac{0.5\times2000}{7.22}=138.5$$

（2）计算临界应力、校核连杆的稳定性

因为 $\lambda_1<\lambda_2$，所以连杆在 Axz 平面内更容易失稳，故只需校核连杆在此平面内的稳定性。查表 14-2，对于 Q235 钢 $\lambda_p=100$，所以 $\lambda_2>\lambda_p$，在 Axz 平面内连杆为大柔度杆，临界应力用欧拉公式计算。

$$\sigma_{lj}=\frac{\pi^2E}{\lambda_2^2}=\frac{\pi^2\times200\times10^3}{138.5^2}\text{MPa}=102.9\text{MPa}$$

连杆的工作应力为

$$\sigma=\frac{F}{A}=\frac{F}{bh}=\frac{80\times10^3}{25\times75}\text{MPa}=42.7\text{MPa}$$

由式（14-7）得

$$n=\frac{\sigma_{lj}}{\sigma}=\frac{102.9}{42.7}=2.41\geqslant n_w$$

故连杆的稳定性足够。

通过以上例题分析可知，对压杆进行稳定性计算时，应首先计算压杆的柔度，根据柔度选择适当的临界应力计算公式，然后计算临界应力，校核压杆的稳定性。

第四节　提高压杆稳定性的措施

压杆临界应力的大小，反映了压杆稳定性的强弱。因此要提高压杆的稳定性，就必须设法增大其临界应力。由临界应力的计算公式

$$\sigma_{lj}=\frac{\pi^2 E}{\lambda_2^2} \text{ 和 } \sigma_{lj}=a-b\lambda$$

可知，压杆的临界应力与材料的弹性模量和压杆的柔度有关，而柔度又与压杆的长度、压杆两端的支承情况和截面的几何性质等因素有关。下面从这几方面来讨论提高压杆稳定性的一些措施。

一、合理选择材料

对于大柔度杆，临界应力 σ_{lj}用欧拉公式计算。σ_{lj}与材料的弹性模量 E 成正比，选 E 值大的材料可提高大柔度杆的稳定性。例如，钢杆的临界应力大于铁杆和铝杆的临界应力。但是，因为各种钢的 E 值相近，选用高强度钢，增加了成本，却不能提高其稳定性。所以，对于大柔度杆，宜选用普通钢材。

对于中柔度杆，临界应力 σ_{lj}用经验公式计算。σ_{lj}与材料的强度有关，材料的强度高，临界应力就大。所以，选用高强度钢，可有效地提高中柔度杆的稳定性。

二、合理选择截面形状

截面的惯性半径和压杆柔度的计算公式分别为

$$i=\sqrt{\frac{I}{A}} \qquad \lambda=\frac{\mu l}{i}$$

因此，在横截面面积不变的条件下，合理选择截面形状，可以加大惯性矩，增大惯性半径，从而降低压杆的柔度，增加其临界应力。同时，当压杆的两端在各纵向平面内具有相同的支承条件时（例如两端球形铰链支承），其失稳总是发生在最小惯性矩所在的平面内，所以为了充分发挥材料的力学性能，提高压杆的承载能力，应该选择 $I_y=I_z$ 的截面，使压杆在各个平面内的稳定性相同。例题 14-3 中圆形截面压杆的承载能力大于例题 14-2 中的矩形截面压杆，就是这个道理。

通过以上分析可知，选择压杆的横截面形状时，在图 14-9 所示各组截面中，图 14-9c 中的截面优于图 14-9b 中的截面，图 14-9b 中的截面又优于图 14-9a 中的截面。

三、减小压杆长度

由于柔度与压杆的长度成正比，因此，在条件允许时，应尽量减小压杆的长度或在压杆中间增加支座，以提高压杆的稳定性。

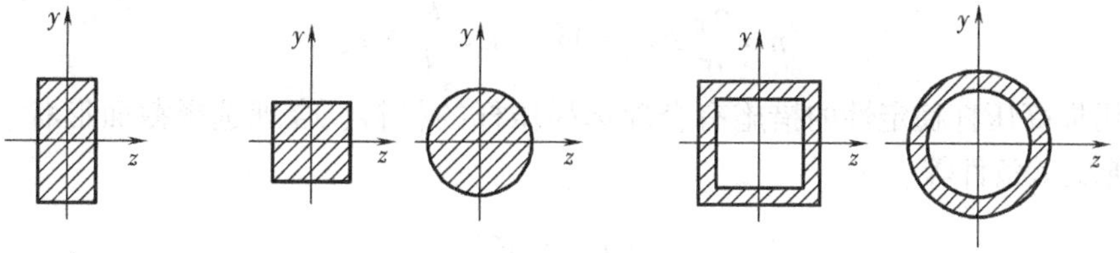

a)　　b)　　c)

图　14-9

四、改善支承条件

由表 14-1 可见，压杆两端的支承越牢固，则长度系数越小，柔度越小，临界应力越大。因此，压杆与其他构件连接时，应尽可能制作成刚性连接或采用较紧密的配合，以加强杆端约束的牢固性。

小　　结

1. 压杆保持其原有直线平衡状态的能力，称为压杆的稳定性。压杆丧失其原有直线平衡状态而破坏的现象，称为压杆的失稳。将微小干扰力除去后，压杆仍然回复到原来的直线平衡状态，称压杆的直线平衡状态是稳定的；反之，称压杆的直线平衡状态是不稳定的。

2. 当压力为某一数值时，压杆处于稳定的直线平衡状态和不稳定的直线平衡状态之间，这一状态称为临界状态。压杆处于临界状态的压力值，称为压杆的临界压力，简称临界力，用符号 $\boldsymbol{F}_{\mathrm{lj}}$表示。临界力是压杆即将失稳时的压力，临界力的大小表示压杆稳定性的强弱，临界力 F_{lj}越大，则压杆的稳定性越强，反之，稳定性越弱。细长压杆临界力的计算公式为

$$F_{\mathrm{lj}} = \frac{\pi^2 EI}{(\mu l)^2}$$

3. 压杆的柔度用符号 λ 表示，它综合反映了压杆的长度、支承情况、横截面形状和尺寸等因素对压杆稳定性的影响。其计算公式为

$$\lambda = \frac{\mu l}{i} \qquad i = \sqrt{\frac{I}{A}}$$

4. 压杆处于临界状态时，横截面上的平均应力称为压杆的临界应力，用 σ_{lj}表示。各类压杆的临界应力计算公式为

（1）对于大柔度杆（$\lambda \geqslant \lambda_{\mathrm{p}}$），用欧拉公式计算

$$\sigma_{\mathrm{lj}} = \frac{\pi^2 E}{\lambda^2}$$

（2）对于中柔度杆（$\lambda_{\mathrm{s}} < \lambda < \lambda_{\mathrm{p}}$），用经验公式计算

$$\sigma_{\mathrm{lj}} = a - b\lambda$$

（3）对于小柔度杆（$\lambda \leqslant \lambda_{\mathrm{s}}$），材料为塑性材料时，$\sigma_{\mathrm{lj}} = \sigma_{\mathrm{s}}$；材料为脆性材料时，$\sigma_{\mathrm{lj}} = \sigma_{\mathrm{by}}$。

5. 压杆的稳定性条件为

$$n=\frac{\sigma_{lj}}{\sigma}\geqslant n_w \quad 或 \quad n=\frac{F_{lj}}{F}\geqslant n_w$$

6. 常用提高压杆稳定性的措施有合理选择压杆的材料、合理选择截面形状、减小压杆长度和改善支承条件等。

习　题

14-1　如图所示两组截面，每组中的两个截面面积相等。问：作为压杆时（两端为球形铰链支承），各组中哪一种截面形状更为合理？

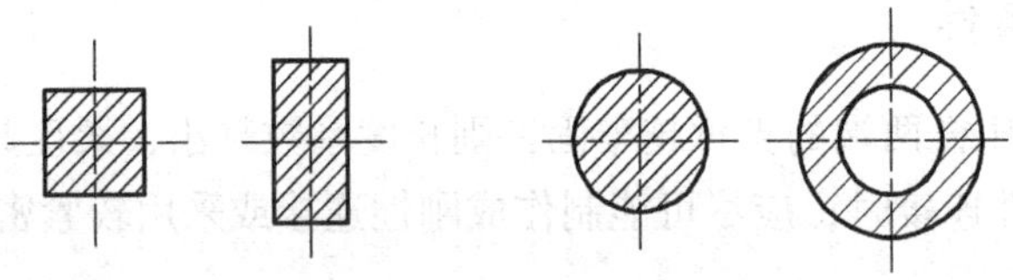

题　14-1 图

14-2　细长压杆宜采用高强度钢还是普通钢？为什么？

14-3　图示截面形状的压杆，两端为球形铰链支承。问：失稳时，其截面分别绕着哪根轴转动？为什么？

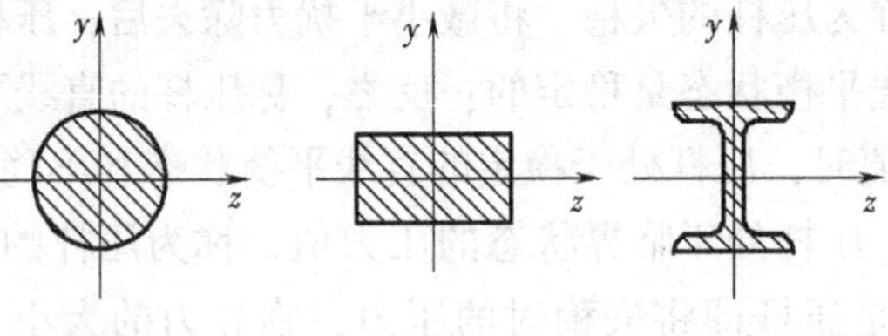

题　14-3 图

14-4　如图所示，三根材料相同、直径相等的压杆。比较三根压杆的柔度，并说明哪一根压杆的稳定性最强？哪一根稳定性最弱？

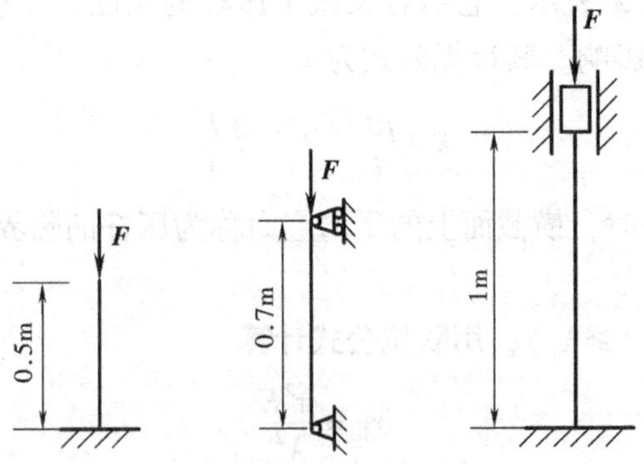

题　14-4 图

14-5　如图所示三根压杆，材料相同、长度相等、横截面均为矩形且截面尺寸相同。已知 $l=300\text{mm}$，$b=12\text{mm}$，$h=20\text{mm}$，材料为 Q235 钢，弹性模量 $E=200\text{GPa}$。求图示三种不同支承情况下，三根压杆的临界应力和临界力。

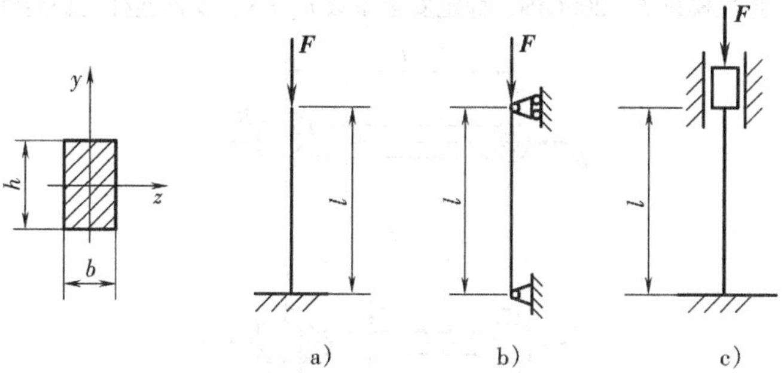

题　14-5 图

14-6　如图所示，压杆的材料为 Q235 钢，弹性模量 $E=200\text{GPa}$，横截面有四种不同的几何形状，如图 a、b、c、d 所示，其面积均为 3600mm^2。求各压杆的临界应力和临界力。

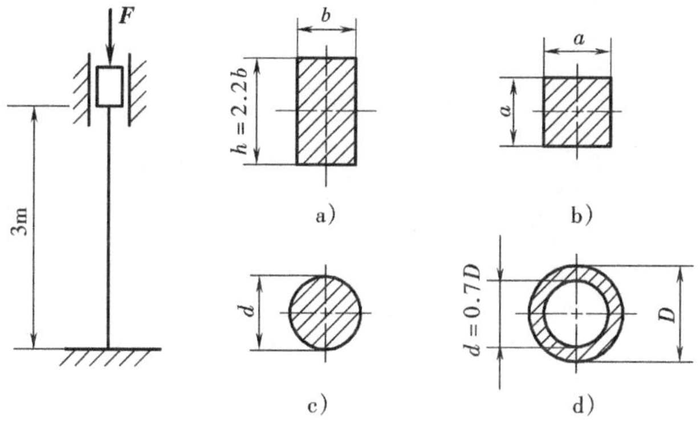

题　14-6 图

14-7　如图所示支架中，$F=60\text{kN}$，AB 杆的直径 $d=40\text{mm}$，两端为铰链支承，材料为 45 钢，弹性模量 $E=200\text{GPa}$，稳定安全系数 $n_w=2$。校核 AB 杆的稳定性。

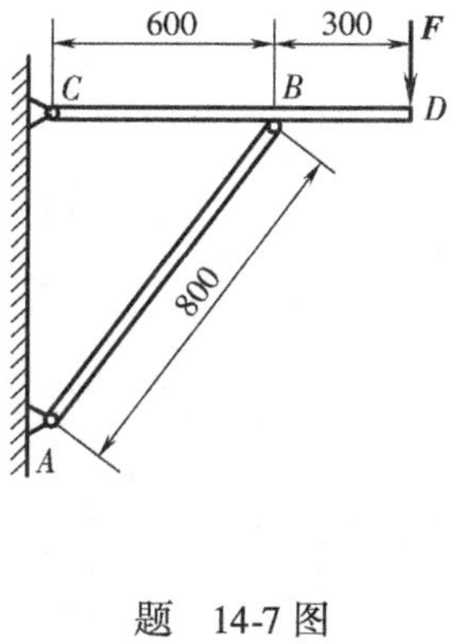

题　14-7 图

14-8　如图所示连杆，杆长 $l=2300\text{mm}$，承受的轴向压力 $F=60\text{kN}$，横截面为矩形，$h=60\text{mm}$，$b=25\text{mm}$，材料为 45 钢，弹性模量 $E=200\text{GPa}$，稳定安全系数 $n_w=3$。校核连杆的稳定性。

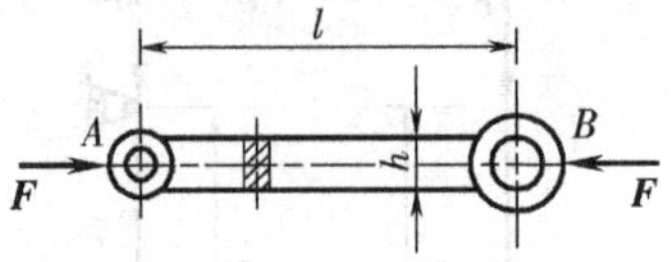

a）

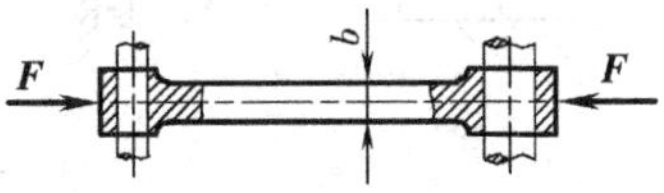

b）

题　14-8 图

附录　型钢规格表（摘录）

一、热轧等边角钢（GB/T9787—1988）

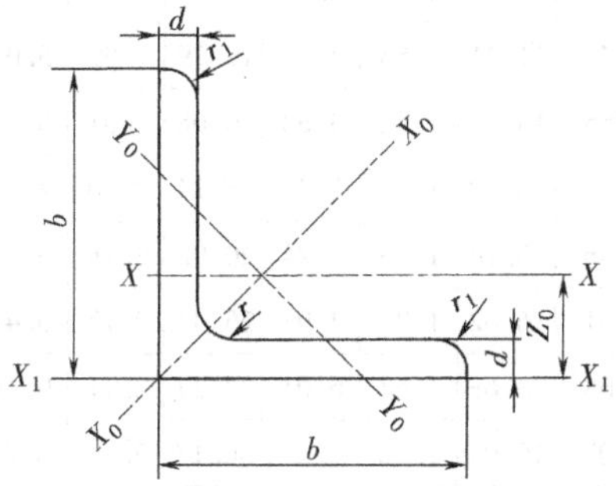

附录图　1

b—边宽度　d—边厚度　r—内圆弧半径　r_1—边端内圆弧半径，$r_1=\frac{1}{3}d$

I—惯性矩　i—惯性半径　W—截面系数　Z_0—重心距离

角钢号数	尺寸/mm			截面面积	理论重量	参考数值										Z_0
						$X-X$			X_0-X_0			Y_0-Y_0			X_1-X_1	
	b	d	r	$/\mathrm{cm}^2$	$/\mathrm{kg}\cdot\mathrm{m}^{-1}$	I_X $/\mathrm{cm}^4$	i_X/cm	W_X $/\mathrm{cm}^3$	I_{X_0} $/\mathrm{cm}^4$	i_{X_0} $/\mathrm{cm}$	W_{X_0} $/\mathrm{cm}^3$	I_{Y_0} $/\mathrm{cm}^4$	i_{Y_0} $/\mathrm{cm}$	W_{Y_0} $/\mathrm{cm}^3$	I_{X_1} $/\mathrm{cm}^4$	/cm
2	20	3	3.5	1.132	0.889	0.40	0.59	0.29	0.63	0.75	0.45	0.17	0.39	0.20	0.81	0.60
		4		1.459	1.145	0.50	0.58	0.36	0.78	0.73	0.55	0.22	0.38	0.24	1.09	0.64
2.5	25	3		1.432	1.124	0.82	0.76	0.46	1.29	0.95	0.73	0.34	0.49	0.33	1.57	0.73
		4		1.859	1.459	1.03	0.74	0.59	1.62	0.93	0.92	0.43	0.48	0.40	2.11	0.76
3.0	30	3	4.5	1.749	1.373	1.46	0.91	0.68	2.31	1.15	1.09	0.61	0.59	0.51	2.71	0.85
		4		2.276	1.786	1.84	0.90	0.87	2.92	1.13	1.37	0.77	0.58	0.62	3.63	0.89
3.6	36	3		2.109	1.656	2.58	1.11	0.99	4.09	1.39	1.61	1.07	0.71	0.76	4.68	1.00
		4		2.756	2.163	3.29	1.09	1.28	5.22	1.38	2.05	1.37	0.70	0.93	6.25	1.04
		5		3.382	2.654	3.95	1.08	1.56	6.24	1.36	2.45	1.65	0.70	1.09	7.84	1.07
4	40	3	5	2.359	1.852	3.59	1.23	1.23	5.69	1.55	2.01	1.49	0.79	0.96	6.41	1.09
		4		3.086	2.422	4.60	1.22	1.60	7.29	1.54	2.58	1.91	0.79	1.19	8.56	1.13
		5		3.791	2.976	5.53	1.21	1.96	8.76	1.52	3.10	2.30	0.78	1.39	10.74	1.17
4.5	45	3		2.659	2.088	5.17	1.40	1.58	8.20	1.76	2.58	2.14	0.90	1.24	9.12	1.22
		4		3.486	2.736	6.65	1.38	2.05	10.56	1.74	3.32	2.75	0.89	1.54	12.18	1.26
		5		4.292	3.369	8.04	1.37	2.51	12.74	1.72	4.00	3.33	0.88	1.81	15.25	1.30
		6		5.076	3.985	9.33	1.39	2.95	14.76	1.70	4.64	3.89	0.88	2.06	18.36	1.33

（续）

角钢号数	尺寸/mm			截面面积/cm²	理论重量/kg·m⁻¹	参考数值										Z_0/cm
						$X-X$			X_0-X_0			Y_0-Y_0			X_1-X_1	
	b	d	r			I_X/cm⁴	i_X/cm	W_X/cm³	I_{X_0}/cm⁴	i_{X_0}/cm	W_{X_0}/cm³	I_{Y_0}/cm⁴	i_{Y_0}/cm	W_{Y_0}/cm³	I_{X_1}/cm⁴	
5	50	3	5.5	2.971	2.332	7.18	1.55	1.96	11.37	1.96	3.22	2.98	1.00	1.57	12.50	1.34
		4		3.897	3.059	9.26	1.54	2.56	14.70	1.94	4.16	3.82	0.99	1.96	16.69	1.38
		5		4.803	3.770	11.21	1.53	3.13	17.79	1.92	5.03	4.64	0.98	2.31	20.90	1.42
		6		5.688	4.465	13.05	1.52	3.68	20.68	1.91	5.85	5.42	0.98	2.63	25.14	1.46
5.6	56	3	6	3.343	2.624	10.19	1.75	2.48	16.14	2.20	4.08	4.24	1.13	2.02	17.56	1.48
		4		4.390	3.446	13.18	1.73	3.24	20.92	2.18	5.28	5.46	1.11	2.52	23.43	1.53
		5		5.415	4.251	16.02	1.72	3.97	25.42	2.17	6.42	6.61	1.10	2.98	29.33	1.57
		8		8.367	6.568	23.63	1.68	6.03	37.37	2.11	9.44	9.89	1.09	4.16	47.24	1.68
6.3	63	4	7	4.978	3.907	19.03	1.96	4.13	30.17	2.46	6.78	7.89	1.26	3.29	33.35	1.70
		5		6.143	4.822	23.17	1.94	5.08	36.77	2.45	8.25	9.57	1.25	3.90	41.73	1.74
		6		7.288	5.721	27.12	1.93	6.00	43.03	2.43	9.66	11.20	1.24	4.46	50.14	1.78
		8		9.515	7.469	34.46	1.90	7.75	54.56	2.40	12.25	14.33	1.23	5.47	67.11	1.85
		10		11.657	9.151	41.09	1.88	9.39	64.85	2.36	14.56	17.33	1.22	6.36	84.31	1.93
7	70	4	8	5.570	4.372	26.39	2.18	5.14	41.80	2.74	8.44	10.99	1.40	4.17	45.74	1.86
		5		6.875	5.397	32.21	2.16	6.32	51.08	2.73	10.32	13.34	1.39	4.95	57.21	1.91
		6		8.160	6.406	37.77	2.15	7.48	59.93	2.71	12.11	15.61	1.38	5.67	68.73	1.95
		7		9.424	7.398	43.09	2.14	8.59	68.35	2.69	13.81	17.82	1.38	6.34	80.29	1.99
		8		10.667	8.373	48.17	2.12	9.68	76.37	2.68	15.43	19.98	1.37	6.98	91.92	2.03
7.5	75	5	9	7.367	5.818	39.97	2.33	7.32	63.30	2.92	11.94	16.63	1.50	5.77	70.56	2.04
		6		8.797	6.905	46.95	2.31	8.64	74.38	2.90	14.02	19.51	1.49	6.67	84.55	2.07
		7		10.160	7.976	53.57	2.30	9.93	84.96	2.89	16.02	22.18	1.48	7.44	98.71	2.11
		8		11.503	9.030	59.96	2.28	11.20	95.07	2.88	17.93	24.86	1.47	8.19	112.97	2.15
		10		14.126	11.089	71.98	2.26	13.64	113.92	2.84	21.48	30.05	1.46	9.56	141.71	2.22
8	80	5		7.912	6.211	48.79	2.48	8.34	77.33	3.13	13.67	20.25	1.60	6.66	85.36	2.15
		6		9.397	7.376	57.35	2.47	9.87	90.98	3.11	16.08	23.72	1.59	7.65	102.50	2.19
		7		10.860	8.525	65.58	2.46	11.37	104.07	3.10	18.40	27.09	1.58	8.58	119.70	2.23
		8		12.303	9.658	73.49	2.44	12.83	116.60	3.08	20.61	30.39	1.57	9.46	136.97	2.27
		10		15.126	11.874	88.43	2.42	15.64	140.09	3.04	24.76	36.77	1.56	11.08	171.74	2.35
9	90	6	10	10.637	8.350	82.77	2.79	12.61	131.26	3.51	20.63	34.28	1.80	9.95	145.87	2.44
		7		12.301	9.656	94.83	2.78	14.54	150.47	3.50	23.64	39.18	1.78	11.19	170.30	2.48
		8		13.944	10.946	106.47	2.76	16.42	168.97	3.48	26.55	43.97	1.78	12.35	194.80	2.52
		10		17.167	13.476	128.58	2.74	20.07	203.90	3.45	32.04	53.26	1.76	14.52	244.07	2.59
		12		20.306	15.940	149.22	2.71	23.57	236.21	3.41	37.12	62.22	1.75	16.49	293.76	2.67

（续）

角钢号数	尺寸/mm			截面面积/cm²	理论重量/kg·m⁻¹	参考数值										Z_0/cm
						$X-X$			X_0-X_0			Y_0-Y_0			X_1-X_1	
	b	d	r			I_X/cm⁴	i_X/cm	W_X/cm³	I_{X_0}/cm⁴	i_{X_0}/cm	W_{X_0}/cm³	I_{Y_0}/cm⁴	i_{Y_0}/cm	W_{Y_0}/cm³	I_{X_1}/cm⁴	
10	100	6	12	11.932	9.366	114.95	3.10	15.68	181.98	3.90	25.74	47.92	2.00	12.69	200.07	2.67
		7		13.796	10.830	131.86	3.09	18.10	208.97	3.89	29.55	54.74	1.99	14.26	233.54	2.71
		8		15.638	12.276	148.24	3.08	20.47	235.07	3.88	33.24	61.41	1.98	15.75	267.09	2.76
		10		19.261	15.120	179.51	3.05	25.06	284.68	3.84	40.26	74.35	1.96	18.54	334.48	2.84
		12		22.800	17.898	208.90	3.03	29.48	330.95	3.81	46.80	86.84	1.95	21.08	402.34	2.91
		14		26.256	20.611	236.53	3.00	33.73	374.06	3.77	52.90	99.00	1.94	23.44	470.75	2.99
		16		29.627	23.257	262.53	2.98	37.82	414.16	3.74	58.57	110.89	1.94	25.63	539.80	3.06

注：1. 角钢的通常长度：型号 2～9，长度为 4～12m；型号 10，长度为 4～19m。

2. 轧制钢号，通常为碳素结构钢。

二、热轧工字钢（GB/T706—1988）

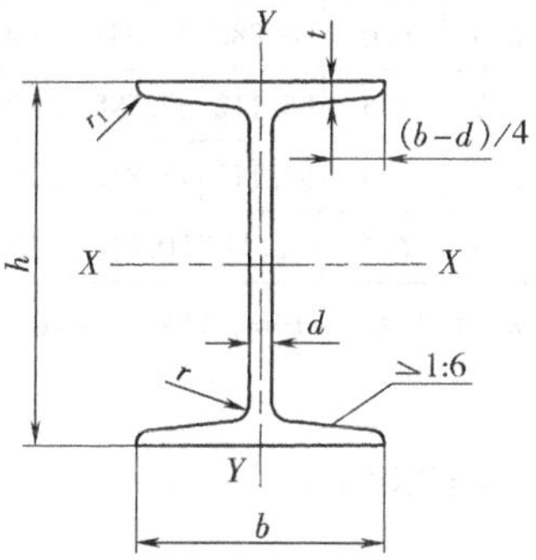

附录图　2

h—高度　b—腿宽度　d—腰厚度　t—平均腿厚度　r—内圆弧半径

r_1—腿端圆弧半径　I—惯性矩　W—截面系数　i—惯性半径

型号	尺寸/mm						截面面积/cm²	理论重量/kg·m⁻¹	参考数值					
									$X-X$			$Y-Y$		
	h	b	d	t	r	r_1			I_X/cm⁴	W_X/cm³	i_X/cm	I_Y/cm⁴	W_Y/cm³	i_Y/cm
10	100	68	4.5	7.6	6.5	3.3	14.345	11.261	245	49	4.14	33.0	9.72	1.52
12.6	126	74	5.0	8.4	7.0	3.5	18.118	14.223	488	77.5	5.20	46.9	12.7	1.61
14	140	80	5.5	9.1	7.5	3.8	21.516	16.890	712	102	5.76	64.4	16.1	1.73
16	160	88	6.0	9.9	8.0	4.0	26.131	20.513	1130	141	6.58	93.1	21.2	1.89
18	180	94	6.5	10.7	8.5	4.3	30.756	24.143	1600	185	7.36	122	26.0	2.00
20a	200	100	7.0	11.4	9.0	4.5	35.578	27.929	2370	237	8.15	158	31.5	2.12
20b	200	102	9.0	11.4	9.0	4.5	39.578	31.069	2500	250	7.96	169	33.1	2.06

（续）

型号	尺寸/mm						截面面积/cm^2	理论重量/$kg \cdot m^{-1}$	参考数值					
									X-X			Y-Y		
	h	b	d	t	r	r_1			I_X/cm^4	W_X/cm^3	i_X/cm	I_Y/cm^4	W_Y/cm^3	i_Y/cm
22a	220	110	7.5	12.3	9.5	4.8	42.128	33.070	3400	309	8.99	225	40.9	2.31
22b	220	112	9.5	12.3	9.5	4.8	46.528	36.524	3570	325	8.78	239	42.7	2.27
25a	250	116	8.0	13.0	10.0	5.0	48.541	38.105	5020	402	10.2	280	48.3	2.40
25b	250	118	10.0	13.0	10.0	5.0	53.541	42.030	5280	423	9.94	309	52.4	2.40
28a	280	122	8.5	13.7	10.5	5.3	55.404	43.492	7110	508	11.3	345	56.6	2.56
28b	280	124	10.5	13.7	10.5	5.3	61.004	47.888	7480	534	11.1	379	61.2	2.49
32a	320	130	9.5	15.0	11.5	5.8	67.156	52.717	11100	692	12.8	460	70.8	2.62
32b	320	132	11.5	15.0	11.5	5.8	73.556	57.741	11500	726	12.6	502	76.0	2.61
32c	320	134	13.5	15.0	11.5	5.8	79.956	62.765	12200	760	12.3	544	81.2	2.61
36a	360	136	10.0	15.8	12.0	6.0	76.480	60.037	15800	875	14.4	552	81.2	2.69
36b	360	138	12.0	15.8	12.0	6.0	83.680	65.689	16500	919	14.1	582	84.3	2.64
36c	360	140	14.0	15.8	12.0	6.0	90.880	71.341	17300	962	13.8	612	87.4	2.60
40a	400	142	10.5	16.5	12.5	6.3	86.112	67.598	21700	1090	15.9	660	93.2	2.77
40b	400	144	12.5	16.5	12.5	6.3	94.112	73.878	22800	1140	15.6	692	96.2	2.71
40c	400	146	14.5	16.5	12.5	6.3	102.112	80.158	23900	1190	15.2	727	99.6	2.65

注：1. 工字钢的通常长度：型号10~18，长度为5~19m；型号20~40，长为6~19m。

2. 轧制钢号，通常为碳素结构钢。

三、热轧槽钢（GB/T707—1988）

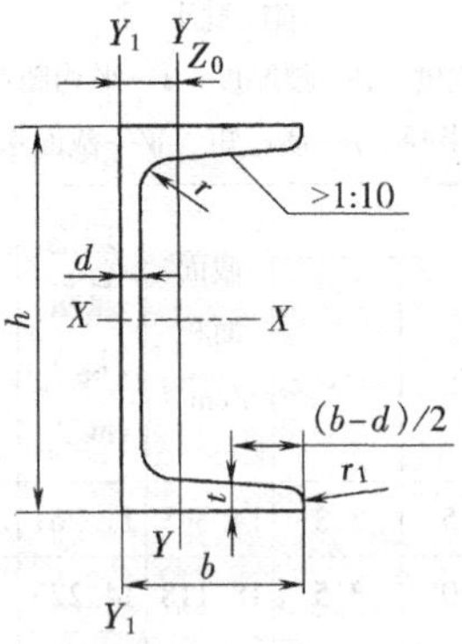

附录图　3

h—高度　b—腿宽度　d—腰厚度　t—平均腿厚度　r—内圆弧半径

r_1—腿端圆弧半径　I—惯性矩　W—截面系数　i—惯性半径

Z_0—Y-Y轴与Y_1-Y_1轴线间距离

型号	尺寸/mm						截面面积 $/cm^2$	理论重量 $/kg\cdot m^{-1}$	参考数值							
									$X-X$			$Y-Y$			Y_1-Y_1	Z_0 /cm
	h	b	d	t	r	r_1			W_X $/cm^3$	I_X $/cm^4$	i_X /cm	W_Y $/cm^3$	I_Y $/cm^4$	i_Y /cm	i_{Y_1} $/cm^4$	
5	50	37	4.5	7.0	7.0	3.5	6.928	5.438	10.4	26.0	1.94	3.55	8.3	1.10	20.9	1.35
6.3	63	40	4.8	7.5	7.5	3.8	8.451	6.634	16.1	50.8	2.45	4.50	11.9	1.19	28.4	1.36
8	80	43	5.0	8.0	8.0	4.0	10.248	8.045	25.3	101	3.15	5.79	16.6	1.27	37.4	1.43
10	100	48	5.3	8.5	8.5	4.2	12.748	10.007	39.7	198	3.95	7.80	25.6	1.41	54.9	1.52
12.6	126	53	5.5	9.0	9.0	4.5	15.692	12.318	62.1	391	4.95	10.2	38.0	1.57	77.1	1.59
14a	140	58	6.0	9.5	9.5	4.8	18.516	14.535	80.5	564	5.52	13.0	53.2	1.70	107	1.71
14b	140	60	8.0	9.5	9.5	4.8	21.316	16.733	87.1	609	5.35	14.1	61.1	1.69	121	1.67
16a	160	63	6.5	10.0	10.0	5.0	21.962	17.240	108	866	6.28	16.3	73.3	1.83	144	1.80
16	160	65	8.5	10.0	10.0	5.0	25.162	19.752	117	935	6.10	17.6	83.4	1.82	161	1.75
18a	180	68	7.0	10.5	10.5	5.2	25.699	20.174	141	1270	7.04	20.0	98.6	1.96	190	1.88
18	180	70	9.0	10.5	10.5	5.2	29.299	23.000	152	1370	6.84	21.5	111	1.95	210	1.84
20a	200	73	7.0	11.0	11.0	5.5	28.837	22.637	178	1780	7.86	24.2	128	2.11	244	2.01
20	200	75	9.0	11.0	11.0	5.5	32.831	25.777	191	1910	7.64	25.9	144	2.09	268	1.95
22a	220	77	7.0	11.5	11.5	5.8	31.846	24.999	218	2390	8.67	28.2	158	2.23	298	2.10
22	220	79	9.0	11.5	11.5	5.8	36.246	28.453	234	2570	8.42	30.1	176	2.21	326	2.03
25a	250	78	7.0	12.0	12.0	6.0	34.917	27.410	270	3370	9.82	30.6	176	2.24	322	2.07
25b	250	80	9.0	12.0	12.0	6.0	39.917	31.335	282	3530	9.41	32.7	196	2.22	353	1.98
25c	250	82	11.0	12.0	12.0	6.0	44.917	35.260	295	3690	9.07	35.9	218	2.21	384	1.92
28a	280	82	7.5	12.5	12.5	6.2	40.034	31.427	340	4760	10.9	35.7	218	2.33	388	2.10
28b	280	84	9.5	12.5	12.5	6.2	45.634	35.823	366	5130	10.6	37.9	242	2.30	428	2.02
28c	280	86	11.5	12.5	12.5	6.2	51.234	40.219	393	5500	10.4	40.3	268	2.29	463	1.95
32a	320	88	8.0	14.0	14.0	7.0	48.513	38.083	475	7600	12.5	46.5	305	2.50	552	2.24
32b	320	90	10.0	14.0	14.0	7.0	54.913	43.107	509	8140	12.2	49.2	336	2.47	593	2.16
32c	320	92	12.0	14.0	14.0	7.0	61.313	48.131	543	8690	11.9	52.6	374	2.47	643	2.09

注：1. 槽钢的通常长度：型号5～8，长度为5～12m；型号8～18，长度为5～19m；型号18～32，长度为6～19m。

2. 轧制钢号，通常为碳素结构钢。

参考文献

1 程嘉佩主编．材料力学．北京：高等教育出版社，1989

2 张德润主编．工程力学．北京：机械工业出版社，1993

3 胡仰馨主编．理论力学．第2版．北京：机械工业出版社，1994

4 邱家骏主编．工程力学．北京：机械工业出版社，2000

5 田书泽主编．工程力学．北京：机械工业出版社，2002

6 成大先主编．机械设计手册．北京：化工工业出版社，2004

7 刘思俊主编．工程力学．北京：机械工业出版社，2004